샐러리맨,
아인슈타인 되기 프로젝트

샐러리맨, 아인슈타인 되기 프로젝트
이종필의 아주 특별한 상대성이론 강의

1판 1쇄 인쇄 2022. 12. 19.
1판 1쇄 발행 2022. 12. 26.

지은이 이종필

발행인 고세규
편집 박완희·심성미 디자인 조명이 마케팅 박인지 홍보 이한솔
발행처 김영사
등록 1979년 5월 17일(제406-2003-036호)
주소 경기도 파주시 문발로 197(문발동) 우편번호 10881
전화 마케팅부 031)955-3100, 편집부 031)955-3200 | 팩스 031)955-3111

값은 뒤표지에 있습니다.
ISBN 978-89-349-4330-3 03420

홈페이지 www.gimmyoung.com   블로그 blog.naver.com/gybook
인스타그램 instagram.com/gimmyoung   이메일 bestbook@gimmyoung.com

좋은 독자가 좋은 책을 만듭니다.
김영사는 독자 여러분의 의견에 항상 귀 기울이고 있습니다.

샐러리맨, 아인슈타인 되기 프로젝트

이종필의 아주 특별한
상대성이론 강의

이
종
필 지음

김영사

머리말

과학독서모임 백북스에서 수학아카데미를 열어 일반상대성이론의
중력장 방정식을 함께 공부한 때는 내 나이 서른아홉이던 2009년
이었다. 지금 돌이켜보자면 그때는 일반인들의 교양과학을 향한 열
망이 막 터져 나오기 시작하던 시기였다.

이 책이 세상에 처음 나온 것은 그로부터 6년이 지난 2015년이
었다. 출판까지 우여곡절이 많았던 까닭에 생각보다 작업 기간이
길어졌다.° 2015년은 일반상대성이론이 완성된 지 꼭 100년이 되
는 해였기 때문에 아무리 출판이 늦어져도 그 해를 넘기고 싶지는
않았다. 2009년의 내게는 2015년이 까마득한 미래로 보여서 책은

• 출간 당시 제목은 《이종필의 아주 특별한 상대성이론 강의》(동아시아)였다.

그보다 훨씬 전에 나오고 2015년에는 또 다른 이벤트를 하면 어떨까 하는 생각을 하곤 했었다. 불행히도 현실은 책의 출간이 2015년을 넘기지 않은 것에 만족해야 할 정도로 거칠었다. 세상만사 뜻대로 되는 일이 없다.

나중에 밝혀진 사실이지만 이 책이 나온 지 얼마 지나지 않은 2015년 9월 미국의 중력파 검출장치인 LIGO_{Laser Interferometer of Gravitational-wave Observatory}에서 사상 처음으로 중력파가 검출되었다. 이 결과는 이듬해인 2016년에 공식 발표되었다. 공교롭게도 2016년은 아인슈타인이 중력파의 존재를 예견한 지 꼭 100년이 되는 해였다. 핵심 공로자들은 곧바로 이듬해에 노벨상을 받았다. 개인적으로 중력파가 그렇게 빨리 발견되리라 생각하지 못했다. 겨우(?) 4km짜리 설비를 지구에 설치하는 LIGO 프로젝트보다 레이저 간섭 장치를 우주로 쏘아 올린다는 500만 km짜리 LISA_{Laser Interferometer Space Antenna} 계획이 더 유망해 보였다. 중력파가 검출된 뒤로 이 책은 개정판 작업을 이미 예정에 둔 셈이었다.

욕심 같아서는 2009년 때처럼 관심 있는 분들과 함께 수학적으로 중력파를 공부해보고 그 내용을 추가해 개정판을 내고 싶었으나 사정이 여의치 않았다. 2016년 3월부터 나는 현재 재직 중인 건국대학교 상허교양대학으로 자리를 옮겨 학생들에게 교양과학을 가르치고 있다. 내가 담당하는 수업과 학생이 많다 보니 다른 일에 짬을 낼 여유가 없었다. 개정판이 별 탈 없이 나오기까지 김영사 편집자들의 노고가 컸다. 그들을 향한 깊은 감사의 마음을 이렇게 글로 남길 수 있어 무척 기쁘다.

이 책은 수학으로 점철된 물리 교과서가 아니다. 이 책에 수식이 적잖이 나오는 것도 사실이지만 나는 이 책이 물리 교과서와는 전혀 다른 책으로 기억되길 바란다. 왜냐하면, 물리 교과서는 이미 세상에 많기 때문이다. 반면 고등학교 미적분을 배웠는지조차 기억이 어렴풋한 사회인들이 주말을 반납하면서까지 중력장 방정식을 이해하기 위해 고군분투했던 경험은 아마 세상 어디에도 없었거나 극히 드문 일일 것이다. 나는 그 추억을 기록으로 남기고 싶었다. 그분들의 갈망과 열정은 아직도 내 마음을 뭉클하게 만든다. 고등학생이나 대학생들을 상대로 강연을 할 때면 수학 아카데미 수강생들의 열정을 소개하곤 한다.

학창시절 그렇게 공부하기 싫어했던 분들이 왜 나이가 지긋해진 뒤에 고등학생이나 대학생도 어려워한다는 일반상대성이론을 그것도 수학의 언어로 배우려는 것일까.

독자들에게 바라는 게 있다면 바로 그 이유, 대학생과 대학원생부터 회사원, 주부, 사업가, 전문직 종사자 등 20대에서 60대까지 새로운 배움을 위해 1년을 불태웠던 그분들의 뜨거운 마음을 한번 느껴봤으면 하는 것이다. 그다음이 물리적인 내용이고, 수식은 맨 마지막이다.

2022년 12월 정릉에서

그해 우리는 아인슈타인이 되고 싶었다

평범한 회사원이자 독서모임 회장인 P를 처음 만난 것은 내가 38세가 되던 해인 2008년 9월 말이었다. 당시 P는 나보다 나이가 꽤 많은 중년이었다. 입자물리학을 연구하는 나는 그해 가동을 시작했던 유럽원자핵공동연구소CERN의 입자가속기인 대형강입자충돌기LHC: Large Hadron Collider에*관한 책을 하나 썼고, 이를 계기로 대중강연을 다니던 와중에 한 학습독서모임에서 P를 만나게 되었다.

　　KBS에 다니고 있었던 P는 과학에서 자연과 인생의 진리를 찾고 있었다. 그러던 그가 같은 해 가을 서울모임 강연에서 우연히 보

---

*　　가속기는 영어의 accelerator를 옮긴 말이다. collider에 해당하는 적당한 한국어는 충돌기가 아닐까 싶다. 충돌기는 고에너지로 가속된 소립자들을 충돌시킨다는 의미를 강조한 말이다. 대개 가속기가 더 넓은 의미로 쓰인다.

게 된 아인슈타인의 중력장 방정식에 '필이 꽂혀서' 그 방정식을 직접 수학적으로 풀어보고 싶다고 말한 것이 이 모든 사달의 출발이었다. 물론 P는 이전부터 장 방정식을 알고 있기는 했다. 또한 P는 양자역학의 수학을 직접 배우고 싶다는 얘기를 종종 하곤 했었다.

아인슈타인의 중력장 방정식은 우리가 흔히 아는 $E=mc^2$(질량-에너지 등가공식)이 아니라 일반상대성이론을 집약한 방정식이다. 일반상대성이론은 뉴턴의 만유인력의 법칙을 대체한 현대적인 중력이론이다. 중력장 방정식을 이용하면 우주의 진화를 정량적으로 설명할 수 있다. 이 방정식을 풀려면 적어도 물리학과 대학원 과정의 수업을 들어야 한다. 그런데 평범한 회사원이었던 P는 수학에 관한 한 고등학교 과정도 거의 잊은 상태였다.

아인슈타인의 방정식은 이른바 미분방정식이어서 미분을 잘 알지 못하고서는 이해조차 하기 어렵다. 꼭 이 방정식이 아니더라도 물리학의 기본이나 현대물리학을 수학적으로 조금이라도 맛보려면 미분과 적분은 필수요소라고 할 수 있다. 우리나라의 수학 교과 과정을 들여다보면 미분과 적분은 고등학교 과정에서 배운다. 그러니까 P가 아인슈타인 방정식을 직접 풀어보려면 고등학교 수학부터 다시 공부해야 한다는 결론이 나온다.

그렇게 해서 샐러리맨 P의 일반상대성이론 공부는 고등학교 수학부터 시작되었다. 이 공부에는 P뿐만 아니라 P가 속해 있던 독서모임의 다른 분들도 함께했다. 나는 본의 아니게 선생 노릇을 하게 되었다. 우리의 수업은 2009년 1월부터 12월까지 매월 1회 총 12회에 걸쳐 진행되었다. 고등학교 수학부터 시작한 수업은 대학교 수학과 고전물리학을 거쳐 일반상대성이론으로 이어졌고 마침내 아인슈타인 중력장 방정식을 풀어 우주의 진화를 탐구하는 데까지 나아갔다.

이 책은 그해 우리의 '말도 안 되는' 수업을 기록한 책이다. 샐러리맨 P를 처음에 어떻게 만났고 무슨 생각으로 이 수업을 시작했으며 구체적으로 어떻게 수업이 진행되었는지, P와 수강생들은 무슨 생각으로 이 수업에 참여했는지 그 와중에 우리는 어떤 고민을 했고 어떤 일들을 겪었는지 그 과정을 자세히 적었다. 무엇보다 매회 수업에서 강의했던 핵심사항을 총 687쪽에 달하는 나의 강의노트에서 발췌하여 여기에 소개했다.

강의한 내용을 모두 이 책에 담을 수는 없었지만 이 책만 보더라도 핵심적인 내용은 따라갈 수 있도록 꾸몄다. 고등학교 수학이나 물리학을 전혀 모르는 사람이라도 이 책을 따라가면 '원리적으로는' 아인슈타인의 방정식에 이를 수 있다.

이 책의 일차적인 목표는 2009년 우리의 도전을 기록으로 남기는 것이었지만, 행여 샐러리맨 P처럼 아인슈타인 방정식을 직접 풀어보고 싶은 사람이 있다면 그분들에게 우리가 갔던 길이 하나의 참고자료가 될 것이다. 물론 이 책 하나만 봐서는 모든 수학적 과정을 세세하게 따라갈 수 없을 것이다. 아울러 이 책에 그 모든 내용을 다 담는다는 것은 물리적으로 불가능하다. 대신에 여기 소개한 중요한 개념과 단계들을 잘 따라가면 아인슈타인 방정식에 이르는 큰 흐름과 구조를 파악할 수는 있을 것이다.

좀 더 야심이 있는 독자라면 우리가 수업했던 교재(그리고 여기서 소개하는 다른 참고서적들)를 구해서 모든 과정을 하나하나 손으로 풀어보면서 따라올 수도 있을 것이다. 이런 분들을 위해 나는 이 책의 후속작업으로 완전히 수학적 과정만을 자세하게 정리한 일종의 '교재'를 따로 만들고 싶다. 그러나 갖가지 개인적인 사정 때문에 언제나 그 일이 가능할지 가늠하기가 어렵다.

이 책 역시 2009년 한 해 동안 했던 강의가 끝나고 무려 6년이 지난 뒤에야 이렇게 세상에 나오게 될 줄은 몰랐다. 중간에 출판사가 두 차례나 바뀌었고 본문 내용도 여러 번 '새로 고침'의 과정을 겪었다. 그래서 그 '교재'를 만드는 작업은 아마도 앞으로 나의 가장 큰 숙제 가운데 하나로 남을 것 같다.

이 책이 나오는 데는 누구보다도 P의 도움이 컸다. P는 어렴풋한 내 기억을 일깨워주었다. 그와 만나서 지난 일들을 이야기하면 그때의 감정이 되살아났다. 그는 독서모임 서울지역 회장으로서 물심양면으로 지원과 조언을 아끼지 않았다. 수업이 진행되는 동안 총무를 맡았던 K가 평소 꼼꼼하게 자료를 정리해둔 덕분에 내가 수월하게 그 결과를 이용할 수 있었다. 그리고 12회의 수업을 함께해준 박인순, 김제원 등 수강생 여러분이 없었더라면 애초에 이런 책이 잉태조차 되지 못했을 것이다. 그분들에게 깊이 감사드린다. 아울러 여러모로 부족한 원고를 전부 읽고 기술적인 부분에 대해 전문적인 조언을 해준 한양대학교 김항배 교수에게 감사드린다. 덕분에 적지 않은 오류를 바로잡을 수 있었다.

일선 과학자로서 나는 한국의 과학문화, 특히 대중의 과학문화가 대단히 척박하다는 현실을 잘 알고 있다. 거기에는 나 같은 과학자들에게 일차적인 책임이 있을 것이고 대중의 몫도 있을 것이다. 문제는 과학에 대한 대중의 욕구가 계속해서 증가하고 심화되는 데 반해 그 욕구를 채워줄 기회나 제도는 현저히 모자라다는 점이다. 2009년 우리의 그 '무모했던' 도전이 이처럼 일천한 한국의 과학문화 속에서 하나의 조그맣고 미약한, 하지만 의미 있는 도전으로 기억되었으면 하는 욕심이 있다. 이 책은 그 욕심을 기록해두고 싶은 나의 또 다른 욕심의 결과물이다.

2015년 6월 회기동에서

차례

A. Einstein.

제1장

만남

2008년 9월 10일, 오후 4시.

홍릉에 위치한 고등과학원KIAS 1424호 세미나실에서 조촐한 축하연이 벌어졌다. 모인 사람은 10명 남짓. 나이 지긋한 김정욱 전원장, 이기명 교수, 이필진 교수도 자리를 함께했다. 전응진 교수와 고병원 교수는 프로젝터에 연결된 컴퓨터와 씨름 중이었다. 컴퓨터에 띄운 웹사이트 창들이 설치된 스크린에 분주히 떠 있었다. 당시 나는 고등과학원 물리학부에 연구원으로 재직 중인 입자물리 전공의 이론물리학자였다.

고등과학원은 한국과학기술원KAIST 부설 연구소로, 수학·물리·계산과학 등 순수과학만을 연구하는 기관은 우리나라에서 고등과학원이 처음이다. 1996년 10월에 설립된 이래 24명의 교수진과 90여 명의 박사급 연구진으로만 구성된 이곳은 오직 순수과학 연구만을 위해 설립되었기에 학생도 없고 따라서 학생을 위한 수업도 없다. 현재까지도 고등과학원은 국내 최고의 연구진과 연구 환경을 자랑한다.

2008년 9월 10일, 이날은 CERN에서 사상 최대의 입자가속기인 LHC를 공식적으로 가동하는 날이었다. LHC는 모든 면에서 인류 역사상 최대였다. 제네바 인근 지하 100m 지점에 위치한 LHC는 둘레가 자그마치 27km에 달한다. 그 둘레를 따라 서로 반대방향으로 가속된 두 양성자 빔은 가속기 둘레의 적절한 지점에서 높은 에너지로 충돌한다. 가속기의 크기만큼 충돌하는 양성자의 에너지도 어마어마하다. 하나의 양성자 빔이 양성자 질량의° 7천 배에°° 달하는 에너지로 정면충돌하므로 전체 충돌에너지는 양성자 질량의 1만 4천 배에 달한다. 이 에너지는 지금까지 인류가 도달하지 못한 에너지 장벽이다.

가속기를 따라 입자들이 충돌하는 몇몇 장소에 입자검출기가 설치되고, 검출기마다 실험그룹들이 하나의 공동연구단을 구성한다. LHC의 대표적인 검출기는 아틀라스ATLAS: A Toroidal LHC ApparatuS 와 CMS Compact Muon Solenoid인데, 양성자에서 튀어나온 소립자들이 충돌해서 생기는 모든 현상을 집중적으로 추적한다. 이 밖에도 앨리스ALICE와 LHC-b라는 검출기가 있다. 이날 LHC의 가동으로 아틀라스와 CMS 같은 검출기들도 점검을 하는 셈이다.

사람들은 LHC를 공식 가동한다는 보도를 보고 바로 그날 뭔가 대단한 실험 결과가 나오는 것이냐고 묻곤 했다. 그러나 실제로 양성자 빔들 사이의 충돌실험이 진행된 것은 한참 뒤의 일이었다. 그동안 과학자들은 계속 빔을 돌리면서 LHC의 각 장비를 영점조정

•   양성자의 질량은 대략 1GeV, 즉 1기가전자볼트(=10억 전자볼트, 이하 1기가볼트)이다. 아인슈타인의 그 유명한 에너지–질량 등가공식 덕분에 물리학자들은 에너지와 질량을 심각하게 구분하지 않는다. 1전자볼트(1eV)는 1볼트의 전압 속에 있는 전자 하나가 가지는 에너지이다.

••   전자볼트로 따지자면 7TeV, 즉 7테라볼트(=7조 전자볼트)에 해당한다.

calibration한다. 마치 저울을 쓰기 전에 영점의 눈금부터 제대로 맞추는 것과 같다. 이런 과정을 거친 후에야 본격적인 충돌실험을 진행할 수 있다.

하지만 불행히도 공식 가동된 지 겨우 열흘 만인 9월 20일 LHC에 사고가 일어났다. 이 때문에 LHC는 수리를 위해 1년 이상 가동이 중단되었다. 이후 수리가 끝난 뒤 2009년 12월 처음으로 고에너지 충돌실험이 있었고, 2010년 3월 30일에 원래 계획된 에너지의 절반인 7테라전자볼트의 에너지로 양성자를 충돌시키는 데 성공했다. 2012년 3월부터는 충돌에너지를 8테라전자볼트로 올렸다. 그해 7월 4일 CERN은 그동안의 LHC 데이터를 분석한 결과, '신의 입자'라고 불리는 힉스 입자와 아주 비슷한 새로운 입자를 관측했다고 공식 발표했다. 영국의 피터 힉스와 벨기에의 프랑수아 앙글레르는 힉스 입자를 처음 제안한 공로로 2013년 노벨물리학상을 수상했다.

2008년 9월 10일에 CERN은 LHC의 공식 가동을 기념해 첫 빔을 1회전시키는 행사를 인터넷으로 전 세계에 생중계했다. 세계 유수의 언론들이 초대되었고 LHC의 중앙통제실 현장은 실시간으로 홍릉의 고등과학원까지 전해졌다. CERN이 최초로 월드와이드웹을 개발한 보람을 다시 한번 느낄 수 있는 순간이었다.

이날 고등과학원 1424호에는 독일 본 대학의 마누엘 드리스 교수도 함께했다. 고등과학원에서 연구조교수로 있다가 서울대학교로 막 자리를 옮긴 이탈리아 출신의 스테파노 스코펠 교수도 흥분된 눈초리로 스크린을 바라보고 있었다. 역시 고등과학원에서 연구조교수를 지냈던 또 다른 이탈리아인 프란체스카 보르추마티도 스테파노와 환담을 주고받았다. 넉 달간 고등과학원을 방문한 장상현 박사, 박종철 박사, 고려대학교 이강영 연구교수도 눈에 띄었다. 이날의 조촐한 축하행사를 위해 고등과학원 이재용 박사는 샴페인과 케이크를 준비했다.

화면은 계속 먹통이었다. 불과 몇십 분 전만 해도 CERN에서 준비한 LHC 홍보영상을 볼 수 있었는데, 그새 접속자가 폭주했는지 아무것도 나오지 않았다. 결국 우리는 문자중계를 보면서 LHC가 성공적으로 첫 번째 빔을 1회전시켰다는 소식을 전해 들었다. 큰 환호는 없었지만 여기저기 박수가 터졌고 샴페인이 돌았다.

백북스와의 만남

이미 몇 년 전부터 사람들은 나에게 LHC에 대해 자주 물어보곤 했다. 그때마다 LHC가 어떤 기계인지, 입자물리학이 무엇인지 설명하다가, 아예 이를 책으로 쓰는 것이 좋겠다는 생각을 했다. 그 결과 LHC의 가동에 때맞춰 나는 《신의 입자를 찾아서》라는 책을 집필했다. 책이 나오자 여기저기서 대중강연 요청이 들어왔다. 이 엄청난 기계가 도대체 어디에 쓰는 물건인지 알리는 것이 강연의 주된 목적이었다.

강연을 요청한 곳 중에는 독서 동호회도 하나 있었다. 4년 동안 100권의 책을 읽으며 학습공동체를 만들자는 기치를 내건 '백북스100BOOKS'였다. 백북스 회원들은 과학 분야에 관심과 조예가 깊었다. 어지간한 회원이라면 섭렵한 교양과학책들이 나보다 훨씬 많았다. 무엇보다 백북스가 독서모임이라는 사실 자체가 나의 향수와 흥미를 끌었다. 고등학교 시절 나도 독서토론모임을 했기 때문이다.

고등학교 1학년 봄에 나는 교내 문예부에 들어갔고, 가을에는 '상록'이라는 외부의 독서토론모임에 가입했다. 나의 고등학교 3년은 상록을 빼고서는 말할 것이 없을 정도로 상록은 내 사춘기 기억의 큰 부분을 차지하고 있다. 당시 내가 자란 부산에는 남녀공학이 드물었다. 나 또한 남학교에만 다닌 탓에 여학생들과 어울릴 기회가 거의 없었다. 상록은 그런 척박한 환경 속의 천국이었다. 우리는 중단편 소설을 읽고 매주 토요일마다 토론회를 가졌다. 안정된 장소를 구하기가 쉽지 않아서 이곳저곳을 전전해야 했지만, 그 모든 어려움도 지금은 아련한 추억으로 남았다.

상록은 공교롭게도 내가 태어난 해에 창립되어 나와 나이가 같다. 그래서 고등학교 1학년이던 17세에 나는 상록 17기가 되었다. 상록은 선후배들 사이도 각별했다. 돌이켜보면 일주일에 한 번씩 모여서 토론을 했던 것보다 선후배나 동기들과 모여 아웅다웅했던 기억이 더 많다. 지금도 상록의 선후배들은 종종 모인다. 1년에 한 번은 전국 각처에서 몰려들어 1박 2일 총회를 한다. 서울에 사는 회원만 해도 50명이 넘어서, 어쩌다 한 번씩 모이면 그렇게 반가울 수가 없다. 동문회와는 또 다른 성격의 문학회라 그 정이 남다르다.

하지만 상록도 34기를 끝으로 더 이상 회원을 받지 못했다. 수많은 선후배가 대를 잇기 위해서 백방으로 노력해봤지만 결국은 실패로 끝났다. 학생들은 더 이상 예전과 같은 방식의 독서토론에 흥미를 느끼지 못하는 것 같았다. 인터넷과 스마트폰으로 마음만 먹으면 동호회나 온라인 모임에 가입해 사람들을 만나고 원하는 정보를 얻을 수 있는 시대에, 1970~1980년대 스타일의 아날로그 토론 모임이 큰 매력을 갖기는 어려울 것이다. 그런 모든 기억들 때문에 독서모임을 접할 때마다 늘 애틋한 마음이 든다. 백북스도 마찬가지였다.

그해 9월 말 어느 날, 나는 백북스 서울 모임에서 입자물리학과 관련된 강연을 하기로 되어 있었다. 장소는 세종문화회관 뒤로 한참을 들어간 길 끝에 있는 어느 건물 지하였다.

그날 모임에서 나만 강연한 것은 아니었다. 백북스 모임에서는 일반 회원의 발표도 흔히 있었다. 그날도 네댓 명의 회원이 다양한 주제로 발표에 나섰다.

그중에서 내 눈에 들어온 슬라이드가 한 장 있었다.

세상에서 가장 아름다운 방정식.

전혀 있을 것 같지 않은 장소에서 익숙한 방정식 하나가 눈에 들어왔다.

$$T = \frac{c^4}{8\pi G}\, G$$

일반상대성이론을 함축하고 있는 아인슈타인의 중력장 방정식
이었다. 장field이란 공간의 특별한 성질로서, 어떤 시간, 어떤 공간에
부여된 값들을 통칭한다. 특히 중력이나 전기력 같은 힘에 대해서는
힘의 근원이 되는 물리량(질량 또는 전기전하)으로 그 힘을 나눈 값을
흔히 힘의 장(역장)이라 부른다. 화면 가득한 중력장 방정식을 보고
있자니 여러 감흥이 동시에 일었다. 이 방정식은 1915년에 완성되었
으니 2015년이면 일반상대성이론 100주년이 되겠구나 싶었다.

　2015년이라… 어느새 세월이 그렇게 흘렀나 하는 생각이 머리
를 스쳤다. 2008년 가을 내 머릿속에는 아직 2010년 이후가 입력되
어 있지 않았다. 3년 전인 2005년은 아인슈타인의 특수상대성이론
이 나온 지 정확이 100년이 되던 해라(그리고 아인슈타인 사망 50주기
이기도 했다) 세상이 한바탕 떠들썩했다. 유엔도 이를 기려 2005년
을 '세계 물리의 해'로 정했다. 국내에서도 다양한 행사가 진행되었
다. 나도 국립서울과학관에서 열린 아인슈타인 특별전에 가보았다.
'얼마 뒤면 또 그런 일들이 주변에서 벌어지겠구나'라는 생각도 뇌
리를 스쳤다.

　보통사람들은 일반상대성이론의 중력장 방정식을 구경할 기회
가 거의 없을 것이다. 아인슈타인의 상대성이론에는 특수상대성이

론(1905년)과 일반상대성이론(1915년) 두 가지가 있다. 특수상대
성이론은 등속으로 운동하는 좌표계들 사이의 물리적 관계를 다룬
이론이고 일반상대성이론은 중력이론이다. 아인슈타인 하면 으레
$E=mc^2$을 떠올리는데, 이는 특수상대성이론에서 이미 나온 공식
이다.

　물리학자들이 '아인슈타인 방정식'이라고 할 때는 중력장 방정
식을 뜻할 때가 많다. 이 식 하나에 아인슈타인의 중력이론인 일반
상대성이론의 모든 것이 담겨 있다고 해도 과언이 아니다.

$$G_{\alpha\beta}=\frac{8\pi G}{c^4}\,T_{\alpha\beta}$$

아인슈타인의 중력장 방정식. 대개는 앞쪽의 형태보다 이 형태를 주로 쓴다.

　대개 대학교의 물리학과에서는 특수상대성이론을 학부과정에
서 가르친다. 일반상대성이론은 대학원에 진학해서야 배울 수 있다.
나도 박사과정 때 일반상대성이론 강의를 들었다. 국내 대학에서
일반상대성이론 강좌가 상시적으로 개설된 대학(원)이 거의 없는
것으로 알고 있다. 물리학과에서 학사로 졸업한 사람들도 일반상대
성이론을 배울 기회가 없고, 대학원에서 석사나 박사를 해도 일반
상대성이론을 배울 기회를 갖기란 쉽지 않은 셈이다.

　입자물리학을 전공한 나도 일반상대성이론에 대해 자세히 알지

못한다. 우주론이나 중력이론을 전공하지 않는 이상 자세히 배우지 못한 것이 당연하지만, 요즘은 한 분야의 성과가 다른 분야에 영향을 미치는 경우가 많아서(특히 우주론의 성장세는 가히 폭발적이다) 일반상대성이론 정도는 이론물리학자들도 필수교양으로 알고 있어야한다. 그래서 나도 시간을 내서 필요한 부분을 따로 공부하곤 했다. 그런 중력장 방정식을 일반인 독서 동호회에서 보게 될 줄이야.

아는 사람이 거의 없는 나를 위해 서울지역 모임을 이끌고 있는 샐러리맨 P를 비롯한 몇몇이 내 주위로 몰려와 이것저것 물어보았다. 질문 중에는 슬라이드에 나왔던 중력장 방정식에 관한 것도 있었다. 과학책을 즐겨 읽는 모임이라 그런지 궁금한 것이 많았다.

내가 놀랐던 것은 백북스가 수학에도 관심이 많았다는 점이다. 보통은 교양과학책을 읽는 수준에 만족하는 경우가 많은데 이들은 그 이상의 뭔가에 목말라하고 있었다. 특히 P는 그전에도 양자역학과 관련된 수학을 직접 손으로 따라가 보고 싶다는 얘기를 내게 하곤 했다. 실제로 백북스에서는 현대물리학의 중요한 수식을 직접 풀어가며 공부하는 경우도 간혹 있었다.

그렇게 수학 이야기와 함께 술잔을 한두 번 들다 보니 아인슈타인의 중력장 방정식을 직접 수학으로 풀어볼 수 있을까 하는 문제가 도마에 올랐다. 잠깐의 갑론을박이 끝난 뒤, 나는 문득 내게 집중된 시선을 느꼈다. P는 물론이고 60세를 맞은 열혈 멤버 A여사도 호기심 어린 눈길로 나를 쳐다보았다. 잠깐의 망설임이 몰고 온 침

묵을 깨고 나는 짧고 거친 숨을 내쉬며 말했다.

"고등학교 수학부터 다시 해야 합니다."

곳곳에서 길고 짧은 탄식이 흘러나왔다. 순간 나는 묘한 절망감과 안도감을 함께 느꼈다.

목이 좀 탔던지 나는 천천히 술잔을 기울였다. 그때였다. 내가 잘못 들었나 싶은 소리가 귓가를 울렸다.

"그럼… 이 박사님께서 고등학교 수학부터 가르쳐주시면 되겠네요!"

A. Einstein.

제2장

"미적분을 알면 세상이 달라 보입니다"

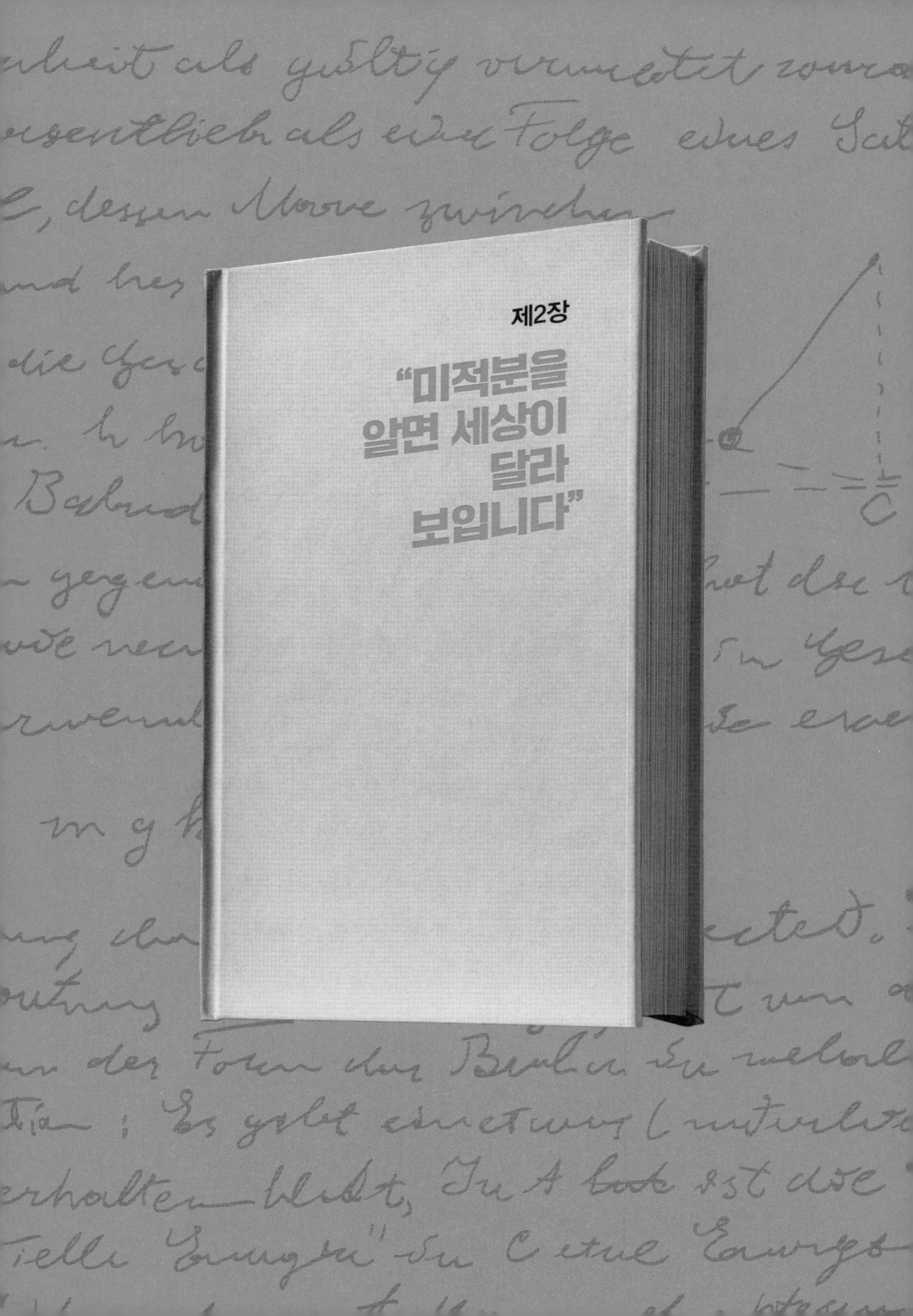

2008년 당시 내가 근무했던 고등과학원은 한국과학기술원 서울 캠퍼스 안에 있다. 오른편은 국립산림과학원이 있는 홍릉수목원과 벽을 맞대고 있고, 왼편으로는 경희대학교와 경희의료원을 약간 아래쪽으로 내려다보고 있다. 정문 길 건너에는 홍릉초등학교가 있다. 택시기사분들에게는 고등과학원보다 홍릉초등학교가 더 유명하다. 그 옆의 예쁜 샛길을 따라 오르막길을 약간 올라가면 전자도서관이 조그만 근린농원 아래에 자리 잡고 있다. 편도 2차선인 정문 앞 도로는 경희삼거리부터 홍릉수목원을 거쳐 고려대역까지 이어져 있다. 그 길을 따라 KIET(산업연구원), KIDA(한국국방연구원), KDI(국제정책대학원), KFRI(국립산림과학원) 등 K자가 들어간 온갖 국가기관이 몰려 있다. 이 길은 서울에서 걷고 싶은 길 랭킹 10위 안에 든다. 이 길을 호위하듯 양쪽으로 죽 늘어선 은행나무가 개나리보다 샛노란 잎을 흐드러지게 흩날리는 10월 말에서 11월 초가 되면 이유를 누구나 알 수 있다.

대학가치고는 아기자기한 이 동네에도 숨겨진 맛집이 꽤 있다. 그중에서도 나는 경희의료원 주차장 바로 앞에 있는 아바이 순댓집을 좋아했다. 겉보기에는 작고 허름해서 지나치기 쉬운데 내부는 깔끔하고 정갈하다. 인심 푸근하게 생긴 주인 아주머니가 퍼주는 순댓국밥이 나의 단골 메뉴였다. 적지도 많지도 않은 고깃점과 순대, 이를 넉넉하게 품은 채소들, 그리고 주인장만 아는 비법으로 우려낸 육수가 서로 겉돌지 않아 비릿한 맛 하나 없이 목구멍을 넘어갔다. 한동안 이 맛에 길들여진 탓에 아직도 순댓국 하면 이 집의 맛을 표준으로 여기고 있다.

광화문 뒷골목에서 뜻하지 않게 아인슈타인의 중력장 방정식과 마주쳤던 그날 뒤풀이를 했던 순댓국집은 이름 있는 브랜드의 프랜차이즈였다. 하지만 맛은 아무래도 우리 동네의 허름한 아바이 순 댓집을 따라가지 못했다. 낯선 식당에서 순댓국을 먹고 있자니, 이 제는 문을 닫은 그 집이 더욱 생각났다. 그래도 역시 허기가 최고의 반찬인지라 국밥이며 순대를 우걱우걱 삼켰다. 시곗바늘은 이미 열한 시를 향해 힘차게 내닫고 있었다.

시작의 점화

"고등학교 수학부터 다시 해야 합니다."

입에 순대를 물고 뱉은 이 말에는 "그러니까 어디 가서 우선 고등학교 수학부터 다시 배워 오십시오"라는 뜻이 담겨 있었다. 나는 내가 생략한 말을 P와 다른 회원들도 똑같이 되뇌고 있으리라 생각하며 잔에 남은 소주를 입으로 털어 넣었다.

"그래요?"

맥이 빠진 P의 한마디. 나는 내 예상이 맞았다는 승리감에 약간 우쭐해졌다. 그러나 그 승리감은 10초를 채 넘기지 못했다.

"그럼… 이 박사님께서 고등학교 수학부터 가르쳐주시면 되겠네요!"

좌중 어디선가 들려온 이 한마디에 식도를 타고 내려가던 쓴 소주가 그 자리에 딱 멈추는 듯했다. '아차, 이거 내가 뭔가 잘못 걸려든 것은 아닐까?' 하는 생각이 퍼뜩 머리를 스쳤다. 마치 기나긴 암산을 할 때처럼 머릿속 계산이 갑자기 복잡해졌다. 그제야 나는 허기를 찬 삼아 먹었던 순댓국이 나의 표준에는 모자란다는 것을 갑자기 깨닫고, 그때까지 잘 먹던 순대며 국물을 괜스레 물렸다.

몇몇 사람은 마치 난제의 해결책이라도 찾은 듯 고개를 끄덕이며 내게 고등학교 수학부터 가르쳐달라는 말을 반복했다. P는 나를 너무 괴롭히지 말라며 손을 내저었다. 하지만 P에게도 꽤 괜찮은 아이디어처럼 보였던 모양이었다. 갑자기 사뭇 진지한 표정으로 그는 계속해서 나에게 물었다.

"그런데 왜 고등학교 수학부터 다시 해야 하죠?"

"미적분 때문입니다."

거의 반사적으로 미적분이라는 단어가 튀어나왔다. 내가 이 답을 할 때는 순간의 망설임이나 주저함도 없었다. 여기에는 이론의 여지가 없다. 아인슈타인 방정식을 풀겠다는데, 미적분을 모른다는 것이 말이 되나? 아인슈타인 방정식은 그 자체가 2계 미분방정식이다. 아인슈타인 방정식으로 축약되는 일반상대성이론은 말할 것도 없고, 뉴턴의 고전역학을 제대로 이해하려면 미적분은 필수이다. 미적분과 아인슈타인 방정식을 오갔던 당시의 내 머릿속 상황은 대략 다음과 같았다.

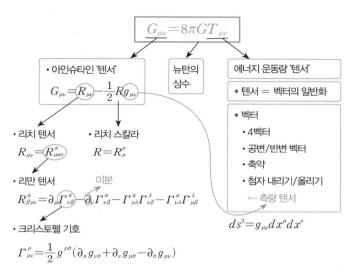

일반상대성이론 도식

$$G_{\mu\nu}=8\pi G T_{\mu\nu}$$

- 아인슈타인 '텐서'
$$G_{\mu\nu}=R_{\mu\nu}-\frac{1}{2}Rg_{\mu\nu}$$

- 뉴턴의 상수

- 에너지 운동량 '텐서'
  - * 텐서 = 벡터의 일반화
  - * 벡터
    - 4벡터
    - 공변/반변 벡터
    - 축약
    - 첨자 내리기/올리기
    - ← 측량 텐서

- 리치 텐서
$$R_{\mu\nu}=R^{\alpha}_{\mu\alpha\nu}$$

- 리치 스칼라
$$R=R^{\mu}_{\mu}$$

미분

- 리만 텐서
$$R^{\alpha}_{\beta\mu\nu}=\partial_{\mu}\Gamma^{\alpha}_{\nu\beta}-\partial_{\nu}\Gamma^{\alpha}_{\nu\beta}-\Gamma^{\alpha}_{\mu\lambda}\Gamma^{\lambda}_{\nu\beta}-\Gamma^{\alpha}_{\nu\lambda}\Gamma^{\lambda}_{\mu\beta}$$

- 크리스토펠 기호
$$\Gamma^{\rho}_{\mu\nu}=\frac{1}{2}g^{\rho\sigma}(\partial_{\mu}g_{\nu\sigma}+\partial_{\nu}g_{\mu\sigma}-\partial_{\sigma}g_{\mu\nu})$$

$$ds^2=g_{\mu\nu}dx^{\mu}dx^{\nu}$$

6자를 좌우로 돌려놓은 모양(∂)이 바로 미분기호이다. 화살표를 거꾸로 따라가면 아인슈타인 방정식의 좌변에 미분이 두 번 작용했음을 알 수 있다(그래서 이 방정식은 2계 미분방정식이다). 하지만 술자리에서 이 모두를 설명할 수는 없었다. 더 솔직히 말하면, 일반상대성이론을 구성하는 복잡한 요소들을 나도 전부 기억하지는 못한다.

아인슈타인 방정식과 관련된 온갖 정의와 수식이 두루마리 화장지마냥 머릿속에서 둘둘 풀려 내려가자, 마치 거기에 씻기기라도 하듯 목에 걸렸던 소주도 아래로 흘렀다. 막혔던 술 길이 뚫린 탓인지 다시 소주병이 눈에 들어왔다. 그 병을 들고 빈 잔을 채우며 P가 다시 물었다.

"미적분이 그렇게 중요한가요?"

아인슈타인 방정식 자체가 미분으로 정의되었다는 교과서적인 이야기가 그의 궁금증을 해결해줄 리 만무했다. 잠깐 고민하던 나는 남은 잔을 들이키며 회심의 일타를 날렸다.

"미적분을 알면 세상이 달라 보입니다."

"호오, 그 정도인가요?"

이렇게 반문하는 주위 사람들의 눈빛이 반짝였다. 그런 눈빛의 변화는 절대 숨길 수가 없어서 누구라도 쉽게 알아챌 수 있는 법이다. 적어도 미적분이 왜 중요한지에 대해서 확실히 메시지를 준 것 같았다.

사실 미적분은 고등학교 수학 시간에 배운다. 그 자리에 있던 수학을 전혀 모른다는 분들도 수십여 년 전 고등학교 시절 미적분을 배웠을 것이다. 인문계라고 예외는 아니다. 복잡하고 섬세한 기교까지는 아니어도 기본개념과 정의는 인문계에서도 충분히 가르쳤다. 그러나 고등학교 때 배운 정도로는 세상이 달라 보이지 않을 수도 있다. 나는 대학교에 입학해 일반물리학을 배우면서, 특히 회전운동에서의 회전관성 moment of inertia을 계산하면서 미분과 적분의 참뜻을 깨우치기 시작했다. 세상이 달라 보이기 시작한 것도 그 즈음이었다. 그러니 그날 내가 한 말은 진심이었다.

아인슈타인 방정식과 미적분으로 가득 찼던 머릿속은 시간을 거슬러 일반물리학을 지나 다시 고등학교 수학 속으로 내달리고 있었다. 물리학과를 다녔지만 대학 시절에는 '수요가 많은' 수학 과외를 훨씬 많이 했던 터라 고등학교 수학에 관한 한 일가견이 있었다. 그 시절의 추억을 떠올리며, 나는 과외 선생처럼 백북스 사람들의 호기심에 답했다.

"그럼요. 그래서 고등학교 수학의 목표를 한마디로 말하면 미적분의 이해라고 할 수 있죠."

"그때는 미적분이 그렇게 싫었는데…. 물론 지금은 하나도 기억이 안 나고요. 그런데 그걸 지금 다시 공부해야 된단 말이죠?"

"네. 그래야 고전역학이든 상대성이론이든 아인슈타인 방정식이든, 적어도 기호라도 알아보죠. 수학 기호만 알아도 답답함이 덜할걸요? 미적분을 제대로 알면…."

"세상이 달라 보인다?"

확실히 여기서 P는 '낚인' 듯 보였다. 일반상대성이론이나 아인슈타인 방정식은 온데간데없이 미적분이 화제의 중심에 올랐다. 그러나 그의 표정에 새로운 세상에 대한 기대와 열망만 가득한 것은 아니었다. '수학 공부를 그만둔 지 수십 년이 지났는데 지금 다시 수학을 공부하는 게 무슨 의미가 있을까? 아니 그게 과연 가능하기나 한 것일까?' 하는 두려움과 의심도 섞여 있었다. 그 심정을 어느 정도 이해할 수 있었다.

반면 나는 적어도 고등학교 수학, 특히 미적분에 관해서는 상당한 자신감을 갖고 있었다. 다년간의 과외 경험을 통해 수학을 어려워하는 학생들의 사고의 흐름과 이를 극복하는 방법을 내 나름대로 터득하고 있었다. 또 고등학교 수학 과정을 내 입맛에 맞게 재구성하고 선호하는 논리 구조에 따라 최적의 경로를 구축할 수 있었다. 그래서 충분한 시간만 주어진다면 백북스 회원들에게도 미적분을 가르쳐서 터득하게 할 수 있다고 나는 내심 확신했다.

물론 고등학교 미적분 과정에서 일반상대성이론까지는 또 다른 문제이다. 하지만 아인슈타인 방정식도 큰 틀에서는 미분방정식이니 이 방정식을 푸는 데 미적분과는 전혀 다른 계산법이 필요하지는 않다. 이 수준에서만 본다면 양자역학의 슈뢰딩거 방정식도 크게 다르지 않다.

미적분을 알면 세상이 달라 보인다는 말에 현장 분위기는 더욱 뜨겁게 달아올랐다. 아인슈타인 방정식을 풀고 싶다는 소박한 바람은, 이제 새로운 세상을 보겠다는 비장한 염원으로 바뀌어 있었다. 언뜻 생각하기에는 아인슈타인 방정식을 푸는 것이 미적분을 터득하는 것보다 훨씬 더 어렵게 느껴질 것이다. 하지만 수학을 모르는 평범한 주부나 회사원이 과학을 수학으로 다시 접하는 데는 미적분이 최대의 장벽임이 분명하다. 그것도 가장 먼저 넘어서야 할.

이제는 내가 그의 부탁을 받아들일 것인지 거부할 것인지, 답을 줄 차례였다. 결정의 순간이 다가올수록 '새로운 세상이 보인다'는 떡밥에 백북스 사람들이 낚인 것인지 내가 낚인 것인지 도무지 분간이 되지 않았다.

결국 관건은 나의 최종 결심이었다.

제3장

결심

자정께 문을 닫는 순댓국집에 더 오래 앉아 있을 수는 없었다. 널찍한 식당에는 거의 우리만 남아 있었고 적지 않은 사람들이 자리를 떠서 군데군데 비어 있었다. 마감을 앞둔 식당 분위기와는 달리 아인슈타인 방정식과 미적분을 넘나들던 우리 테이블의 대화는 오히려 후끈 달아올랐다.

"고등학교 수학부터 좀 가르쳐주십시오. 새로운 세상을 보고 싶습니다."

평범한 직장인과 주부가 대부분인 이 늦깎이 학생들의 요청을, 나는 쉽게 거절할 수 없었다. 아니 거절할 이유를 찾기 힘들었다. 그렇다고 선뜻 동의하기도 어려웠다. P의 요청에 대한 수락 여부와 상관없이, 만약 P와 같은 사람이 정말로 아인슈타인의 방정식을 풀려면 어떤 과정을 얼마나 오래 공부해야 할 것인지 머릿속으로 대충 견적을 내고 있었다.

정규과정을 밟는다면 어떻게 될까? 우선 고등학교 이공계 과정 수학을 배우는 데 2년이 걸린다. 일반물리학에 1년, 고전역학에 6개월이 더 필요하다. 특수상대성이론은 고전역학 말미에 배울 수 있다. 일반물리학은 물리학이라는 학문의 패러다임을 배우는 데 꼭 필요한 과정이다. 그러고 난 뒤 대학원에 진학해야 6개월 동안 일반상대성이론을 배울 수 있다.

이 모든 기간을 더하면 어림잡아도 4년이 필요하다. 하지만 우리 모두 4년이라는 시간을 내서 고등학교 수학부터 아인슈타인 방정식까지 가르치고 배울 수는 없는 노릇이다. 각자 먹고살아야 할 생업이 있다는 것 말고도 여기에는 또 다른 이유가 있었다.

백북스에는 과학에 대한 관심과 열정으로 가득 찬 사람이 많았다. 그중 상당수는 교양과학서를 두루 탐독해서 더 이상 새로운 책을 보는 것이 큰 의미가 없을 정도였다. 이들은 거기서 한 걸음 더 나아가 과학을 말과 글이 아닌 수학으로 이해하고 싶어 했다.

이분들이 과학적인 내용을 주로 글자로만 받아들이고 이해했다면, 대학교 1학년부터 정식으로 물리학을 배운 (잘했든 못했든 간에) 나는 수학으로 과학을 이해하고 있다. 어쩌다가 교양과학책을 읽을 때면 수학으로 이해하고 있던 내용을 말로 풀었을 때 이렇게 되는구나 싶어서 깜짝깜짝 놀라기도 한다. 조금 과장해서 말하면 새로운 세상을 발견한 기분이 들 때도 있다. 그래서 수식으로만 과학을 배우는 데 익숙한 한국의 학생들이 일상의 언어로 과학적 내용, 물리적 실체를 이해하는 훈련과 경험을 많이 쌓았으면 좋겠다는 생각을 하곤 한다. 물리학자들은 뭔가를 계산해보기 전에 미리 답을 알고 있어야 한다는 말을 한다. 이것은 물리적인 상황을 직관적으로 꿰뚫어 보는 통찰력의 중요성을 강조한 말이다. 디테일한 수학보다 감각으로써 본질을 파악하는 능력 말이다.

하지만 수학으로 자연의 원리와 질서를 이해하는 것도 굉장한 즐거움이다. 그 기쁨과 환희는 일종의 마약과 같아서, 한번 그 맛을 보면 끊기 어렵다. 안개와 구름이 걷히면서 신세계가 눈앞에 펼쳐지는 느낌이랄까. 그럴 때면 세상을 창조한 조물주의 마음을 엿본 것 같은 착각에 빠지기도 한다. 물리학에서 '신의 마음'이니 '신의 뜻'이니 하는 표현을 자주 쓰는 것도 이 때문이 아닐까 싶다. 많은 학생이 불확실한 미래에도 불구하고 여전히 물리학에 투신하는 이유도 여기에 있다.

안타깝게도 비전공자는 이런 기쁨을 느낄 기회가 없다. 말과 글로 물리를 이해하고 있는 백북스 회원들이 만약 수학으로 물리를 이해하게 된다면, 수학으로 물리를 알고 있던 내가 말과 글로 물리를 이해하게 되었을 때 받은 느낌과는 완전히 다른 감동을 느낄 것이다. 그러고 나서 다시 교양과학책을 읽어보면 처음에 잘 이해하지 못하고 읽었던 내용들이 제각각 자기 자리를 찾으면서 새로운 의미를 갖는다는 것을 알게 될 것이다. P와 같은 분들은 확실히 그런 상황에 목말라 하고 있었다.

그러나 우리나라에는 이런 갈증과 욕구를 해결할 방법이 딱히 없다. 선진국처럼 대학에서 일반인을 위해 다양한 프로그램을 개설하는 것도 아니고, 그렇다고 학원을 다니거나 가정교사를 둘 수도 없지 않은가. 따라서 만약 고등학교 수학부터 공부하는 자리를 만든다면 이런 분들의 욕구가 백북스의 틀 안에서 자기완결적으로 충족되는 방식으로 준비하는 게 최선이다. 그러려면 아무래도 1년 단위로 프로그램이 돌아가는 게 무난해 보였다.

1년 만에 고등학교 수학부터 아인슈타인 방정식까지라….

반쯤 남은 소주잔을 비우며 나는 잠시 생각에 잠겼다. 아무리 생각해도 1년 미만의 기간으로는 불가능해 보였다. 그렇다고 2년 이상 진행한다면 가르치는 사람도, 배우는 사람도 버티지 못할 것이다. 하나의 시스템으로 정착시키기도 어렵다. 나중에 수학에 1년, 일반물리학에 1년, 총 2년 과정으로 대학 학사과정과 비슷한 모양을 갖출 수 있을지는 몰라도, 처음부터 그런 무모한 방법을 택할 수는 없었다. 더군다나 당시의 내 상황도 누군가를 가르치기에는 부담이 컸다.

당시 나는 박사 후 연구원 신분이었다. 좋은 논문을 많이 써서 교수직을 얻는 일이 가장 시급했다(예나 지금이나 입자물리학은 교수 자리가 잘 나지 않는다). 그런 면에서 2008년은 밥벌이를 제대로 하지 못한 해였다. 당시 나는 CERN의 입자가속기 LHC를 많은 사람에게 알리는 것이 논문을 한두 편 쓰는 것보다 중요하다고 생각했다. 진화생물학자로 유명한 한 교수는 다윈이 《종의 기원》을 발표한 지 150주년이 되던 2009년에 '모든 생물학자들이 만사를 제쳐두고 올한 해 다윈에 목을 매야 했다'며, 그럼에도 가장 적극적이었던 자기 자신은 '너무나 바쁘지 않았다'고 한탄한 적이 있었다. 2008년의 내 심정도 그와 다르지 않았다. 그래서 첫 책 《신의 입자를 찾아서》도 2008년에 맞춰 출간했고, 여기저기 투고와 강연을 마다하지 않았다. 그렇게 해가 지나가고 있었다. 벌써 9월 말이었다. 다시 1년을 수학 강의로 보낸다면 이제는 내 생계를 담보로 걸어야 할지도 모른다는 생각이 들었다. 2009년은 나의 30대 마지막 해이기도 했다.

이런 생각들로 어지러운 와중에 P가 술을 따르며 물었다.

"그런데, 고등학교 수학부터 아인슈타인 방정식까지 다 배우려면 얼마나 걸릴까요? 일반상대성이론 100주년이 되는 2015년까지 어떻게든 배울 수나 있을까요?"

"그야 뭐, 하기 나름이죠. 정규과정대로 하려면 여러 해가 걸리겠지만 2015년까지는 가능할 겁니다. 그래도 1년 만에 끝낼 수 있다면 여러모로 좋을 것 같은데요."

그러고는 조금 전까지 생각했던, 1년이 적당한 이유를 이야기했다.

"정말 1년 안에 끝낼 수 있나요?"

"어느 수준으로 하느냐에 달렸죠. 그렇다고 2년 이상 하기도 현실적으로 어렵지 않겠습니까?"

"혹시 다음 달부터 바로 수학공부를 시작할 수 있나요?"

'아, 이분들, 정말 감당하기 어렵구나.'

그렇다고 내 생계 문제까지 꺼내고 싶지는 않았다. 사람들의 절박한 눈빛을 보고 있자니 한동안 잊고 있었던 알량한 반 푼어치 사명감이 슬그머니 떠올랐다.

어떤 사명감

내가 대학에 들어갔던 1990년은 학생운동의 역사에서 기억할 만한 해였다. 1989년 각 대학의 총학생회 선거는 전통적인 민족해방NL 계열의 우세 속에서도 상대적으로 민중민주PD 계열의 약진이 두드러졌다. 내가 다닌 대학에서도 PD 계열이 승리했다. 그런데 1990년 11월 총학생회 선거에서는 PD가 둘로 갈라져 총 3명의 후보가 출마했다.

5·18광주민주화운동이 일어난 지 꼭 10년이 되던 1990년에는 광주 정신을 어떻게 계승할 것인가를 놓고 NL과 PD의 지루한 논쟁이 이어졌다. 그해 1월 22일에는 전노협이 결성되었고, 같은 날 노태우 – 김영삼 – 김종필의 3당 합당이 이루어졌다. 그 결과 5월 4일에 민자당이 출범했다. 전노협과 민자당이 등장한 새로운 상황에서 '학생운동이 어떻게 대처할 것인지'가 중요한 문제로 떠올랐다.

그런데 1990년 총학생회 선거에 기호 3번으로 나선 PD 계열의 한 분파는 색다른 제안을 내놓았다. 이른바 부문계열운동이 그것이다. 부문계열운동이란 학생들의 전공과 진로에 맞게 전문화되고 세분화된 형태의 운동이었다. 그때까지의 학생운동은 모두가 직접적인 대정부투쟁 또는 반체제투쟁에 나서도록 하는 것이 전부였다. 부문계열운동은 말하자면 학생운동의 전선을 수평적으로 대폭 확대하는 운동이었다. 학생운동과 뜻을 같이하더라도(1993년 교내 신문의 설문조사에 의하면 사회주의를 지지하는 학생이 60%였다) 직접적으로 반정부투쟁에 나서지 못하는 경우가 많았다. 사실 모두가 반정부투쟁에만 나설 필요도 없을뿐더러 이제는 각자의 부문별·계열

별로 새로운 형태의 학생운동을 일궈내는 것이 시대의 요구라는 것이 부문계열운동의 주장이었다.

1990년대 초반에는 소위 '386'으로 대변되던 이전 세대의 거대 담론이 힘을 잃어가면서 디테일과 전문성이 그 자리를 메우기 시작했다. 또한 서태지로 상징되는 신세대(또는 X세대)의 등장과 함께 문화의 다양성이 폭발적으로 증가하면서, 대학 문화의 새로운 패러다임이 시작되고 있었다(1991~1992년에는 신세대 신입생을 따라가지 못하면 학생운동이 망한다는 얘기가 공공연하게 나돌 정도였다).

이공계에서는 과학사와 과학철학이 이러한 다양성의 폭발 혹은 일종의 '문화혁명'에 이론적인 밑거름을 제공했다. 이른바 거대담론으로 직접 환원되지 않는 이공계만의 특성, 그 전문성의 존재가치를 발견하기 시작한 것이다. 과학사와 과학철학은 이공계가 인문계나 사회의 다른 분야와 쉽게 소통할 수 있는 연결고리 역할도 담당했다. 가히 요즘 유행하는 '통섭'의 원류라고 부를 만하다.

부문계열운동의 흐름은 사실 이전부터 조금씩 존재했었다. 그리고 부문계열운동 자체가 1990년 총학생회 선거에서 핵심쟁점이 되지는 않았다. 그러나 이때의 문제의식은 해마다 이어져 1990년대 중반 새로운 학생운동의 패러다임으로 이어졌기 때문에 1990년대 학생운동의 중요한 성과로 꼽을 수 있다.

부문계열운동은 특히 이공계에서 꽃을 피웠다. 여기에는 당시 발흥하기 시작한 과학기술자운동이나 환경운동, 학내에 개설된 과학사·과학철학 협동과정도 큰 역할을 했다. 이공계열 단과대학에서는 과학기술자운동을 공부하고 실제 활동을 벌이는 단체들도 생겨났다. 나는 2학년 때부터 그중 한 단체에서 약 1년간 활동했다. 과학사나 과학철학에 대해 내가 알고 있는 대부분은 여기서 배운 것들이다. 이후 '통상적인' 의미의 학생운동에 전념했지만 부문계열운동과 과학기술자운동은 항상 내 뒤를 따라다녔다.

당시 나는 다른 학생들에게 과학을 하면서도 사회변혁을 위해서 의미 있는 일들을 할 기회가 많다고 이야기했다. 화염병을 들고 거리로 나서지 않더라도 앞으로 이공계 과학기술자로서의 전망을 가지고 있는 지금의 위치에서 우리의 전공 특성에 맞게 사회의 부조리를 바꿔나갈 수 있으며, 훗날 사회에 나가서도 그런 고민을 계속 이어가면 좋은 세상을 만들 수 있다고 주장했다.

대중 속으로

독서모임 뒤풀이의 대화에서 중요한 대목은 지역사회로의 '대학 개방'으로, 전문적인 학문영역에 대한 일반인의 접근성을 높이는 것이었다. 과학기술자운동의 관점에서 보자면 국가적인 정책을 결정할 때 비전문가들의 참여를 확대해 시민에 의한 감시와 통제를 확보하는 것이 중요하다. 대학 개방은 일반인도 필요에 따른 전문지식을 익혀 판단의 근거를 최대한으로 마련하는 데 실질적으로 도움이 된다.

"자신의 전문지식을 대중과 나누어라."

그렇게 이야기하던 나도 학생운동을 떠나 대학원에 진학하고, 학위를 받고, 연구원으로 사는 동안 예전에 했던 말을 잊고 살았다. 그런데 30대 후반에 처음 만난 독서모임 분들이 옛 기억을 되살린 것이다. 나도 내가 뱉은 말이 이렇게 15년도 더 지나 부메랑이 되어 돌아올 줄은 몰랐다. 물론 2008년 9월의 나는 과거의 경험과 말에 묶여 있을 이유도 없었고 그러고 싶지도 않았다. 하지만 어쩌면 그 때까지 물리학자로 살아오면서 암암리에 그 말의 의미와 무게를 느껴왔는지도 모른다. 백북스 회원들의 간절한 눈빛을 보면서, 20대 초반에 내가 말하고 행동했던 것들이 어떤 의미였는지 그제야 조금씩, 어렴풋하게나마 깨닫기 시작했다.

2008년의 누군가가 만사를 제쳐놓고 LHC에 매달렸고 2009년의 누군가가 만사를 제쳐놓고 다윈에 매달렸듯이, 2015년에는 또 누군가가 만사를 제쳐놓고 아인슈타인 일반상대성이론에 매달릴 것이다. 아마도 나는 그 '누군가' 중의 한 사람이 되어 2015년을 2008년처럼 보낼 것만 같았다. 그게 불 보듯 빤하다면, 조금씩 준비를 하는 편이 좋을지도 몰랐다. 논문을 몇 편 못 쓰더라도, 그래서 안정된 직장을 더 늦게 얻을지라도, 물리학자로 한 번 사는 인생에 이런 유별난 기회는 다시 오지 않을 것이다.

술자리는 거의 끝나가는 분위기였다. 식탁에 있던 술병들은 거의 비었고, 어지럽게 널려 있는 그릇들도 담고 있던 음식들을 다 게

위내고 자기 속을 훤히 드러내놓고 있었다. P는 다른 식탁에서 술이 든 병을 가져와 내 잔을 채웠다. 순댓국집에서의 마지막 잔이었다. P와 잔을 부딪친 뒤 단숨에 술을 들이켜고 잔을 탁 내려놓으면서 좌중을 둘러보았다.

"그럼 한번 해봅시다."

나의 30대, 가장 보람 있었던 365일은 그렇게 시작되었다.

A. Einstein.

제4장

상대성이론의
의미

상대성이론이란 어떤 좌표계에 대해 상대적으로 운동하는 좌표계의 현상을 설명하는 이론이다. 상대성이론의 기원은 갈릴레오 시대까지 거슬러 올라가지만, 인간의 인식에 혁명을 몰고 온 것은 아인슈타인의 상대성이론이다. 아인슈타인의 상대성이론에는 특수상대성이론과 일반상대성이론, 두 가지가 있다.

특수상대성이론

1905년에 발표된 특수상대성이론은 두 좌표계가 등속운동을 할 때 이들 사이의 관계를 기술하는 이론이다. 등속운동이란 일정한 방향으로 일정한 속도로 움직이는 운동이다. 예를 들어 정지한 사람이 일정한 속도로 움직이는 지하철에 타고 있는 물리적 상황을 기술할 때 특수상대성이론이 적용된다.

아인슈타인은 특수상대성이론을 구축할 때 두 가지 가정을 세웠다. 첫째는 좌표계가 바뀌더라도 물리법칙이 바뀌지 않는다는 것이고, 둘째는 광속은 어느 좌표계에서나 똑같다는 광속불변의 가정이다.

첫째 가정은 언뜻 봐도 그럴듯하다. 좌표가 바뀌었다고 해서 물리법칙이 덩달아 바뀐다면 자연의 '법칙'으로서 자격이 없을 것이다. 사실 첫째 가정에는 (곧 보게 되겠지만) 약간 복잡한 사정이 있긴 하다. 그래도 직관적으로 받아들이기에 큰 무리는 없다.

문제는 둘째 가정이다. 일상의 경험에 따르면 움직이는 좌표계에서의 물체의 속도에는 그 좌표계의 운동속도가 더해지거나 빼진다. 에스컬레이터 위를 걸어 올라가는 사람은 정지한 사람이 봤을 때 훨씬 더 빠른 속력으로* 걸어가는 것처럼 보인다. 그러나 빛에 대해서는 이런 덧셈이 적용되지 않는다는 것이 아인슈타인의 둘째 가정이다. 이 가정에 따르면 멈춰 있는 사람이 들고 있는 휴대폰에서 나가는 빛이나 에스컬레이터 위를 걸어가는 사람의 손에서 나가는 빛이나 모두가 똑같은 속력(흔히 c로 표시한다)으로 관측된다. 상대성이론과 관련된 모든 신비한 현상은 여기서 비롯된다.

아인슈타인이 광속불변을 생각한 이유는 19세기에 고전적인 전자기학을 정리한 맥스웰 방정식에서 '빛은 곧 전자기파의 일종이며 그 속력은 항상 일정한 상수로 주어진다'고 예측했기 때문이었다. 당시 과학자들은 빛이라는 파동을 매개하는 물질인 에테르가 존재한다고 생각했으며 맥스웰 방정식이 예측한 광속은 에테르가 정지한 좌표계에서의 속력이라고 여겼다. 이렇게 되면 에테르의 운동에 따라 광속이 달라질 것이므로 그 차이를 정밀하게 측정할 수 있을 것으로 예상했다.

그러나 마이컬슨과 그의 조수 몰리는 1887년에 대단히 정밀한 실험을 통해 그런 차이를 발견할 수 없음을 밝혔다. 몇몇 과학자는

---

* 　속도(velocity)는 크기와 방향이 있는 양이다. 속도의 크기를 속력(speed)이라고 한다. 광속은 빛의 속력이다.

이 결과에 맞추기 위해 맥스웰 방정식을 수정하기도 했다.

아인슈타인은 그 길을 따르지 않고 맥스웰 방정식의 모양이 좌표를 바꾸더라도 형태가 변하지 않아야 한다고 생각했다. 이것은 아인슈타인의 첫째 가정과 맞닿아 있다. 그렇게 되면 광속은 어떤 좌표계에서도 항상 일정한 값을 가져야만 한다.

아인슈타인 이전에는 시간과 공간이 독립적으로, 그것도 선험적으로 주어져 있었다. 특수상대성이론에서는 모든 것이 좌표변환과 광속불변을 중심으로 움직이기 때문에 시간과 공간조차도 아인슈타인의 두 가지 가정에 종속될 수밖에 없다. 상대성이론에서는 1차원의 시간과 3차원의 공간이 합쳐진 4차원의 '시공간'이 매우 중요한 개념이다. 시공간은 서로가 독립적으로 존재하지 않고 특수상대성이론의 원리를 충족하기 위해 독특한 성질을 갖게 된다. 예를 들어 운동하는 좌표계의 시간은 느려지고 길이는 짧아진다. 에너지는 질량과 등가의 관계에 있고 그 어떤 물리적 신호도 광속을 능가할 수 없다.

그러나 이러한 상대론적 효과를 확인하려면 물체의 속력이 광속에 매우 근접해야 한다. 자동차나 비행기 따위의 일상의 교통수단이 낼 수 있는 속력에서는 상대성이론의 효과가 미미해서 알아채기 어렵다.

일반상대성이론

특수상대성이론이 나온 지 10년 뒤에 발표된 일반상대성이론은 가속하는 좌표계의 물리현상을 어떻게 다룰 것인지를 기술한다. 가속운동은 말 그대로 속도가 시간에 따라 변하는 운동이다. 등속운동은 가속도가 0인 운동으로서 가속운동의 특수한 경우이다(그래서 등속운동에 대한 상대성이론을 '특수'상대성이론으로 이름 붙였다). 반대로 말하면 가속운동은 등속운동이 일반화된 경우이기에, 이와 관련된 상대성이론을 '일반'상대성이론이라고 부른다.

가속운동은 등속운동과는 결정적인 차이가 있다. 일상에서 늘 경험하듯이, 버스가 갑자기 출발하면 몸이 뒤로 젖힌다. 모서리를 돌아갈 때는 몸이 바깥쪽으로 쏠리기도 한다. 우리는 그런 현상이 일어나는 이유를 알고 있다. 바로 관성력 때문이다. 관성력은 어떤 물체가 가속할 때 생기는 힘으로, 정지한 좌표계에는 애초에 '없던' 힘이다. 가만히 서 있는 사람에게는 중력 이외에 아무런 힘도 작용하지 않는다. 눈앞에서 버스가 갑자기 출발하거나 모서리를 급회전하더라도 길에 서 있는 사람에게 다른 힘이 가해질 리 없다. 관성력은 버스를 타고 있는 사람들만 느낀다.

아인슈타인은 이런 관성력을 중력과 구분할 수 없다고 생각했다. 엘리베이터가 갑자기 올라가면 우리는 몸이 순간적으로 무거워짐을 느낀다. 반면에 엘리베이터가 올라가다가 정지할 때는 순간적으로 몸이 가벼워진다. 엘리베이터 안에 있는 우리는 엘리베이터가 올라가고 있는지 아니면 지구의 질량이 갑자기 무거워졌는지 알 길이 없다. 즉 가속운동에 의한 관성력은 정지한 좌표계에서의 중력과 똑같은 효과를 낸다. 이것을 등가원리equivalence principle라고 한다.

앞서 보았듯이 등속운동을 하는 좌표계에서는 광속불변과 물리법칙의 불변을 충족하기 위해 시간과 공간이 변한다. 이로부터 미루어 짐작하건대 가속운동을 하는 좌표계에서는 일반적으로 시공간의 구조가 심하게 뒤틀린다고 생각할 수 있다. 그런데 등가원리에 따르면 가속운동은 중력과 등가이다. 중력의 근원은 질량(혹은 에너지)이므로 결과적으로 질량이 시공간의 구조를 뒤튼다고 생각할 수 있다. 이 아이디어가 일반상대성이론의 핵심이다.

아인슈타인에 따르면 질량이 있을 때 그 주변의 시공간은 뒤틀리고 휘어진다. 또 다른 질량은 그 굽은 공간의 결을 따라 최단경로(측지선)로 움직인다. 이것이 중력이다. 아인슈타인은 중력을 시공간의 기하학으로 둔갑시켰다. 위대한 물리학자였던 존 휠러는 이를 두고 "물질은 시공간에게 어떻게 굽으라고 말하고, 시공간은 물질에게 어떻게 움직이라고 말하네"라고 시를 읊었다.

일반상대성이론은 한마디로 말해서 현대적인 중력이론이다. 아인슈타인 이전의 중력이론은 뉴턴의 고전적인 만유인력의 법칙이었다. 만유인력의 법칙은 두 물체 사이에 작용하는 중력이 각 물체의 질량의 곱에 비례하고 그 거리의 제곱에 반비례한다는 법칙이다. 만유인력의 법칙은 중력이라는 힘이 왜 존재하는지, 그것이 어떻게 작용하는지에 대한 답을 주지 못했다. 일반상대성이론은 이 '왜'와 '어떻게'에 대한 답을 제시한다. 등가원리에 따르면 가속좌표계는 정지좌표계에 중력을 도입함으로써 구현할 수 있다. 따라서 좌표를 바꾸더라도 같은 현상을 설명하려면 중력이 있어야 한다. 또한 일반상대성이론에서는 중력을 시공간의 곡률로 설명한다. 이 곡률의 변화는 시공간의 출렁이는 파동, 즉 중력파로 퍼져나간다. 지구는 태양 주변의 시공간 곡률을 따라 움직인다. 지구는 그런 방식으로 태양의 중력을 느낀다. 한편, 일반상대성이론은 만유인력의 법칙을 하나의 극한의 상황으로 재현하기 때문에 그보다 훨씬 더 포괄적이고 진일보한 중력이론이라고 할 수 있다.

일반상대성이론을 집약한 것이 바로 아인슈타인의 중력장 방정식이다. 백북스 회원들의 마음을 사로잡은 이 식의 좌변은 시공간이 어떻게 굽어 있는가에 대한 정보를 담고 있고, 우변은 시공간에 에너지가 어떻게 분포하고 있는지를 나타낸다. 그렇게 굽은 시공간속의 물체는 그 시공간의 측지선을 따라 운동한다. 샐러리맨 P는 이 내용을 모두 수식으로 제대로 배우고 싶어 했던 것이다.

일반상대성이론은 중력에 대한 이론이므로 우주 공간에서 중력이 어떻게 작용하는지, 그 결과 우주는 어떻게 진화하는지에 대한 단서를 제공한다. 실제로 아인슈타인의 중력장 방정식을 우주 전체에 적용하면 단순하면서도 명쾌하게 우주의 진화에 대한 놀라운 정보를 얻을 수 있다. 인간이 우주를 이해하는 가장 표준적이고 기초적인 방법이 바로 아인슈타인 중력장 방정식을 푸는 것이다.

상대성이론은 양자역학과 함께 현대물리학을 떠받드는 거대한 두 기둥이다. 상대성이론에 대한 실험적 증거는 20세기 초반부터 곳곳에서 발견할 수 있었다. 초기의 증거라고 할 수 있는 수성의 근일점 이동이나 태양에 의한 빛의 휘어짐은 뒤에 자세히 다룰 예정이다. 요즘은 발달된 관측 장비 덕분에 중력렌즈 등의 현상을 통해 일반상대성이론을 검증할 수 있다. 특수상대성이론은 과학자들이 20세기 내내 사용해왔던 입자가속기에서 일상적으로 검증되었다. 요즘은 초정밀 시계를 이용해서 특수상대성이론이나 일반상대성이론의 예측을 직접 검증하기도 한다.

상대성이론은 우리의 일상생활과도 밀접한 관계가 있다. 지표상의 위치를 알려주는 GPS 위성시스템에도 상대성이론의 결과들이 내장되어 있어 한층 정확한 위치정보를 우리에게 알려준다.

하지만 일반상대성이론의 가장 직접적인 증거라고 할 수 있는, 시공간의 요동으로서의 중력파는 직접 검출하기까지 난항이 있었다. 2014년 3월 남극에 설치된 바이셉BICEP이라는 전파망원경에서 빅뱅 직후의 중력파를 검출했다고 발표해 전 세계를 흥분의 도가니로 몰아넣었다. 그러나 이후 플랑크PLANCK라는 관측위성은 같은 해 가을, 바이셉의 결과가 우주 속의 먼지 때문일 수도 있다는 조심스러운 결과를 내놓았다. 2015년 2월에 플랑크 연구진은 바이셉과 다른 연구진의 결과를 종합해 중력파 세기의 상한값을 제시했다. 바이셉이 중력파의 신호를 감지하지 못한 것이었다.

현재 지상에서 중력파를 검출하는 실험 장비들이 있지만, 보다 정밀한 실험을 위해 과학자들은 우주 상공에 실험 장비를 쏘아 올릴 계획을 세우고 있다. 중력파를 직접 검출하는 것은 21세기 물리학의 가장 중요한 과제 가운데 하나이며 중력의 본질을 이해하기 위해 꼭 필요한 요소라고 할 수 있다. 중력파는 마침내 2015년에 검출되었다(자세한 내용은 '중력파 검출 이후' 참고).

A. Einstein.

제5장

모두를 위한
'수학아카데미'

고등학교 수학부터 아인슈타인 방정식까지 가르쳐달라는 요구를 마침내 받아들였을 때, 나는 남의 홈그라운드에 와서 굉장히 불리한 조건으로 계약서에 사인한 것은 아닐까 하는 불안감에 잠시 휩싸이기도 했다. 순댓국집에서 1차를 마친 뒤 10여 명의 사람이 자리를 옮겼다. 세종문화회관 바로 앞, 두세 명이 한꺼번에 지나가기도 넉넉하지 않은 광화문의 좁은 뒷골목 안에 있는 감자탕집에서 우리는 밤을 지새웠다. 다행히 술병이 늘어가고 이야기가 쌓일수록 '불리한 계약서'가 아닐까 하는 불안감은 새로운 도전이라는 희망으로 바뀌어갔다.

불과 몇 시간 만에 우리는 큰 틀에서 의견을 모았다. 첫째, 수학 공부는 독서모임 회원 전체를 대상으로 (물론 희망자에 한해) 진행한다. 둘째, 이 프로그램이 독서모임 안에서 계속 이어질 수 있도록 한다. 그리고 이듬해인 2009년 고등학교 수학에서 시작하여 아인슈타인의 중력장 방정식을 한번 풀어보는 것까지 전체 과정을 1년 열두 달에 걸쳐 진행한다.

그 자리에 있던 분들이 진심으로 고마워해했다. 내가 쉽지 않은 결정을 내려서가 아니라, 자발적인 인터넷 독서모임에서 더욱 전문적인 과학 내용을 독자적으로 공부할 수 있는 기회를 마련했기 때문이라고 했다. 언젠가 한국에서 과학이 대중화되는 날이 온다면, 오늘 우리의 시도도 함께 기억될 것이라는 말도 보탰다. 내 생각에도 이런 시도는 하나의 사건이 되기에 충분해 보였다.

그렇게 9월의 마지막 금요일 밤을 보낸 이후부터 백북스 회원들은 줄기차게 나를 괴롭혔다. 술자리에서 오간 얘기는 대부분 실없는 소리라는 게 통설이지만, 이분들은 이런 통설을 비웃기라도 하듯 수시로 내게 전화를 걸어 좀 더 구체적인 학습계획을 하루빨리 독서모임 게시판에 올리라고 재촉했다.

내 입장에서도 술자리에서 이미 호언을 한 상태였지만, 막상 게시판에 학습모임을 제안하는 글을 올리려고 하니, 그렇게 공개적으로 글을 올리고 나면 이제는 더 이상 돌이킬 수 없는 강을 건너는구나 싶어 잠깐 망설여지기도 했다. 그 순간만큼은 남의 홈그라운드에 가서 괜한 짓을 했나 싶은 자책감이 들기도 했다. 결국 광화문 뒷골목에서 술자리가 있은 지 채 일주일이 지나지 않은 10월 2일, 나는 독서모임 게시판에 새로운 학습모임을 제안하는 글을 올렸다.

서울 모임 뒤풀이 자리에서 본격적으로 수학 공부를 같이 해보자는 제안이 있었습니다. 백북스의 열기로 본다면 이런 열정을 가진 회원들이 더 있을지도 모른다는 생각이 들더군요. 그리고 과학은 기본 수학을 좀 알아야 제 맛을 느낄 수 있는 것도 사실입니다. 제가 늘 강조하는 스토리 중심의 물리학도 기본적인 수학 실력 없이는 어렵습니다.

마침 오늘 다시 연락이 와서 이렇게 첫 글을 올립니다. 미리 얘기를 꺼내놔야 유야무야되는 일도 없을 테고, 관심 있는 분들이 각기 나름대로 준비할 수도 있으니까요. 구체적인 내용은 추후에 다시 올리더라도 계획은 최대한 빨리 공유하는 게 좋을 것 같습니다.

이날 나는 다섯 과목을 학습하자고 제안했다. ①고교수학, ②대학수학, ③고전역학, ④양자역학, ⑤상대성이론. 그러나 양자역학은 곧 학습 계획에서 제외했다. 양자역학은 그 자체만으로 분량이 방대하고, 2009년 한 해는 고등학교 수학부터 일반상대성이론까지를 중심축으로 하는 게 효율적일 것 같았다. 그리고 굳이 고등학교 수학부터 시작하는 이유는 학습모임에 참가할 사람들이 일반적으로 P처럼 수학에 대한 기본 지식이 거의 없는 평범한 직장인이나 가정주부일 것으로 상정했기 때문이다.

이분들에게 가장 어려운 과정은 아마도 고등학교 수학일 것 같았다. 평소 전혀 해보지 않은 일은 첫 시작이 가장 어렵다. 고등학교 수학을 배우는 가장 중요한 이유는 미적분인데, 이를 위해서는 인수분해나 함수의 극한 등 수학 전반에 걸친 기본 지식을 꼭 배워야만 한다. 현역 고등학생들도 어려워하는 수학을 샐러리맨이나 주부가 배우는 일이니 쉬울 리가 없다.

하지만 나는 그날 술자리에 모였던 사람들의 열정을 믿었다. 그 믿음은 자연스럽게 백북스 전체에 대한 믿음으로 번졌다. 그래서 이 학습 제안이 쉽지 않은 여정의 출발점이었지만 내심 상당한 호응을 기대했다.

기대는 어긋나지 않았다. 학습 제안에 댓글 10여 개가 달렸다. 많은 수는 아니지만 댓글에 묻어 있는 열정이 대단했다. 마치 오래 전부터 이런 모임을 기다려온 것만 같았다. 뜨거운 반응에 P도 크게 고무된 듯했다. 게시판에 첫 글을 올린 다음 날 전화를 걸어 미리 고등학교 수학을 예습하고 싶은데 어떤 책이 좋을지를 물어온 분도 있었다. 하도 간곡히 요청해서 이런저런 참고서를 말해주었지만, 나는 통화하는 내내 특별히 예습할 필요가 없다고 강조했다. 왜냐하면 내가 생각한 학습모임은 고등학교 수학에 대해 아무것도 모르는 샐러리맨이 이 프로그램을 통해 아인슈타인 방정식을 푸는 데 필요한 물리학적·수학적 도구를 그 안에서 모두 익힐 수 있도록 하는 것이기 때문이다. 그래야만 학습모임이 백북스 안에서 하나의 자기완결적인 체계를 갖출 수 있다고 생각했다.

준비 모임

일단 게시판에 공식적으로 수학 학습모임을 준비한다는 글을 올리자 모든 일이 순식간에 진행되는 것 같았다. 이제는 정말 돌이킬 수 없겠구나 싶었다. 그다음 주 월요일이었던 10월 6일에는 학습모임 준비를 위한 모임이 열렸다.

이날의 모임에서 많은 것들이 논의되고 결정되었다. 무엇보다 학습의 목표가 뚜렷해졌다. 막연하게 '아인슈타인 방정식을 푼다'는 아이디어가 '프리드만Friedmann 방정식을 이해한다'로 구체화되었다. 프리드만 방정식은 균질하고 등방적인 우주에 대한 아인슈타인 방정식의 풀이 solution로서 우주의 탄생과 진화를 바라보는 현대과학의 표준적인 틀, 즉 표준우주론의 핵심이다. 별과 우주에 대한 진리를 좇아 아인슈타인 방정식까지 이르고자 하는 백북스 사람들에게 딱 맞는 목표인 셈이다. 마침 백북스에서는 천문과 우주에 대한 학습(수학적인 학습은 아니었다)을 따로 진행 중이었다. 수학 학습모임이 천문·우주 학습모임에 참여하는 사람들에게도 큰 도움이 될 것이 확실했다.

그 밖에 몇 가지 실무적인 이야기들도 오갔다. 그 내용은 모임 바로 다음 날 백북스 게시판에 정리되어 올라갔다. 10월 8일, 나는 모든 내용을 다시 정리한 뒤 내 생각을 보태서 글을 올렸다. 마침 전날 일본인 셋이 노벨물리학상을 싹쓸이한[*] 일이 있어서, 그 얘기부터 시작하고 본론을 꺼냈다.

동기

9월 모임 때 교양과학 수준의 내용에 만족하지 않고 좀 더 깊이 과학 공부를 하고 싶다는 얘기가 나온 것이 시초였습니다. 2015년이면 일반상대론이 나온 지 꼭 100년이 되는데, 그때까지 아인슈타

    2008년 노벨물리학상은 일본계 미국인 난부 요이치로와 두 명의 일본인 고바야시 마코토와 마스카와 도시히데에게 돌아갔다.

인 방정식을 한번 풀어보자고들 하셨죠. 그러기 위해서는 고등학교 미적분부터 다시 배워야 한다고 말씀드렸습니다. 아마도 백북스에는 아인슈타인 방정식을 직접 수식으로 풀고 싶은 분들이 더 있으리라고 생각합니다.

목표

그래서 저는 이번 수학 학습모임의 목표를 '표준우주론standard cosmology의 이해'로 잡으려 합니다. 표준우주론의 근간은 아인슈타인 방정식의 프리드만-르메트르-로버트슨-워커 풀이이므로 P 회장님의 소망도 이룰 수 있을 겁니다. 이 과정은 지금 진행 중인 천문·우주 모임과도 연계되기 때문에 매우 유용합니다. 이 과정을 마치고 천문·우주 내용을 다시 들으면 아마도 새로운 세상을 만나게 될 것입니다. 나중에 또 수학 모임이 결성되면 그때 또 다른 목표가 세워지겠지만, 적어도 1기 수학 학습모임의 목표는 표준우주론이 적합할 것 같습니다.

이날 올린 글에서는 이 밖에 두 가지 중요한 사항이 포함되었다. 하나는 이 프로젝트 모임의 이름을 짓는 일이었다. 나는 '수학아카데미'라는 이름을 제안했다. 아인슈타인 방정식을 푸는 것이 최종 목표이지만, 이를 위해 고등학교 수학부터 배우는 것이 보다 기초적이고 더 중요하기 때문이다. 다른 하나는 학습모임 전체를 운영하는 기획안이었다. 내가 어떤 생각으로 이번 학습모임을 제안하는가를 정리한 내용이었다.

기획

지금 와서 수학 공부를 다시 하는 것은 여러분들에게나, 제게나 큰 도전입니다. 하지만 우리는 옛날처럼 입시나 성적에 얽매여 있지 않기에 진정한 학습에 매진할 수 있습니다. 이왕 공부하는 김에 좀 더 신나고 재미있게, 또 의미 있게 진행하기 위해서는 전체 프로그램을 잘 기획해야 합니다.

저는 이번 1기 모임의 콘셉트를 그날 모인 분들을 중심으로 생각하고 있습니다. 즉 이공계 수학을 전혀 모르는 평범한 직장인이 아인슈타인의 상대성이론과 우주론을 알게 되기까지의 과정이 이 프로젝트의 모습입니다. 이 콘셉트로 공부를 시작하면서 곁다리로 우리가 할 수 있는 일들이 무척 많습니다. 예를 들면 저는 학습의 전 과정을 정리해 책으로 낼 수도 있겠죠.

학습에 참가하는 다른 분들도 자기 나름대로 이런 기획을 하실 수 있을 겁니다. 어떻게든 기획을 하고 나면 저나 여러분이나 단지 수학책만 붙들고 씨름하는 게 아니라 우리 모두 각자의 인생에서 새로운 역사를 만들어나가게 됩니다. 그러면 학습에 대한 욕구가 더 많이 생겨나고 새로운 의미를 부여할 수 있겠죠. 그러니까 학습 내용을 다 이해하지 못하더라도 끝까지 아카데미에 참가하고 나면 그 끝에 뭔가 크게 남는 게 있다는 말입니다.

구체적으로 어떻게 학습을 진행할지도 좀 더 자세하게 제시했다.

일정

- 월 1회 토요일 모임, 총 12회
- 2009년 1월 시작, 12월 끝
- 15:00~19:00 집중학습(중간휴식 20분)
- 19:00~20:00 저녁식사
- 20:00~21:00 토론 및 보충

월 1회보다 더 자주 학습모임을 열면 강사와 수강자 모두 너무 부담이 클 것 같았다. 대신 한 번 모일 때 다섯 시간 동안 집중적으로 학습하는 방식을 택했다. ①고교수학, ②대학수학, ③고전역학, ④일반상대성이론을 각각 얼마 동안 할 것인지는 정하지 못했다. 대략 4개월, 2개월, 3개월, 3개월 정도로 나눠지지 않을까 하고 생각해본 정도였다. 시작 시간을 오후 3시로 잡은 것은 혹시 대전에서 올라오는 회원들이 있을지도 몰라서였다. 원래 백북스의 뿌리가 대전이었기 때문이다.

이 글을 처음 읽는 사람들은 평범한 회사원이나 주부가 아인슈타인 방정식을 풀기 위해 수학 공부한답시고 매달 한 번, 대전에서 서울까지는 고사하고 같은 서울에서라도 과연 몇 명이나 올까 하는 의문을 가질 것이다. 처음에는 나도 그런 의문을 가졌다. 하지만 몇 명이나 올지는 우리가 앞으로 얼마나 열심히 준비하느냐, 얼마나 진심을 담아 사람들을 설득하느냐에 달렸다고 생각했다. 그리고 나는 백북스 사람들의 열정을 믿었다.

교재를 찾아서

10월 말 서울 백북스 모임에서 수학아카데미 출범을 공식적으로 제안하고 수강신청을 받기로 했다. 말하자면 그때를 수학아카데미가 '론칭'하는 날로 삼아 준비를 잘해서 분위기를 띄우면 많은 사람들의 호응을 얻을 수 있을 것 같았다.

그런데 이 게시물을 올리던 날까지도 수업 교재는 정하지 못했다. 대학수학과 고전역학, 일반상대성이론에 대해서는 대략 생각나는 교재들이 있었지만 고교수학에 대해서는 바로 이거다 하고 떠오르는 교재가 없었다. 고등학교 수학 교과서도 괜찮아 보였고 이름 있는 참고서들도 머릿속을 맴돌았다.

고교수학 교재를 정한 것은 10월 16일이었다. 이날은 삼청동 근처 이름난 칼국숫집에서 수학아카데미 준비 모임을 열었다.

원래 그날의 1차 모임은 성북동에 있는 간송미술관에서 진행하기로 했다. 그해 2008년 가을 간송미술관은 혜원 신윤복의 〈미인도〉 전시로 문전성시를 이루고 있었다. 여기에는 당시 장안의 화제였던 드라마 〈바람의 화원〉 덕이 컸다. 〈바람의 화원〉은 신윤복이 여자일지도 모른다는 드라마적 상상력이 주된 모티브이다. 남장여자로 신윤복 역할을 맡은 문근영의 열연이 돋보인 드라마였다. 그러나 그날 칼국숫집에 온 대부분의 사람들은 간송미술관에 가지 못했다. 나도 며칠 뒤에야 〈미인도〉를 보러 갈 수 있었다. 그날 나는 〈미인도〉를 보는 대신 서점에 가서 고교수학 교재를 골랐다.

처음에는 고등학교 수학 교과서를 염두에 두었다. 그런데 서점에서 교과서를 찾기가 어려웠다. 교과과정 개편 때문에 이전 책들은 다 들어가고 새 책은 아직 나오지 않은 상황이라고 했다. 새로 개편된 내용이 어떤가 싶어 참고서를 들여다봤더니 나로서는 이해하기 힘든 얼개로 내용을 뒤섞어 놓았다.

그렇게 한참을 헤매던 내 눈에 들어온 책이 있었다. 한 대학에서 만든 미적분학 교재였다. 처음에는 대학교에서 만든 교재이니 대학생들이 대학과정 수학을 공부하기 위한 책이라고 생각했다. 그런데 책장을 넘겨보니 내용이 거의 모두 고등학교 교과과정을 담고 있었다. 즉, 고등학교 수학과정 중에서 미적분 관련 부분을 중심으로 대학에서 다시 집필한 책이었다. 대학에서 왜 이런 책을 만들었을까? 그 이유는 책의 서문에 나와 있었다. 내용인즉, 7차 고등학교 수학교육과정에 따르면 이공계 학문의 필수 개념인 초월함수나 미적분 등을 공부하지 않아도 대학에 입학할 수 있으며, 이로 인해 학생들이 대학에서 전공과목을 학습하는 데 어려움을 겪는다는 것이었다.

나도 모르게 쓴웃음이 났다. 일선 대학에서 학생들의 학력저하, 특히 이공계생의 수학에 대한 부적응이 심하다는 얘기는 익히 들어오던 터였다. 세간에는 이 모두가 어느 유명 정치인이 교육부 장관 시절에 교육개혁을 한답시고 '하나만 잘하면 대학 갈 수 있다'는 정책을 편 탓이라고들 했다. 하지만 내 생각엔 그 자체가 그리 잘못된 방향 같지는 않았다.

가령 대학에서 경시대회 수준의 문제를 푸는 학생을 요구하지 않는다면 일선 고등학교에서도 어려운 내용을 가르칠 이유가 없다. 그런데 교육부에서는 어려운 내용에 대한 부담을 줄여준답시고 해당 분야를 완전히 없애는 쪽으로 정책을 잡았다. 대표적인 사례가 미적분을 선택 과정으로 돌린 것이다. 미적분에 대한 학습 부담을 덜려면 미적분에서 쓸데없이 어려운 내용을 익히지 않아도 대학에 갈 수 있도록 하면 된다. 그런데 교육 관료들은 아예 미적분 전체를 들어낸 것이다. 어려운 문제 풀이를 시키지 않고 기본적인 내용에 집중하는 것과 그 단원을 완전히 없애는 것은 천지 차이이다. 실제 정책은 후자를 따랐다. 그 결과 많은 이공계 학생들이 미적분의 기본도 모른 채 대학에 진학하는 사태가 벌어진 것이다.

그래도 대학에서 따로 교재를 만들 만큼 문제가 심각한 수준인지는 미처 몰랐다. 서가를 돌아보니 이런 부류의 책이 상당히 많았다. 한국 교육의 참담한 현실을 생각하면 아찔했지만, 수학아카데미를 위해 적절한 교재를 찾던 내게는 그 참담한 현실이 축복이었다. 슬픔과 기쁨은 그렇게 각자의 쓴웃음을 만들며 교차했다.

　나는 덤불에서 보물이라도 찾은 듯 교재들을 품에 안고 칼국숫집으로 향했다. 교재는 두 권을 샀다. 하나는 인문계 과정이고 다른 하나는 이공계 과정이었다. 인문계 과정은 고등학교 수학의 기본을 다룬다. 이공계 학생들은 인문계 과정을 배운 뒤 이공계 과정으로 넘어간다. 여기에는 삼각함수와 지수·로그함수가 새로 등장한다. 특히 미적분에 관한 현란한 기법을 많이 배운다. 이공계 과정을 배우지 않으면 삼각함수나 지수·로그함수를 미적분할 수 없다. 이런 함수를 미적분할 수 없으면 대학에서 이공계 과정을 단 하루라도 정상적으로 듣기 어렵다.

　그날 칼국숫집에는 10여 명이 모였다. 수학 교재는 단연 거기 모인 사람들의 사랑을 한 몸에 받았다. 교재도 정했으니 이제 수학 아카데미를 위한 준비는 끝난 셈이다. 고등학교 수학과정을 대략 넉 달간 진행할 예정이었으므로 나머지 세 과목의 교재를 확정하는 데 시간을 벌 수 있었다. 게다가 이후 교재는 거의 마음속에 정해두었다.

　그러나 순탄하게만 일이 풀리던 수학아카데미에도 뜻하지 않은 위기가 찾아왔다.

A. Einstein.

제6장

샐러리맨,
아인슈타인 되기
프로젝트

여러 사람을 대상으로 뭔가 일을 도모할 때는 한 번 정도 사람들이 다 모여 서로의 온기와 열정과 힘을 함께 나누고 느낄 수 있는 자리를 만드는 것이 중요하다. 교회로 치자면 부흥회쯤 될까? 또 한 가지, 더욱 중요한 것이 있다면 사람들에게 희망과 비전을 보여주는 것이다. 나는 이것을 경험적으로 알고 있었다. 대학시절 3년 남짓 학생운동을 하면서 불특정 다수를 대상으로 한 '대중사업'을 여러 번 해보았기 때문이다.

20대 초반 같았으면 내가 생각하는 한국 사회의 미래와 학생운동의 나아갈 길을 비전이랍시고 소리 높여 다른 학생들과 동료 운동권들에게 주장했겠지만, 나이 마흔을 목전에 둔 2008년 가을의 나는 다른 방법을 선택했다. 아니, 다른 방법을 선택할 수밖에 없었다. 왜냐하면 비전과 희망이 가장 필요했던 사람이 바로 나 자신이었기 때문이다. 내가 나 자신의 비전을 만들어가는 모습을 성실하게 보여준다면 수업을 듣는 다른 분들에게도 하나의 좋은 참고자료가 될 것이라고 생각했다. 그래서 생각해낸 것이 '샐러리맨이 아인슈타인이 되기까지'라는 타이틀이었다.

그리고 사람들을 한자리에 모으는 첫 단계는 그해 10월 말에 예정되어 있었던 백북스의 서울지역 정기모임이었다. 그 자리에서 수학아카데미 출범을 공식적으로 선언하고 이듬해 학습 내용과 교재를 설명한 뒤 수강신청을 받기 시작할 생각이었다. 11월 한 달 정도 수강신청을 받고 12월에 수강생들이 모여 송년회라도 하면 이듬해 1월부터 힘차게 수업을 시작할 수 있겠다, 대략적인 계산은 그러했다.

그런데 여기서 뜻하지 않은 상황이 생겼다. 원래 예정된 서울지역 모임이 갑자기 전체 백북스의 모임으로 바뀌면서, 서울에서 진행하기로 했던 프로그램이 모두 없던 일로 되어버렸다. 물론 수학 아카데미를 소개하고 홍보할 기회도 없어졌다. 내가 백북스 회원으로 가입해서 적극적으로 활동하던 처지가 아니어서 이런 상황을 어떻게 받아들여야 할지 알 수가 없었다. 더욱 이해할 수 없는 것은 내게 양해를 구하거나 적어도 저간의 사정을 들려주는 사람이 아무도 없었다는 점이다. 나는 모든 사실을 게시판과 문자메시지로만 접할 수 있었다.

당시 나는 내가 잘 모르는 이유로 백북스에서 수학아카데미 일은 접은 것으로 이해했다. 그래서 지금 당장은 아무도 내게 연락하지 않았지만, 조만간 P나 서울모임의 다른 분들이 사정을 설명하고 여차여차해서 수학 공부를 하지 못하게 될 것 같다고 이야기하리라 예상했다.

나는 약간 허탈했다. 목숨을 내걸고 결심한 정도는 아니었지만 내 나름대로 쉽지 않은 결정이었는데, 몇 주 지나지 않아 이런 식으로 일이 무산되나 싶었다. 한편으로는 홀가분하기도 했다. 도전해보고 싶기는 하지만 부담스러운 여정에 올라야 하는데 폭우 같은 천재지변으로 길이 막혀버렸을 때의 묘한 심정이랄까. 그 평계로 책임지지 않고 회피하게 되었으니 잘되었다는 생각도 들었다. 그해 봄 나는 G출판사와 1건, S출판사와 3건의 출판계약을 맺은 상황이라 1년 내내 글 빚에 시달리고 있었다. 그렇다고 본업인 논문 쓰는 작업도 게을리할 처지가 아니었다. 신분이 불확실한 연구원은 교수 같은 안정적인 일자리를 얻기 전에는, 말하자면 파리 목숨이라 최대한 논문을 많이 써놓아야 구차한 목숨을 부지할 수 있다. 11월로 접어들면서 나는 그렇게 수학아카데미를 잊고 지냈다.

리부팅

고등과학원의 11월은 허파를 비집고 들어오는 싸한 가을바람에 서부터 시작된다. 오른편 담 너머 홍릉수목원과 본원 뒤편 기숙사 쪽 야트막한 산을 휘돌아 내려오는 갈색 바람은 이미 땅바닥에 깔린 낙엽 냄새를 머금고 있었다. 그렇게 싸늘한 바람이 부는 날이면 눈이 시리게 새파란 하늘 아래 저 멀리 오른쪽 뒤편으로 삼각산이 유달리 우뚝 서 보였고, 그보다 훨씬 앞쪽으로 시야를 수평으로 가로지르는 회색빛 내부순환로도 녹색을 벗어던진 뒤편 산과 그럭저럭 어울리는 듯했다.

정문 앞 좁은 도로는 왼편 삼거리에서 오른편 종암로까지 양쪽에 은행나무들의 호위를 받으며 스멀스멀 뻗어 있다. 11월 초라면 어느 쪽에서건 버스 두어 정거장은 미리 내려 길을 걸어볼 만하다. 어느새 한두 잎 지기 시작하는 노란 은행잎은 아직도 그루마다 한 아름씩 매달려 있다. 초겨울 비라도 내릴라치면 편도 2차선의 길은 영화 속 풍경마냥 온통 샛노래져 차선이 잘 안 보이기도 한다. 그렇게 속절없이 지는 은행잎을 보며 겨울을 맞을 마음의 준비를 한다.

그해 11월의 어느 날, 한동안 연락이 없었던 수학아카데미 준비 모임 사람들이 흩날리는 은행잎을 헤치며 고등과학원으로 나를 찾아왔다. 먼 길을 온 이유는 모두 잘 알고 있었다.

나는 사람들을 고등과학원 근처 감자탕집으로 안내했다. 찬바람이 슬슬 불기 시작하면 뜨끈한 바닥에 앉아 뜯어먹는 돼지고기가 무척 그립다. 문득 9월 말 서울모임 때 만나 밤새 술잔을 기울였던 광화문 뒷골목의 감자탕집이 떠올랐다.

"두 달쯤 전 감자탕집이 생각나는군요."

감자탕이 나오길 기다리며 나도 모르게 불쑥 이렇게 내뱉었다. 아마 수학아카데미가 정상적으로 준비되고 있었다면 이런 얘기로 웃음꽃을 피웠겠지만 상황이 상황인지라 웃음꽃 대신 야릇한 미소만 스쳐갔다.

"수학아카데미…, 어쨌든 하기는 하셔야죠?"

한 분이 야릇한 미소를 지으며 내게 이렇게 물었다.

"허허, 그야….."

나는 말끝을 흐렸다. 지난 10월 말에 구체적으로 무슨 일이 있었는지 묻고 싶었지만 그만두었다. 그날 대화에서 그 이야기는 언급조차 되지 않았다. 대신 지금 다시 수학아카데미를 준비할 수 있

을까 하는 생각만 머리를 스쳤다. 어렵사리 결정한 마음이 롤러코
스터를 타듯 오르락내리락하니 모든 것이 귀찮아지기도 했지만, 그
렇다고 이만한 일 때문에 다 없던 걸로 돌릴 수도 없는 노릇이었다.
예기치 못한 사건으로 아까운 시간만 허비하고 호기로운 마음이
꺾여버린 게 그저 안타까울 뿐이었다.

준비 모임에서는 행여나 그 해프닝 때문에 어렵사리 준비한 수
학아카데미가 무산되지나 않을까 노심초사하는 표정이었다. 하지
만 나로서도 여기까지 내친걸음을 그만둘 명분이 없었다. 당시 나
에게는 자연스럽게 다시 수학아카데미 준비를 재개할 핑곗거리가
필요했다. 준비 모임은 그것을 정확하게 알고 있었고, 그래서 먼 길
을 물어 여기까지 찾아온 것이다.

그때가 11월 중반이었으니까 원래 계획했던 일정과는 많이 어긋
나 있었다. 그러나 아주 늦은 것도 아니어서 한 달 정도 열심히 준비
하면 이듬해 1월부터 수업을 시작하는 것도 불가능하지는 않을 것
같았다. 문제는 초반에 얼마나 큰 동력으로 수학아카데미를 시작하
는가였다. 우리는 앞으로 어떤 준비가 필요할 것인지를 논의했다.

우선은 내가 마음을 추스르고 학습계획서를 만들어서 널리 알
리는 게 급선무였다. 이를 바탕으로 늦어도 12월 중순경부터 수강
신청을 받아야 한다. 인원에 따라 강의 장소도 결정될 것이다. 일단
그렇게 다시 뜻을 모으자 멈춰 섰던 수레가 서서히 움직이는 느낌
이었다. 얼마 뒤에는 서울모임 회장인 P가 연락해서 12월 모임 때

강연을 하는 게 어떻겠느냐고 했다. 그 자리에서 조금 늦긴 했지만 10월 모임 때 하지 못한 얘기를 다시 하고, 수학아카데미를 위한 힘을 모아보자고 했다. P는 나에게 내가 2007년에 번역한《최종 이론의 꿈》을 강연하는 것이 좋겠다고 했다.

《최종 이론의 꿈》은 입자물리학의 대부 격인 스티븐 와인버그가 1993년에 쓴 책이다. 이 책은 1980년대 미국은 물론이고 전 세계 학계의 주목을 받았던 초전도초대형충돌기SSC: Superconducting Super Collider를 둘러싼 논란을 담고 있다. 마침 얼마 전부터 유럽의 LHC가 공식적으로 가동을 시작했으니,《최종 이론의 꿈》으로 강연을 하는 것도 시기적절할 것 같았다. 나는 그 제안을 흔쾌히 받아들였다.

9월 이후 그렇게 흔하던 저녁식사 모임도 11월에는 거의 없었다. 하지만 11월 새롭게 수학아카데미를 결의한 뒤에는 다시 모임이 잦아졌다. 12월이 시작되자마자 영등포에 있는 이름난 해물탕 집에서 저녁 모임이 있었다. 창밖에는 12월의 한겨울 바람이 사납게 몰아쳤지만 식당 안은 해물탕에서 피어나는 뜨끈뜨끈한 김으로 후끈했다. 2차는 근처 과메기 집으로 옮겼다. 제철을 맞은 과메기도 기가 막혔지만 알이 차진 도루묵 찜도 잊기 어려웠다.

이날 모임은 새롭게 힘을 모아 이듬해 1월 첫 강의를 성공적으로 시작하자는 뜻을 모으는 자리였다. 11월 동안 잠시 준비가 중단되긴 했지만 대략적인 일정과 교재는 이미 정해졌으니, 좀 더 구체적인 학습계획서를 마련하고 이를 바탕으로 수강신청을 받는 것이 급선무였다. 일정상 수강자들이 송년회 등의 형식으로 사전에 모여 인사도 하고 서로 대화를 나누는 자리를 마련하지는 못할 것 같았다. 그나마 한 달 정도라도 시간이 남은 것이 다행이었다.

커리큘럼

열흘쯤 뒤 나는 학습계획서를 완성해서 준비 모임에 들렀다. 그리고 이튿날에 그 내용을 백북스 게시판에 올렸다.

1~4월: 고교수학

여기서는 미적분의 기본개념과 계산법을 배웁니다.

5~6월: 대학수학

좀 더 복잡한 수학을 배웁니다.

7~9월: 일반물리학

뉴턴역학의 기본을 배웁니다. 케플러 법칙과 뉴턴의 중력이론을 배우는 것이 과제입니다.

10~12월: 일반상대성이론

아인슈타인 방정식을 배웁니다. 일반상대성이론의 새로운 예측인 빛의 휘어짐, 수성의 궤도 이동 등을 공부하고 블랙홀로 유명한 슈바르츠실트 해를 배웁니다. 마지막으로 표준우주론을 다룰 예정입니다.

지금 계획에 따르면 첫 수업은 1월 10일 토요일 오후 3시에 있을 예정입니다. 그리고 마지막 수업 날짜는 12월 12일이네요. 오늘로부터 정확히 1년 뒤입니다. 저도 1년 뒤의 모습이 잘 상상이 되지 않습니다. 과연 웃는 모습으로 1년 전을 되돌아볼 수 있을까 싶기도 하네요.

이 글을 올린 날이 2008년 12월 12일이었다. 내가 작성한 학습계획서에 따르면 정확하게 1년 뒤인 2009년 12월 12일에 마지막 수업이 있을 예정이었다. 그날이 올까? 알 수 없지만 이제는 어떻게든 이 길을 가는 수밖에 없었다.

그날 글에 첨부한 파일에 담긴 학습계획은 이러했다.

수학아카데미 제1기 운영계획

시간: 매월 둘째 주 토요일 15:00~21:00(12개월)

장소: 광화문 교보생명 본관

수강료: 매월 2만 원

강의 개요
제1부 고등학교 미적분학(1~4월)

교재 1:《기초미적분학》(수학교재편찬위원회, 청문각)

- 인문계 수학과정입니다.
- 집합과 인수분해부터 함수의 기본, 극한의 개념과 미적분학의 기본을 배웁니다.
- 미적분의 개념을 아는 것이 중요합니다.
- 수열은 따로 간단하게 보충할 예정입니다.

교재 2:《기초미적분학》(김광환 외 지음, 청문각)

- 자연계 수학과정입니다.
- 삼각함수와 지수·로그함수를 새로 배웁니다.
- 삼각함수와 지수·로그함수의 극한을 배웁니다.
- 미적분의 좀 더 복잡한 면(실전기법 등)을 배웁니다.
- 미적분의 기본개념은 인문계 과정과 같습니다.

제2부 대학수학(5~6월)

교재:《수리물리학》(3판, 메리 보아스 지음, 최준곤 옮김, 범한서적주식회사)

- 수열과 복소수를 배웁니다.

- 선형대수학을 배웁니다.

- 다중적분과 벡터해석을 배웁니다.

제3부 일반물리학(7~9월)

교재:《일반물리학》(7판, 할리데이 외 지음, 범한서적주식회사)

- 고전역학의 기본을 배웁니다.

- 벡터 등 물리에 필요한 수학을 복습합니다.

- 회전운동과 천체운동의 기본을 배웁니다.

제4부 일반상대성이론(10~12월)

교재: 미정

- 기본적인 텐서연산을 익힙니다.

- 아인슈타인 방정식을 배웁니다.

- 아인슈타인 방정식의 새로운 현상들(빛의 휘어짐, 수성궤도의 이동 등)을 계산합니다.

- 슈바르츠실트 해와 블랙홀을 배웁니다.

- 표준우주론인 프리드만-르메트르-로버트슨-워커FLRW 우주론을 배웁니다.

이때도 아직 일반상대성이론의 교재는 정하지 못했다. 다른 분야에 비해 일반상대론은 강의하기도 쉽지 않고 교재 선택의 폭도 좁았다. 게다가 한글로 번역된 책은 없다시피 했다. 내 나름대로 염두에 둔 것은 있었지만 아직 일반상대성이론 강의는 9개월 뒤의 일이라 일단 여지를 남겨두었다.

그리고 처음 넉 달간의 시간표는 아래 그림과 같았다. 이후 8개월에 대해서도 비슷한 시간표가 더 있었다. 이런 식으로 다섯 시간에 걸쳐 강의해본 적이 없었기 때문에 사실 어떻게 시간 안배를 할 것인지, 강의 한 번에 얼마나 많은 내용을 다룰 수 있을 것인지에 대해서는 나도 전혀 감이 없었다. 저녁식사 후의 한 시간은 그래서 일종의 범퍼와도 같은 시간으로 마련해두었다. 그때까지 모자라는 내용이 있다면 보충을 하고, 시간이 남으면 그날 배운 내용을 다시 정리하거나 다음에 할 내용을 설명하는 식으로 말이다.

이 글 말미에 곧 수강신청을 받기 시작할 것임을 알렸다. 사흘 뒤인 12월 15일, 드디어 역사적인 수학아카데미 제1기 공고문이 나붙었다. 이제 정말로 수학 공부가 시작된 셈이다.

수강신청은 6개월 단위로 받고, 수강료는 월 2만 원으로 정했다. 수강신청 마감일은 12월 31일이었다. 수강신청 공고문에 댓글을 다는 형식으로 신청을 받았고, 수강료 입금계좌도 명시했다. 수강료 월 2만 원 중 강사료는 1만 원이었다. 수십 명이 수강한다고 하더라도 보통 대학에서 하는 콜로퀴엄이나 세미나 때의 강사료에 비할

고등학교 미적분학 강의 계획서

시간	《기초미적분학》 (수학교재편찬위원회)		《기초미적분학》 (김광한 외)	
	1월 10일(토)	2월 14일(토)	3월 14일 (토)	4월 11일(토)
15:00~16:50	1장 집합 2장 수와 식 3장 방정식과 부등식	5장 함수의 극한과 연속성 6장 다항함수의 미분법	1장 삼각함수 2장 극한과 연속	4장 도함수의 활용 5장 다항함수의 적분법
17:10~19:00	4장 함수 8장 벡터	7장 다항함수의 적분법	3장 미분법	6장 적분법
19:00~20:00	저녁식사	저녁식사	저녁식사	저녁식사
20:00~21:00	토론·보충	토론·보충	토론·보충	토론·보충
비고	수열·시그마 용법			

바는 아니었다. 물론 이런 모임에서 수강료를 받는 것 자체에 논란이 전혀 없지는 않았다. 그러나 이것은 강사와 수강생 모두에게 최소한의 책임을 부과하는 일종의 장치였다. 아마 무료강의를 했더라면 1년을 그렇게 끌고 가지 못했을지도 모른다. 얼마 안 되는 돈이 주는 중압감도 꽤 무거웠다.

이제 수강신청을 기다리는 일만 남았다. 과연 몇 명이나 신청할까? 우리는 약간 초조한, 그러나 덤덤한 마음으로 운명의 심판을 기다렸다. 2008년 한 해가 그렇게 저물어가고 있었다.

A. Einstein.

제7장

세밀의 기적

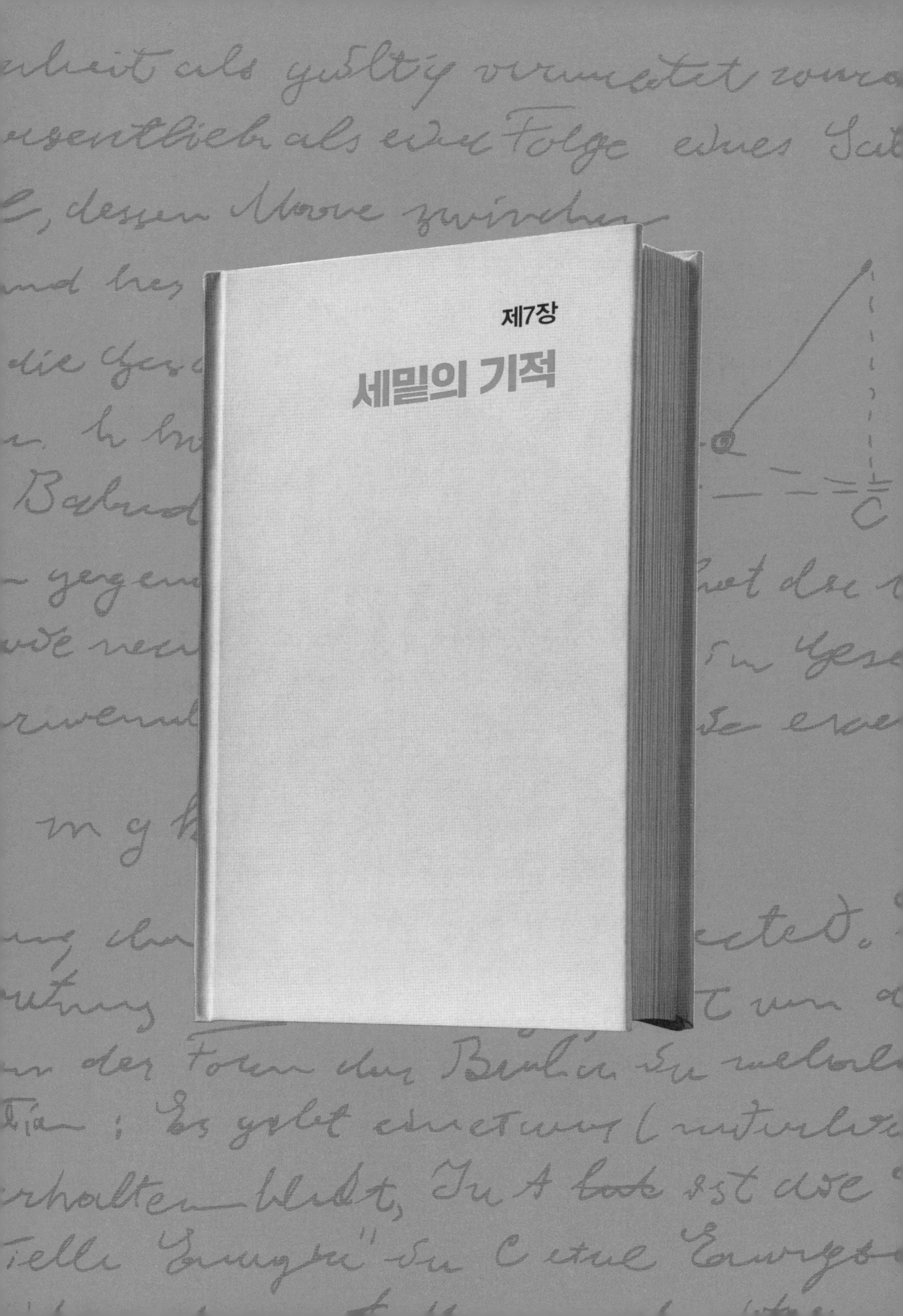

2008년 백북스 서울지역의 마지막 모임은 12월 19일에 있었다. 이날 발표자는 나였다. 내가 번역한 책《최종 이론의 꿈》을 모임 도서로 선정했기 때문이었다. 2021년 영면에 들기 전까지 현존하는 최고의 물리학자로 추앙받은 텍사스 대학교의 스티븐 와인버그가 1993년에 쓴 책이었다. CERN의 LHC가 첫 가동에 들어간 2008년에 이 책은 남다른 의미가 있었다. 왜냐하면 LHC 같은 대형 입자가속기가 왜 필요한지를 대중적으로 설파하기 위해 쓴 책이기 때문이었다.

최종 이론의 꿈

미국에서는 1980년대 중반부터 초대형 입자가속기 SSC를 건설하고 있었다. SSC의 규모는 2008년 이래 지금까지 계속 가동 중인 LHC와 비교해보면 짐작이 갈 것이다. LHC는 현존하는 인류 최대 규모의 과학실험 설비로서 입자가속기의 둘레가 27km이며 마주 보고 달리는 양성자를 각각 자기 질량의 7천 배(7TeV)나 되는 에너지로 가속하여 충돌시킨다. 따라서 충돌에너지는 양성자 질량의 1만 4천 배에 달한다. 2012년까지 기술적인 이유로 그 절반의 에너지(7~8TeV)로만 충돌실험을 진행했다.

이에 비하면 SSC는 가속기의 둘레가 무려 87km이고 마주 달리는 양성자의 에너지는 각각 자기 질량의 1만 배(10TeV)에 달하도록 설계되었다. 서울의 순환지하철 노선인 2호선의 총연장 길이가 약 45km임을 감안하면, SSC의 어마어마한 규모를 대략 상상해볼 수 있을 것이다.

1980년대 당시 시세로 SSC는 8조 원 이상이 소요되는 대규모 사업이었다. 이에 따라 SSC는 미국 과학계 안팎으로 비상한 관심을 모았으며 이를 둘러싼 찬반논란도 뜨거웠다. 아버지 부시가 대통령을 하던 시절 텍사스주의 댈러스 근방 와사해치Waxahachie가 부지로 결정되었고 실제로 예산이 집행되어 지하에 약 24km의 터널을 뚫기도 했었다. 그러나 해마다 의회에서 SSC의 예산을 둘러싼 논란이 계속되었고, 클린턴 행정부로 정권이 교체된 1993년 SSC 계획은 완전히 폐기되었다.

《최종 이론의 꿈》은 SSC가 폐기되기 직전에 출간되었고, 폐기된 이후에는 별도의 후기를 새로 써서 끼워 넣었다. 이때는 이미 2조 원 정도의 예산이 집행된 뒤였다. SSC가 완전히 취소된 뒤에는 부지를 어떻게 활용할 것인가를 두고 논란이 많았다. 활용 방안 중에는 버섯 등을 키우는 자연학습장이나 대테러 훈련장도 거론되었으나, 1999년 〈유니버셜 솔저 2〉라는 영화를 찍은 정도를 빼고는 모두 무위에 그쳤다. 파다 만 지하 터널은 다시 돈을 들여 메웠다.

와인버그는 SSC를 둘러싼 논란이 한창일 때 이 책을 썼다. 서문에서 SSC를 위한 책은 아니라고 했지만, 여러 정황상 SSC를 위한 책이라고 하지 않을 수 없다. 그러나 이 책은 단순히 SSC가 왜 필요한지를 직설적으로 주장하지는 않는다. 그보다는 과학자에게 왜 이런 대형설비가 필요해졌는지 그 과학사적이고 문명사적인 의의를 도도하게 돌아본다.

SSC가 폐기되고 이 책이 나온 뒤로는 서양 학계에서 이른바 '과학전쟁'이 발발했다. 과학전쟁은 과학의 본질을 둘러싼 과학철학자 및 과학사회학자와 과학자들 사이의 논쟁으로, 과학자들은 과학이 인간의 지식에서 특별한 지위를 획득하고 있다고 주장한 반면 과학철학자들은 과학이 다른 지식체계와 크게 다를 바가 없다고 주장했다. 이 책은 과학전쟁을 촉발하는 데 한 원인이 되기도 했다. 과학철학자들은 물리학자들, 특히 SSC를 주도했던 사람들이 SSC가 폐기되자 신경질적인 반응을 보이며 과학에 대한 과학철학자들이나 사회구성주의자들의 논의에 매우 민감해졌다고 지적하는데,《최종 이론의 꿈》에서 와인버그는 철학자들에 대한 불편한 심기를 감추지 않았다.

이 책의 번역을 끝낸 후인 2007년 5월 말 텍사스로 와인버그를 인터뷰하러 갔다. 인터뷰는 한국어판 출간을 기념한 이벤트의 일환이었다. 한 시간 정도 진행된 인터뷰에서 그는 물리학의 현주소를 진단하고 과학철학과 과학정책에 대한 자기 의견을 피력했다. 이휘소 박사와 절친했던 그는 이휘소에 얽힌 일화를 소개해주기도 했다.

이 모든 내용을 한 번의 강연에 담으려고 하니 시간이나 분량이 만만치 않았다. 특히 와인버그가 소립자 물리학의 표준모형의 이론적 구조를 완성한 인물로 평가받고(그 공로로 1979년 노벨상을 받았다)

《최종 이론의 꿈》은 표준모형이 과학의 발전 도정에서 어떤 위치에 있는지를 비중 있게 다루기 때문에 표준모형 자체를 설명하지 않을 수가 없었다.

소립자 물리학의 표준모형은 입자물리를 전공하지 않은 다른 물리 전공자에게도 설명하기가 쉽지 않다. 백북스 강연에 오신 청중은 물리와는 거의 아무런 인연이 없는 분들이라 더더욱 어려운 일이었다. 그러나 나는 그 어려운 이야기를 듣기 위해 귀한 시간을 내준 분들께 감사했다. 특히 이 책을 매개로 그해 가을에 가동을 시작한 LHC에 대해 이야기할 수 있어서 무척 기뻤다.

강연이 끝날 때쯤 간단하게 수학아카데미에 대한 이야기를 했다. 청중 가운데 상당수는 이미 수학아카데미가 수강신청을 받기 시작했다는 것을 홈페이지를 통해 알고 있었을 것이다. 나는 특별한 말은 하지 않고 지금 수학아카데미가 수강신청 중이니 고등학교 수학 과정부터 배우고 싶으신 분들은 연말까지 수강신청을 해달라고 부탁했다.

그날은 백북스에서 마련한 한 해의 마지막 강연이었다. 그래서 강연이 끝난 뒤 송년회를 겸해서 간단한 뒤풀이가 있었다. 2차 뒤풀이는 광화문 근처의 와인바에서 계속되었다. 그 자리에는 수학아카데미에 관심이 많은 사람이 대부분이었다.

수강신청을 받기 시작한 지 며칠 되지 않은 때라 우리의 관심사는 과연 몇 명이나 수강신청을 할 것인가에 모아졌다. 그 자리에 있던 사람 중 몇몇은 꼭 수강신청을 하겠다고 했지만 몇몇은 유보하는 입장이었다. 개인적인 일로 이번에는 수강하지 못한다고 아쉬워하는 사람도 있었다.

수강신청을 받기 시작할 즈음에 우리는 냉정하게 최악의 상태를 따져보기도 했다. 지금은 분위기가 괜찮아 보이지만 막상 수강신청을 받으면 소수의 사람들만 신청할지도 모른다고 생각했다. 경험적으로 봤을 때 수학아카데미가 유지되기 위한 최소 인원은 5명이었다. 언제나 한두 명은 무슨 이유에서든지 불참할 가능성이 존재한다. 그래서 수강인원이 4명 이하면 불참하는 사람이 출석한 사람보다 많은 경우가 비일비재할 것이고 이런 경우 수업을 정상적으로 진행하기는 어렵다. 현실적으로 5명도 안정된 수는 아니지만, 우리는 5명을 마지노선으로 정했다. 그래도 내심 10명 정도는 수강신청을 하리라고 기대했다. 15명 이상 20명 정도면 아주 대박 나는 것이라고 여겼다.

초반 분위기는 그리 나쁘지 않았다. 수강신청 공고 5일째 되던 날까지 약 25명이 댓글을 달아 신청의사를 밝혔다. 그러나 수강료를 입금한 사람은 넷뿐이었다.

과연 지금 신청한 25명이 모두 등록을 할 것인가, 앞으로 연말까지 얼마나 많은 분들이 신청할 것인가 하는 고민도 잠깐, 우리는 와인과 과학과 수학과 인문학, 그리고 한 해 동안의 백북스 활동 등을 소재로 즐거운 송년의 밤을 보내고 있었다. 언제부터인가 차갑

게 퍼붓던 겨울비는 그칠 기미가 전혀 보이지 않았다. 새벽 3시경 모임을 파한 우리는 한겨울 시린 비를 뚫고 총총히 흩어졌다.

수강신청의 결과

12월 19일 모임 이후 이듬해 1월 10일 첫 수업까지 백북스의 공식 일정은 없었다. 모두가 크리스마스와 연말을 즐기는 시기로 접어들었다. 크리스마스 때까지는 수강신청과 관련해서 별다른 변화가 없었다. 그러다가 크리스마스가 지나고 일차적인 마감일로 정했던 30일이 다가오면서 서서히 신청자와 등록자의 수가 늘어나기 시작했다. 급기야는 시한을 넘겨 31일, 이듬해 1월 2일에도 뒤늦게나마 등록하는 사람들이 적지 않았다. 수강신청을 공지하는 글에는 80개가 넘는 댓글이 달렸다.

해를 넘긴 1월 5일, 그동안의 수강신청 결과가 공식적으로 발표되었다.

그날까지 58명이 수강신청을 했고, 28명이 수강료를 입금했다.

그야말로 초대박이 난 셈이었다!

P와 나뿐만 아니라 백북스 회원 모두가 그 엄청난 열기에 놀랐다. 1월 10일 첫 강의가 있는 날까지 계속해서 수강신청을 문의하는 사람이 줄을 이었다. 예상보다 신청자가 너무 많아서 오히려 수업에 집중하기 어렵지는 않을까 하는 걱정이 들 정도였다.

한편 강의 장소에도 약간의 문제가 생겼다. 원래는 백북스 정기

모임을 갖는 곳에서 하려 했으나 주말에는 그곳 사정이 여의치 않아 새로운 장소를 알아봐야만 했다.

그렇게 알아본 곳이 '책 읽는 사회 만들기 국민운동' 본부가 있는 혜화동 일석기념관이었다. 도정일 교수가 주도하는 이 단체는 책 읽기 운동을 전파할 목적으로 만들어졌다. 백북스 같은 독서모임에 장소도 제공해준다고 하니 그렇게 반가울 수가 없었다. 2층 사무실 옆의 큰 강의실은 50명 정도는 너끈히 수용할 규모였고 강의를 위한 각종 장비도 갖추고 있었다.

12월 30일, 나와 P를 비롯한 준비 모임이 함께 이곳을 방문해서 운동본부의 사무처장과 만나 우리의 구체적인 수업계획을 설명했다. 사무처장은 많은 독서모임을 봐왔지만 수학을 공부하는 모임은 처음이라면서 큰 관심을 보였다. 게다가 보통의 독서모임은 두어 시간 정도 장소를 빌리는데 우리는 저녁시간을 포함해서 여섯 시간을 이용할 예정이라는 말에 놀라워했다. 결국 우리는 그 좋은 장소를 무료로 이용할 수 있었다.

한 해의 마지막 날인 다음 날 나는 게시판에 글을 올렸다. 수강신청도 거의 마무리되었으니 열흘 뒤에 시작될 첫 강의에 대한 소개가 필요할 것 같았다.

어제 혜화동에 갔습니다. '책 읽는 사회 만들기 국민운동'의 사무처장님과 좋은 얘기들을 나누었습니다. 우리에게 훌륭한 장소를 제공해주셔서 정말 고맙더라고요. (…) 실제 모임 장소에 가서 장비 점검도 해보니 수학아카데미가 곧 시작한다는 게 실감이 났습니다. 애초에 10명쯤 모이면 대성공이라고 생각했는데 훨씬 많은 분들이 신청해주셔서 좀 얼떨떨하기도 합니다. 이게 바로 백북스의 저력이 아닌가 싶네요. 그만큼 저도 무거운 책임감을 느낍니다. 다음 주 중으로 수학아카데미 개강을 공식적으로 알리는 글을 올리겠지만 오늘 여기서 간단하게 몇 마디 적어둡니다.

우선 내년 1월 10일 토요일 첫 모임은 일석기념관 2층으로 오시면 됩니다. 밤 11시까지 이용 가능합니다. 저녁식사는 수강료에 포함되어 있습니다. 그리고 어떤 내용을 미리 공부해 가는 게 좋을까 하고 물어보시는 분이 많습니다. 저는 원칙적으로 사전학습이 거의 없는 상황을 전제로 강의를 시작할 생각이라서 아무런 준비 없이 오셔도 된다고 답변을 드리고 싶습니다. 수학아카데미가 그 자체로서 자기완결적인 하나의 패키지가 되려면 이 프로그램에 처음 참여할 때 백지상태여야 할 것 같아서요. 그래서 지금까지 강의 내용에 대한 말은 별로 하지 않았는데요, 그래도 너무 말이 없으면 아무런 감도 없을 것 같아서 간략하게 첫 강의에 대해서 말씀드리겠습니다.

첫 강의에서는 고등학교 수학의 기본을 배웁니다. 이날 수업의 포인트는 인수분해, 이차방정식, 함수 등입니다. 특히 함수 관련 내용이 꽤 많아서 원래 예정했던 벡터는 다루기 어려울 것 같습니다.

고등학교 과정의 미적분을 배울 때는 벡터가 꼭 필요하지 않기 때문에 잠시 뒤로 미루더라도 큰 지장은 없을 겁니다.

함수에서는 함수의 일반적인 특징(합성함수나 역함수, 함수변환 등)과 함께 삼각함수, 지수 및 로그함수가 중요합니다. 이 세 함수는 특히 이공계 과정에서 중요하게 다룹니다. 인문계 과정은 다항함수만 미분하고 적분하는데 이공계에서는 삼각함수, 지수·로그함수를 모두 미적분합니다. 이공계에서 이 함수들이 없으면 아무것도 못 합니다.

삼각함수에서는 맨 처음 배우는, 각도를 정의하는 방법 중 하나인 호도법이 익숙하지 않을 겁니다. 그리고 일반각의 삼각함수와 그로부터 나오는 삼각함수의 기본 성질들도 어려워 보일 것입니다. 3회 강의에서 삼각함수를 다시 배우는데요, 그때는 삼각함수의 덧셈정리 등 보다 복잡한 관계들을 배웁니다.

지수·로그함수도 익숙하지 않을 겁니다. 특히 로그함수의 성질은 처음엔 낯설고 어려울 겁니다. 하지만 지수·로그함수는 물리학에서 늘 나오는 함수들이라 그 기본 성질을 알지 않고서는 물리를 제대로 할 수 없습니다. 그렇다고 해서 이 모든 것을 빠른 시간 안에 다 외울 필요는 전혀 없습니다. 기본원리만 아는 게 무엇보다 중요하고요. 필요할 때 내가 원하는 결과를 빨리 찾아볼 수 있을 정도면 됩니다. 학교 교육에서는 무조건 다 외워야 하는데요. 우리는 전혀 그럴 필요가 없죠.

꼭 필요한 수학적 증명이나 유도는 자기 손으로 한두 번만 해보면 됩니다. 그다음엔 공식들이 필요할 때 헷갈리지 않고 잘 찾아서 성공적으로 적용시키는 게 중요하죠. 같은 공식들을 그런 식으로 많이 접하게 되면 저절로 외워집니다.

첫날 강의가 끝난 뒤에는 전체적인 일정이나 시간 배분이 적당한지 강의 내용이 알아들을 만한지 등에 대해서 같이 고민해보는 시간도 필요할 것 같습니다. 여러분이나 저나 처음 해보는 시도라 어쩔 수 없는 시행착오가 있기 마련일 테니까 그런 문제는 있는 그대로 받아들이면서 하나씩 해결해나갑시다.

한 해 마지막 날인데요. 새해 복 많이 받으시고, 수학아카데미에서 1월 10일에 뵙겠습니다.

2008년을 그렇게 보내고 새해가 밝자마자 1월 6일 수학아카데미를 준비하는 사람들이 다시 모였다. 첫 강의를 며칠 앞두고 최종 점검을 하는 자리였다. 시청 근처 파이낸셜 건물 지하에서 저녁을 들며 실무적인 이야기를 나누었다. 그날의 이슈는 수강료 활용 방안과 동영상 촬영이었다. 회원 중 한 명이 자기가 직접 강의를 찍어서 DVD로 제작하고 싶다는 의사를 밝혀 와서 이것을 어떻게 할 것인지를 논의했다. 수강료로 들어온 돈이 풍족한 터라 가능한 모든 지원을 아끼지 않기로 했다.

진짜 시작

이튿날인 1월 7일, 나는 게시판에 수학아카데미 첫 수업을 공식적으로 공고했다.

제1기 수학아카데미 드디어 개강합니다.

작년까지는 멀게만 느껴졌는데 해가 바뀌고 나니 개강이 코앞이네요. 드디어 시작입니다. 처음 수학아카데미 이야기가 나왔을 때가 생각나네요.

작년 9월 26일 백북스 서울모임의 뒤풀이 자리였습니다. 그날 발표자 슬라이드 중에 아인슈타인 방정식도 있었습니다. 뒤풀이 자리에 모인 분들이 일반상대성이론이 나온 지 100년이 되는 2015년까지 아인슈타인 방정식을 공부하고 싶다고 하셨죠. 그래서 제가 그러려면 고등학교 미적분부터 공부해야 한다, 답변해드렸더니 수학 공부모임을 하나 만들면 어떻겠냐는 제안이 나왔습니다. 처음에는 10명 정도 모이면 성공적일 것이라고 생각했습니다. 그런데 어제 번개모임에서 확인해보니까 60명 가까이 신청하셨네요. P회장이나 저나 백북스의 열정과 잠재력에 놀라움을 금하지 못하고 있습니다. 작년에 처음 수강신청을 받으려고 할 때 수강인원이 너무 적으면 어떡하나 하는 고민도 잠깐 했습니다만 지금은 생각보다 많아진 인원 때문에 몇 가지 기술적인 (즐거운) 고민도 생겼습니다.

여러분에게나 저에게나 이번 수학아카데미는 인생의 새로운 도전이 될 것 같습니다. 사회생활을 하시면서 다시 수학책을 보기가 쉽지 않을 겁니다. 게다가 상대성이론을 직접 수학적으로 다루기도 만만치 않을 겁니다. 저만 하더라도 세부전공이 좀 다르기 때문에 일반상대성이론이나 우주론은 복습을 해야 할 지경입니다. 제 입장에서도 이런 기회는 도전이자 모험입니다. 그러나 그렇게 만만해 보이지 않기 때문에 우리가 가는 길이 그만큼 가치가 있지 않을까 하는 생각을 해봅니다.

아마도 백북스의 적지 않은 회원들은 교양과학서를 저보다 훨씬 많이 읽었을 겁니다. 그런 분들에게 또 다른 새로운 교양서적은 큰 의미가 없겠죠. 제가 수학공식과 물리이론으로 계산만 하다가 일상어로 서술된 교양과학책들을 읽었을 때 느꼈던 신선함이 여전히 뚜렷이 기억납니다. 그 느낌이란 게 묘하게 다릅니다. 말들 사이사이로 스쳐가는 공식들과 이론들을 떠올리면서 저자가 지금 무엇을 어떻게 말하려고 하는구나 하는 생각들이 교차합니다. 어떤 경우는 안쓰럽기도 하고(그냥 식 하나 쓰면 되는데 말입니다), 또 어떤 경우는 감탄스러울 때도 있습니다(탁월한 직관력 때문에요).

여러분께서 이번 아카데미를 수강하면서 미적분을 배우고 일반상대성이론과 표준우주론의 기본을 알게 되면, 예전에 읽었던 교양서적들을 다시 펴보세요. 스티븐 와인버그의 《처음 3분간》이든 사이먼 싱의 《빅뱅》이든 완전히 새로운 느낌으로 읽힐 겁니다. 눈에는 보이지 않던, 글자 텍스트 속에서는 볼 수 없었던 숨겨진 우주가 조금씩 보일 겁니다. 그리고 저자가 그 한 문장을 쓰기 위해 고심했을까 하는 생각까지 들기도 하겠지요. 이번 수학아카데미의 목표가 바로 이것입니다.

질적 도약.

제가 할 수 있는 일은 여러분의 학습을 도와주는 것입니다. 제가 여러분을 대신해서 문제를 풀어줄 수 있고 방정식을 세울 수도 있지만, 여러분의 '생각'까지 제가 대신할 수는 없습니다. 생각은 여러분 스스로 하셔야만 합니다. 다만 저는 효율적으로 생각할 수 있는 길을 옆에서 알려줄 뿐이지요. 아울러 이번 수학아카데미를 제 개인적으로도 하나의 즐거운 도전이라고 생각합니다. 과연 평범한 회사원이나 주부들을 아인슈타인으로 만들 수 있을까? 그 쉽지 않을 여정을 충실히 기록으로 남겨서 제 인생의 조그만 추억거리로 만들려고 합니다. 언젠가는 이 길을 가려는 다른 분들에게 도움도 되었으면 하고요. 수학아카데미에서 참석하시는 여러분께서도 지루하고 어려운 수학 공부를 해야 한다고 생각하기보다 좀 더 즐겁고 밝은 기분으로 하나의 추억을 남기시기 바랍니다.

처음 하는 일이다 보니 모든 게 조금씩은 모자랄 겁니다. 예컨대 장소 문제가 그중 하나입니다. 모두에게 넉넉한 책상 공간이 주어지지 않을지도 몰라서 첫 수업이 그다지 편안하지만은 않을 겁니다. 이런 문제는 최대한 빨리 하나씩 해결해나가겠습니다. 그리고 영상 강의도 장소나 인원이나 저작권 문제 등을 빨리 세팅하고 나서 합리적이고 효율적인 방법으로 진행하겠습니다. 첫 수업이 끝난 뒤에 실무적인 제반 사항들에 대해 여러분의 의견을 종합해서 2월에는 더 나은 환경을 만들겠습니다.

수학아카데미가 정말로 이번 주말 개강할 수 있었던 것은 백북스 여러분의 뜨거운 열정과 의지 때문이었습니다. 저는 어리어리하다가 그 열정에 휘말린 경우라고 해야 할 것 같네요. 지금까지 여러 가지로 정말 수고 많이 하셨습니다. 앞으로 개강하고 나면 더 많은 일들을 감당하셔야 할지도 모르는데 저도 최대한 힘을 보태겠습니다. (…) 이번 주말엔 날씨가 추워진다고 하니 감기 안 걸리게 잘 챙겨 입고 오세요. 개강하는 날이니까 개강파티는 꼭 합시다!

개강 전날인 1월 9일, 나는 준비 모임과 함께 다시 일석기념관을 방문해 도정일 교수와 잠깐 이야기를 나누었다. 혜화동을 벗어나 일행과 헤어질 때는 어슴푸레 땅거미가 조금씩 지기 시작하고 있었다. 바로 내일 첫 강의를 시작한다고 생각하니 지난 몇 달간의 일이 주마등처럼 스쳐 지나갔다. 한편으로는 앞으로 그보다 더 많은 1년을 강의해야 하는 부담감도 적지는 않았다. 그러나 무슨 일이든 정면으로 돌파해내는 회장 P와 수학아카데미 준비 모임이 옆에 있고 열정에 가득한 60명의 수강생이 있어서 두렵지 않았다. 나는 새로운 세계로의 모험을 즐길 준비가 되어 있었다.

제8장

첫 강의

고등과학원 앞의 한적한 편도 2차선 도로를 다니는 버스노선은 딱 둘이다. 녹색의 지선버스 1215번은 월계동에서 석계역을 경유하고 석관동, 이문동을 차례로 거쳐 한국외국어대학교, 경희대학교 앞 삼거리를 지나 고등과학원 정문 앞에 선다. 여기서 버스를 타면 홍릉수목원 정문 앞 삼거리에서 세종대왕기념관을 끼고 좌회전하여 청량리역 앞으로 간 뒤 제기동 사거리까지 가서 차를 돌려 왔던 길을 되돌아간다. 언젠가 동대문구청에 가기 위해 이 버스를 탄 것 말고는 이 노선을 이용한 기억이 드물다.

반면 파란색의 간선버스 273번은 아주 유용한 노선이다. 이 버스는 신내동에서 출발하여 중화역에 이르고 이화교로 중랑천을 건넌 뒤 이문동, 외대, 경희대를 거쳐 고등과학원 앞에 이른다. 여기서 273번을 타면 홍릉수목원에서 직진하여 종암로를 건너 고대앞, 고대병원을 차례로 거쳐 성북구청, 한성대입구역을 지나 혜화동까지 간다. 여기서 종로로 빠진 뒤 계속 큰길로만 달려 아현, 신촌을 지나서 홍대입구까지 간다.

무엇보다 273번은 외진 고등과학원에서 도심이나 신촌, 홍대 같은 번화가까지 단번에 갈 수 있다는 점이 아주 매력적이다. 고등과학원에서 가까운 지하철역은 1호선 회기역과 6호선 고려대역이 있는데 모두 걸어서 15분 이상 걸린다. 버스 중앙차로제가 도입되어 노선이 전면적으로 바뀌기 전, 273번과 비슷한 노선을 운행한 버스는 134번이었다. 당시 신촌 근처에 살았던 나는 고등과학원에 가기 위해 현대백화점 맞은편에서 134번 버스를 타곤 했다.

나는 버스를 타면 종종 멀미를 하기 때문에 웬만하면 지하철을 타는 편이다. 하지만 목적지가 혜화동 대학로라면 다른 선택의 여지가 없어서 그냥 273번을 탈 수밖에 없다. 성북구청을 지나 한성대입구까지 좌회전 신호를 받기가 쉽지 않지만 그래도 20분 정도면 도착할 수 있다. 컨디션이 좋지 않은 날에는 그 짧은 시간에도 멀미를 하곤 한다. 수학아카데미의 첫 강의가 있던 2009년 1월 10일 토요일, 나는 연구실을 나와 점심을 먹고 짐을 챙긴 뒤 273번 버스에 올랐다.

첫 강의. 생각보다 첫 강의라는 부담감이 크지는 않았다. 60명이나 수강신청을 했다는 그 열기와 열정, 독서모임에서 처음으로 시도해보는 새로운 모험, 이런 것들이 오히려 나를 들뜨게 했다. 게다가 처음 넉 달은 거의 아무런 부담이 없는 고교수학을 강의한다. 그렇다고 연구실에서 딴짓을 할 여유는 없었다. 교재를 한번 뒤적여보고 다섯 시간의 강의시간을 어떻게 배분할지 다시 가늠해보며 짐을 꾸렸다.

나는 태블릿 겸용 노트북으로 강의를 할 작정이었다. 지금은 태블릿 하면 애플의 아이패드가 대명사처럼 되어버렸지만, 노트북 중에서도 태블릿 겸용이 있다. 이런 종류의 노트북은 전용 필기구로 화면에 터치가 가능하기 때문에 노트필기 등을 자유롭게 할 수 있다. 동료 연구원들 중에는 계산노트나 연구노트를 수월하게 만들

목적으로 이런 기종을 선택하는 경우가 꽤 있었다. 나도 그랬다. 이 것을 프로젝터에 연결해서 필기장 프로그램을 작동시키면 내가 앉 아서 노트북에 쓰는 모든 것을 사람들이 스크린을 통해서 볼 수 있 다. 그 밖에도 강의 내용을 기록할 목적으로 조그만 캠코더와 삼각 대도 집에서 챙겨 왔다.

혜화동 버스정류장에서 강의가 있는 일석기념관까지는 걸어서 약 5분 거리였다. 건널목을 건넌 뒤 나는 편의점에 들어가 음료수를 하나 샀다. 이 정도면 다섯 시간을 버틸 수 있을 것 같았다.

강의실로 쓸 일석기념관 2층 세미나실에 도착했을 때는 2시가 조금 넘은 시각이었다. 강의는 3시부터 시작이다. 강의실에는 서울 백북스의 회장이었던 P와 두어 명만 있었다. 다른 분들은 인근 청 국장집에서 늦은 점심을 들고 있다고 했다. 오늘 저녁은 모두 그 집 에서 먹기로 했다고 한다. 대전에서 올라온 몇 분도 그때 거기 함께 있었다. P는 수학아카데미에서 새로 총무를 맡을 사람이라며 내게 K를 소개했다. K는 앞으로 수학아카데미의 재정출납을 책임지기 로 했다. P는 수학아카데미 운영의 전면에 나서지 않고 이른바 후 견인 역할을 하고 있었다.

나는 노트북을 켜서 프로젝터에 연결하고 캠코더를 설치했다. 태블릿 노트북의 익숙한 필기장 프로그램이 스크린에 가득 찼다. 저기에 무슨 말을 먼저 쓸까, 하는 생각이 드는 순간 사람들이 몰려 들어왔다. 그리 좁지 않은 강의실이 꽉 찼다. 대충 봐서 40명 정도가 온 것 같았다(정확하게는 42명이 출석했다). 대전에서 온 한 수강생은 강의를 DVD로 제작하기 위해 장비를 짊어지고 상경했다.

3시가 조금 넘었을 무렵, 역사적인 수학아카데미 첫 강의가 시작되었다.

나는 자리를 잡고 앉았다. 책상 위에는 내가 사 온 음료수 병 말고도 두어 잔의 음료수가 더 있었다. 나를 걱정해서 수강하시는 분들이 갖다 놓은 것들이었다. P는 집에서 따로 가져왔다며 따끈한 차 한 잔을 올려두었다. 덕분에 내가 준비한 음료수는 거의 마실 기회가 없었다.

고교수학 개론

그날은 첫 강의인 만큼 고등학교 수학의 전반적인 내용을 다루었다. 그래서 강의는 고등학교 수학이 어떤 구조로 이루어져 있는지 내 나름대로 파악한 바를 설명하는 것으로 시작했다.

수학뿐만 아니라 다른 모든 과목에서도 과목 전체의 구조와 체계를 파악하는 것이 중요하다. 이것은 공부를 잘하는 사람과 못하는 사람의 결정적인 차이이다. 물론 구조와 체계를 파악하는 것은 쉬운 일이 아니다. 나 또한 고등학교 수학이라는 구조물을 온전히 파악한 것은 대학에 진학한 뒤였다. 아르바이트로 학생들을 가르치며 다시 정리된 내용도 있었고, 대학수학을 배우면서 새롭게 깨달은 것도 있었다. (예컨대 확률과 통계 단원에 나오는 정규분포 곡선의 의미를 이해한 것은 대학 1학년 때였다.)

고등학교 수학의 가장 중요한 목표는 (적어도 내가 파악하기로는) 미적분을 배우는 것이다. 따라서 고등학교 수학이라는 거대한 구조물의 핵심에는 미적분이 놓여 있다. 양적인 면에서 보자면 전체 교과과정의 40% 정도 될까 싶지만, 이와 관련된 안팎의 내용도 만만치 않거니와 그 쓰임새나 수학에서의 중요성(입시생의 입장에서 보자면 아마도 수능 출제빈도, 이과생들에게는 대학 진학 뒤 전공에서의 활용도)을 따지면 최소 60%는 되지 않을까 싶다.

미적분은 미분과 적분을 한꺼번에 일컫는 말이다. 이 둘은 서로 긴밀하게 연결되어 있기 때문에 미적분이라는 한 단어로 두루 사용된다. 미분과 적분 가운데 우선이 되는 개념은 미분이다. 적분은, 결과적으로 보았을 때 미분을 거꾸로 계산하는 것과도 같다. (미분이 무엇이고 적분이 무엇인지 하는 자세한 내용은 뒤에서 다룰 것이다.)

미분은 함수의 극한으로 정의된다. 따라서 함수의 극한이란 무엇인가를 꼭 알아야 한다. 그리고 함수의 극한을 이해하려면 극한limit의 개념을 알아야 하고, 또 함수function의 개념과 종류를 알아야 한다. 극한의 기본은 어떤 숫자들을 무한히 나열했을 때, 그 무한한 숫자의 나열이 결국 어디를 향하고 있는가 하는 문제로 귀결된다. 이러한 숫자의 나열을 수열sequence이라고 한다. 고등학교 과정에서 자세히 나오는 내용은 아니지만, 함수의 극한은 결국 수열의 극한으로 정의된다. 물론 수열은 그 자체로 쓰임새가 있고 또 중요하지만, '수열의 극한 → 함수의 극한 → 미분'으로 이어지는 흐름을 놓쳐서는 안 된다.

함수도 그 자체로 수학에서 가장 중요하고 기본이 되는 개념 가운데 하나이다. 함수의 정의와 일반적인 특징들을 반드시 익혀야 함은 물론이지만, 특히 고등학교 수학에서 가장 중요한 함수는 2차함수이다. 2차함수는 다항함수 가운데 일차함수를 제외하고는 가장 단순한 형태다. 한편 2차함수를 이루는 다항식은 2차식이므로, 고등학교 수학에서 다루는 수식 가운데 2차식이 가장 중요하다고 할 수 있다. 2차식은 다항식의 기본식으로, 1차식들로의 인수분해가 가능하다. 이를 통해 간단한 2차방정식과 부등식을 풀 수 있다. 그리고 일반적인 2차식은 그 식을 0으로 만드는 2차방정식의 일반적인 해를 대수적으로 쉽게 구할 수 있다. 이것이 바로 2차방정식의 근의 공식이다.

이처럼 다항식을 능수능란하게 다루려면 기본적인 수식에 대한 성질과 공식을 익힐 필요가 있다. 그중에서도 역시 고차다항식의 인수분해가 가장 중요하다. 그리고 다항식으로 표현이 가능하지 않은 함수 중에서 가장 기초적이고도 중요한 함수가 삼각함수와 지수로그함수이다.

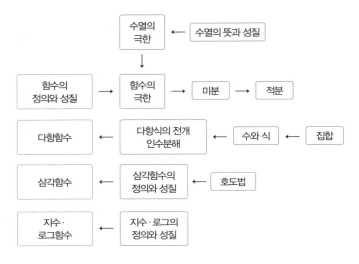

고교수학의 체계

고등학교 수학에는 미적분 말고도 큰 영역이 두 가지가 더 있다. 하나는 공간도형이고 다른 하나는 확률통계이다. (문과생에게는 약간의 차이가 있을 수 있다.) 공간도형 단원에서는 2차원 및 3차원 도형의 방정식을 벡터라는 양을 이용해서 표현하는 방법을 배운다. 확률통계 단원에서는 경우의 수를 세는 방법, 특히 순열과 조합이 가장 중요하다. 그러나 이 두 단원은 미적분과 직접적인 관련이 없기 때문에, 앞으로의 학습에서 도움이 될 만한 부분만 조금씩 다루기로 했다.

그렇게 첫 강의의 10여 분을 고등학교 수학의 체계와 구조를 설명하는 데 썼다. 그러고는 곧바로 집합부터 강의를 시작했다. 애초에 고등학교 수학의 모든 것을 강의할 수는 없었다. 공간도형이나 확률통계는 거의 다루지 않을 작정이었다.

그래도 1년 강의의 시작은 집합부터 시작하고 싶었다. 아무리 수학에 취미가 없거나 배운 지 오래되었다고 하더라도 고등학교 수학의 시작은 집합이라는 점을 대부분이 기억하고 있으리라 생각했기 때문이다. 고등학교 때 흔히 하는 말로 "수학 공부할 때 집합만 열 번 봤다"는 우스갯소리가 있을 정도이다. 그래서 샐러리맨 아인슈타인 되기 프로젝트는 고등학교 수학의 시작인 집합에서 출발하여, 아인슈타인 방정식을 푸는 것으로 끝낼 계획이었다. 미적분은 물론이고 고등학교 수학 전반을 전혀 모르는 사람이라도 이 1년의 강의를 통해 집합부터 시작해서 아인슈타인 방정식을 풀 수 있도록 하는 것, 그것이 이 강좌의 목표였다. 물론 적어도 '원리적으로'는 그렇다는 말이다.

A. Einstein.

제9장

고등학교 수학의 기본

제아무리 하루에 다섯 시간씩 한다고는 하지만 강의 4회 만에 고등학교 수학의 미적분 과정을 모두 소화하기란 불가능하다. 그렇게 12회를 공부해서 그것만으로 아인슈타인 방정식을 푼다는 것도 사실 말이 안 된다. 이 모든 게 가능하려면 수업을 듣는 사람들이 충분히 복습을 해야 한다. 이것이 1년 안에 샐러리맨을 아인슈타인으로 만들기 위한 전제조건이라고 생각했다.

물론 현실적으로 샐러리맨이 다른 시간을 쪼개서 수업 내용을 따로 복습할 시간을 갖는다는 것 역시 대단히 어렵다. 아니, 불가능하다고 해야 할지도 모르겠다. 나 또한 정말로 수강생들이 내가 원하는 수준만큼 복습을 하리라고는 기대하지 않았다. 그럼에도 이 일을 시작한 이유는 적어도 '원리적으로'는 이 모든 것이 가능하다고 생각했기 때문이다. 누군가 (꼭 1년은 아니더라도) 고등학교 수학에 대한 기본 지식조차 없는 상태에서 아인슈타인 방정식을 풀어서 우주의 비밀을 이해하고 싶은 사람이 있다면, 우리의 이 프로그램을 그대로 따라오면 된다는 것을 보여주고 싶었다. 다시 말하면, 이번 강의는 교과서에 담긴 모든 내용을 일일이 설명하는 강의가 아니라 이런저런 내용을 이러저러하게 공부해서 익힌다면 원하는 결과를 얻을 수 있다는 '학습 안내'에 더 가까웠다.

모든 강의 내용을 녹취해서(녹화는 거의 다 되어 있다) 여기다 모두 풀어놓는다는 것도 그다지 좋은 방법은 아닌 것 같았다. 여기서는 강의 내용 중에서 중요한 포인트들을 모아 축약해서 정리할 생각이다.

집합

고등학교 수학과정의 전반적인 구조를 도식적으로 설명한 뒤, 집합부터 강의를 시작했다. 집합부터 이야기를 시작한 이유는 앞으로 강의할 때 필요한 최소한의 기호와 용어를 먼저 명확히 해둘 필요가 있었기 때문이다. 예컨대 집합기호나 그와 관련된 표현법, 특히 수의 종류와 그 집합에 대한 개념 등은 수학을 할 때 가장 '기초 언어'에 해당한다.

나는 노트북에 집합의 표기법부터 쓰기 시작했다. 고등학교 수학 첫 시간에 배웠을 법한 원소나열법과 조건제시법을 이야기했다.

원소나열법은 말 그대로 그 집합의 원소를 집합 기호 안에다가 쭉 쓰는 방법이다.

$$N = \{1, 2, 3, \cdots\}$$

조건제시법은 집합을 규정짓는 수학적 조건을 쓰는 방식이다.

$$N = \{x \mid x \text{는 자연수}\}$$

어떤 원소 x가 집합 A의 원소일 때는 이렇게 표현한다.

$$x \in A$$

만약 x가 A의 원소가 아니라면 $\in$ 기호에 사선을 그으면 된다.

$$x \notin A$$

고등학교 때 시험을 보다가 $x \in A$만 알고 $x \notin A$을 몰라 문제를 하나 틀렸던 기억이 아직도 생생하다. 수학에서는 가장 기본적인 표현법부터 제대로 익히는 것도 중요하다.

원소나열법은 직관적인 표현법이라서 이해가 되지만 조건제시법은 수학적 기호들이 동원되기 때문에 수학에 익숙하지 않은 사람들에게는 당황스러울 수도 있다.

나는 목에 힘주어 한 가지를 강조했다.

"절대로 기호에 현혹되지 마세요!"

수학(혹은 물리학)을 공부할 때는 항상 이 말을 마음에 새겨야 한다. 수학이 좀 어려워진다 싶으면 으레 누구나 그 엄청난 기호에 주눅이 들고 허우적대기 일쑤다. 일선에서 연구하는 나 역시 이런 경우가 허다하다. 그런 때일수록 내 눈앞에 펼쳐진 온갖 암호 같은 혹은 외계어 같은 수식과 기호와 상징이 대체 '무엇을' 의미하는지, 눈에 보이는 형상을 잠시 떠나 그 근본적인 의미를 되새겨볼 필요가 있다.

고등학교 수학을 공부할 때 처음으로 맞닥뜨리는 기호의 난감함이 바로 집합의 조건제시법이 아닐까 싶다. 위의 예를 보면

$N = \{x \mid x$는 자연수$\}$라는 표현에서 x 뒤에 나오는 세로줄($\mid$)은 대체 뭐냐는 생각도 들 것이다. 결론부터 말하자면 아무런 의미가 없다. 그냥 구분을 위한 것이다. 즉 세로줄의 왼편에는 집합의 원소element의 대푯값이 표현되어 있다. 예컨대 $A = \{x \mid \cdots\}$라면 집합 A는 x라는 값을 원소로 갖는다. $B = \{(x, y) \mid \cdots\}$라는 집합이 있다면, 집합 B는 (x, y)라는 순서쌍을 원소로 갖는 집합이다.

세로줄 오른편에 적힌 내용은 세로줄 왼편의 원소가 만족해야 하는 성질을 나타낸다. 원소가 만족해야 하는 성질이란 달리 말해 그 원소에 부과된 일종의 '조건'이다. 그래서 조건제시법이라는 말이 붙었다. 따라서 조건제시법은 일반적으로 다음의 형식을 취한다.

$A = \{x \mid x$가 만족하는 조건$\}$

다시 말하자면, 조건제시법은 '세로줄 뒤의 조건을 만족하는 세로줄 앞의 원소들의 집합'을 나타낸다. 세로줄 뒤의 조건에는 자기가 원하는 조건을 마음대로 집어넣을 수 있다. 예를 들어 다음과 같이 쓸 수 있다.

$$A = \{1, 2, 3, 6\} = \{x \mid x$는 6의 약수$\} \tag{1}$$

좀 더 복잡하게는 다음과 같이 쓸 수도 있다.

$$A = \{1, 2, 3, 6\} = \{x \in N \mid xy = 6 \; for \; some \; y \in N\}$$

(N은 자연수의 집합) (2)

식 (1)처럼 표현하면 쉽게 이해하는 사람도 같은 내용을 식 (2)로 표현하면 머뭇거린다. 수학 기호에 현혹되기 때문이다. 일단 낯설고 복잡한 표현이 나오면 거기에는 내가 모르는 뭔가 대단한 비밀이 숨겨져 있을 것이라고 지레 겁을 먹는 것이 인지상정이기는 하다. 그러나 그럴 때일수록 기호가 의미하는 바에 집중하면 의외로 쉽게 그 뜻을 파악할 수 있다.

우선 식 (2)에서 세로줄 왼편을 보면, 집합 A는 자연수를 원소로 갖는 집합임을 알 수 있다($x \in N$). 그리고 세로줄 오른편의 조건을 보면 '$for \; some \; y \in N$'은, '어떤 자연수 y에 대하여'라고 해독할 수 있다. '$xy = 6$'이라는 표현은 두 수 x와 y를 곱해서 6이라는 뜻이다. 따라서 식 (2)의 집합 A는 어떤 자연수 y에 대해, 그 y와 곱해서 6을 만들 수 있는 자연수 x의 집합이라고 할 수 있다. 이것은 6의 약수를 풀어서 수학적으로 표현한 것과 다름이 없다.

수의 체계

집합과 관련해서는 포함관계나 벤다이어그램 등을 간단하게 설명하고 수의 체계로 넘어갔다. 수의 체계도 자세하게 다루지는 않았다. 하지만 이후 강의를 위해서는 유리수나 무리수가 무엇인지,

실수와 허수가 무엇인지 그 말뜻은 알아야겠기에 그런 내용만 간략히 설명했다. 집합기호로 수의 체계를 정리하면 다음과 같다.

{자연수} ⊂ {정수} ⊂ {유리수} ⊂ {실수} ⊂ {복소수}

{유리수} ∪ {무리수} = {실수} = R

{유리수} ∩ {무리수} = ϕ (여기서 ϕ는 원소가 하나도 없는 공집합)

{복소수} = $\{x+iy \mid x, y \in R, \ i^2 = -1\}$

위에서 복소수는 두 실수 x, y에 대해 $x+iy$로 표현이 가능한 숫자인데, i는 허수단위로서 제곱하면 -1이 되는 숫자이다. 복소수에 대한 자세한 내용은 나중에 강의에서 다시 다룬다.

유리수는 영어로 rational number이다. 직역하자면 두 수의 비율, 즉 분수로 표현할 수 있는 숫자가 유리수이다. 자연수나 정수 모두 유리수에 속하며 $\frac{1}{2}$, $\frac{3}{7}$과 같은 일반적인 분수 꼴의 숫자는 모두 유리수이다. 유리수有理數는 rational을 '이성적인' 혹은 '이치에 닿는'이라는 쪽으로 해석한 결과가 아닐까 싶다. 무리수無理數는 irrational number를 번역한 단어로 유리수와는 달리 분수로 표현할 수 없는 숫자다. 원주율인 π나 $\sqrt{2}$ 같은 숫자들이 무리수에 속한다. 그래서 유리수는 유비수有比數, 무리수는 무비수無比數라고 하는 게 어떨까 하는 생각도 든다.

유리수와 무리수는 마치 이가 딱 들어맞는 톱니처럼 한 치의 어굿남이 없이 맞물려 실수를 형성한다. 수평의 직선을 하나 그어서 그것으로 실수를 표현한다면 유리수와 무리수가 함께 들어가야 빈틈없이 촘촘히 채워진다.

그렇다면 실수 중에는 유리수가 많을까, 무리수가 많을까? 물론 유리수와 무리수 모두 무한히 많다. 하지만 무한히 많다는 것에도 차이가 있다. 자연수나 정수는 무한히 많지만 그것을 하나하나 셀 수 있다. 좀 복잡하긴 하지만 분수형의 숫자(즉 일반적인 유리수)도 하나, 둘… 하면서 셀 수 있다. 이런 집합을 셀 수 있는countable 집합(혹은 가산집합)이라고 한다. 반대로 무리수는 그렇게 셀 수 없다. 이런 집합을 셀 수 없는uncountable 집합(혹은 불가산집합)이라고 한다. 즉 원소의 개수가 무한한 집합은 원소의 개수를 셀 수 있는 무한집단과 셀 수 없는 무한집단이 있다.

똑같은 무한집합이라도 셀 수 없는 집합의 원소의 개수(혹은 농도라고도 한다)가 셀 수 있는 집합의 원소의 개수보다 훨씬 더 많다는 것이 알려져 있다. 그래서 실수의 수직선 위에 임의로 점을 하나 찍었을 때 그 점이 유리수일 확률은 0이다! 반대로 그 점이 무리수일 확률은 1이다.

집합과 관련된 이와 같은 논의는 현대적인 집합론의 창시자인 칸토어에 따른 것이다. 칸토어 이전에는 위대한 수학자들조차도 자연수 혹은 그것으로 만들어진 수 이외의 숫자는 거짓된 숫자라고 여겼다. 하지만 무리수를 시각적으로 표시하는 것이 어렵지는 않다.

예컨대 한 변의 길이가 1인 정사각형의 대각선의 길이가 바로 $\sqrt{2}$이다. 무리수나 실수에 대한 개념이 확실하게 정립된 시기는 19세기 후반으로 비교적 최근이다.

시그마와 곱셈공식

집합 부분을 마무리한 뒤에는 시그마 기호의 용법을 간단히 다루었다. 시그마 기호는 그리스 문자 시그마(Σ)를 이용하여 여러 항을 더할 때 요긴하게 쓰이는 기호다. 원래 시그마 기호는 수열 단원을 배울 때 나온다. 그러나 나는 따로 수열을 가르치지 않을 생각이었다. 하지만 시그마 기호는 중요하다. 상대성이론을 공부하다 보면 늘 나오는 게 시그마 기호이다. 아인슈타인은 반복적으로 나오는 시그마 기호를 과감하게 생략하는 아인슈타인 표기법을 도입하기도 했다.

시그마 기호의 정의는 의외로 간단하다. 기호에만 현혹되지 않으면 된다.

$$\sum_{i=1}^{N} a_i = a_1 + a_2 + \cdots + a_N$$

여기서 시그마 기호 아래쪽의 i는 첨자dummy index라고 하는데, 좌변의 계산 결과는 이 첨자와 무관하다. 즉 첨자를 i라고 하든 k라고 하든 상관없다. 첨자가 1부터 시작하므로 a_i는 a_1부터 더하기를 시작한다. 그리고 시그마 기호의 위에 있는 N은 덧셈이 끝나는 첨자를 나타낸다. 따라서 풀어서 말하면 다음과 같다.

$$\sum_{i=1}^{N} a_i = (i가\ 1일\ 때부터\ N일\ 때까지\ a_i를\ 더하라.)$$

더하기를 공부했으니 그다음으로는 곱하기를 강의했다. 곱하기는 수와 식의 계산에서 가장 기본이 되는 연산이다. 수식의 곱셈공식은 곱하기로 연결된 수식을 풀어내는 계산법이고 그것을 거꾸로 계산하는 과정이 인수분해이다. 곱셈공식과 인수분해는 고등학교 수학에서 가장 기본적이면서도 중요하다. 많은 학생들이 좌절을 겪는 대목이기도 하다.

본격적으로 곱셈공식을 이야기하기 전에 곱하기에서 가장 중요한 지수의 계산을 먼저 강의했다. 지수exponent란 문자가 곱해진 개수이다. 예컨대 a^3라고 썼을 때, a를 밑base, 3을 지수라고 한다. a^3는 a가 3회 곱해졌다는 뜻이다. 즉 $a^3 = a \times a \times a$이다. 일반적으로 a가 n개 곱해졌으면 a^n이 된다.

지수와 관련된 계산에서 중요한 점은 두 수를 곱하거나 나누었을 때 지수의 계산이 어떻게 되느냐이다. 여기서 곱하는 두 수의 밑이 같아야 한다. 밑이 다른 두 수는 어떻게 계산해볼 도리가 없다. 그러나 밑이 같다면 다음과 같은 성질이 있다.

$$a^n \times a^m = a^{n+m}$$

$$a^n \div a^m = a^{n-m}$$

$$(a^n)^m = a^{nm}$$

이를 지수법칙이라고 부른다. 곱하는 두 수의 밑이 같을 때, 그 결과 각각의 지수는 더해진다. 이는 너무나 자명한 결과인데, 왜냐 하면 지수란 것이 원래 a라는 문자가 '곱해진 개수'를 나타내기 때 문이다. 수학에서 늘 그렇듯이 정의는 항상 중요하다. 그것도 매우 중요하다. 정의를 잘 알면 거의 모든 문제가 해결된다.

예컨대 $a^n \times a^m$라는 식의 의미는 a가 n개 곱해진 수와 a가 m개 곱해진 수를 곱했을 때 a를 몇 번 곱한 결과가 되겠냐는 뜻이다. 당연히 a가 곱해진 모든 횟수는 $(n+m)$번이다. 그래서 이것이 새로 운 지수가 된다. 나눗셈이나 지수의 거듭제곱도 같은 원리로 쉽게 이해할 수 있다.

$$a^2 = a \times a \qquad a^n = \overbrace{a \times \cdots \times a}^{n\text{개}}$$

$$2a = a + a \qquad na = \overbrace{a + \cdots + a}^{n\text{개}}$$

$$a^m \times a^n = \underbrace{a \times \cdots \times a}_{m\text{개}} \times \underbrace{a \times \cdots \times a}_{n\text{개}} = a^{m+n}$$

$$\boxed{a^m \times a^n \neq a^{mn}} \quad (a^m)^n = \overbrace{(\underbrace{a \times \cdots \times a}_{m\text{개}})(\underbrace{a \times \cdots \times a}_{m\text{개}}) \cdots (\underbrace{a \times \cdots \times a}_{m\text{개}})}^{n\text{개}}$$

$$= a^{mn} = (a^n)^m$$

만약 이 결과를 아무 생각 없이 외우려고만 한다면 인생이 무척 피곤해질 것이다. 뭔가를 외울 때는 항상 실수할 위험이 도사리고 있어서 그 정확성 역시 믿기가 어렵다. 그러나 정의와 원리에 충실하면 뭔가를 외울 필요가 없다. 행여 뭔가를 꼭 외우고 싶다면 정의를 외우면 된다. 아니, 정의만큼은 꼭 외워야만 한다.

그리고 $1 = a^n \div a^n = a^{n-n}$이므로 $a^0 = 1$이라고 쓸 수 있다. 또한 $\frac{1}{a} = a^0 \div a^1 = a^{0-1}$이라고 할 수 있으므로 $a^{-1} = \frac{1}{a}$라고 쓸 수 있다. 이 관계를 알면 무척 편리하다. 한편 $(a^{\frac{1}{2}})^2 = a^{\frac{1}{2} \times 2} = a^1$이므로 $a^{\frac{1}{2}} = \sqrt{a}$임을 알 수 있다. 이런 관계들이 쓸모 있는 이유는, 이를 통해 지수의 관계식들을 지수가 자연수일 때에서 지수가 임의의 실수일 때로 확장할 수 있기 때문이다.

고등학교에서 지수를 다룰 때는 편의상 밑을 '1이 아닌 양수'라고 가정한다. 만약 밑이 음수이면 그 지수가 분수 형태일 때, 그 결과가 허수가 되는 경우가 있다(예: $(-2)^{\frac{1}{2}} = \sqrt{-2} = i\sqrt{2}$). 그리고 밑이 1이면 모든 거듭제곱은 단순히 1의 결과만 나온다. 밑이 1이 아닌 양수이므로, 고등학교에서 나오는 모든 거듭제곱은 그 결과가 양수이다. 왜냐하면 양수를 거듭해서 곱했기 때문이다. 지수의 밑이 1이 아닌 양수라는 조건은 나중에 로그를 배울 때도 무척 중요하다.

한참을 강의한 것 같았는데도 아직 인수분해는 구경도 하지 못했다. 첫날 해야 할 강의는 인수분해를 비롯해 방정식·부등식, 함수, 삼각함수, 지수·로그함수까지이다. 첫 강의에서 진도를 최대한 나가야 다음 강의가 더욱 홀가분해진다. 이것은 강의하는 내게도 사실이지만 수강하는 분들에게도 사실이다.

P가 책상 위에 가져다 놓은 찻잔에서는 아직 희미하게 김이 피어나고 있었다. 나는 찻잔을 들어 한 모금 마신 뒤 곱셈공식으로 내달았다.

A. Einstein.

제10장

인수분해부터 로그까지

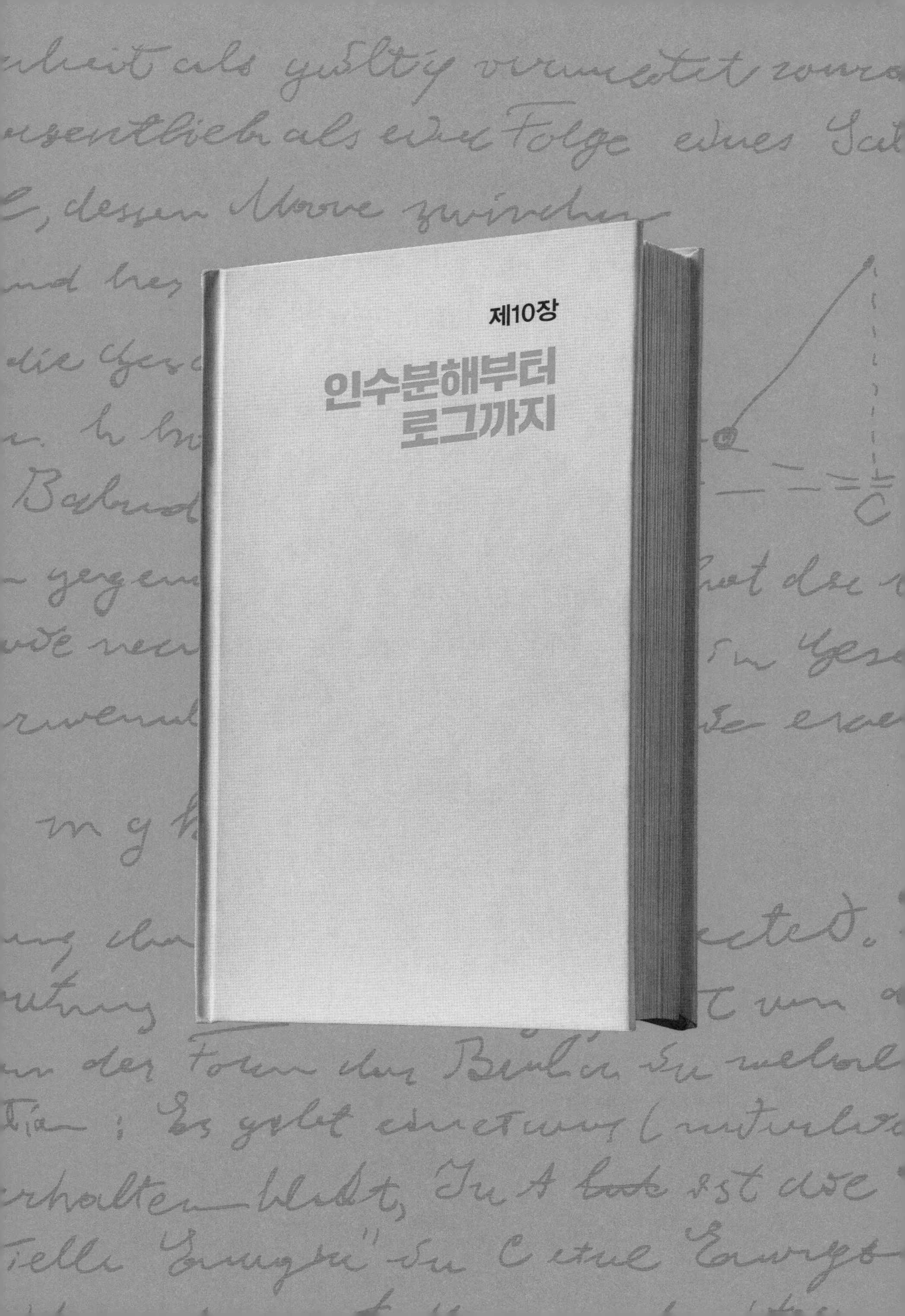

곱셈공식은 곱하기로 연결된 수식을 전개하는 방법이다. 예를 들어 $(x+a)(x+b)=x^2+(a+b)x+ab$와 같이 풀어쓴 결과들을 모아놓은 것이 곱셈공식이다. 곱셈공식의 좌변에 배분법칙 $(a(x+y)=ax+ay$로 풀어서 쓰는 곱하기의 규칙)을 계속 적용하여 풀어서 쓰면 우변의 결과를 얻는다. 간단한 곱셈공식은 굳이 외우지 않아도 여러 번 계산을 하다 보면 손에 익는다.

곱셈공식에서 제일 중요한 것은 완전제곱이다. 완전제곱은 고등학교 전 과정에서 가장 중요한 수식이라고 할 수 있다. 왜냐하면 완전제곱은 이차방정식의 해를 구하는 데 결정적인 역할을 하며, 이는 다시 이차함수의 모양과 성질로 직결된다. 그리고 고등학교 과정에서 배우는 도형의 방정식들은 모두 좌표들 간의 이차식으로 표현되는 도형들이다(나는 이번 강의에서 도형의 방정식은 제외했다). 수학에서는 (다른 과목에서도 마찬가지지만) 이처럼 단원의 흐름과 맥락을 파악하는 것이 중요하다.

완전제곱에 대한 공식은 다음과 같다.

$$(a+b)^2=a^2+2ab+b^2 \tag{1}$$
$$(a-b)^2=a^2-2ab+b^2 \tag{2}$$

보통 학생들은 식 (1)과 식 (2)를 따로따로 생각한다. 나도 고등학교 때 처음에는 그랬다. 그러나 이 둘은 2개의 식이 아니라 하나의 식이다. 왜냐하면 좌변을 비교했을 때 식 (2)는 식 (1)에서 b의 부호가 바뀌었을 뿐이기 때문이다. 그래서 식 (2)의 전개 결과는 식 (1)의 전개 결과에서 b의 부호만 바꾸면 된다. 즉 식 (3)과 같다.

$$(a-b)^2 = (a+(-b))^2 = a^2 + 2a(-b) + (-b)^2$$
$$= a^2 - 2ab + b^2 \tag{3}$$

누군가는 '이게 뭐 그리 대단한 발견인가' 할지도 모르겠다. 실제 나는 고등학교 때 세제곱의 결과가 몹시 헷갈렸다.

$$(a+b)^3 = a^3 + 3a^2b + 3ab^2 + b^3 \tag{4}$$
$$(a-b)^3 = a^3 - 3a^2b + 3ab^2 - b^3 \tag{5}$$

학창시절 수학 좀 한다는 소리를 듣던 나도 바보스럽게도 고등학교 내내 식 (4)와 식 (5)를 서로 다른 식으로만 외우고 있었다. 요즘이야 어지간한 학생들이라면 이런 요령쯤은 다들 잘 알겠지만, 행여 모르는 분들에게는 이 단순한 원리가 가뭄의 단비처럼 반가울 것이다. 식 (4)에서 b의 부호를 바꾸면 b의 차수가 홀수인 항의 부호가 바뀌어 식 (5)가 된다.

인수분해

인수분해는 곱셈공식을 거꾸로 가는 과정이다. 예컨대 식 (6)으로 가는 과정이 인수분해이다.

$$x^2 + (a+b)x + ab = (x+a)(x+b) \tag{6}$$

보는 바와 같이 일반적으로 인수분해가 전개보다 훨씬 더 어렵다. 왜냐하면 전개는 그냥 풀어서 쓰기만 하면 되지만, 인수분해는 '그냥' 하는 방법이 없기 때문이다. 게다가 모든 수식이 인수분해가 되는 것도 아니다.

이는 숫자의 경우에도 마찬가지이다. $7 \times 13 \times 17$의 값을 계산하는 것은 어렵지 않다. 그냥 곱하기를 해보면 답은 1547이 됨을 알 수 있다. 하지만 1547이 어떤 숫자들의 곱으로 이루어져 있는지를 알기란 곱하기의 경우만큼 쉽지가 않다. 뒤에 보게 되겠지만, 일반적으로 미분은 곱셈의 전개와 마찬가지로 그냥 계산이 되지만 적분은 그렇지가 않다. 그래서 적분이 일반적으로 미분보다 더 어렵다.

인수분해 계산은 연습을 통해 익히는 것이 최선이다. 식 (6)을 예로 들어보자. 좌변에서 x의 일차항의 계수는 어떤 두 수의 합 $(a+b)$이다. 반면 x의 상수항은 두 수의 곱(ab)이다. 즉 더해서 x의 일차항이 되고 곱해서 상수항이 되는 두 수를 찾으면 식 (6)의 우변처럼 인수분해를 할 수 있다.

만약 x^2-5x+6이라는 식이 있다고 하자. 이 식을 인수분해 하려면 더해서 -5, 곱해서 6이 되는 두 숫자를 찾으면 된다. 이때 곱해서 6이 되는 두 수를 먼저 찾아보는 것이 훨씬 쉽다. 왜냐하면 그 경우의 수가 월등하게 적기 때문이다. 그런데 더한 두 수가 음수이므로 곱해서 6이 되는 두 수는 모두 음수일 것이다. 6의 약수는 1, 2, 3, 6 넷뿐이므로 -2와 -3이 우리가 원하는 두 수이다. 따라서 다음과 같이 됨을 알 수 있다.

$$x^2-5x+6=(x-2)(x-3)$$

방정식과 해

인수분해가 중요한 이유는 이를 이용해서 다항방정식을 풀 수 있기 때문이다. 방정식이란 어떤 문자(보통 x)가 특수한 값을 가질 때만 성립하는 등식이다. 예를 들어, $x^2-5x+6=0$이라는 식은 방정식이다. 이 식을 만족하는 x의 값을 구하려면 좌변을 인수분해 하는 것이 가장 좋은 방법이다. 즉 다음과 같이 된다.

$$x^2-5x+6=(x-2)(x-3)=0$$

원래 식을 두 일차항의 곱으로 바꿔놓았기 때문에 이 식이 0이 되게 하는 x의 값은 쉽게 찾을 수 있다. 두 수 $(x-2)$와 $(x-3)$을 곱해서 0이 되려면 둘 중의 하나만 0이 되면 된다. 즉 $x=2$ 또는 $x=3$이 됨을 알 수 있다.

인수분해에서도 완전제곱이 가장 중요하다. 고등학교 과정을 배운 학생이라면 이차식을 보았을 때 거의 본능적으로 그 식의 완전제곱꼴을 떠올려야 한다. 왜냐하면 그것이 이차방정식과 이차함수의 근간을 이루기 때문이다. 완전제곱의 인수분해는 다음과 같다.

$$x^2+2ax+a^2=(x+a)^2$$

이 모양의 핵심은 x의 1차항 계수($2a$)의 '절반의 제곱'이 상수항으로 들어가 있다는 점이다. 절반의 제곱, 이 점만 기억한다면 고등학교 수학의 절반 정도는 이해했다고 할 수 있다.

인수분해의 나머지 공식들은 모두 곱셈공식을 뒤집어 써서 얻을 수 있다. 그리고 인수분해를 위한 온갖 현란한 기술도 시중에 많이 나와 있다. 그것은 수강생들의 복습과 개인학습으로 돌릴 수밖에 없었다. 우리의 목표를 위해서는 인수분해란 무엇인가, 기본적으로 어떻게 작동하는가만 알면 된다. 고급 기술 따위는 우리에게 필요 없다. 왜냐하면 우리의 목표는 인수분해 자체가 아니기 때문이다.

인수분해가 중요한 이유는 방정식 때문이라고 했다. 실제로 인수분해만 된다면 방정식은 거의 푼 것과 다름이 없다. 문제는 인수분해가 안 되는 경우가 훨씬 많다는 것이다. 고등학교 과정에서 가장 중요한 것은 누차 이야기하지만 이차다항식이다. 이차식의 인수분해, 이차방정식, 이차함수, 이차부등식 등이 기본이고 기초이다.

그럼 이제 이차방정식을 어떻게 풀 것인지 알아보자.

이차방정식을 풀 때도 이차식을 완전제곱꼴로 바꾸는 것이 핵심이다. 이차방정식을 푸는 기본 전략은 좌변을 완전제곱으로, 우변을 상수로 변환해서 식 (7)과 같은 모양으로 바꾸는 것이다.

$$(x+A)^2=B \tag{7}$$

이렇게만 되면 양변의 제곱을 없애서 다음과 같이 된다.

$$x+A=\pm\sqrt{B}$$

최종적으로 $x=-A\pm\sqrt{B}$의 두 해를 얻는다(n차방정식은 일반적으로 n개의 해를 갖는다).

이 과정을 일반적인 이차방정식 $ax^2+bx+c=0$에 대해서 적용한 결과가 이차방정식의 근의 공식이다. 자세한 과정은 여기서 생략하고(인터넷을 뒤져보면 그 세세한 과정을 다 알 수 있다. 혹은 여기서 설명한 방법을 충실히 따르면 된다) 그 결과를 적어보면 식 (8)과 같다.

$$ax^2 + bx + c = 0$$
$$\Rightarrow x = \frac{-b \pm \sqrt{b^2 - 4ac}}{2a} \qquad (8)$$

물론 공식을 잘 외우는 것도 중요하다. 그러나 더 중요한 것은 근의 공식의 유도과정을 똑바로 이해하는 것이며, 그 유도과정의 핵심은 이차방정식을 식 (7)의 모양으로 바꾸는 것이다.

예컨대 $x^2 + 2x - 1 = 0$이라는 이차방정식을 보자. 좌변을 식 (7)의 모양으로 만들려면 x 일차항의 '절반의 제곱$\left(\left(\frac{2}{2}\right)^2 = 1\right)$'에 집중하면 된다. 그러면 좌변은 $(x+1)^2$의 모양이 될 것이고, 따라서 좌변을 완전제곱으로 만들기 위해 필요한 상수항은 1이 된다. 좌변의 상수항 1을 맞추려면 우변의 상수항은 2가 되어야 할 것이다. 따라서 최종적인 답은 $x = -1 \pm \sqrt{2}$가 된다.

이 모든 과정은 조금만 익숙해지면 암산으로도 가능하다. 물론 근의 공식을 외워도 되고, 또 운이 좋게 좌변이 인수분해가 된다면 인수분해를 이용해도 된다. 그러나 무엇보다 이차방정식의 핵심을 파악하면 어지간한 이차방정식은 암산으로 (물론 어느 정도 훈련이 필요하지만) 해결된다.

식 (8)은 근호(루트)를 포함하고 있다. 근호 안이 양수거나 0이면 그 수는 실수이고, 근호 안이 음수면 그 수는 허수이다. 따라서 $D = b^2 - 4ac$의 부호에 따라 이차방정식의 근의 개수가 달라진다. 즉 $D > 0$이면 서로 다른 두 실근, $D = 0$이면 1개의 실근, $D < 0$이

면 2개의 허근을 갖는다. 이 때문에 D의 값을 이차방정식의 판별식이라고 부른다.

함수의 그래프

방정식은 일반적으로 함수의 그래프와 연동해서 이해할 수 있다(함수는 곧 뒤에 나올 내용이지만, 함수의 대략적인 내용은 안다고 가정한다). 즉 $ax^2+bx+c=0$이라는 방정식은 $y=f(x)=ax^2+bx+c$라는 이차함수와 $y=0$(이것은 x축을 표현한다)이라는 상수함수가 만나는 점을 나타낸다. $f(x)$는 이차함수로서 아래로 혹은 위로 볼록한 일반적인 포물선을 나타낸다. 이때 $f(x)$의 D의 값에 따라 포물선의 위치가 달라지는데, $D>0$이면 x축과 두 점에서 만나고, $D=0$이면 포물선이 x축과 접하며, $D<0$이면 포물선이 x축 위로(또는 아래로) 떠버려서 만나지 않는다.

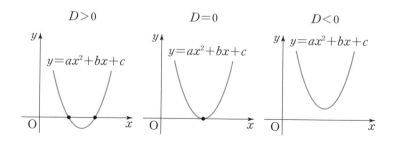

이처럼 하나의 원리를 깨쳐 여러 분야에 두루 적용할 수 있는 능

력을 키우는 것이 수학을 잘하는 비법 중 하나이다.

고등학교에서는 이차방정식 외에 3차, 4차 등 고차방정식도 배운다. 하지만 이차방정식이 가장 중요하다. 그리고 분수방정식과 무리방정식도 배운다. 방정식을 배우면 항상 부등식도 같이 배운다. 이날 강의에서 이 부분은 거의 다루지 않았다.

그 대신 함수와 그래프 이야기가 나온 김에 함수의 평행이동과 대칭이동에 대해 강의했다. 평행이동과 대칭이동은 고등학교 수학 과정 전반에 걸쳐 두루 요긴하게 쓰인다. 왜냐하면 아주 복잡한 함수도 적절하게 평행이동과 대칭이동을 수행하면 매우 단순한 함수로 바뀌기 때문이다. 그 결과만 간단히 정리하면 다음과 같다.

함수 $y=f(x)$에 대해 이 함수를

① x축으로 a만큼, y축으로 b만큼
평행이동 한 함수:

$$(y-b)=f(x-a)$$

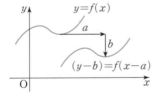

② x축에 대해 대칭이동 한 함수
(y좌표의 부호만 바뀐다):

$$(-y)=f(x)$$

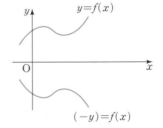

③ y축에 대해 대칭이동 한 함수
(x좌표의 부호만 바뀐다):
$$y=f(-x)$$

④ 원점에 대해 대칭이동 한 함수
(x, y 모두 부호가 바뀐다):
$$(-y)=f(-x)$$

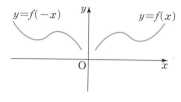

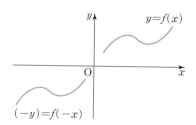

시간은 어느덧 5시가 다 되어가고 있었다. 원래 예정했던 대로 이쯤에서 잠깐 휴식을 갖기로 하고 나는 강의를 멈췄다. 두 시간에 가까운 강의로 듣는 사람도 약간 피곤했을 터였다. 그것도 골치 아픈 수학이니 오죽했으랴. 강의실 밖 복도에는 간단한 다과도 준비되어 있었다. 생각보다 많은 회원이 등록한 덕분에 회비는 넉넉한 편이었다.

쉬는 시간 20분 동안 오랜만에 만난 분들과 인사도 하고 안부도 묻고 하며 나도 휴식을 취했다. 몇몇 수강생은 이 역사적인 첫 강의를 기념해서 함께 사진을 찍기도 했다. 첫 강의라 많이들 격려를 해주신 덕분에 나도 심적으로 안정을 찾을 수 있었다. 쉬는 시간 동안에는 내가 설치해둔 캠코더도 녹화를 멈추게 했다.

5시 10분께 다시 강의를 시작했다. 두 번째 강의는 7시에 끝날 예정이었다. 7시에서 8시까지 모두가 함께 저녁을 먹기로 되어 있었다. 한참을 떠들어서 그런지 벌써 배가 슬슬 고파왔다. 교재를 슬쩍 들춰보며 이번 두 시간 동안 강의할 내용을 잠깐 추슬러보았다. 함수일반과 이차함수, 분수·무리함수, 그리고 호도법과 삼각함수라는 괴물이 버티고 있었다. 앞부분을 최대한 빨리 끝내야 삼각함수에 더 많은 시간을 투여할 수 있겠구나 싶었다.

나는 태블릿 노트북에서 새로운 필기장 파일을 열고 터치펜을 움켜쥐었다.

함수란 무엇인가

함수란 두 집합 사이의 관계다. '관계'라는 말은 눈에 보이는 구체적인 대상이 아니고 뭔가 추상적인 개념이라 이 '관계로서의 함수'를 이해하기란 쉽지 않다. 그런데 두 집합 사이의 아무 관계나 함수라고 하지는 않는다. 그래서 일단 함수의 수학적 정의를 제대로 알아야 한다.

함수란 두 함수 X, Y가 있을 때 X의 모든 원소가 Y의 원소에 딱 한 번씩 대응되는 관계이다. 이때 집합 X를 정의역, 집합 Y를 공변역이라고 부른다. 이렇게 말로만 설명하기엔 뭔가 부족한 면이 있으니 간단한 예를 들어보자.

한 무리의 여자와 한 무리의 남자가 미팅을 하고 있다(이때 남녀의 수가 꼭 같을 필요는 없다). 이 미팅에는 두 가지 규칙이 있다. 첫째로 모든 여자는 한 명도 빠짐없이 남자를 선택한다. 둘째로 각 여자는 반드시 단 한 명의 남자만 선택해야 한다. 이와 같은 두 가지 규칙을 적용하면 이 미팅에 참가한 남녀의 러브라인은 어떻게 될까?

우선 첫째 규칙에 의해 모든 여성에게서 러브라인이 뻗어 나올 것이다. 그런데 둘째 규칙 때문에 여자들은 양다리를 걸칠 수가 없다. 그래서 각 여자에게서 뻗어 나온 러브라인은 오직 한 가닥이어야만 한다. 남자 입장에서는 어떨까? 남자는 선택권이 없기 때문에 여자의 선택을 받지 못하는 낙오자가 생길 수도 있다. 반면 어떤 남자는 둘 이상의 여자에게서 선택을 받아 여러 개의 러브라인을 품을 수도 있다.

이렇게 두 가지 규칙이 만족되었을 때, 우리는 이 남녀집합 사이의 관계를 함수라고 한다. 여자의 집합을 X(여자는 XX의 염색체를 가지고 있다), 남자의 집합을 Y(남자는 XY 염색체를 가지고 있다)라고 하면 이 미팅에서의 러브라인은 완벽하게 '집합 X에서 집합 Y로의 함수'이다.

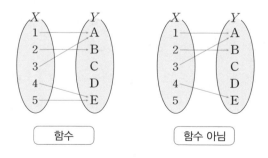

이처럼 함수란 두 집합 사이의 독특한 '대응관계' 자체이다. 그리고 이 함수, 즉 두 집합 사이의 대응관계를 그림으로 표현한 것을 함수의 그래프라고 한다.

함수란 달리 말해서 집합 X의 원소 x와 집합 Y의 원소 y 사이의 관계이다. 이 관계를 수식으로 표현하면 $y=f(x)$라는 모양을 갖는다. 여기서 $f(x)$를 x의 함숫값이라고 부른다. 이 식의 의미는 x에 f라는 어떤 작용 function 을 해서 그 결과 $f(x)$라는 결과를 얻었는데, 그것이 집합 Y의 원소 y라는 것이다. 이때 f라는 작용이 x의 간단한 수식으로 표현이 된다면 우리는 두 집합 X, Y 사이의 관계를 아주 쉽게 알 수 있을 것이다. 고등학교에서 다루는 가장 기본적인 함수는 $f(x)$가 x의 다항식으로 주어지는 다항함수이다. 물론 누차 강조했듯이 $y=f(x)=ax^2+bx+c$로 주어지는 이차함수가 가장 중요하다.

함수의 뜻을 설명한 다음 나는 합성함수와 역함수로 넘어갔다. 합성함수는 말 그대로 둘 이상의 함수를 하나로 합친 함수이다. 집합 X에서 집합 Y로의 함수를 f라고 했을 때, x의 함숫값 $f(x)$를 새로운 정의역의 원소로 하여 집합 Y에서 또 다른 집합 Z로의 함수 g를 정의할 수 있다. 이것을 집합 X에서 집합 Z로의 하나의 함수로 생각할 수 있는데, 그 새로운 함수를 f와 g의 합성함수라고 한다.

다시 정리하면 $y=f(x)$의 관계가 있고, 집합 Z의 원소 z에 대해서는 $z=g(y)$의 관계가 있으므로, 이 두 식을 합쳐서 한꺼번에

$z=g(f(x))$로 쓸 수 있다. 이것은 집합 X의 원소 x에 집합 Z의 원소 z가 곧바로 대응되는, 새로운 함수 h로 정의할 수 있다. 즉 $h(x)=g(f(x))$이다.

이것을 좀 더 간단하게 다음과 같이 쓸 수 있다.

$$h=g \circ f$$

이렇게 쓰면 $h(x)=(g \circ f)(x)=g(f(x))$의 뜻으로 해석하면 된다. 이때 g와 f가 가운뎃점($\circ$)으로 연결된 순서가 중요하다. 위의 예는 f에서 g로 가는 함수를 합성한 결과인데 그 합성함수를 $g \circ f$로 표기함에 유의해야 한다. 이유는 $h(x)=g(f(x))$로 쓰기 위해서이다. 왜냐하면 오른쪽 끝에 있는 함수(여기서는 f)일수록 가장 먼저 x에 작용하기 때문이다. 일반적으로 함수를 합성하는 순서를 바꾸면 전혀 다른 함수가 나온다($g \circ f \neq f \circ g$). 일반적으로 함수를 합성하는 순서를 바꾸었을 때 그 결과가 같지 않은 경우를 비가환적non-commutative 또는 비아벨적non-abelian이라고 한다. 가장 쉬운 예로 더하기와 곱하기는 순서를 바꾸어도 연산 결과가 똑같지만 빼기와 나누기는 순서를 바꾸었을 때 전혀 다른 결과가 나온다 $\left(예: 2 \div 4 = \frac{1}{2}, 4 \div 2 = 2\right)$.

비가환 연산은 행렬의 곱하기에서도 대표적으로 나타나는 현상으로, 이것은 양자역학을 기술하는 수학적인 밑거름이 된다. 합성함수는 뒷날 복잡한 함수를 미분할 때 합성함수의 미분법이라는 형태로 요긴하게 쓰이며, 적분에서 치환적분을 할 때도 합성함수의 원리를 사용한다.

역함수는 원래 함수의 작용을 거꾸로 작용시키는 함수다. X의 원소 x에 어떤 함수 f를 작용하여 $f(x)$를 얻었을 때, 여기에 f의 작용을 없던 것으로 돌리는 함수 g가 있어서 g를 $f(x)$에 작용하면 원래의 x를 얻을 것이다. 즉 $g(f(x))=x$가 되는 함수가 있을 수 있다. 이때 $h(x)=g(f(x))=x$처럼 $h(x)=x$를 만족하는 함수를 항등함수라고 한다. 항등함수는 정의역의 원소에 아무런 작용을 취하지 않는 함수이다. 여기서 함수 g처럼 어떤 함수에 작용하여 항등함수를 만드는 함수를 원래 함수의 역함수라고 부른다. g가 f의 역함수이면 f 또한 g의 역함수이다. 이것을 $g=f^{-1}$라 쓰고 '인버스inverse f'라고 읽는다. 그리고 $g^{-1}=f$이므로 $g^{-1}=(f^{-1})^{-1}=f$임을 알 수 있다. 역함수 그리고 일반적으로 '역작용'이라는 개념은 수학 전반에 걸쳐 통용되는 유용하고도 중요한 개념이다.

그러고는 고등학교에서 배우는 기본함수들의 모양과 성질을 매우 간략하게 설명했다. 그중에서 제일 중요한 것은 역시 이차함수이다. 이차함수의 가장 기본적인 모양은 $y=f(x)=x^2$이다. 이것을 x축으로 a만큼, y축으로 b만큼 평행이동을 하면 $y-b=f(x-a)=(x-a)^2$이 되고 이 식을 전개하면 일반적인 이차함수를 얻는다. 반대로 임의의 이차함수는 완전제곱으로 바꾸어 항상

$y=(x-a)^2+b$의 형태(이것을 표준형이라고 한다)로 바꿀 수 있다. 이차함수를 표준형으로 바꾸면 가장 간단한 이차함수를 어떻게 평행이동을 한 것인지 쉽게 알 수 있다. 즉 일반적으로 복잡한 모양의 함수는 적절한 수학적 조작을 통해 평행이동을 한 결과로 이해할 수 있다. 수학에서는 이처럼 항상 '가장 단순한 형태 → 수학적 조작 → 복잡한 형태'의 과정을 반복한다. 따라서 처음 두 단계만 익히면 마지막 단계는 거의 자동적으로 얻을 수 있다.

분수함수와 무리함수도 마찬가지이다. 분수함수의 가장 기본적인 형태는 $y=f(x)=\dfrac{1}{x}$이고, 무리함수의 기본 형태는 $y=f(x)=\sqrt{x}$이다. 보다 복잡한 모양의 함수는 적절히 평행이동과 대칭이동을 통해 몇 가지 기본 형태의 변형임을 쉽게 확인할 수 있다.

함수에 대한 내용은 이렇게 간단히 정리했다. 우선 기본원리만 설명해두고, 나중에 다시 나오면 그때 상황에 따라 다시 자세히 보충 설명을 할 요량이었다. 그러고서 나는 호도법으로 걸음을 재촉했다.

호도법

호도법이란 각도를 재는 법이다. 각도를 재는 게 뭐 별 게 있겠나 싶지만 그렇지 않다. 우리가 아는 도degree, ° 한 바퀴를 360도로 정의한 값이다. 즉 1도는 한 바퀴의 360분의 1에 해당하는 양이다. 그런데 한 바퀴를 360도로 정한 것은 대단히 임의적이다. 누군가는 그것을 100도로 정할 수도, 1000도로 정할 수도 있다. 이런 식으로 정한 각도에 특별한 수학적 의미가 있을 리 없다.

그렇다면 가장 수학적으로 자연스럽게 각도를 정의할 수는 없을까? 있다. 피자 한 판에서 조각을 떼어내듯 우리가 원의 일부인 부채꼴을 떼어냈다고 생각해보자. 부채꼴의 반지름이 r로 고정되어 있을 때, 이 부채꼴의 호의 길이는 중심각의 크기에 정비례한다. 또한 각도가 고정되어 있을 때 반지름의 길이가 길수록 호의 길이도 그에 따라 길어진다. 만약 반지름과 호의 비율이 일정하다면 부채꼴의 각도는 언제나 일정할 것이다. 이 성질을 이용하면 기하학적으로 자연스러운 각도를 정할 수 있다. 즉 중심각을 θ, 반지름을 r, 호의 길이를 l이라고 했을 때, 다음과 같은 관계가 성립한다.

$$\theta = \frac{l}{r}$$

이렇듯 반지름에 대한 호의 길이의 비율로 각도를 재는 방법을 호도법이라고 하고, 이렇게 측정된 각도의 단위를 라디안radian이라고 부른다. 라디안은 2개의 길이의 비율로 정해지는 단위이다. 따라서 라디안 자체는 단위가 없는 양이다. 예를 들어 속도는 이동거리(meter)를 시간(sec)으로 나눈 양이라서 초속 몇 미터(m/s)라는 독특한 단위를 가지지만, 라디안은 길이를 길이로 나눈 값이라 특별한 단위가 없다. 라디안은 'rad'라고 표시하거나 아니면 아예 단위를 생략한다.

우리에게 익숙한 60진법과 라디안 사이의 관계는 쉽게 알 수 있다. 원은 그 크기를 불문하고 원둘레(원주)에 대한 반지름의 길이가 항상 일정하다. 그 비율은 원주율($\pi=3.1415926\cdots$)로 잘 알려져 있다. 만약 부채꼴의 중심각이 360도라면 이는 원 전체에 해당하며 그 호의 길이는 전체 원주의 길이와 같다. 따라서 이 경우 $l=2\pi r$ 이다. 그렇다면 360도에 해당하는 라디안은 다음과 같다.

$$\theta=\frac{2\pi r}{r}=2\pi$$

$360°=2\pi$인바 $180°=\pi$의 관계식을 얻는다, 그러니까 3.14라디안이 180도의 각도에 해당한다. 이 식의 양변을 180으로 나누면 $1°=\dfrac{\pi}{180}$의 관계가 성립하고, 반대로 1라디안$=\dfrac{180}{\pi}°$의 관계를 얻는다. 곧 1도=0.017라디안, 1라디안=57.3도에 해당한다. 각도를 라디안으로 재면 특히 미적분에서 큰 재미를 느낄 수 있다.

삼각함수

다음으로 나는 삼각함수의 정의를 설명했다. 삼각함수에는 기본적으로 사인$_{sin}$함수, 코사인$_{cos}$함수, 탄젠트$_{tan}$함수가 있다. 삼각함수의 정의는 직각삼각형을 써서 쉽게 정의된다.

여기서 가장 기본이 되는 것은 역시 사인함수와 코사인함수이다. 사인함수는 빗변에 대한 높이 비율을, 코사인함수는 빗변에 대한 밑변의 길이 비율을 나타낸다. 이때 높이와 밑변이라는 개념은 직각삼각형의 2개의 내각 중 어느 각을 선택하느냐에 따라 상대적으로 달라진다.

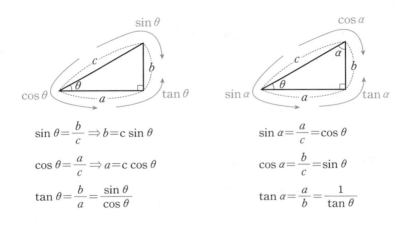

$$\sin \theta = \frac{b}{c} \Rightarrow b = c \sin \theta$$

$$\cos \theta = \frac{a}{c} \Rightarrow a = c \cos \theta$$

$$\tan \theta = \frac{b}{a} = \frac{\sin \theta}{\cos \theta}$$

$$\sin \alpha = \frac{a}{c} = \cos \theta$$

$$\cos \alpha = \frac{b}{c} = \sin \theta$$

$$\tan \alpha = \frac{a}{b} = \frac{1}{\tan \theta}$$

직각삼각형을 이용하면 특수각(0도, 30도, 45도, 60도, 90도)에 대한 삼각함수 값을 쉽게 얻을 수 있다. 특수각의 삼각함수 값은 기억해두면 쓸 곳이 많다.

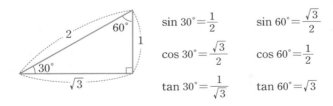

$$\sin 30° = \frac{1}{2} \qquad \sin 60° = \frac{\sqrt{3}}{2}$$

$$\cos 30° = \frac{\sqrt{3}}{2} \qquad \cos 60° = \frac{1}{2}$$

$$\tan 30° = \frac{1}{\sqrt{3}} \qquad \tan 60° = \sqrt{3}$$

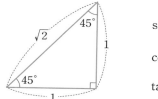

$$\sin 45° = \frac{1}{\sqrt{2}}$$

$$\cos 45° = \frac{1}{\sqrt{2}}$$

$$\tan 45° = 1$$

　　삼각함수를 배울 때의 첫 번째 고비는 일반각에 대한 삼각함수
이다. 직각삼각형으로 삼각함수를 정의하면 예각(0도에서 90도 사이
의 각)에 대해서는 쉽게 정의할 수 있다. 그러나 이렇게 해서는 90도
이상의 각도에 대해서는 삼각함수를 정의하기가 곤란해진다. 그래
서 사람들이 머리를 굴려 90도 이상인 각 또는 임의의 각도에 대한
삼각함수를 새로 정의했다.

　　그 방법은 의외로 간단하다. 먼저, 반지름이 r인 원을 좌표평면
위에 그린다. 그러면 원주 위의 점 $P(x, y)$는 피타고라스의 정리에
따라 항상 다음의 관계식을 만족한다.

$$x^2 + y^2 = r^2$$

　　만약 점 P가 1사분면(오른쪽 상단)* 위에 있으면 원점 O와 점 P

---

*　　좌표축에 의해 넷으로 나뉜 영역을 오른쪽 상단부터 반시계방향으로 1, 2, 3, 4사분면
이라고 한다.

제10장 ◦ 인수분해부터 로그까지

를 잇는 선분이 x축과 이루는 각도(θ)는 예각이다. 이때 점 P에서 x축으로 수직선을 내려 하나의 직각삼각형을 만들면 θ에 대한 삼각함수는 쉽게 정의된다.

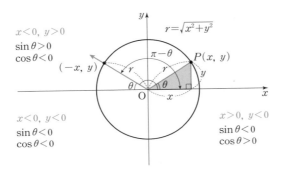

즉 다음과 같이 정의되는 것을 알 수 있다.

$$\sin \theta = \frac{y}{r}, \cos \theta = \frac{x}{r}, \tan \theta = \frac{y}{x}$$

이렇게 점의 좌표를 이용해 삼각함수를 정의하면 그 점이 x축과 이루는 각도가 예각이 아니더라도, 그러니까 점 P가 2사분면이나 3, 4사분면에 있더라도 삼각함수를 무리 없이 정의할 수 있다. 게다가 x, y의 부호를 살펴보면, 사인함수는 1, 2사분면에서 $+$, 3, 4사분면에서 $-$이고 코사인함수는 1, 4사분면에서 $+$, 2, 3사분면에서 $-$임을 알 수 있다.

좌표평면 위에 원을 그려놓고 삼각함수를 점의 좌표로 정의하면 삼각함수들이 만족하는 갖가지 성질을 쉽게 알 수 있다. 먼저, 각도에 180도를 더하거나 뺀 값에 대한 삼각함수 값은 그 종류는 바뀌지 않은 채 부호만 바뀔 수 있다. 왜냐하면 이 경우 x좌표의 값은 $+x$값이나, $-x$값을 가지고 y좌표의 값은 $+y$값이거나 $-y$값을 가지기 때문이다.

예를 들어, $\sin(180-x)$를 생각해보자. 이 경우에는 항상 x를 예각이라고 생각하면 편하다. x가 예각이면 $180-x$는 2사분면의 각이 된다. 2사분면은 사인함수가 $+$의 값을 가지니까 이 결과는 양수이다. 그리고 각도에서 180도가 관련이 있으니까 사인함수는 그대로 사인함수로 남는다. 따라서 $\sin(180-x)=\sin x$임을 쉽게 알 수 있다.

한편 90도가 더해지거나 빼진 각도에 대한 삼각함수 값은 삼각함수의 종류를 바꾼다. 이때는 x좌표의 값이 $+y$나 $-y$이고 y좌표의 값이 $+x$나 $-x$이기 때문이다. $\cos(90+x)$를 살펴보자. x가 예각일 때 $90+x$의 값은 2사분면의 각이다. 2사분면에서 코사인함수는 음수이다. 따라서 이 결과는 음수일 것이다. 그리고 90도가 들어가 있으므로 삼각함수의 종류가 서로 바뀐다. 즉 $\cos(90+x)=-\sin x$와 같다.

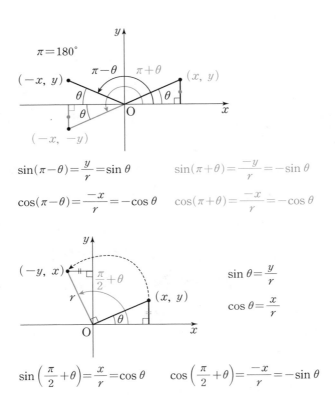

$$\sin(\pi-\theta)=\frac{y}{r}=\sin\theta \qquad \sin(\pi+\theta)=\frac{-y}{r}=-\sin\theta$$

$$\cos(\pi-\theta)=\frac{-x}{r}=-\cos\theta \qquad \cos(\pi+\theta)=\frac{-x}{r}=-\cos\theta$$

$$\sin\theta=\frac{y}{r}$$
$$\cos\theta=\frac{x}{r}$$

$$\sin\left(\frac{\pi}{2}+\theta\right)=\frac{x}{r}=\cos\theta \qquad \cos\left(\frac{\pi}{2}+\theta\right)=\frac{-x}{r}=-\sin\theta$$

이런 기본적인 규칙만 터득하면 삼각함수의 온갖 다양한 성질을 외우지 않고도 익힐 수 있다. 하나의 원리를 깨쳐 수많은 결과를 스스로 유도해낼 수 있으니 얼마나 경제적인가. 수학을 잘하는 학생들은 그래서 하나를 암기를 하더라도 기본적인 원리와 관련된 내용을 외운다.

함수로서의 삼각함수, 즉 $y=\sin x$, $y=\cos x$ 등과 같은 함수들에 대해서도 간단하게 소개했다. 그 모양과 성질, 특히 삼각함수가 주기함수임을 강조했다. 주기함수란 간단히 말해 함수가 x의 특정한 값을 넘어설 때마다 반복적인 값을 되풀이하는 함수로서, 일반적으로 $f(x)=f(x+T)$를 만족한다. 여기서 T는 양수로서, 이 관계를 만족하는 최소의 T값을 주기라고 부른다. 사인함수나 코사인함수의 주기는 모두 360도, 즉 2π이다. 이는 당연한 것이, 각도는 360도를 넘어서면 몇 바퀴를 돌았느냐를 제외하고는 모두 똑같기 때문이다. 반면 탄젠트함수의 주기는 180도이다.

지수

삼각함수까지 대략 끝내고 나니 마음이 약간 홀가분해졌다. 그래도 혹시나 싶어 남은 시간 동안 지수법칙을 잠깐 다루었다. 여기서의 지수법칙은 지수·로그함수를 위한 것으로, 곱셈공식에서 짧게 설명했던 내용과 거의 똑같다. 다만 곱셈공식에서는 자연수나 정수에 대해서만 성립했던 지수법칙이 일반적인 실수에 대해서도 성립한다는 차이점이 있을 뿐이다.

거의 7시가 되어 나는 강의를 중단했다. 이제 밥 먹으러 갈 시간이 되었다. 건물 밖은 아마도 한낮의 광명이 진작 사라지고 컴컴한 어둠이 벌써 사방에 내려앉았을 것이다. 피곤함이 약간 느껴졌지만, 목소리가 잠기거나 하지는 않았다. 오히려 첫날 강의가 생각보다 매끄럽게 잘 흘러가는 것 같아서, 그리고 이제 저녁을 먹고 나면 강의가 한 시간밖에 남지 않아서 기운이 더 나는 것 같았다.

저녁은 수강생들 모두 함께 근처에 있는 청국장집에서 들었다. 제법 널찍한 식당 안의 3분의 1 정도는 바닥에 앉을 수 있는 마루구조였다. 우리 아카데미 수강생들 인원이 그날 많았던 터라 마루의 자리만으로는 모자랐다. 밑반찬도 비교적 풍성하게 나왔고 청국장찌개도 구수했다. 네 시간을 연달아 떠든 탓에 허기가 졌던지 나는 허겁지겁 둘러앉아 밥을 먹었다. 하지만 많이 먹히지는 않아서 밥을 조금 남겼다.

보통 학술학회에 가면 한국에서는 점심시간이 거의 한 시간이고 유럽의 경우 20~30분의 여유가 더 있다. 나는 항상 한 시간의 점심시간이 짧게 느껴져서 늘 불만스러웠는데, 이번 강좌에서 저녁시간이 한 시간밖에 되지 않아 혹시 수강생들이 불편해하지는 않을까 하는 생각도 들었다.

다행히 실제 식사시간은 30분 내외였고 강의실로 다시 돌아왔을 땐 30분 정도의 여유가 있었다. 몇몇이 중간에 빠져나가기는 했지만 거의 대부분이 끝까지 자리를 지켰다.

로그

저녁 먹기 전에 워낙 많은 내용을 다루었기 때문에 마지막 한 시간은 좀 여유가 있었다. 나는 곧바로 로그의 정의와 성질부터 강의를 시작했다. 사실 여유가 있다는 말도 상대적인 뜻이지, 절대적인 의미에서 그렇다는 것은 아니었다. 로그를 한 시간에 가르친다니, 그건 절대적인 기준으로 따진다면 말이 안 된다.

로그logarithm는 지수와 밀접한 관련이 있다. 지수를 다르게 표현한 방식이 로그이기 때문이다. 예를 들어 $2^3=8$이라는 식이 있을 때, 이것을 로그를 써서 식 (9)와 같이 표현한다.

$$3=\log_2 8 \tag{9}$$

일반적으로 식 (10)과 같은 관계가 있다.

$$a^x=y \Leftrightarrow x=\log_a y \ (a>0, \ a\neq 1) \tag{10}$$

여기서 지수의 밑이었던 a는 로그에서도 밑이라고 불린다(밑은 1이 아닌 양수임에 유의하자). y는 로그의 진수라고 한다. 잘 보면 y는 a의 거듭제곱이어서 언제나 양수이다. 즉 로그의 진수는 항상 양수이다(진수가 음수이면 로그값은 허수로 나온다).

로그는 그 의미가 단번에 와닿지 않는다. 그래서 학생들이 처음 배울 때 고생한다. 로그에서 꼭 기억해야 할 사실 하나는 로그도 하나의 숫자, 즉 실수라는 점이다. 그리고 이 숫자가 어떤 숫자인지가 중요하다. 식 (9)의 의미는 지수로 표현한 것에 다 드러나 있다. 즉 2를 세제곱하면 8이 된다는 뜻이다. 그러니까 $\log_2 8$은 '2를 몇 제곱해야 8이 될 것인가?' 하는 문제의 정답과 같다. $\log_a b$는 하나의 숫자로서 'a를 몇 번 곱해야 b가 될 것인가'를 나타내는 실수이다. 이 점만 기억하면 로그에 대한 직관적인 이해가 가능하다. 예컨대 $\log_3 15$라는 숫자를 보자. 이 숫자는 '3을 몇 제곱해야 15가 될 것 인가'를 표현하는 수이다. 3의 제곱이 9, 3의 세제곱이 27이니까, 정 확하게는 몰라도 3을 2.×××⋯번 제곱하면 15가 될 것이라고 짐 작할 수 있다. 따라서 $\log_3 15$는 2와 3 사이의 어떤 실수임을 알 수 있다.

로그는 그 독특한 성질로 유명하다. 즉 다음과 같은 관계가 성립 한다.

$$\log_a x + \log_a y = \log_a xy$$

이것은 로그를 규정짓는 가장 중요한 성질로서 지수법칙에서 곧바로 유도된다. (로그값은 밑의 지수임에 유의하라. 그러면 지수법칙에 서 곱의 지수가 더해지는 성질이 로그에서 이런 식으로 표현됨을 알 수 있을 것이다.) 로그의 다른 많은 성질도 여기서 곧바로 유도된다. 일반적 으로, $f(x) + f(y) = f(xy)$의 관계를 만족하는 함수는 로그함수임 을 증명할 수 있다.

지수함수와 로그함수

마지막으로 지수 · 로그함수에 대해 설명했다. 지수 · 로그함수
란 $y=f(x)$에서 $f(x)$의 모양이 x에 대한 지수함수이거나 로그함
수인 경우를 말한다. 로그의 정의를 잘 보면 지수함수와 로그함수
는 서로 역함수의 관계에 있음을 알 수 있다. 역함수는 그래프상에
서 원래 함수와 $y=x$(이것은 원점을 지나 45도로 오른쪽 끝이 올라가는
직선의 방정식이다)에 대해 대칭적이다. 지수함수의 그래프는 직관적
으로 쉽게 얻을 수 있으며, 로그함수의 그래프는 지수함수의 역함
수라는 점을 이용해서 지수함수를 $y=x$에 대해 대칭이동을 하면
구할 수 있다. 그리고 다른 모든 경우와 마찬가지로 이 함수들을 적
당히 평행이동을 하거나 대칭이동을 하면 좀 더 복잡한 모양을 얻
을 수 있다.

지수함수는 x값의 증가함에 따라 그 값이 매우 급격하게 증가하
는 함수이다. 우리가 흔히 '기하급수적으로' 증가한다고 할 때는 그

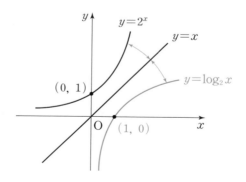

증가의 정도가 지수함수적으로 증가하는 것을 뜻한다. 지수함수는 밑이 아무리 작아도 1보다 크기만 하면 그 수를 계속해서 곱해나가는 것이므로 나중에는 그 크기가 어마어마해진다.

예를 들어 $f(x) = 2^x$과 $g(x) = x^{100}$을 비교해보자. x값이 비교적 작을 때는 $g(x)$가 크다. 이를테면 $f(5)$는 2를 5회 곱한 숫자이지만 $g(5)$는 5를 100회 제곱한 숫자이다. 하지만 x값이 엄청나게 커지면 어떻게 될까? x가 1억쯤 된다고 생각해보자. 그러면 $f(x)$는 2를 무려 1억 회나 곱한 수가 된다. 반면 $g(x)$는 1억을 100회 곱한 수이다. 당연히 2를 1억 번 곱한 수가 훨씬 더 크다. 아무리 밑이 작아도 곱하는 횟수가 훨씬 많기 때문이다. 그래서 일반적으로 큰 수에 대해서는 지수함수가 임의의 다항함수보다 더 크다.

반면에 로그함수는 지수함수의 역함수이므로 그 증가하는 정도가 무척 느리다. 앞의 그래프를 살펴보면 지수함수가 다항함수보다 빨리 증가하는 정도만큼 로그함수는 다항함수보다 느리게 증가한다. 이것은 지수함수와 로그함수의 매우 중요한 성질로서 뒤에 함수의 극한을 배우면 다시 나올 예정이다. 또한 물리학에서 지수와 로그는 약방의 감초보다 더 자주 등장하기 때문에, 이런 기본적인 성질들을 알고 있으면 물리적 성질을 매우 쉽게 파악할 수 있다.

실제로 입자물리학에서 초미의 관심사인 힉스입자는 양자역학적 효과를 고려했을 때 그 질량의 제곱이 허용 가능한 에너지의 제곱에 비례하는데, 전자 같은 입자들은 양자적인 효과를 고려하더라도 그 증가분이 에너지의 로그함수로 증가한다. 이 때문에 힉스입자는 손쉽게 그 질량을 통제하기가 어려우며 이 문제를 해결하기 위해 초대칭성 등의 새로운 물리학 이론이 큰 주목을 받게 되었다.

힉스입자의 예를 들고 나서 지수 · 로그함수의 대칭이동에 대한 몇 가지 예를 소개하고 그날 강의를 마무리했다. 시계를 보니 겨우 40분이 지나 있었다. 나는 그날의 강의 내용을 다시 간략하게 훑으며 짧게 정리했다.

집합의 표현법부터 완전제곱, 이차방정식의 근의 공식, 이차함수, 평행이동, 호도법, 삼각함수, 지수와 로그까지….

그렇게 9시가 되어서 첫 강의가 끝났고 수강생들은 박수를 치며 나와 서로를 격려했다.

첫 강의 소감

저녁시간을 포함해서 무려 6시간을 함께한 강의였던 만큼 나에게도 의미가 있었고 듣는 분들에게도 특별한 경험이었을 것이라고 생각했다.

P는 강의 내내 오른쪽 맨 앞줄에 앉아서 열심히 강의를 들었다. K는 그 뒤 중간쯤 앉아 있었다. 강의를 끝내고 자리에서 일어나며 책상 위에 놓여 있던 몇 잔의 차 가운데 한 잔을 들이켰다. 내가 사온 음료수는 반도 못 마셨다. P는 얼른 다가와 내 목이 괜찮은지 물었다. 하지만 P의 걱정이 무안할 만큼 내 목은 멀쩡했다. 약간 피곤

한 것 말고는 오히려 생기가 돌았다. 한 번도 해보지 않았던 일을 하기 전의 두려움과 긴장감은 다 날아가 버렸고, 그것도 비교적 성공적으로 마쳤기 때문에 다음번에 더 잘할 수 있을 거라는 자신감까지 생겼다.

많은 수강자분이 격려해주었다. 절반 이상이 나와 비슷하거나 나보다 연배가 훨씬 높은 분들이었다. 직업도 다양해서 공무원, 교사, 한의사, 주부, 약사, 회사원, 대학생 등 가지가지였다. 비교적 젊은 수강생도 더러 있었다. 어르신들께서는 희끗한 머리칼을 휘날리시며 고등학교 수학 첫 수업을 다시 듣는 감회가 남다르신 것 같았다. 그 연세에 수학 공부를 힘겹게 시작하시는 모습에 가슴이 뭉클했다. 일종의 숙연함마저 느껴졌다. 그분들이 내 손을 잡고 강의 잘들었다고 고마워하실 때마다 나는 오히려 그런 분들 앞에서 강의할 수 있게 된 것이 훨씬 고맙다고 생각했다.

자리를 정리하면서 수강생 여럿이 내게로 다가와 격려의 말씀을 전해주었다. 첫 시간에 방대한 양을 강의했는데도 핵심을 잘 짚어줘서 강의 듣기가 어렵지 않았다는 평이 꽤 있었다. 강의 시간이 길었는데도 요점이 잘 정리되었고 강의가 물 흐르듯 진행되었다는 칭찬도 있었다. 기호에 현혹되지 말라는 말이 인상적이었다는 이야기도 있었다. 나는 "과찬이십니다"라고 대답하면서도 어깨가 으쓱했다. 고등학교 수학에는 일가견이 있다고 생각을 했던 터였지만 일반인을 상대로 한 수학아카데미에서도 통할까 내심 반신반의했기 때문에 이어지는 칭찬과 덕담 세례에 기쁜 마음을 감출 수 없었다.

반면 합성함수나 호도법, 로그가 어렵다는 이야기도 있었다. 나도 학창시절 이런 내용을 공부할 때 무척 어려워했기 때문에 크게 공감했다. "원래 어려운 내용입니다. 너무 실망하지 마세요." 나는 이렇게 말할 수밖에 없었다. 반대로 어떤 분들은 로그 설명이 상당히 좋았다며 그 의미를 직관적으로 이해할 수 있었다고 격려해주었다. 아마도 이공계 출신이지 않을까 싶었다. 아무래도 예전에 많이 접했으면 그 의미를 되살리는 것이 훨씬 수월했을 것이다.

늦은 시간에 강의가 끝난 터라 다들 서둘러 집으로 향했다. 나는 강의 진행을 도왔던 몇몇 분들과 함께 간단한 뒤풀이를 하기로 했다. 원래 개강파티를 해야 하는 날인데 준비가 여의치 않았던 모양이다. 1월의 한겨울이었지만 시원한 맥주를 들이켜고 나니 그날의 피로와 갈증이 싹 풀렸다. P는 연신 내 목을 걱정하며 너무 많이 마시지 말라고 말렸다. 3시부터 9시까지의 강의가 생각보다 힘들지 않아서 나는 오히려 여력이 있었는데, 다들 내 몸을 걱정하느라 (혹은 그 핑계로) 뒤풀이는 짧게 끝났다. 지난 몇 달 동안 갖가지 우여곡절을 겪은 끝에 시작한 첫 강의라 감회가 새로웠다. 차가운 겨울바람 속에서 우리는 만면에 미소를 지으며 작별인사를 했다. 100% 만족스럽지는 않았지만 나로서는 최선을 다한 강의였고 가장 진도가 많이 나간 강의라 시간 안배나 강의 진행 등 모든 면에서 긍정적인 결론을 내릴 수 있었다.

길 건너로 사람들을 보낸 뒤 나는 버스정류장으로 갔다. 아직 늦지 않은 시간이라 버스와 지하철이 여전히 다니고 있었다. 주말의 대학로는 어딜 가나 사람으로 넘쳐났다. 그날 오후보다는 훨씬 가벼운 마음으로 273번 버스에 다시 올랐다. 어깨에 짊어진 짐은 여전히 묵직했다. 신촌이나 종로에서 주말을 보낸 젊은이들이 귀가하는 모양인지 버스 안은 무척 번잡했다. 하지만 내 마음은 아주 고요하고 평화로웠다.

제11장

함수의 극한

첫 강의가 끝나자 그렇게 마음이 편할 수가 없었다. 여태까지 한 번도 해보지 않은 일이라 첫 강의에 대한 중압감이 너무 컸던 탓일 게다. 마침 1월 마지막 주에는 설날연휴가 있어서 다음 2월 강의까지는 무척 여유롭게 느껴졌다. 강의가 끝난 이틀 뒤 나는 강의록을 게시판에 올렸다. 태블릿 겸용 노트북을 프로젝터로 연결해서 노트북에 써가며 강의를 했기 때문에 그렇게 노트북에 저장된 강의 파일을 PDF파일로 전환하기만 하면 되었다. 파일 3개에 총 71쪽 분량이라 글자가 큼지막하긴 해도 적은 분량은 아니었다.

강의를 했던 나는 이렇게 여유로운 시간을 즐기고 있었지만, 수강했던 분들 중 일부는 다시 시간을 내서 1월 강의를 복습하는 시간을 갖기도 했다. 수학에 관한 한 나의 지론은 복습보다는 예습이 중요하다는 것이지만, 이번 강의만큼은 복습을 많이 주문했다. 왜냐하면 고등학교 수학을 전혀 모르는 상태에서 모두가 똑같이 출발선에 선다는 의미가 중요했기 때문이다. 그리고 한 달에 한 번 모여서 장시간 강의를 하기 때문에 그 많은 내용을 복습하는 것이 중요하다. 게다가 아무리 장시간 강의하더라도 하루에 할 수 있는 양에는 한계가 있을 수밖에 없어서, 관련된 모든 내용을 일일이 세세하게 다 설명할 수는 없었다. 이런 건 이런 식으로 저런 건 저런 식으로 하면서 계산방법만 간단하게 설명해주고, 수강생이 나중에 직접 손으로 그 내용을 익혀보기를 기대했던 것이다. 그래서 복습이 더더욱 중요했다.

자발적 복습모임

누구나 학창시절을 돌이켜보면 따로 시간을 내서 복습을 한다는 게 얼마나 귀찮고 성가신 일인지 알 것이다. 그런데 수강생 중 몇몇은 주중에 따로 모여서 함께 이번 달 강의를 복습할 계획을 세웠다. 강의 내용을 촬영해뒀으니 이걸 보면서 이해가 잘 안 되는 부분을 같이 공부해보자는 것이다.

실제 서울에서는 1월 18일, 1월 22일, 그리고 2월 8일에 복습모임이 있었다. 2월 8일은 동영상 복습을 할 수 있는 날이었다(촬영한 동영상을 편집하는 데 시간이 좀 걸렸다). 대전에서도 동영상 복습모임이 있었다. 강의가 있던 날 대전에서도 몇 분 올라오셨지만 그때 오지 못한 분들이 강의를 보고 싶다고 해서 2월 1일 대전 충남대병원 암센터에서 함께 동영상을 보며 공부하는 시간을 가졌다.

한 달에 네 번 있는 토요일 중 하루를 포기하고 다섯 시간 강의를 듣는 것도 쉽지 않은데, 거기서 다시 시간을 내 복습모임을 하기란 더더욱 어렵다. 복습모임에 참가하는 분들의 수는 10명도 못 미쳤지만 나는 그 열정에 탄복하지 않을 수 없었다. 물론 내가 시간을 따로 내서 문제풀이 위주로 복습을 진행하는 것이 가장 이상적이지만, 나 또한 이 강의를 위해 한 달에 한 번 이상 시간을 낼 수는 없는 노릇이었다.

모든 공부가 마찬가지이지만 특히 수학은 자기 손으로 일일이 문제를 풀어보며 자기 머리로 생각하는 게 중요하다. 인간의 적응력이란 참으로 신묘해서, 그러다 보면 수학 개념들이 머릿속에 본능처럼 떠오르고 팔과 손의 근육들이 문제풀이 과정을 기억하는 때가 있다. 내가 선생으로서 옆에서 도움은 줄 수 있으나 결국 공부는 학생이 시간을 들여 스스로 해야만 한다.

2월 강의는 14일에 있었다. 2월 강의가 중요한 이유는 고교수학의 꽃이라고 할 수 있는 미적분을 처음으로 배우기 때문이었다. 미적분은 이 프로젝트 전체에서 의미가 컸다. 앞에서도 말했듯이, 아인슈타인 방정식을 풀어보겠다는 백북스 회원들이 결정적으로 마음을 굳힌 계기는 "미적분을 알면 세상이 달라 보인다"라는 내 말 한마디였다. 미적분은 아인슈타인 방정식을 푸는 데도 결정적이다. 왜냐하면 그 방정식 자체가 미분방정식이기 때문이다. 그리고 미적분을 잘하느냐 못하느냐가 사실상 이공계와 인문계를 가르는 가장 큰 장벽으로 작용하는 것도 사실이다. 미적분을 조금만 이해하면 인문계 출신도 물리학을 어느 정도는 수학적으로 감상할 수 있다. 그래서 1월 강의노트를 게시판에 올릴 때도 말미에 '2월엔 대망의 미적분'이라고 썼고, 2월 9일에 2월 강의를 소개하는 글에서도 '대망의 미적분'을 곧 배우게 될 것이라고 강조했다.

2월 14일은 날이 날이니만큼 초콜릿이 다과로 나왔다. 마침 토요일인데도 연인이나 가족과 시간을 보내지 않고 골치 아픈 수학 강의를 들으러 사람들이 모여드니 한편으로는 신기했다. 1월보다는 줄었지만 여전히 37명이 출석했다. 이날은 도심에서 시위가 있어서 차량 정체도 심했다.

함수의 극한

미분은 주어진 함수에 어떤 수학적 조작을 하여 새로운 함수를 얻는 과정이다. 그런데 이 수학적 조작은 함수의 극한으로 정의된다. 따라서 미분을 배우려면 극한의 개념을 먼저 알아야 한다. 그래서 2월의 수업은 함수의 극한부터 시작했다.

함수의 극한은 원래 엄밀하게 말해서 수열의 극한으로 정의가 되지만 고등학교 과정에서는 극한의 개념을 직관적으로만 이해해도 무방하다. 특히 대학에 갓 들어가면 수학시간에 극한에 대한 엄밀한 수학적 도구로서 '입실론 - 델타$_{\varepsilon-\delta}$ 정의'라는 것을 배우는데, 대학 신입생들이 가장 난감해하는 정의 가운데 하나이다. 그런 내용을 굳이 우리가 가르치고 배울 필요는 없다(게다가 나는 물리학자이지 수학자는 아니지 않은가!).

함수의 극한을 딱 한마디로 정리하면, 함수의 '막장값'과 '주변값'이라고 할 수 있다. $y=f(x)$라는 함수를 생각해보자. 함수의 극한이란 x가 아주 커지거나 작아질 때, 또는 x가 어떤 특정한 값에 갈 때 $f(x)$값이 어디로 가는가를 따지는 것이다. 예를 들어, $f(x)=x^2+1$이 있다고 하자. x가 아주 커질 때 $f(x)$는 어떻게 될까? 이것을 수학적인 기호로 식 (1)과 같이 쓴다.

$$\lim_{x \to \infty} f(x) \qquad\qquad\qquad (1)$$

lim은 영어 limit의 약자로 함수의 극한을 취하라는 뜻이다. lim의 밑에 쓴 '$x \to \infty$'는 극한이 취해지는 조건을 나타내며, 이 경우 x가 무한대(∞)로 커지는 조건을 표시하고 있다. x가 무한대로 커진다는 말은 x가 '무한대'라는 숫자가 된다는 뜻이 아니라 x가 한없이 커진다는 뜻이다. 만약 x가 음수로 아주 커진다면 '$x \to -\infty$' 라고 쓴다.

식 (1)을 쉽게 말하면, x가 무한히 커질 때 $f(x)$값은 어떻게 되겠느냐는 뜻이다. 여기서 $f(x) = x^2 + 1$이므로 x가 무한히 커지면 x^2 또한 무한히 커지므로 $f(x)$의 값도 전체적으로 무한히 커지게 된다. 따라서 다음과 같이 표시한다.

$$\lim_{x \to \infty} f(x) = \lim_{x \to \infty} (x^2 + 1) = \infty$$

이 식을 말로 옮겨보면, x가 무한히 커질 때 $f(x)$ 또한 무한히 커진다는 뜻이다. $f(x)$가 무한히 커진다는 말을 좀 더 엄밀하게 표현하자면, 만약 누군가 아무리 큰 숫자 N을 제시한다고 하더라도 x의 값이 적당히 커지면 $f(x)$의 값이 N보다 커진다는 말이다.

$\lim_{x \to \infty} f(x)$는 이처럼 x가 아주 커질 때 $f(x)$의 값, 즉 x값이 갈

데까지 갔을 때 $f(x)$의 값을 묻고 있으므로, 말하자면 $f(x)$의 '막장값'이라고도 할 수 있다. 요즘 들어 TV에서 막장 드라마 논란이 많은데, 막장 드라마에서는 상황 전개가 매우 극단적이고 배우의 캐릭터가 '갈 데까지 간' 경우가 많다. 함수의 극한값도 이와 비슷하다. 매우 극단적인 값, 그것이 사실은 함수의 극한값이다. 그중에서 $x \rightarrow \infty$(혹은 $x \rightarrow -\infty$)일 때는 x의 값이 갈 데까지 가는 경우라고 볼 수 있으므로 이때의 극한값을 '막장값'이라고 부른 것이다.

또 다른 막장값으로 다음을 생각해보자.

$$\lim_{x \to \infty} \frac{1}{x}$$

x가 아주 커지면 $\frac{1}{x}$의 값은 그만큼 작아진다. 만약 x가 무한히 커진다면 $\frac{1}{x}$의 값은 무한히 작아질 것이다. 이것은 이렇게도 말할 수 있다. 어떤 사람이 아무리 작은 값 ε을 제시한다고 하더라도 x의 값이 충분히 크면 $\frac{1}{x}$의 값을 그 ε보다 항상 작게 만들 수 있다. 결국 이 경우 $\frac{1}{x}$의 막장값은 0으로 가까이 다가간다. 이 아이디어가 앞서 소개했던 $\varepsilon - \delta$ 정의의 핵심이다. 이것을 수학적으로는 다음과 같이 쓴다.

$$\lim_{x \to \infty} \frac{1}{x} = 0$$

이처럼 극한값이 유한한 어떤 값에 가까이 다가가면 우리는 그 극한값이 수렴 converge 한다고 하며, 앞의 경우처럼 무한히 커지는 경우에는 발산 diverge 한다고 말한다.

함수의 극한값에는 막장값만 있는 것이 아니다. x의 값이 무한히 커지거나 작아지는 대신 특정한 어떤 값으로 가까이 갈 때 함숫값이 어떤 값으로 가는지를 따지는 것도 수학적으로 흥미로운 일이다.

쉬운 예로 $\lim_{x \to 2} (x^2 + 1)$을 들어보자. 이 극한값을 따질 때는 한 가지 각별히 주의할 점이 있다. $\lim_{x \to 2}$ 라고 했을 때는 x가 2에 한없이 가까이 다가간다는 뜻이다. 그러나 결코 x는 2가 아닌 상황임에 유의해야 한다. 즉 $x \neq 2$인 상태에서 x가 2의 값에 가까워지고 있다. 그렇기 때문에 극한값 $\lim_{x \to 2} f(x)$는 함숫값인 $f(x=2)$와는 개념적으로 완전히 다르다. 일반적으로 함숫값 $f(a)$는 x가 a의 값일 때, 딱 그 지점에서 함수가 취하는 값이다. 그러나 극한값 $\lim_{x \to a} f(x)$는 x가 a가 '아니면서' a로 가까이 다가갈 때의 $f(x)$의 값이다. 따라서 이 극한값은 말하자면 '$x = a$ 근처에서의 함숫값'이라고 할 수 있다. 그래서 $\lim_{x \to a} f(x)$ 형태의 극한값은 '주변값'에 해당한다.

이것을 $\varepsilon-\delta$ 정의를 써서 표현하면 다음과 같다. 임의의 작은 수 ε이 있다고 하더라도 적당한 양수 δ가 존재해서 x와 a의 차이가 δ보다 작으면, 즉 $|x-a|<\delta$이면 이를 만족하는 모든 x에 대해 $f(x)$와 어떤 숫자 a와의 차이를 ε보다 작게 줄일 수 있다. 즉 아무리 작은 숫자 ε이 주어지더라도 $|x-a|<\delta \Rightarrow |f(x)-a|<\varepsilon$을 만족하는 적당한 δ가 항상 존재하면 극한값 $\lim\limits_{x \to a} f(x)$는 a로 수렴한다. 쉽게 말해 x와 a의 차이가 점점 줄어들수록 $f(x)$와 a와의 차이를 임의로 작게 줄일 수 있다는 이야기다. 이것이 곧 극한값과 다름이 없다.

우리의 쉬운 예에서는 x가 2로 갈 때 x^2이 4의 값에 가까워진다는 것을 직관적으로 알 수 있으니까, $\lim\limits_{x \to 2} (x^2+1)=5$이다. 이 경우에는 극한값과 함숫값이 일치한다. 고등학교에서 흔히 접하는 평범한 함수들은 이처럼 대체로 주변값과 함숫값이 똑같다. 이런 함수를 연속함수라고 한다. 그러나 꼭 그럴 필요가 있는 건 아니다. 주변값이 함숫값과 다른 경우는 얼마든지 있다.

주변값을 생각할 때 또 하나 주의할 점이 있다. 수직선 위에서 x가 a로 다가가는 데는 두 가지 방법이 있기 때문이다. 하나는 x가 a의 오른쪽에서, 즉 a보다 큰 값을 가지면서 a로 다가가는 것이고 다른 하나는 x가 a의 왼쪽에서 a보다 작은 값을 가지며 다가가는 것이다. 전자를 우극한, 후자를 좌극한이라고 하며 기호로는 각각 다음과 같이 표시한다.

$$\lim_{x \to a+} f(x), \ \lim_{x \to a-} f(x)$$

만약 이 두 값이 유한한 값 α로 일치한다면 그때 우리는 이 극한값이 존재한다고 하며 다음과 같이 쓴다.

$$\lim_{x \to a+} f(x) = \lim_{x \to a-} f(x) = \lim_{x \to a} f(x) = \alpha$$

$f(x) = x^2 + 1$의 경우에는 x가 2의 오른쪽에서 접근하든 왼쪽에서 접근하든 $f(x)$는 항상 5에 점점 가까워진다. 이때는 좌우극한이 모두 유한한 값으로 일치하기 때문에 $f(x)$가 $x = 2$에서 극한값 5를 가진다고 말할 수 있다. 그러나 꼭 그렇지 않은 경우도 있다.

$f(x) = \dfrac{1}{x}$의 경우 x가 0에 접근할 때 좌극한과 우극한이 다르다. 좌극한은 항상 음수이고 우극한은 항상 양수이다. 그리고 x의 값이 0에 가까워지면 $\dfrac{1}{x}$의 절댓값은 그만큼 커진다. 따라서 다음과 같음을 알 수 있다.

$$\lim_{x \to 0+} \frac{1}{x} = +\infty, \ \lim_{x \to 0-} \frac{1}{x} = -\infty$$

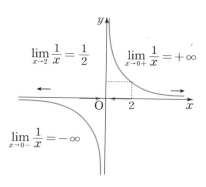

$$\lim_{x \to 2} \frac{1}{x} = \frac{1}{2} \qquad \lim_{x \to 0+} \frac{1}{x} = +\infty$$

$$\lim_{x \to 0-} \frac{1}{x} = -\infty$$

미분과 관련해서 중요한 극한값은 분수형의 극한값, 그것도 '주변값'으로서 그 모양은 다음과 같다.

$$\lim_{x \to a} \frac{f(x)}{g(x)}$$

특히 분자 $f(x)$와 분모 $g(x)$가 모두 $x \to a$일 때 0으로 가는 경우가 중요하다. 모양상 이 경우를 $\frac{0}{0}$ 형태라고 부른다. 보통 $\frac{0}{0}$ 은 수학적으로 의미가 없다. 그러나 분자와 분모가 모두 0으로 갈 때의 전체 극한값은 의미가 있다.

예를 들어, $\frac{x^2-4}{x-2}$ 를 생각해보자. $x \to 2$일 때 분자와 분모 모두가 0으로 간다. 그래서 이 함수는 전형적인 $\frac{0}{0}$ 형태이다. 그렇다면 극한값 $\lim_{x \to 2} \frac{x^2-4}{x-2}$ 는 어떻게 구할까? 분자와 분모가 모두

$x \longrightarrow 2$일 때 0이 되기 때문에 (다항함수의 인수정리에 따르면)[*] 둘 다 $(x-2)$라는 인수를 포함해야 한다. 이 공통의 인수가 일단 약분되고 나면 분수형의 극한값을 구하는 데 곤란한 요소들이 없어진다.

$$\lim_{x \to 2} \frac{x^2-4}{x-2} = \lim_{x \to 2} \frac{(x-2)(x+2)}{x-2} = \lim_{x \to 2} (x+2) = 4$$

이처럼 $\frac{0}{0}$ 형태의 극한값은 분자 분모를 0으로 만드는 요소를 제거하는 것이 관건이다. 이는 분자나 분모가 모두 다항함수가 아니더라도 마찬가지이다. 나중에 삼각함수나 지수·로그함수를 미분할 때 이 점을 확인하게 될 것이다.

함수의 극한과 관련해서는 훨씬 더 많은 내용이 있다. 실제 수업 시간에 다룬 내용도 여기서 정리한 것보다 더 많다. 그러나 미분을 이해하는 데는 딱 이 정도만 알아도 큰 지장은 없을 것 같다.

이제 본격적으로 대망의 미적분을 배울 때가 되었다.

---

[*] 이것은 고등학교 1학년 과정의 내용이다. 다항식 $f(x)$에 대해 $f(a)=0$을 만족하면 $f(x)$는 $(x-a)$라는 항을 반드시 포함한다는 정리이다. 직관적으로 생각해보면 이는 당연한 결과이다.

제12장

미적분

고등학교 과정의 수학을 가르치다 보면 내가 고등학교 때 수학을 어떻게 공부했는지가 비교적 생생하게 떠오른다. 그건 아마도 수학 아카데미 수강생들도 마찬가지였을 것이다. 가르치는 입장에서는 특히 그 시절을 떠올릴 필요가 있다. 내가 또는 친구들이 그때 어려워했던 대목이 무엇인지, 그리고 왜 어려워했는지를 다시 복기해보면 생각의 마디와 사고의 결절을 추적할 수 있고 이는 고스란히 강의의 중요한 자산이 되기 때문이다. 내가 이해하기 어려웠던 부분은 지금 수강생들도 어려워할 가능성이 매우 높다. 따라서 나 자신이 그 어려움을 어떤 사고방식으로 극복했는지 생각의 여정을 자세하게 보여주면 수강생들도 수많은 생각의 시행착오를 줄일 수 있다.

지금은 수학을 그리 잘하는 편이 아니지만, 고등학교 때는 고등학교 수학을 그나마 좀 하는 편이었다. 두뇌가 그다지 명석하지 못했던 까닭에, 그렇게 되기까지는 내 나름대로 노력이 필요했다. 특히 1학년 때(1987년)가 가장 힘들었다. 고등학교에 올라가면서 우선 중학교에 비해서 기억해야 할 공식의 수가 엄청나게 늘어났기 때문이다.

흔히 수학은 암기과목이 아니라고 하지만, 수학을 잘하려면 기본적인 사항을 잘 외우는 게 유리하다. 이는 마치 구구단을 못 외우고서는 곱하기와 나누기를 하지 못하는 것과도 같은 이치이다. 물론 원리를 깨우치면 공식을 외울 때 큰 도움이 되기도 한다. 그러나 수학은 암기과목이 아니라는 강박관념 때문에 외우는 것 자체를 도외시하는 건 수학 공부에 도움이 안 된다. 문제는 꼭 필요한 것을 외우는 대신 쓸데없는 것을 많이 외운다는 것이다. 좋은 선생님이 필요한 것은 바로 이 때문이다. 무엇을 어떻게 효과적으로 외울 것인가, 그리고 보다 중요하게, 이것을 왜 지금 외워야 하는가, 그 이유를 설득시키는 게 선생님의 역할이다.

미분의 기본

함수의 극한까지 아쉬운 대로 어느 정도 설명을 했으니 미분을 도입하기 위한 모든 준비는 갖춰졌다. 미분을 본격적으로 설명하기 전에 나는 한 가지 예를 들며 강의를 이어나갔다.

서울에서 부산까지 차를 몰고 간다고 생각해보자. 경부고속도로를 따라 약 450km를 다섯 시간에 걸쳐 달렸다면, 우리는 평균적으로 시속 90km($\frac{450}{5}=90$)의 속도로 차를 운전한 셈이다. 이 계산법에서는 우리가 중간에 휴게소에 들렀다든지 교통 정체 때문에 또는 표를 받기 위해 속도를 줄였다든지 하는 세부사항은 알 필요가 없다. 단지 총 이동거리와 총 걸린 시간만 알면 된다. 이렇게 계산한 속도를 평균속도라고 한다. (속도와 속력의 차이는 나중에 자세하게 다룰 예정이다.)

평균속도는 그 나름대로 의미가 있다. 하지만 우리는 때로 매 순간순간의 속도를 알고 싶을 때가 있다. 다행히 우리의 자동차 안에는 속도계가 있어서 임의의 순간에 자동차가 시속 몇 km로 달리고 있는지 한눈에 알 수 있다. 이처럼 임의의 매 순간에 측정하는 속도를 순간속도라고 한다.

미분은 자동차의 순간속도를 계산하는 수학적 방법이라고 할 수 있다. 속도는 시간에 따라 위치가 얼마만큼 바뀌었는가를 따지는 양, 즉 시간에 따른 위치의 변화량이다. 이처럼 수학에서나 물리에서나 두 변수 x, y가 서로 상관관계인 경우, x가 조금 변할 때 y가 얼마만큼 변하는가를 아는 것이 무척 중요하다.

흔히 두 변수의 상관관계는 $y=f(x)$라는 함수로 주어진다. 따라서 x의 변화에 대한 $f(x)$의 변화를 따지게 된다. 이 변화량의 상대적인 비율, 즉 x의 변화량에 대한 y(즉 $f(x)$)의 변화량은 수학적으로 큰 의미가 있다. 미분이란 순간속도에 해당하는 값, 즉 순간적인 변화량의 비율을 구하는 방법이다. 이 순간적인 변화율을 줄여서 '순간변화율'이라고 한다. 그러니까 미분이란 순간변화율과 같다고 할 수 있다.

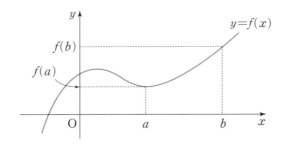

함수의 순간변화율을 알기 전에 먼저 함수의 평균변화율부터 알아야 한다. 평균변화율은 쉽다. 자동차의 평균속도처럼 중간과정은 신경 쓰지 않고 처음값과 나중값만 생각해서 그 변화량을 측정한 것이다.

앞의 그림에서 x가 a에서 b로 변할 때, y값은 $f(x)$를 따라 $f(a)$에서 $f(b)$로 변한다. 평균변화율이란 x의 변화량에 대한 y의 변화량의 비율이다. 즉 식 (1)과 같다.

$$(\text{평균변화율}) = \frac{(y\text{의 변화량})}{(x\text{의 변화량})} \tag{1}$$

이것을 수학적으로 더 멋지게 쓰고 싶으면 수학기호를 도입하면 된다. 학생들은 대개 이상한 기호가 나오면 이유 없이 기가 죽는 경우가 많은데, 기호는 그저 기호일 뿐이다. 수학을 잘하려면, 앞에서도 누차 강조했지만, 기호에 현혹되어서는 안 된다.

자, 이제 'x의 변화량'을 간단히 $\varDelta x$라 하고 'y의 변화량'을 $\varDelta y$라고 하자. 여기서 세모처럼 생긴 기호 $\varDelta$는 그리스 문자로서 '델타delta'라고 읽는다. $\varDelta$는 대문자이고 소문자는 δ이다. 꼭 그런 것은 아니지만, 물리학에서는 어떤 변화량을 말할 때 델타라는 문자를 흔히 쓴다. 말로 쓴 식 (1)을 기호로 쓰면 식 (2)가 된다.

$$\text{(평균변화율)} = \frac{\Delta y}{\Delta x} \qquad (2)$$

식 (1)보다 훨씬 수학 냄새가 더 난다. 그렇지만 식 (2)는 식 (1)과 똑같다. 단지 대부분의 사람들은 식 (2)를 보면서 식 (1)과 같은 의미를 쉽게 해석하지 못할 뿐이다. 여기서부터 수학을 잘하고 못하는 비극의 갈림길이 시작된다. 그래서 수학에서는 일단 정의를 제대로 아는 게 중요하다.

그런데 이게 끝이 아니다. 이제부터가 시작이다. 앞의 그림에서 보면 식 (3)과 식 (4)가 성립함을 쉽게 알 수 있다.

$$\text{(x의 변화량)} = \Delta x = b - a \qquad (3)$$
$$\text{(y의 변화량)} = \Delta y = f(b) - f(a) \qquad (4)$$

따라서 식 (5)를 도출할 수 있다.

$$\text{(평균변화율)} = \frac{\Delta y}{\Delta x} = \frac{f(b) - f(a)}{b - a} \qquad (5)$$

이것을 약간 다르게 표현하자면, 식 (3)에서 $b = a + \Delta x$이므로 식 (6)으로도 쓸 수 있다.

$$\text{(평균변화율)} = \frac{\Delta y}{\Delta x} = \frac{f(b) - f(a)}{b - a} = \frac{f(a + \Delta x) - f(a)}{\Delta x} \qquad (6)$$

복잡해 보이지만, 내용은 하나이다. x의 변화량에 대한 y의 변화량의 비율. 이 평균변화율의 기하학적인 의미는 두 점 $A(a, f(a))$와 $B(b, f(b))$를 잇는 직선의 기울기이다. 그렇기 때문에 두 점 사이에 곡선 $f(x)$가 어떤 형태를 취하든지 두 점만 고정되어 있다면 평균변화율에는 아무런 변화가 없다. 사실 여기까지는 중학교 수준의 이야기이다. 직선의 기울기는 중학교 때 배운다.

우리는 순간변화율을 알고 싶다. 중학교와 고등학교의 결정적인 차이가 이것이다. 그렇다면 순간변화율은 어떻게 정의할까? 누차 예고했듯이 미분은 극한으로 정의된다. 그 예고대로 순간변화율은 앞서 배운 극한의 개념으로 쉽게 정의할 수 있다. 만약에 두 점 $A(a, f(a))$와 $B(b, f(b))$가 한없이 가까워지면 어떻게 될까? 점 A와 점 B가 가까워지는 순간마다 우리는 두 점 사이의 평균변화율, 즉 두 점을 잇는 직선의 기울기를 생각할 수 있다. 그러다가 점 B가 점 A에 한없이 가까워진다면 우리는 그 두 점을 잇는 직선의 기울기가 결국에는 점 A에서의 '접선의 기울기'가 될 것임을 직관적으로 알 수 있다. 이 접선의 기울기가 바로 순간변화율이다.

지금까지 말로 설명한 내용을 식으로 옮기면 식 (7)과 같다.

$$(x = a \text{에서의 순간변화율}) = \lim_{\Delta x \to 0} \frac{\Delta y}{\Delta x} \tag{7}$$

식 (2)와 비교해보면 분수 앞에 극한기호가 붙은 차이밖에 없다.

Δx가 0으로 가면 b의 값은 a로 한없이 가까워진다. 식 (7)의 값을 '$x=a$에서의 순간변화율' 또는 '$x=a$에서의 미분계수'라고 부르며 수학기호로는 $f'(a)$라고 쓴다. 이때 기호는 프라임 prime($'$)이라고 읽으며 미분계수를 뜻한다.

식 (7)은 식 (6)처럼 현란하게 바꾸어서 표현할 수도 있다.

($x=a$에서의 순간변화율)

$$= \lim_{\Delta x \to 0} \frac{\Delta y}{\Delta x} = \lim_{\Delta x \to 0} \frac{f(a+\Delta y)-f(a)}{\Delta x}$$
$$= \lim_{b \to a} \frac{f(b)-f(a)}{b-a} \qquad (8)$$

이렇듯 다양한 표현식에서 특히 두 번째 표현을 잘 기억해둘 필요가 있다. 편의상 $\Delta x = h$라고 두면, 식 (9)를 얻을 수 있다.

($x=a$에서의 순간변화율)

$$= f'(a) = \lim_{h \to 0} \frac{f(a+h)-f(a)}{h} \qquad (9)$$

식 (9)는 $x=a$에서의 미분계수 $f'(a)$에 대한 정의라고 할 수 있다. 그리고 미분계수는 순간변화율이고 그 점에서의 곡선의 접선의 기울기에 해당하는 양이다. 주어진 함수 $f(x)$에 대해 어떤 점 $x=a$에서의 미분계수를 구한다는 것은 그 점에서의 접선의 기울기를 구한다는 뜻이다. 그리고 그 접선의 기울기는 그 점에서의 함수 $y=f(x)$의 순간변화율이다. 말하자면 그 점에서의 순간속도를 아는 것과도 같다.

그런데 우리가 원하는 점마다 식 (9)를 이용해서 미분계수를 구하는 작업은 무척 번거로운 일이다. 그래서 점 $x=a$를 임의의 x값이라고 생각하고 그 x값에 대한 미분계수 $f'(x)$를 대응시키는 새로운 함수를 생각할 수 있다. 이렇게 정의된 함수, 즉 x에서 $f'(x)$로 정의된 함수를 도함수derivative라고 부른다. 한마디로 말하면, 도함수란 임의의 점 x에서 정의된 미분계수 $f'(x)$이다.

$$f'(x)= \lim_{h \to 0} \frac{f(x+h)-f(x)}{h} \qquad (10)$$

그리고 주어진 함수 $f(x)$에 대해 도함수 $f'(x)$를 구하는 과정을 미분differentiation 혹은 미분법이라고 부른다. 그러니까 미분이란 어떤 함수에 대해 임의의 점에서의 순간변화율(즉 접선의 기울기)을 구하는 수학적 도구라고 보면 된다. 식 (10)은 극한값의 관점에서 보자면 $\frac{0}{0}$ 형태이다. (h가 0으로 갈 때 분자와 분모 모두 0으로 간다.) 경우에 따라서는 이 극한값이 존재할 수도 있고 없을 수도 있다. 만약 이 극한값이 유한한 값으로 존재하면, 우리는 함수 $f(x)$가 그 점에서 미분가능differentiable하다고 말한다. 미분가능성은 한 점에서의 성질이다.

함수가 어떤 점에서 미분가능하다는 것은, 미분계수의 정의를 돌이켜보면, 그 점에서 접선의 기울기를 수학적으로 정의할 수 있다는 뜻이다. 미분이 불가능한 대표적인 예는 그 점에서 함수가 꺾여 있는 경우이다. 즉 점이 뾰족점이면 이 점의 왼쪽에서 정의되는 접선의 기울기와 오른쪽에서 정의되는 접선의 기울기가 일치하지 않는다. 이는 식 (10)의 극한값에서 좌극한값과 우극한값이 다른 경우다. 미분이 가능하려면 이런 점이 없어야 한다. 정성적으로 말하자면, 곡선이 모든 점에서 매끈하게 (뾰족점 없이) 연결되어 있으면 그 함수는 그런 구간 안의 모든 점에서 미분가능하다.

프라임(′)은 미분을 나타내는 단축기호이다. 미분이라는 수학적 조작을 표시하는 데는 프라임보다 더욱 유용한 라이프니츠 기호가 있다. 라이프니츠 기호는 미분의 정의에 아주 충실한 표기법이다. 이 표기법에 따르면 도함수는 식 (11)과 같이 쓸 수 있다.

$$f'(x) = \frac{d}{dx}f(x) = \frac{df(x)}{dx} \text{ 또는 } y' = \frac{d}{dx}y = \frac{dy}{dx} \qquad (11)$$

여기서 $\frac{d}{dx}$ 는 나눗셈과 아무런 상관이 없다는 점을 매우 유의해야 한다. $\frac{d}{dx}$ 는 이 자체로 그 뒤에 오는 함수를 미분하겠다는 연산자이다. 이 기호는 순간변화율의 정의, 즉 $\lim\limits_{\varDelta x \to 0} \frac{\varDelta y}{\varDelta x}$ 와 무척이나 닮았다. $\dfrac{dy}{dx}$가 나눗셈과는 전혀 상관이 없지만, 편의상 우리는 dx가 x의 극소변화량으로서 Δx가 0으로 가는 극한에서의 x의 변화량이라고 생각할 수 있다. dy도 마찬가지이다. 실제로 나중에 보면 dx와 dy를 마치 분모나 분자처럼 다루면서 미분을 계산할 수 있다. 그뿐만 아니라 이 표기법은 적분을 할 때 특히 유용하다.

여기까지 강의를 하고 약 20분간 쉬는 시간을 가졌다.

미분법의 공식

도함수 $f'(x)$만 알면 x에 원하는 값을 대입해서 특정한 점에서의 미분계수를 쉽게 알 수 있다. 그렇다면 주어진 함수의 도함수는 어떻게 구하느냐의 문제가 남는다. 그래서 사람들은 다양한 함수들에 대해서 도함수를 구할 수 있는 체계적인 방법을 발전시켜 정리해두었다. 이것을 공식으로 모아둔 것이 교과서에 나오는 미분법의 공식이다. 공식이라고 해봐야 결국에는 모두가 도함수의 정의인 식 (10)에서 유도된 것이다. 몇 가지 중요한 공식을 적어보면 다음과 같다.

① $y=c$(c는 상수)일 때, $y'=0$
② $(cf(x)+g(x))'=cf'(x)+g'(x)$
③ $\{f(x)g(x)\}'=f'(x)g(x)+f(x)g'(x)$
④ $x'=1$

①번 공식이 뜻하는 바는 상수함수를 미분하면 0이라는 것이다. 이는 직관적으로 당연하다. 상수함수는 모든 x에 대해 y값이 일정하므로 상수함수의 그래프는 x축에 평행하다. 그래서 어느 점에서나 접선의 기울기가 항상 0이다.

②번 공식의 성질은 미분의 '선형성'이라고 부른다. 상수가 곱해진 미분은 미분 곱하기 상수이고, 합의 미분은 미분의 합으로 주어진다는 내용이다.

③번 공식은 미분의 독특한 성질이다. 두 함수가 곱해진 함수의 미분은 '앞의 미분 곱하기 뒤 더하기 앞 곱하기 뒤 미분'으로 주어진다는 뜻인데, 증명은 도함수의 정의를 이용하면 어렵지 않다. 식 ③의 결과는 함수가 3개 이상 곱해졌을 때도 똑같이 적용된다.

④번 공식은 도함수의 정의로부터 손쉽게 구할 수 있다. 직관적으로 생각해봐도, $y=x$의 그래프는 원점을 지나고 기울기가 45도

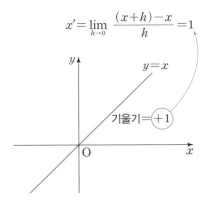

$$x' = \lim_{h \to 0} \frac{(x+h)-x}{h} = 1$$

기울기=$(+1)$

인 직선이다. 따라서 모든 점에서 접선의 기울기는 항상 1이다. (기울기가 45도이므로 y의 증가량 나누기 x의 증가량은 항상 1이다.)

한편 ③번과 ④번 공식을 조합하면 매우 놀라운 결과를 얻을 수 있다. $y=f(x)=x^n$에 대해 다음이 성립함을 쉽게 알 수 있다.

$$(x^n)' = (\underbrace{x \cdots x}_{n\text{개}})' = x' \cdot \underbrace{x \cdot x \cdots x}_{(n-1)\text{개}} + \cdots + \underbrace{x \cdot x \cdot x \cdots x'}_{(n-1)\text{개}}$$

$$= \underbrace{x^{n-1} + x^{n-1} + \cdots + x^{n-1}}_{n\text{개}}$$

따라서 ⑤번 공식이 성립한다.

⑤ $(x^n)' = nx^{n-1}$

이 결과는 인문계 고등학교 수학 과정에서 가장 중요한 내용 가운데 하나이다. 인문계열에서는 다항함수의 미분밖에 가르치지 않는다. 다항함수의 핵심은 x^n이다. ⑤번과 ②번 공식을 조합하면 임의의 모든 다항식을 미분할 수 있다.

⑤번 공식의 결과를 말로 설명하자면, x^n을 미분하면 지수 n이 앞으로 떨어지고 x의 지수는 하나가 줄어든다. 이 결과는 n이 자연수일 때뿐만 아니라 일반적으로 임의의 실수일 때도 성립한다. 예를 들어 $n=-1$인 경우 식 (12)와 같이 나타낼 수 있다.

$$\frac{d}{dx}\left(\frac{1}{x}\right)=\frac{d}{dx}(x^{-1})=(-1)(x^{-1-1})=-\frac{1}{x^2} \qquad (12)$$

전설처럼 전해지는 일화를 하나 소개하자면, 2000년대 초반 어느 명문 공대 교수가 신입생 수업시간에 칠판에다가 $\frac{d}{dx}\frac{1}{x}=-\frac{1}{x^2}$ 이라고 적으니까 한 학생이 이렇게 질문했다고 한다.

"교수님, 분자-분모에서 d가 약분되어 x제곱분의 1이 되는 건 알겠는데, 마이너스 부호는 어떻게 나온 건가요?"

아마도 오늘 수업을 제대로 들은 수강생이라면 학생의 질문이 얼마나 황당한지 이해할 수 있을 것이다. 쉬는 시간이나 수업이 끝났을 때 나에게 정말 실제로 있었던 일이냐고 물어보는 사람이 꽤 있었다. 사실 나도 이 이야기의 진위를 가늠하기는 어려웠지만 정보원이 워낙 믿을 만해서 기회가 될 때마다 이 일화를 들려주곤 한다.

설명을 하는 틈틈이 고개를 들어 수강생들의 얼굴을 살폈다. 언제나 맨 앞줄에 앉아 있는 P의 표정도 보았다. 미분을 알면 세상이 달라 보인다고 했는데, 지금 P는 세상을 다르게 보고 있을까? 그러나 P의 표정은 밝아 보이지 않았다. 사실 강의를 한 번 듣고 미분에 통달한다는 건 거의 불가능하다. 전국의 수십만 대입 수험생들이 해마다 미분 때문에 골머리를 앓는 데는 그만한 이유가 있기 때문이다. 미적분이 그렇게 쉽다면 수험생들의 부담도 그만큼 크게 줄어들었을 것이다.

여기까지는 그나마 미분의 기본기에 해당한다. 실제로 미분을 계산할 때는 이제부터 설명할 합성함수 미분법을 매우 자주 이용한다. 합성함수 미분법이란 함수가 새로운 함수로 합성되었을 때 그 전체 합성함수를 미분하는 방법이다. 말로 하면 오히려 복잡하니까 예를 들어서 하나씩 설명해보겠다.

$$y = (2x^3 + 3x + 1)^4 \qquad (13)$$

이 함수를 미분하려고 한다. 가장 단순한 방법은 괄호 안을 네 번 곱해서 전개하여 ②번과 ⑤번 공식을 이용하는 것이다. 그러나 이 방법은 너무 지루하고 계산이 복잡해진다. 함수가 이처럼 복잡할 때는 합성함수를 이용하는 것이 좋다.

식 (13)은 식 (14)와 같이 쓸 수 있다.

$$y = f(u) = u^4, \ u = g(x) = 2x^3 + 3x + 1 \qquad (14)$$

즉 y는 $f(u)$라는 함수와 $u = g(x)$라는 함수를 합성한 것으로 이해할 수 있다. 이것을 한꺼번에 쓰면 $y = f(g(x))$가 된다. 이런 형태의 함수를 미분하는 방법이 합성함수 미분법으로서, 그 결과는 ⑥번 공식과 같다.

⑥ $\dfrac{d}{dx}f(g(x))=f'(g(x))g'(x)$

이 결과를 유도하는 것은 어렵지 않으므로 여기서는 증명을 생략한다. 처음 보는 사람들은 이 식의 의미가 무엇인지, 나아가서 어떻게 실전에 적용할 것인지 좀처럼 알기 어렵다. 합성함수 미분법에서 가장 중요한 것은 $u=g(x)$를 하나의 문자로 취급하는 것이다. ⑥번 공식을 다시 써보면 식 (15)로 나타낼 수 있다.

$$\dfrac{d}{dx}f(g(x))=f'(g(x))g'(x)=f'(u)u' \qquad (15)$$

이것을 말로 표현하면, $y=f(u)=f(g(x))$라는 함수를 x에 대해 미분할 때, 우선 $u=g(x)$를 하나의 문자로 보고 $f(u)$를 u에 대해 미분하고(그 결과는 $f'(u)$이다) 여기에다 $u=g(x)$를 다시 x로 미분해서(그 결과는 $u'=g'(x)$다) 이 둘을 곱한 결과가 된다는 것이다.

이제 식 (13)을 보자. 이 함수를 x에 대해 미분하려면, 우선 $u=g(x)=2x^3+3x+1$을 하나의 문자로 보고 $f(u)=u^4$을 u에 대해 미분한다. 그러면 그 결과는 ⑤번 공식에 의해 $f'(u)=4u^3=4(2x^3+3x+1)^3$이 된다. 다음으로 $u=g(x)=2x^3+3x+1$을 x에 대해 미분하면, 그 결과는 $u'=g'(x)=6x^2+3$이다. 따라서 최종적인 결과는 식 (16)과 같다.

$$y' = \frac{d}{dx}(2x^3 + 3x + 1)^4 = 4(2x^3 + 3x + 1)^3(6x^2 + 3) \qquad (16)$$

일반적으로, $y = [f(x)]^n$을 x에 대해 미분한 결과는 합성함수 미분법을 이용해서 식 (17)과 같음을 쉽게 알 수 있다.

$$y' = \frac{d}{dx}[f(x)]^n = n[f(x)]^{n-1}f'(x) \qquad (17)$$

실전에서 보다 복잡한 함수를 미분할 때는 합성함수 미분법을 쓸 수밖에 없다. 처음에는 많이 어색하지만 점차 익숙해지면 ⑥번 공식은 전혀 알지 못하면서도 당연하다는 듯이 합성함수 미분법으로 미분을 하게 된다. 물론 그렇게 익숙해지기까지는 시간과 노력이 꽤 필요하다. 나 또한 기억을 되살려보면 고등학교 때 미분을 공부하면서 ⑥번 공식이 이해되지 않아 몇 주간 고생하기도 했다. 설령 이해했다고 하더라도 그것이 어떻게 실제 문제에 적용이 되는지 막막하기 일쑤였다. 이 괴리감을 극복하는 한 가지 좋은 방법은 ⑥번 공식을 한편에, 식 (13)과 같은 실제 문제를 다른 한편에 놓고 한 단계 한 단계 계산 과정을 차근차근 비교하는 것이다. 여러 유형의 문제를 이런 식으로 비교하면 요령이 생긴다.

한 번 미분한 함수를 한 번 더 미분하는 것도 가능하다. 이처럼 원래 함수를 두 번 미분한 함수를 이계도함수라고 부른다. 함수

$f(x)$에 대한 이계도함수는 다음과 같다.

$$y=f(x) \Rightarrow y''=f''(x)=[f'(x)]'$$
$$=\frac{d}{dx}\left[\frac{d}{dx}f(x)\right]=\frac{d^2}{dx^2}f(x)$$

일반적으로 함수 $f(x)$가 n번 미분가능할 때 n계도함수는 다음과 같이 쓴다.

$$y=f(x) \Rightarrow y^{(n)}=f^{(n)}(x)=\frac{d^n}{dx^n}f(x)$$

합성함수 미분법까지 설명했으니 미분의 핵심은 다 다룬 셈이다. 이후에는 미분이 실제 함수의 개형을 파악하는 데 어떤 도움이 되는지, 속도 및 가속도에는 어떻게 쓰이는지를 간략히 설명했다. 속도나 가속도는 7~9월에 예정된 고전역학 강의 시간에 더 자세히 다룰 기회가 있기 때문에 짧게만 얘기했다. 이제 남은 것은 적분이었다. 적분도 만만치 않은 분량이다. 저녁을 먹기 전에 적분의 핵심을 다 마칠 요량으로 나는 계속 내달렸다.

적분의 목적

적분은 대개, 아니 거의 모두가 미분의 역산이라고 가르친다. 물론 맞는 말이다. 하지만 적분을 처음 접하는 사람들에게 적분이 미분의 역산이라고만 가르치면 나중에 혼란을 겪는 시기가 적어도 한 번은 반드시 오게 된다(내 경우는 그랬다). 그래서 적분을 처음 가르칠 때 미분과는 아예 아무런 상관도 없는 방향으로 접근하는 것도 좋은 교수법이다.

우선, 적분의 목적이 곡선으로 둘러싸인 넓이를 구하는 것이라는 점을 항상 염두에 두어야 한다. 네모반듯하거나 동그랗게 생긴 도형의 넓이는 쉽게 구할 수 있지만, 구불구불하게 생긴 도형의 넓이는 어떻게 구할 것인가? 다음과 같이 곡선 $y=f(x)$와 x축, 그리고 $x=a$ 및 $x=b$인 직선으로 둘러싸인 도형(색으로 표시한 부분)의 넓이를 구한다고 생각해보자.

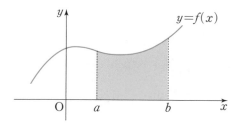

한 가지 유력한 방법은 이 도형을 세로로 매우 잘게 쪼개서 쪼갠 부분들의 넓이를 모두 합하는 것이다. 이때 잘게 쪼갠 부분은 길쭉한 직사각형과 매우 비슷할 것이므로 그 넓이를 쉽게 구할 수 있다(당분간은 적분이 미분의 역산이라는 말은 잊자). 이 과정을 체계적으로 진행하면 다음과 같은 결과를 얻는다.

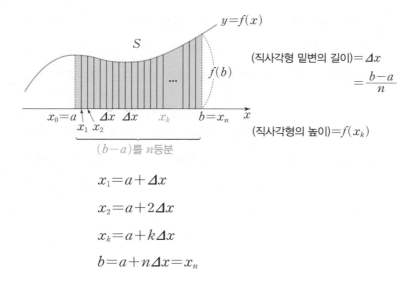

$$x_1 = a + \Delta x$$
$$x_2 = a + 2\Delta x$$
$$x_k = a + k\Delta x$$
$$b = a + n\Delta x = x_n$$

세로로 균등하게 잘게 쪼개면 각각의 직사각형의 모든 밑변은 Δx로 똑같다. 한편 그 높이는 $f(x_k)$, 즉 k번째 x의 함숫값과 같다. 이 모든 직사각형을 더하면 도형의 넓이 S와 비슷해질 것이다. 아래 식에서 물결 표시는 양변이 근사적으로 같다는 뜻이다.

$$S \approx f(x_1) \cdot \Delta x + f(x_2) \cdot \Delta x + \cdots + f(x_n) \cdot \Delta x = \sum_{k=1}^{n} f(x_k) \cdot \Delta x$$

여기서 $f(x_k)$는 잘게 쪼갠 직사각형의 높이, Δx는 그 직사각형의 밑변이다. $\sum$는 그 모든 직사각형을 더한다는 뜻이다. 그러나 원래 도형을 직사각형으로 근사했기 때문에 이 넓이의 합은 완전히 같지는 않다. 하지만 만약 우리가 주어진 도형을 무한히 가느다란 직사각형으로 쪼개서 더한다면 그 극한값은 원래 도형의 넓이와 같을 것이다. 따라서 우리는 도형의 넓이 S를 식 (18)과 같이 쓸 수 있다.

$$S = \lim_{n \to \infty} \sum_{k=1}^{n} f(x_k) \cdot \varDelta x \tag{18}$$

이때 $\lim\limits_{n \to \infty}$ 은 무한히 많은 직사각형으로 쪼갠다는 뜻이다. 이 극한값이 존재할 경우 우리는 함수 $y = f(x)$가 해당 구간에서 적분 가능하다고 말한다. 적분(積分)은 글자의 뜻 그대로 잘게 쪼갠 부분을 쌓아 올린 것에 불과하다(미분과는 아직 아무런 관련이 없음에 유의하자).

이렇게 넓이를 구하는 방법을 구분구적법이라고 한다. 구분구적법은 도형을 직사각형으로 잘게 쪼개서 더하지만, lim가 붙어 있기 때문에 '연속적인 더하기'라고도 볼 수 있다. 그리고 식 (18)로 주어진 이 도형의 넓이를 연속적으로 더한다는 의미를 살려 식 (19)와 같은 새로운 기호로 표시하기도 한다.

$$S = \lim_{n \to \infty} \sum_{k=1}^{n} f(x_k) \cdot \varDelta x = \int_{a}^{b} f(x) dx \tag{19}$$

여기서 $\int$는 연속적인 값의 합을 뜻하는 적분기호로서 '인테그럴integral'이라고 한다. 도형의 넓이가 시작되고 끝이 나는 $x=a$와 $x=b$가 인테그럴 기호의 아래위로 붙어 있다. 이를 각각 하한과 상한이라고 한다. 그리고 $f(x)$는 무한히 잘게 쪼갠 직사각형의 높이, dx는 그렇게 쪼갠 직사각형의 밑변이라고 생각할 수 있다. dx는 미분에서와 마찬가지로 0으로 가는 극한에서의 x의 변화량이다. 이때 $f(x)$를 피적분함수integrand, x를 적분변수라고 부른다. 그러나 아직까지는 dx가 미분과는 아무런 상관이 없다. 식 (19)는 그저 넓이를 표현하는 하나의 표기법에 불과하다.

그런데 실제 곡선과 x축으로 둘러싸인 넓이를 식 (18)을 이용해서 직접 구하는 작업은 여간 복잡하고 귀찮은 게 아니다. 하지만 머리를 잘 쓰면 매우 손쉽게 식 (18)과 똑같은 결과를 구할 수 있다. 방법은 이렇다.

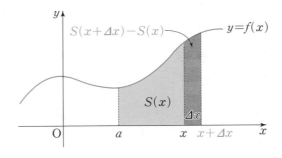

위 그림에서처럼 $x=a$에서 x까지의 넓이를 $S(x)$라고 하면,

x가 $x+\Delta x$일 때까지의 넓이는 $S(x+\Delta x)$라고 할 수 있다. 이 두 넓이의 차이, 즉 $S(x+\Delta x)-S(x)$는 그림에서 회색으로 칠한 부분으로 그 폭이 Δx이다. 만약 Δx가 아주 작은 값이라면 회색으로 칠한 부분은 굉장히 가늘어질 것이며, 대략 밑변이 Δx이고 높이가 $f(x)$인 직사각형일 것이다. 즉 식 (20)과 같이 나타낼 수 있다.

$$S(x+\Delta x)-S(x)\approx f(x)\cdot\Delta x(\Delta x\ll 1일\ 때) \qquad (20)$$

여기서 '$\ll$'는 아주 작다는 뜻이다. 이 식을 다시 쓰면 식 (21)과 같다.

$$f(x)\approx\frac{S(x+\Delta x)-S(x)}{\Delta x} \qquad (21)$$

만약 우리가 $\Delta x\to 0$인 극한을 생각한다면, 우리는 식 (20) 또는 식 (21)의 좌변과 우변이 정확하게 같다고 할 수 있다.

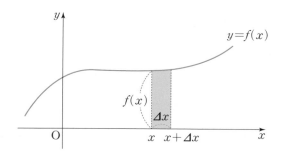

$$f(x) = \lim_{\Delta x \to 0} \frac{S(x+\Delta x)-S(x)}{\Delta x} \qquad (22)$$

자, 식 (22)는 어디서 많이 본 표현식이다. 식 (10)과 비교해보라. 이건 정확하게 도함수의 정의이다! 다시 말하자면 식 (23)과 같음을 알 수 있다.

$$f(x) = \lim_{\Delta x \to 0} \frac{S(x+\Delta x)-S(x)}{\Delta x} = S'(x) \qquad (23)$$

이것은 놀라운 결과이다. 함수 $y=f(x)$와 x축 그리고 $x=a$와 $x=x$로 둘러싸인 도형의 넓이 $S(x)$는 이 도형의 곡선 부분을 형성하는 함수 $y=f(x)$와 밀접한 관련이 있다. 그뿐만 아니라, 이 넓이를 미분하면 곡선의 함수 $f(x)$가 된다!

그러니까 우리가 원하는 넓이 $S(x)$는 '미분해서 $f(x)$가 되는 어떤 함수'임에 틀림없다. 즉 넓이를 구하려면 미분해서 $f(x)$가 되는 함수를 찾기만 하면 된다. 바로 이 때문에 적분이 미분의 역산으로서 의미를 가진다.

이제 미분해서 $f(x)$가 되는 어떤 함수를 $F(x)$라고 하자. 즉 $F'(x)=f(x)$의 관계가 있다. 그렇다면 $F(x)$와 $S(x)$는 어떤 관계가 있을까? 둘 다 미분하면 $f(x)$가 되는 성질을 갖고 있다. 미분한 두 함수가 서로 같다면, 그 함수들은 상수 차이밖에 나지 않을 것이다(상수는 미분하면 0이다). 따라서 우리는 식 (24)와 같이 쓸 수 있다.

$$S(x) = \int_a^x f(t)dt = F(x) + C \tag{24}$$

여기서 적분변수를 t로 둔 것은 적분의 상한 x와 문자를 구별하기 위해서이다. 식 (24)에서 상수 C를 구하는 건 쉽다. 양변에 $x=a$를 넣으면, $x=a$에서 $x=a$까지의 넓이는 당연히 0일 것이므로 $S(a) = 0 = F(a) + C$의 관계가 성립한다. 따라서 $C = -F(a)$이다. 적당히 변수를 바꾸면 식 (25)와 같은 놀라운 결과를 얻는다.

$$S(b) = \int_a^b f(x)dx = F(b) - F(a) \ \ (\text{여기서} \ F' = f) \tag{25}$$

그러니까 넓이를 구하고 싶으면 '미분해서 피적분함수 $f(x)$가 되는' 어떤 함수 $F(x)$를 하나 구한 다음에, $F(x)$의 $x=b$에서의 함숫값과 $x=a$에서의 함숫값의 차이를 구하면 된다. 결국 관건은 '미분해서 피적분함수 $f(x)$가 되는' 함수를 하나 찾는 것이다.

식 (25)는 정적분definite integral이라고 한다. 이제 우리는 넓이를 구할 때 식 (19)에서처럼 잘게 쪼개고 극한을 보낼 필요가 없다. 미분해서 f가 되는 F만 구하면 된다. 이는 정확하게 미분이라는 수학적 조작을 거꾸로 거슬러가는 과정이다. 그래서 적분은 미분의 역산이다. 다시 말하면, 적분이 미분의 역산이기 때문에 넓이와 관련이 있다기보다, 적분은 원래 넓이이므로 미분의 역산이라는 논리가 자연스럽다.

이제는 미분해서 f가 되는 F를 찾는 게 급선무이므로, 오직 이임무만을 위한 표기법을 식 (26)과 같이 도입하면 편리하다.

$$F'(x)=f(x)\Leftrightarrow \int f(x)dx=F(x)+C \ (C는 \ 상수) \quad (26)$$

식 (26)에서는 적분의 상한과 하한을 모두 생략했다. 이런 적분을 부정적분indefinite integral이라고 한다. 정적분처럼 그 값이 정해지지 않았다는 뜻이다. 이때의 상수 C는 적분상수라고 부른다. 정적분은 넓이를 나타내는데, 부정적분은 미분해서 피적분함수 $f(x)$가 되는 어떤 함수 $F(x)$를 구하는 계산 과정이다.

고교수학의 핵심

여기까지 강의를 마친 뒤 저녁을 먹으러 갔다. 이 정도면 적분의 핵심은 전부 얘기한 셈이다. 넓이로서의 적분이 왜 미분의 역산인지만 이해한다면 남은 건 그저 기술적인 것들뿐이다. 어차피 적분은 미분으로부터 정의될 수밖에 없다.

지난 1월처럼 7시부터 한 시간이 저녁시간이었다. 장소도 똑같왔다. 근처의 청국장 집에 우르르 몰려가서 함께 먹었다. P는 연신 '아직 세상이 달라져 보이지 않는다'며 나를 보챘다. 나는 웃으며 조금 더 기다려야 할 것이라고 말했다. 그 말은 진심이었다.

저녁을 먹고 와서 마지막 한 시간은 적분의 예를 몇 가지 소개했다. 예컨대 $x'=1$이므로 식 (27)과 같이 나타낼 수 있다.

$$\int 1 \cdot dx = \int dx = x + C \tag{27}$$

복잡해 보이지만, 'x로 미분해서 1이 되는 함수는 x이다'라는 뜻에 불과하다. 나는 몇 가지 예를 더 들어주었다. 이때까지는 인문계 과정을 다루었기 때문에 다항함수의 미분과 적분만 소개했다.

여기서 한 가지 강조했던 점은 식 (27)의 의미를 되새겨볼 필요가 있다는 것이다. 이는 미분에 대한 라이프니츠 기호와도 관련이 있다.

$x'=1$을 식 (28)과 같이 다시 써볼 수 있다.

$$x' = \frac{d}{dx}x = \frac{dx}{dx} = 1 \Leftrightarrow \int dx = x + C \tag{28}$$

이 관계식은 너무나 당연해 보인다. 미분변수인 x는 꼭 x일 필요가 없다. x가 아니라 임의의 변수 y가 되었든 z가 되었든, 심지어 $f(x)$가 되었든 상관이 없다($f(x)$를 $f(x)$로 미분하면 당연히 1이다). 따라서 식 (29)가 되는 것도 당연하다.

$$\frac{df(x)}{df(x)} = 1 \Leftrightarrow \int df(x) = f(x) + C \qquad (29)$$

식 (29)의 부정적분 관계식은 앞으로 물리 관련 문제를 풀 때 매우 자주 등장한다. 만약 우리가 dx를 숫자처럼 계산할 수 있다고 여긴다면 식 (30)처럼도 쓸 수 있다.

$$f(x) + C = \int df(x) = \int \frac{df(x)}{dx} dx = \int f'(x) dx \qquad (30)$$

이 관계식은 또한 일관성이 있는 식이다. 왜냐하면 '미분해서 $f'(x)$가 되는 함수'는 당연히 $f(x)$ 그 자체이기 때문이다.

이 외에도 강의 중에는 정적분을 이용해서 실제 넓이를 구하는 방법, 속도 및 가속도와 적분의 관계 등을 설명했다. 이로써 인문계 고교수학의 미적분 강의는 모두 끝난 셈이다. 두 달 만에 인문계 수학을 끝냈으니 정말 초고속 속성과정이라고 할 만하다.

3월과 4월에는 자연계 고교수학 과정을 배운다. 그래서 교재도 약간 달라진다. 자연계열에서는 삼각함수나 지수·로그함수의 미적분도 배운다. 이 차이가 이과와 문과를 가르는 일종의 철벽으로 작용한다. 나중에 보게 되겠지만, 삼각함수도 결국엔 지수함수로 표현이 가능하기 때문에, 종국적으로는 지수함수의 미적분을 아는 것이 핵심이다. 그리고 지수함수는 이공계열에서 한줄 건너 한줄 나오는 함수라 지수함수를 모르고서는 물리학을 제대로 이해하기 힘들다.

문과 출신이 이과 수학 앞에서 숨이 막혀하는 바로 그 철의 장벽이 코앞에 닥쳐온 것이다. 그런 만큼 이 장벽만 뛰어넘으면, 지금까지 텍스트로만 교양과학을 이해해왔던 수강생들의 시야가 몇 차원은 도약하게 되는 셈이다. 샐러리맨이 아인슈타인 방정식을 푸는 것이 이 강좌가 내건 슬로건이긴 하지만, 본질적으로 중요한 것은 바로 이 '질적 도약'이었다.

자연계열의 미적분이 남아 있긴 했지만, 그래도 오늘 수업에서 미적분의 기본과 핵심개념은 다 배웠다. P는 세상이 달라져 보이기 시작했을까? 강의를 끝내고 짐을 챙기면서 나는 아마 그렇지는 않을 것이라고 생각했다. 물론 P도 여느 수강생들과 마찬가지로 수십 년 전 고등학교 때 이미 배웠던 내용이겠지만 그새 그 내용을 거의 다 잊었을 테고, 그걸 다시 듣는다고 해서 한 번의 강의로 미적분의 의미를 완전히 터득하기란 쉽지 않았을 것이다.

아니나 다를까, P는 수업이 끝나자 고개를 절레절레 흔들었다. 아마도 합성함수 미분법이 가장 어려웠을 것이다. 그리고 적분이 왜 미분의 역산이 되는지도 단번에 이해하기는 쉽지 않았을 것이다. 실제로 수업이 끝나고 수강생들과 인사를 나누는 과정에서 합성함수 미분법이 전혀 무슨 말인지 이해하지 못하겠다는 의견이 더러 있었다. 이날 강의를 듣고 세상이 달라져 보인 수강생은 한 명도 없었을 것이다. 어떤 수학적 내용을 무리 없이 따라가는 것과 그 내용을 체화해서 자기 방식대로 이해하는 것은 완전히 다르다. 세상이 달라져 보이기 시작하는 일은 미적분을 어떤 형태로든 자신만의 방식으로 체화한 뒤에야 가능하다. 이는 미적분이 직간접적으로 자기 전공과 연관되지 않은 사람들에게는 무척 힘들다는 뜻이다. 나는 아주 뒤늦게라도 수강생들이 '세상이 달라 보이는' 경이로운 체험을 한 번은 해봤으면 하고 바랐다.

2월 14일, 주말 밤의 대학로는 번잡했다. 다행히 내 마음은 번잡하지 않았다. 미적분 강의를 끝내니 큰 산을 또 하나 넘은 기분이었다. 어쨌든 교재로 정했던 책 하나를 마친 셈이니까. 아직 날은 추웠으나 다가오는 봄기운을 거스를 수는 없는 법. 문득 다음 강의는 춘삼월이라고 생각하니 입가에 미소가 번졌다.

제13장

삼각함수와
지수·로그함수

정확하게 어느 순간인지는 꼭 집어서 말할 수는 없지만, 이윽고 때가 되면 겨울이 가고 봄이 머지않았다는 증거가 갑자기 도처에 수없이 생겨난다. 한순간에 사라진 길거리의 눈 무더기, 뺨을 스치는 약간 무뎌진 바람결, 보이지는 않아도 앙상한 나뭇가지를 비집고 나오는 미세한 녹색의 점들, 시큼한 겨울 냄새가 빠져 약간은 눅진 공기…. 며칠 남지 않은 2월의 달력을 보지 않더라도, 봄이 왔다는 확신은 막을 도리가 없다.

계절이 바뀔 무렵이면 평소에 못 듣던 인사말도 자주 듣게 된다. 고등과학원은 보통사람들에게는 낯선 기관일 것이다. 내가 고등과학원에서 근무한다고 하면 대개 이맘때쯤 사람들이 인사치레로 "이제 개강하면 많이 바빠지시겠습니다" 하는 말을 건네곤 한다. 그럴 때마다 나는, 고등과학원에는 학생이 없어서 수업 같은 건 없다고 대답해준다. 사실 연구원들은 고등과학원같이 독립된 기관이나 대학에 소속되어 있더라도 강의를 맡지 않은 이상 개강과 종강, 방학 등과는 아무런 상관없이 연구를 진행한다. 평범한 직장인과 다를 바 없다.

그래도 이 정도는 나은 편이다. 한번은 어느 모임에서 고등과학원이 찍힌 명함을 건넸더니, "요즘 고등학생들 가르치기가 쉽지 않으시죠?" 하는 인사말이 돌아왔다. 그분은 고등과학원을 고등학교 과정의 과학을 집중적으로 가르치는 사설학원으로 알았다고 했다. 열에 두어 명 정도는 이처럼 고등과학원을 학원으로 오해한다.

3월 강의는 한 주 앞당겨 첫 토요일인 7일에 열기로 했다. 둘째 주 토요일엔 고등과학원에서 하루짜리 워크숍이 예정돼 있어서 내가 시간을 낼 수 없었다. 고등과학원이야 개강이든 방학이든 별 상관이 없지만, 워크숍에 참석하는 다른 대학의 교수들은 3월에 개강하고 나면 평일 수업 때문에 시간을 조율하기가 쉽지 않다. 그래서 부득이하게 하루짜리 워크숍을 주말에 열게 된 것이다.

사정이야 어쩔 수 없긴 하지만 수강생 분들에게 미안한 마음은 지울 수 없었다. 이제 겨우 3월인데 앞으로 또 이런 일이 생기지 말라는 법도 없지 않은가. 다행히 12개월 수학아카데미를 진행하는 동안 일정을 바꾼 경우는 3월과 9월 두 번밖에 없었다.

3월 7일 강의 때는 다른 변수도 있었다. 금요일인 6일 또 다른 미니워크숍이 미리 잡혔고, 그 뒤 참석한 선배들과의 술자리가 예정되어 있었다. 이튿날 강의가 오후 3시부터니까 좀 여유가 있기는 했지만, 그래도 강의 전날의 술자리는 부담스럽기 마련이다.

실제 상황은 부담스러움 이상이었다. 양재역 근방의 와인 바에서 있었던 술자리는 불행히도 새벽 3시까지 계속되었다. 1인당 와인 한 병을 넘게 마셨다. 한자리에 앉아서 그렇게 와인을 많이 마신 건 처음이었다.

문제는 다음 날 아침의 숙취였다. 와인 마시기 전에 저녁을 먹으면서 곁들인 소주도 위력을 발휘했는지 머리가 쪼개질 듯한 고통이 엄습했다. 아침에 일어나 바라본 거울 속의 나는 매일 봐왔던 내가 아니었다. '나 어제 와인을 그냥 쏟아부었어요'라고 말하기라도 하듯 입술은 온통 시퍼렇게 물들어서 흡사 피에 굶주려 퍼렇게 창백해진 좀비나 흡혈귀 같았다. 술 깨느라 약국에 가서 약을 사 먹은 것도 10년도 더 된 듯했다. 그나마 강의가 오후 3시라 위안이 되었지만, 그 뒤로 강의를 다섯 시간 동안 할 생각을 하니 눈앞이 캄캄해지는 느낌도 들었다. 다행히 목은 크게 잠기지는 않았다.

3월 강의는 내용을 봤을 때 홀가분한 면이 있었다. 2월에 미분과 적분의 기본을 다 설명했기 때문이다. 그로써 교재 하나가 끝난 셈이었다. 3월에는 고등학교 이과과정을 담은 새 교재로 수업을 진행했다. 어쨌든 앞선 두 달 동안 고등학교 수학이란 어떤 것인지 맛보았기 때문에 3월 강의는 그 토대 위에서 이어갈 수 있었다.

하지만 3월 강의에는 그 나름의 난점이 있었다. 본격적인 이과 수학이 진행된 만큼 문과 출신 수강생들에게는 일생의 '넘사벽'을 처음으로 넘어보는 기회가 생긴 것이다. 교과과정이 수시로 바뀌기 때문에 문과수학과 이과수학을 딱 잘라 말하기는 어렵지만, 수업 교재를 기준으로 대략 말하자면 삼각함수와 지수·로그함수의 미적분이 들어가고 음함수 미분, 부분적분 등 보다 고급스러운 미적분의 기술이 추가된다. 그리고 공간도형과 벡터 단원이 통째로 들어간다.

이 정도만 알면 대학에 가서 이공계열의 수업을 들을 수 있다. 물론 대학과정에서는 고등학교와 비교해서 엄청난 양의 새로운 내용을 배우지만, 필요한 내용은 그때그때 따라가면서 익히면 된다. 수학아카데미의 목적은 아인슈타인 방정식을 푸는 것이므로 그 목적에 맞는 최소 요소만 내 나름대로 추렸다.

나는 최선을 다한다는 생각으로 전날 술자리의 흔적을 지우고 강의하러 나갔지만, 혜화동 강의실에서 만난 분들은 하나같이 물었다. "안색이 안 좋아 보이는데, 괜찮으세요?" 나는 아무렇지도 않다는 듯 씩 웃으며 전날의 무용담을 지나가는 듯한 말투로 늘어놓았다. 따끈한 차를 마시고 나니 몸에 다시 생기가 돌았다. 자리를 고쳐 앉고 강의를 시작했다.

이공계 수학의 시작

강의는 지난달에 학습했던 미분과 적분의 기본공식을 다시 정리하면서 시작했다. 새로운 함수들의 미적분을 알려면 미적분의 기본 개념과 공식을 피할 수 없기 때문이다.

이공계 과정의 새로운 내용은 삼각함수의 덧셈정리와 함께 시작했다. 덧셈공식은 식 (1), 식 (2)와 같다.

$$\sin(A+B)=\sin A \cos B+\cos A \sin B \qquad (1)$$
$$\cos(A+B)=\cos A \cos B-\sin A \sin B \qquad (2)$$

언뜻 $\sin(A+B)=\sin A+\sin B$가 아닐까 하고 생각하기 쉽

다. 지난 시간에 배운 미분 공식을 떠올려보면, 미분에는 분명히 이런 성질이 있다(이를 선형성이라고 불렀다). 그러나 사인함수에는 그런 성질이 없다. 가령 식 (3)을 보자.

$$\sin(30°+60°)=\sin 90°=1$$
$$\neq \sin 30°+\sin 60°=\frac{1}{2}+\frac{\sqrt{3}}{2} \qquad (3)$$

합에 대한 사인값은 사인값의 합과 전혀 다르다. 코사인도 마찬가지이다. 합의 삼각함숫값은 식 (1)과 식 (2)처럼 매우 복잡하게 주어진다. 탄젠트$_{\tan}$의 합의 공식은 식 (1) 나누기 식 (2)를 하면 쉽게 얻을 수 있다. 그리고 식 (1)과 식 (2)를 이리 주무르고 저리 변형하면 엄청나게 많은 공식을 얻게 된다. 배각공식, 삼배각공식, 합차를 곱으로 바꾸는 공식, 곱을 합차로 바꾸는 공식 등 이과수학은 초반부터 엄청난 양의 공식 홍수에 숨이 막힐 지경이다. 물론 그 모든 것을 다 외우면 좋겠지만, 결국은 모든 출발점이 식 (1)과 식 (2)이다(사실 식 (2)는 식 (1)에서 유도할 수 있다). 그리고 각 공식은 그 구조를 유심히 살펴보면 쉽게 기억할 수 있는 나름의 규칙성이 있다.

하지만 지금 우리가 수학을 공부하는 목적은 입시를 위해서가 아니다. 필요할 때 원하는 공식을 찾아서 문제 해결에 적용할 수만 있으면 된다. 개인적으로는 고등학교에서도 이런 식으로 수업이 진행되면 좋으리라고 생각한다. 쓸데없는 공식을 외우느라 정말로 중요한 개념을 망각하는 건 비극이다.

수학에서는 공식 자체를 아는 것도 중요하지만, 왜 이 공식이 중요한지 목적과 의의를 아는 것도 중요하다. 불행히도 학교에서는 이런 내용을 잘 가르치지 않는다. 이것이 학생들이 학습 동기를 쉽게 갖지 못하는 원인이 되기도 한다.

삼각함수의 덧셈정리가 중요한 이유는 (개인적인 생각이지만) 대략 세 가지이다. 첫째는 식 (3)에서와 같이 실제 계산에서의 유용함 때문이다. 가령 $\sin 75°$는 특수각(30도, 45도, 60도, 90도 등)에 대한 사인값이 아니므로 직각삼각형 하나로 쉽게 계산되는 값이 아니다. 그러나 $75 = 30 + 45$이므로 식 (1)의 덧셈정리를 이용하면 75도는 특수각의 삼각함숫값으로 쉽게 구할 수 있다.

둘째는 삼각함수의 도함수를 구하려면 식 (1)을 알아야 하기 때문이다. 이는 삼각함수를 직접 미분하는 과정에서 확인하게 될 것이다.

셋째는 적분과 관련이 있다. 함수를 미분할 때는 어떻게든 미분의 온갖 공식을 동원해서 미분할 수 있지만, 적분은 그렇지 않다. 적분은 기술적으로 미분의 역산이기 때문에, 무엇을 미분해야 피적분함수가 나오는지를 찾아야 한다. 그래서 적분계산의 핵심은 적분에 용이한 모양으로 피적분함수를 변형하는 것이다. 이는 삼각함수를 적분할 때도 마찬가지이다. 예를 들어 식 (4)를 보자.

$$\int \sin^2 x \, dx \qquad\qquad (4)$$

식 (4)는 이 자체로 계산이 되지 않는다. 사인 제곱을 적분하려면 피적분함수를 적분이 가능한 모양으로 바꿔야 한다. 이때 사용하는 공식이 바로 덧셈정리에서 파생된 공식들이다.

식 (1)과 식 (2)를 보면 사인 제곱과 관련된 식은 식 (2)임을 알 수 있다. 왜냐하면 식 (2)에는 사인함수 둘이 곱해진 식이 포함되어 있기 때문이다. 식 (2)에서 $A=B=x$라고 두면 식 (5)가 성립한다 (여기서 $\sin^2 x + \cos^2 x = 1$의 관계식을 이용했다).

$$\cos 2x = \cos^2 x - \sin^2 x = 1 - 2\sin^2 x \qquad\qquad (5)$$

따라서 식 (6)과 같이 됨을 알 수 있다.

$$\sin^2 x = \frac{1 - \cos 2x}{2} \qquad\qquad (6)$$

식 (6)의 좌변은 그 자체로 적분이 안 되는 모양이지만, 우변은 각각의 항이 쉽게 적분 가능한 모양이다. 이렇듯 삼각함수가 포함된 피적분함수를 적분할 때는 갖은 기교를 동원해서 적분할 수 있는 모양으로 만드는 게 중요하며, 이때 덧셈정리와 관련된 각종 공식이 요긴하게 쓰인다. 식 (6)은 매우 단순한 예에 불과하다.

삼각함수의 덧셈정리를 증명하는 데는 여러 가지 방법이 있다. 개념적으로 가장 쉬운 방법은 행렬matrix의 회전변환을 이용하는 것이다. 하지만 우리는 행렬과 그 변환을 배우지 않았기 때문에 이 방법을 쓸 수는 없다. 덜 직관적이지만 증명할 수 있는 방법으로는 해석기하학적인 방법(좌표를 도입해서 도형을 이해하는 방법)이 있다. 나는 후자의 방법으로 삼각함수의 덧셈정리를 증명했다.

삼각함수의 덧셈정리는 이 정도로 해두고 삼각함수에서 가장 중요한 극한값을 소개했다. 극한값은 그 자체로도 중요하고 삼각함수의 도함수를 구하는 데도 필수적이다. 극한값은 식 (7)과 같다.

$$\lim_{x \to 0} \frac{\sin x}{x} \tag{7}$$

이 극한값은 $\frac{0}{0}$ 형태로서 유한한 값을 가진다. 이에 대한 엄밀한 증명은 아니지만, 고등학교 수준의 증명이 모든 교과서에 실려 있다. 최종적인 결과만 적어보면 식 (8)과 같다.

$$\lim_{x \to 0} \frac{\sin x}{x} = 1 \tag{8}$$

이때 x값은 라디안이다. 이 극한값은 이과수학을 정상적으로 배운 학생이라면 누구나 알 수 있다. 하지만 결과의 기하학적 의미를 잘 아는 경우는 극히 드물다. 식 (8)을 말로 설명하면 다음과 같다.

x가 0으로 무한히 가까이 다가가면 x분의 sin x의 값은 1에 무한히 가까이 다가간다.

⇒ x가 0 근처의 값일 때 sin x와 x의 값은 거의 같다.

그러니까 x의 값이 아주 작을 때는 sin x의 값과 x의 값이 거의 똑같다는 이야기이다. 그림으로 살펴보면 확실하게 이해할 수 있다.

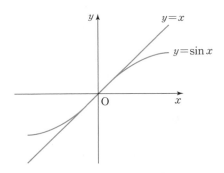

위 그림은 $y=x$와 $y=\sin x$를 그린 그래프이다. x의 값이 0 근처일 때는 두 그래프가 거의 겹치는 것을 알 수 있다. 극한값 (8)이 뜻하는 바가 바로 이것이다. x가 아주 작으면 x와 sin x는 거의 같다. 이 결과는 물리학 전반에 걸쳐 아주 빈번하게 응용된다.

이제 삼각함수를 미분하기 위한 모든 준비가 끝났다. 사인함수의 도함수는 도함수의 정의에 따라 식 (9)와 같이 구할 수 있다. 이때 극한값 (8)과 덧셈정리 식 (1), 식 (2)의 변형식이 적절하게 활용되었음에 유의하자.

$$f'(x) = \frac{df}{dx} = \lim_{h \to 0} \frac{f(x+h) - f(x)}{h}$$

$$(\sin x)' = \frac{d}{dx}\sin x = \lim_{h \to 0} \frac{\sin(x+h) - \sin x}{h}$$

$$= \lim_{h \to 0} \frac{\sin x \cos h + \cos x \sin h - \sin x}{h}$$

$$= \lim_{h \to 0} \left[\frac{\sin x}{h}(\cos h - 1) + \cos x \cdot \frac{\sin h}{h} \right]$$

$$\boxed{\begin{array}{l} \cos 2x = 1 - 2\sin^2 x \\[4pt] \dfrac{1 - \cos 2x}{2} = \sin^2 x \\[4pt] \left(x \to \dfrac{x}{2}\right) \Rightarrow \sin^2 \dfrac{x}{2} = \dfrac{1 - \cos x}{2} \end{array}}$$

$$= \lim_{h \to 0} \left[\frac{\sin x}{h}(-2)\sin^2 \frac{h}{2} + \cos x \cdot \frac{\sin h}{h} \right]$$

$$= \lim_{h \to 0} \left[-2\sin x \cdot \frac{\sin \frac{h}{2} \cdot \sin \frac{h}{2}}{\frac{h}{2} \cdot 2} + \cos x \cdot 1 \right]$$

$\rightarrow 0 \text{ as } h \to 0$

$$= \cos x$$

$\rightarrow 1 \text{ as } h \to 0$

$$(9)$$

결론을 말하면, 사인함수를 미분하면 식 (10)과 같은 코사인함수가 나온다.

$$\frac{d}{dx}\sin x = \cos x \tag{10}$$

위와 똑같은 과정을 반복하면 식 (11)과 같은 코사인함수의 도함수를 얻는다.

$$\frac{d}{dx}\cos x = -\sin x \tag{11}$$

코사인을 미분하면 사인으로 바뀌는데 부호가 반대임에 유의해야 한다. 위 결과들은 식 (12), 식 (13)과 같이 적분으로도 표현할 수 있다.

$$\int \sin x\, dx = -\cos x + C \tag{12}$$

$$\int \cos x\, dx = \sin x + C \tag{13}$$

삼각함수의 미적분은 이것으로 사실 끝이다. 다른 복잡한 계산들이라고 해봐야 식 (10)이나 식 (11)보다 새로운 내용은 없다. 탄젠트에 대한 미적분은 사인과 코사인의 결과들을 조합하면 얻을 수 있다.

지수함수와 로그함수의 미적분

삼각함수 미적분의 기본을 끝냈으니 이제 지수 · 로그함수의 미적분을 생각해보자. 지수 · 로그함수를 미분하려면 우선 식 (14)의 극한값을 알아야 한다.

$$\lim_{n \to \infty} \left(1 + \frac{1}{n}\right)^n \tag{14}$$

이 극한값은 유한한 값으로 수렴한다는 사실이 알려져 있다. 그리고 그 결과는 놀랍게도 3보다 약간 작은 무리수이다. 이 무리수는 통상적으로 e라는 문자로 표현한다. 즉 식 (15)와 같다.

$$\lim_{n \to \infty} \left(1 + \frac{1}{n}\right)^n = e = 2.718281828 \cdots \tag{15}$$

이 결과는 꼭 기억해두어야 한다. 이공계 수학 논문은 e라는 숫자 없이는 작성할 수 없다고 해도 과언이 아니다. 이 e는 특히 지수와 로그의 밑으로 자주 등장한다. 그리고 식 (15)를 이용하면 식 (16)임을 보일 수 있다.

$$e^x = 1 + \frac{x}{1!} + \frac{x^2}{2!} + \cdots + \frac{x^n}{n!} + \cdots = \sum_{k=0}^{\infty} \frac{x^k}{k!} \tag{16}$$

여기서 느낌표 !는 감탄부호가 아니라 연속해서 곱하는 수학기호로서 계승factorial이라고 한다.

$$n! = 1 \times 2 \times \cdots \times n \tag{17}$$

식 (16)은 지수함수 e^x의 정의로 봐도 무방하다. 그리고 식 (14)를 이용하면 식 (18)과 같은 관계식이 성립함을 알 수 있다.

$$\lim_{x \to 0} \frac{e^x - 1}{x} = 1 \tag{18}$$

이 극한값도 $\frac{0}{0}$ 형태이다. 게다가 식 (8)과 마찬가지로 기하학적으로 해석할 수 있다. 식 (18)에 따르면 x가 0에 가까이 갈 때, 즉 x가 아주 작은 값일 때 $e^x - 1$이 x에 아주 가까이 간다.

실제 $y = e^x$와 $y = x + 1$의 그래프를 보면 x가 0 근처에서(즉 x가 아주 작을 때) 직선과 곡선이 매우 근접한다. 실제로 $x = 0$인 점에서 직선은 곡선에 접한다. 이 내용은 뒤에 대학과정 수학을 배우면 더욱 명확해질 것이다.

이 결과들을 이용하면 다음과 같이 지수함수와 로그함수를 쉽

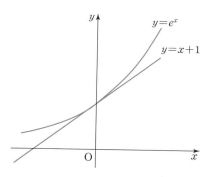

게 미분할 수 있다.

$$y = e^x$$

$$y' = (e^x)' = \lim_{h \to 0} \frac{e^{x+h} - e^x}{h} = e^x \cdot \lim_{h \to 0} \frac{e^h - 1}{h} = e^x \cdot 1$$

즉 식 (19)와 같이 된다.

$$(e^x)' = \frac{d}{dx} e^x = e^x \tag{19}$$

그러니까 함수 $y = e^x$는 미분하면 그 자신으로 되돌아온다. 이는 식 (16)의 양변을 미분해도 알 수 있다.

로그함수도 같은 식으로 도함수를 구할 수 있다. e를 밑으로 하는 로그는 특별히 자연로그라고 부르며 대체로 e의 값을 생략해서

$\log_e x = \log x$라고 쓴다. 로그의 미분은 도함수의 정의에 따라 미분해도 되지만, $y = e^x$와 $y = \log x$가 서로 역함수 관계임을 이용해서 로그함수의 도함수를 구할 수도 있다. 두 함수가 역함수 관계이므로 (혹은 로그함수의 정의에 의해) $e^{\log x} = x$의 관계식이 항상 성립하는데, 이 식의 양변을 x로 미분하면 식 (20)의 관계가 성립한다.

$$x' = 1 = (e^{\log x})' = e^{\log x} \cdot (\log x)' = x \cdot (\log x)' \qquad (20)$$

식 (20)의 유도 과정에서 $y = e^x$에 대한 합성함수 미분법의 결과인 식 (21)을 이용했다($f(x)$를 하나의 문자로 보고 먼저 미분한 다음, $f(x)$를 x로 미분해서 곱한다).

$$(e^{f(x)})' = e^{f(x)} \cdot f'(x) \qquad (21)$$

식 (20)으로부터 식 (22)와 같이 놀라운 결과를 얻는다.

$$(\log x)' = \frac{d}{dx} \log x = \frac{1}{x} \qquad (22)$$

식 (19)와 식 (22)는 이공계 수학에서 가장 기본적이면서도 중요한 관계식이다. 이 미분 결과를 적분으로 표현하면 식 (23), 식 (24)와 같다.

$$\int e^x \, dx = e^x + C \tag{23}$$

$$\int \frac{1}{x} \, dx = \log x + C \tag{24}$$

식 (24)는 놀라운 결과이다. 왜 놀라운지 이해하려면 다항함수의 적분을 떠올려보면 된다. $(x^n)' = nx^{n-1}$이므로 식 (25)가 성립됨은 쉽게 알 수 있다.

$$\int x^n \, dx = \frac{1}{n+1} x^{n+1} + C \tag{25}$$

그런데 식 (25)는 $n = -1$일 때 성립하지 않는다. 이 경우 식의 우변의 분모가 0이 되어 수학적으로 의미가 없어지기 때문이다. $n = -1$인 경우는 피적분함수가 바로 x^{-1}, 즉 $\frac{1}{x}$일 때이다. $\frac{1}{x}$을 적분하면 다항함수가 아니라 로그함수가 된다.

수학아카데미에서는 이 밖에도 밑이 e가 아닌 일반적인 숫자일 때 미분하는 법, 삼각함수나 지수 · 로그함수와 관련된 합성함수 미분법, 음함수 미분법 등을 강의했다. 그 모든 내용 중에서 지금 여기 설명한 것들이 가장 기본적이면서도 중요한 내용이다. 이공계열 고등학교 수학의 핵심 중의 핵심을 이제 모두 설명한 셈이다. 나머지 내용은 모두 여기서 파생되었다고 볼 수 있다.

시간은 벌써 7시, 저녁 먹을 때가 되었다. 다행히 원래 예상했던 진도대로 모든 내용을 다 설명했다. 수강생들의 반응은 제각각이었다. 이과 출신은 이제 조금씩 기억이 난다는 듯 연신 고개를 끄덕였고 문과 출신은 대부분 얼굴을 찡그리거나 고개를 갸웃거렸다. 어떤 분들은 밥 먹으러 가는 내내 "미적분을 배워도 세상이 달라 보이지 않는다"라며 나를 책망했다.

순열과 조합

식사를 마치고 남은 한 시간 동안 지난번에 미처 하지 못했던 내용을 강의했다. 바로 무한등비급수와 순열 및 조합이었다. 무한등비급수란 일정한 비율(등비)로 나열된 숫자들을 무한히 더한 것(급수)이다. 예를 들어 식 (26)은 무한등비급수이다.

$$1+2+4+8+\cdots \tag{26}$$

식 (26)의 결과는 물론 무한대이다. 그러나 어떤 무한등비급수는 일정한 숫자로 수렴한다. 일반적으로 무한등비급수에 대해 식 (27)과 같은 결과가 성립한다.

$$a+ar+ar^2+ar^3+\cdots+ar^{n-1}+\cdots$$
$$=\frac{a}{1-r} \ (-1<r<1일\ 때) \tag{27}$$

여기서 이웃한 항들 사이의 일정한 비율인 r을 공비라고 한다. 무한등비급수는 공비의 절댓값이 1보다 작을 때만 수렴한다. 이는 직관적으로 당연하다. 공비가 1과 같거나 그보다 크면 더해지는 숫자가 계속 커지기 때문에 무한대로 발산할 것으로 쉽게 예상할 수 있다.

식 (27)의 증명은 어렵지 않으므로 여기서는 생략한다. 증명 과정이 중요하긴 하지만, 식 (27)의 결과 자체가 너무나 중요하고 두루두루 쓰이기도 한다. 예로 식 (28)을 들 수 있다.

$$1+\frac{1}{2}+\frac{1}{4}+\frac{1}{8}+\cdots=\frac{1}{1-\frac{1}{2}}=2 \tag{28}$$

그러고는 순열과 조합으로 넘어갔다. 무한등비급수와 순열 및 조합은 내용적으로 서로 연결되거나 미적분에 필수불가결하지는 않다. 하지만 수학이나 물리 전반에서 쓸모가 많기 때문에 한 번은 짚고 넘어갈 필요가 있다.

순열은 줄을 세우는 경우의 수이다. 가장 간단한 예는 3명을 한 줄로 세우는 경우의 수이다. 이 경우의 수는 특별한 공식을 몰라도 상식적으로 쉽게 구할 수 있다. 첫 자리에 올 수 있는 사람이 3명이니까 첫 자리에 대한 경우의 수는 3이다. 둘째 자리는 2, 셋째 자리는 1의 경우의 수가 있으므로 총 경우의 수는 $3\times2\times1=3!=6$이다.

5명 중 3명을 줄 세우는 경우의 수를 따진다면, $5 \times 4 \times 3 = 60$이 된다. 이를 일반화하면, n개 중에서 r개를 줄 세우는 경우의 수는 식 (29)와 같다.

$$\overset{\overset{r개}{\overbrace{\qquad\qquad\qquad}}}{_nP_r = n \times (n-1) \times \cdots \times (n-r+1)} \tag{29}$$

이때 $_nP_r$을 n개에서 r개를 줄 세우는 순열 permutation 이라고 한다. 식 (29)에서 곱해진 숫자의 개수가 r개임에 유의해야 한다. 식 (29)는 계승 factorial 을 이용해서 식 (30)과 같이 표현할 수 있다.

$$_nP_r = n \times (n-1) \times \cdots \times (n-r+1) = \frac{n!}{(n-r)!} \tag{30}$$

특히 n개를 모두 줄 세우는 경우의 수는 식 (31)과 같이 나온다.

$$_nP_n = n! \tag{31}$$

조합 combination 은 순서를 따지지 않는 경우의 수이다. 순열은 n개에서 r개를 줄 세우기 때문에 r개의 순서가 중요하다. 그러나 조합은 n개에서 r개를 선택하기만 한다. 이 경우의 수를 $_nC_r$이라고 쓴다. n개에서 r개를 선택하는 경우나 나머지인 $(n-r)$개를 선택하는 경우나 수학적으로는 똑같기 때문에 $_nC_r = {_nC_{n-r}}$임을 알 수 있다. 예를 들어, 5개에서 3개를 선택하고 2개를 버리는 경우의 수는 2개를 선택하고 3개를 버리는 경우의 수와 동일하다.

$_nC_r$을 구하는 법은 순열의 경우와 비교하면 쉽게 알 수 있다.

$_nP_r$ = (n개에서 r개를 한 줄로 세우는 경우의 수)

= (n개에서 r개를 골라 r개를 한 줄로 세우는 경우의 수)

= (n개에서 r개를 고르는 경우의 수)×(r개를 한 줄로 세우는 경우의 수)

= $_nC_r \times r!$

이처럼 수학적인 상황을 말로 이해하면 개념을 파악할 때 큰 도움이 된다. 위 관계식으로부터 식 (32)가 됨을 알 수 있다.

$$_nC_r = \frac{_nP_r}{r!} = \frac{n!}{(n-r)!\, r!} = {_nC_{n-r}} \tag{32}$$

로또 복권은 45개의 번호 중에서 6개를 골라 맞추는 식으로 진행된다. 45개 중에서 6개를 고르는 경우의 수는 $_{45}C_6$으로서, 실제 계산해보면 816만 정도로 나온다. 그래서 로또 1등 당첨 확률은 약 816만 분의 1이다. 이처럼 순열과 조합은 일상생활에서도 유용하게 쓰인다.

3월의 강의는 그렇게 비교적 여유 있게 끝났다. 1월 첫 강의 때 상당히 많은 양을 강의한 덕분이었다. 이제 다음 달 강의를 하고 나면 고등학교 과정이 끝난다. 4회 만에 고등학교 수학과정을 끝낸다는 게 어찌 보면 말이 안 되기도 하지만, 우리는 더 큰 목표를 향해 꼭 필요한 징검다리만 디디고 나갔다.

제14장

벡터

4월 11일에 있었던 4회차 강의는 고등학교 수학 과정을 끝내는 시간이었다. 그동안 비교적 빠른 속도로 진도를 빼왔기 때문에 4월 강의는 한층 여유로웠다. 3시부터 시작된 1교시에서는 지난 시간에 배웠던 미적분 관련 주요 사항들을 요약하는 것으로 시작했다. 도함수의 정의와 미분법의 기초, 다항함수의 미분법, 삼각함수 및 지수·로그함수의 미분법과 합성함수의 미분법을 정리했다. 적분은 곡선과 축으로 둘러싸인 넓이를 구하는 것에서부터 시작했다. 이로부터 넓이는 미분하여 피적분함수가 나오는 부정적분을 구하는 문제로 환원됨을 정리했고, 미분과의 관계 속에서 간단한 적분이 어떻게 계산되는지를 보였다.

그리고 남은 시간에는 내내 벡터vector를 강의했다. 벡터는 일반상대성이론뿐만 아니라 물리학에서 가장 중요한 기초 개념이라서 따로 강의하지 않을 수가 없었다.

벡터의 기본

벡터는 크기와 방향을 가지고 있는 양이다. 위치와 속도는 대표적인 벡터량이다. 누가 어디에 있다고 말하려면 우리는 일단 어떤 기준을 정한 다음, 그 기준으로부터 어느 방향으로 얼마만큼의 거리에 있다고 말한다. 속도도 마찬가지이다. 물리에서 속도velocity, 가속도acceleration 등 '도'가 붙은 양들은 벡터이다. 반면에 온도나 무게 등을 말할 때는 방향이 필요 없다. 이처럼 크기만 있고 방향이 없는 양을 스칼라$_{scalar}$양이라고 부른다. 벡터인 속도의 크기를 속력$_{speed}$이라고 한다. 따라서 속력은 스칼라이다.

벡터는 크기와 방향 등 두 가지 양을 가지고 있으므로 벡터를 수학적으로 표현할 때는 크기와 방향을 모두 포함해야 한다. 가장 편리한 방법은 벡터를 화살표로 표시하는 것이다. 화살표의 길이는 벡터의 크기를 나타내고, 화살표의 방향은 자연스럽게 벡터의 방향을 나타낸다.

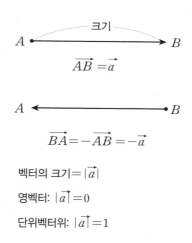

벡터의 크기$=|\vec{a}|$

영벡터: $|\vec{a}|=0$

단위벡터위: $|\vec{a}|=1$

위 그림에서처럼 화살표의 시작점(A)과 끝점(B)을 붙여 쓰고 그 위에 화살표를 그으면 벡터를 나타내는 수학기호가 된다. 때로는 하나의 문자(a)만 가지고 표현하기도 한다($\vec{a}$). 벡터의 크기는 절댓값 기호 '| |'로 표현한다. 이는 보통의 숫자의 절댓값이 그 크

기만 표현하는 것과 같다. 크기가 0인 벡터는 '영벡터', 크기가 1인 벡터는 '단위벡터'라고 부른다. 그리고 어떤 벡터에 음수가 붙으면 그 벡터는 원래 벡터와 크기가 같고 방향만 반대인 벡터가 된다. 즉 $-\overrightarrow{AB}=\overrightarrow{BA}$이다.

벡터는 크기와 방향으로 정해지는 양이기 때문에 크기와 방향만 같다면 어느 벡터든 모두 똑같다. 따라서 어떤 벡터가 주어졌을 때 그 벡터를 어떻게 평행이동을 하더라도 변화가 없다. 또한 평행이동을 통해 겹쳐질 수 있는 두 벡터는 같은 벡터이다. 그렇다면 공간 속의 한 점(원점)을 정해서 이 세상 모든 벡터의 시작점을 그 점과 일치하도록 평행이동을 시킬 수도 있다. 이렇게 되면 모든 벡터는 끝점으로 구분이 가능해진다.

이처럼 하나의 고정된 원점으로 시작점을 평행이동 시킨 벡터를 위치벡터라고 부른다. 위치벡터는 그 끝점만 정해지면 모든 벡터가 정해진다. 따라서 공간 위의 점 하나에 벡터 하나가 대응된다고 할 수 있다. 여기서 '공간'은 2차원 평면일 수도 있고 3차원 공간일 수도 있다. 그런데 공간 속의 점 하나는 원점을 기준으로 하는 좌푯값으로 주어진다. 따라서 식 (1)과 같은 관계가 성립한다.

(벡터)＝(위치벡터)＝(공간 속의 점)＝(좌표)　　　　　　(1)

이 관계는 매우 단순하고도 당연하지만 벡터의 모든 것을 담고

있다. 화살표의 크기와 방향으로 표현되던 벡터가 '좌표'로 정해진
다. 좌표는 숫자이다. 그러니까 벡터라는 양을 대수적으로 완벽하게
표현할 수 있다는 뜻이다.

편의상 2차원 평면에서만 논의해보자.

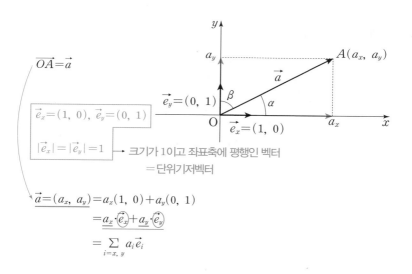

2차원 평면벡터는 모두 2차원 위치벡터로 평행이동이 가능하며
2차원 위의 점과 일대일로 대응된다. 한편 2차원 위의 점은 2개의
좌표로 표현 가능하다. 따라서 식 (2)와 같이 쓸 수 있다.

$$\vec{a} = (a_x, a_y) \tag{2}$$

여기서 좌표 (a_x, a_y)는 위치벡터 $\vec{a}$의 끝점의 좌표이다. 이처럼 벡터와 좌표가 완벽하게 대응된다. 이때 a_x와 a_y를 각각 벡터 $\vec{a}$의 x성분, y성분이라고 한다.

벡터의 크기 $|\vec{a}|$는 성분을 써서 쉽게 얻을 수 있다. $|\vec{a}|$는 결국 원점 O와 점 $A(a_x, a_y)$ 사이의 길이이므로 피타고라스의 정리에 의해 식 (3)과 같이 나타낼 수 있다.

$$|\vec{a}| = \sqrt{a_x^2 + a_y^2} \tag{3}$$

식 (2)는 다른 방식으로 좀 더 아름답게 쓸 수 있다. 2차원 평면을 구성하는 x축과 y축에 각각 평행하고 그 크기가 1인 단위벡터를 생각해보자. 각각을 $\vec{e_x}, \vec{e_y}$라고 하면 식 (4)가 성립함을 알 수 있다.

$$\vec{e_x} = (1, \ 0), \vec{e_y} = (0, \ 1) \tag{4}$$

이 두 벡터를 단위기저벡터 unit basis vector 혹은 단순히 기저벡터라고 부른다. 기저벡터를 이용하면 식 (2)는 앞의 그림의 마지막 단계처럼 표현할 수 있다. 3차원 벡터는 2차원 벡터에 비해 성분이 하나 늘어난 것을 제외하고는 아무런 차이가 없다. 즉 2차원 벡터는 x성분과 y성분만 가지고 있지만 3차원 벡터는 z성분을 더 가지고 있다.

두 벡터를 더하거나 뺄 때는 성분별로 더하거나 빼면 된다. 이렇게 성분을 이용해서 대수적으로 벡터의 덧셈을 하는 것은 기하학적으로 다음과 같이 벡터를 더하는 것과 똑같다.

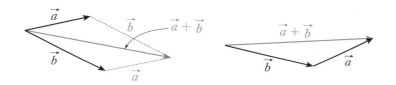

벡터에 대해서도 미분과 적분을 적용할 수 있다. 벡터에 대한 미분과 적분을 보통 벡터 미적분학vector calculus이라고 한다. 이공계열 학생이 대학교에 들어가면 처음으로 배우는 수학 과정이 바로 벡터 미적분학이다. 수학아카데미도 4월에 고등학교 과정이 끝나고 나면, 5월과 6월 두 번의 강의를 통해 대학수학 과정을 가르칠 예정이었다.

이날 수업에서는 간단하게 벡터를 어떻게 미분하는지를 보여주었다. 가장 대표적인 예가 위치벡터를 시간으로 미분하여 속도벡터를 얻는 과정이다. 어떤 위치벡터 $\vec{X} = (x, y)$에 대해서 $\vec{X}$의 시간에 대한 변화율(즉 시간에 대한 미분)은 식 (5)와 같이 정의된다.

$$\frac{d}{dt}\vec{X} = \left(\frac{dx}{dt}, \frac{dy}{dt} \right) \tag{5}$$

즉 각 성분을 시간으로 미분해서 그것을 새로운 성분으로 가지는 벡터를 구성하면 된다. 이렇게 정의된 새로운 벡터는 당연히 속도벡터라고 부를 수 있다.

$$\frac{d}{dt}\vec{X}=\left(\frac{dx}{dt},\ \frac{dy}{dt}\right)=\vec{v}=(v_x,\ v_y) \tag{6}$$

속도벡터의 크기는 앞서 말한 대로 속력이다. 따라서 속력을 속도벡터의 성분으로 표현하면 식 (7)과 같다.

$$|\vec{v}|=\sqrt{v_x^2+v_y^2} \tag{7}$$

위치벡터와 속도벡터의 관계는 속도벡터와 가속도벡터($\vec{a}$)의 관계와 같다. 위치벡터를 시간으로 미분하면 속도벡터가 나오듯이, 속도벡터를 시간으로 미분하면 가속도벡터가 나온다. 따라서 가속도벡터는 위치벡터의 시간에 대한 이계미분이다. 이 모든 것을 그림으로 정리하면 다음과 같다.

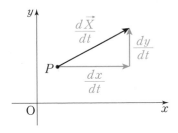

$$\vec{X} = (x, \, y)$$

$$\vec{v} = \frac{d}{dt}\vec{X} = \left(\frac{dx}{dt}, \, \frac{dy}{dt} \right)$$

$$= (v_x, \, v_y)$$

$$|\vec{v}| = \sqrt{v_x^2 + v_y^2} = \sqrt{\left(\frac{dx}{dt} \right)^2 + \left(\frac{dy}{dt} \right)^2} = (속력)$$

$$\vec{a} = (속도의\ 시간에\ 대한\ 변화) = \frac{d}{dt}\vec{v} = \left(\frac{dv_x}{dt}, \, \frac{dv_y}{dt} \right)$$

$$\Rightarrow \vec{a} = \frac{d^2}{dt^2}\vec{X} = \left(\frac{d^2x}{dt^2}, \, \frac{d^2y}{dt^2} \right) = (a_x, \, a_y)$$

고등학교 과정의 마지막 시간인 만큼 다루는 내용들이 그리 호락호락하지 않았다. 포근한 4월의 봄날 오후이기도 하니 앉아서 수업을 듣는 입장에서는 쏟아지는 졸음을 참기가 무척 힘들었을 것이다. 어디 꽃구경이라도 가거나 창 넓은 카페에서 커피라도 홀짝이거나, 아니면 카페의 소파에 몸을 묻고 잠시 단잠을 청했으면 딱 좋을 그런 날이었다.

벡터에 대한 강의를 끝내고 1교시를 마쳤다. 벡터는 비교적 직관적으로 이해하기 쉬워서인지 미적분을 할 때보다는 수강생들의 표정이 한결 밝아 보였다.

미적분 심화 과정

2교시에는 미적분 심화 과정을 다루었다. 우선은 지난달까지 배운 미분과 적분의 기본 내용들을 간략하게 복습했다. 새롭게 배울 내용의 핵심은 치환적분과 부분적분이었다. 치환적분은 상황에 따라 적분변수를 적절하게 바꾸어서 적분하는 방법이다. 식 (8)과 같은 적분을 생각해보자.

$$\int xe^{x^2}\,dx \tag{8}$$

이런 모양의 적분에서 눈여겨볼 부분은 e의 지수로 들어가 있는 x^2을 미분했을 때 피적분함수를 구성하는 또 다른 함수인 x가 (상수 배만큼 차이는 있지만) 튀어나온다는 점이다. 즉 $\frac{d}{dx}x^2 = 2x$이므로 좌변 '분모'의 dx를 우변으로 넘겨서 $dx^2 = 2x\,dx$라고 쓸 수 있다. 만약 우리가 $x^2 = t$로 적분변수를 바꾼다면 $dt = dx^2 = 2x\,dx$의 관계가 성립하므로, 식 (8)의 일부분인 xdx는 $xdx = \frac{1}{2}dt$라고 쓸 수 있다. 따라서 위의 적분은 식 (9)와 같이 쉽게 계산된다.

$$\int xe^{x^2}\,dx = \int e^t\left(\frac{1}{2}dt\right) = \frac{1}{2}\int e^t dt = \frac{1}{2}e^t + C = \frac{1}{2}e^{x^2} + C \tag{9}$$

일반적으로 적분의 모양은 식 (10)과 같다.

$$\int f(g(x))g'(x)dx \tag{10}$$

식 (10)의 모양인 적분은 $g(x)=t$로 치환했을 때 $dt=g'(x)$ dx이므로 식 (11)과 같이 고쳐서 계산할 수 있다.

$$\int f(g(x))g'(x)dx=\int f(t)dt \tag{11}$$

부분적분integration by parts은 말 그대로 적분을 부분적으로 나누어 계산하는 방법이다. 부분적분은 고등학교 수학에서 가장 까다로운 과정이라고 할 수 있다. 부분적분은 곱의 미분법을 적분에 적용한 계산방법이다. 곱의 미분법은 식 (12)와 같다.

$$(fg)'=f'g+fg' \tag{12}$$

이 식의 양변을 적분해서 다시 쓰면 식 (13)과 같이 된다.

$$\int f'(x)g(x)dx=f(x)g(x)-\int f(x)g'(x)dx \tag{13}$$

이 적분법의 핵심은 좌변의 피적분함수인 $(f'g)$가 그대로 적분하기 어려운 모양이지만 우변의 (fg')이 적분하기 쉬운 경우라는 것이다. 부분적분법을 적용하는 가장 대표적인 경우는 로그함수의 적분이다. $\int \log x\, dx$는 이 자체로 적분이 안 된다. 여기서 $\log x=1\times \log x$라고 보고 $f(x)=1$, $g(x)=\log x$라고 하면 부분적분법을 그대로 적용할 수 있다.

$$\int \log x \, dx = \int 1 \cdot \log x \, dx$$

적분   그대로

$$= x \cdot \log x - \int x \cdot \frac{1}{x} \, dx$$

그대로   미분

$$= x \log x - x + C$$

이 결과가 정말로 올바른 적분 결과인지를 확인하려면 적분의 결과를 미분해보면 된다.

$$(x \log x - x)' = x' \log x + x \cdot \frac{1}{x} - 1$$
$$= \log x$$

부분적분의 결과를 미분하여 원래 피적분함수였던 로그함수가 나왔으므로 우리의 계산 결과는 신뢰할 만하다. 부분적분을 이용하면 $\int x \cdot \sin x \, dx$와 같은 적분도 쉽게 계산할 수 있다.

부분적분까지 했으면 고등학교 미적분의 핵심은 다 배웠다고 할 수 있다. 나는 분수형태의 함수를 적분하는 방법을 간단하게 소개한 뒤 2교시 강의를 마쳤다. 시간은 7시. 저녁을 먹으러 갈 시간이었다. 언제나처럼 혜화동 일석기념관 근처의 청국장 집에서 수강생들과 다 함께 저녁을 먹었다.

저녁식사 뒤 마지막 한 시간은 부분적분과 치환적분이 정적분에서 어떻게 적용되는지를 설명했다. 정적분은 부정적분 계산에서 상한과 하한을 적절하게 정해주면 되므로 기술적으로 큰 문제는 없다. 대개는 편의상 계산 과정을 따라가면서 정적분의 상한과 하한을 그때그때 바꿔주지만, 최종적으로 부정적분을 구한 다음 상한과 하한을 넣고 정적분 계산을 해도 무방하다.

치환적분: $\int_a^b f(g(t)) \cdot g'(t)dt = \int_{g(a)}^{g(b)} f(x)dx$

$$\begin{array}{l} x = g(t) \\ \Rightarrow dx = g'(t)dt \end{array}$$

$t = b$일 때 $x = g(b)$

$t = a$일 때 $x = g(a)$

부분적분: $\int_a^b f'(x)g(x)dx$
$$= [f(x) \cdot g(x)]_a^b - \int_a^b f(x) \cdot g'(x)dx$$

강의의 마지막은 적분을 이용하여 곡선의 길이를 구하는 방법에 할애했다. 함수 $y = f(x)$가 있을 때, 이 함수의 특정 구간에서의 곡선의 길이는 어떻게 구할까? 그 방법은 애초에 곡선과 축으로 둘러싸인 넓이를 구하던 적분의 기본정신으로 돌아가면 된다. 즉 곡선의 길이 요소를 매우 잘게 무한히 쪼개서 그것을 다 더하면 된다.

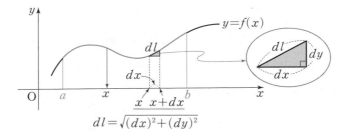

$$dl = \sqrt{(dx)^2 + (dy)^2}$$

그림에서 보듯이 곡선 $y=f(x)$의 미세한 길이 요소는 dl로서 피타고라스의 정리에 의해 $dl = \sqrt{dx^2 + dy^2}$임을 쉽게 알 수 있다. 다시 말하자면, x가 $x+dx$만큼 변할 때 y는 $y+dy$만큼 변하고, 그 변화에 해당하는 곡선의 길이는 dl이 된다. 이제 우리는 이 길이 요소를 연속적으로 더하면 된다. 즉 적분을 하면 된다.

$$l = \int_a^b dl = \int_a^b \sqrt{dx^2 + dy^2}$$

$(dx)^2$을 마치 숫자처럼 근호 밖으로 끄집어낸다.

$$= \int_a^b \sqrt{1 + \left(\frac{dy}{dx}\right)^2}\, dx = \int_a^b \sqrt{1 + [f'(x)]^2}\, dx \quad (14)$$

그러니까 함수의 도함수만 알면 원하는 구간에서의 곡선의 길이를 쉽게 구할 수 있다. 위의 공식을 기억하고 있는 것은 물론 도움이 되겠지만, 적분의 기본 원리를 바탕으로 곡선의 길이를 구하는 방법을 알고 있으면 굳이 복잡한 공식을 외울 필요가 없다. 게다가 원리를 잘 알고 있으면 공식이 훨씬 더 쉽게 외워진다. 강의를 마무리하면서 나는 벡터가 왜 중요한지 그것이 나중에 상대성이론에서 어떻게 쓰이고, 어떻게 텐서라는 양으로 발전하는지 간략하게 소개했다.

맥주 한잔

밤 9시, 수업이 끝났다.

피곤함이 밀려왔지만, 이 피곤기가 싫지 않았다. 이로써 고등학교 수학 과정이 마무리되었다. 교재 두 권을 벌써 다 뗀 셈이다. 앞으로 5월, 6월 두 달 동안에는 대학수학 과정을 다룬다.

강의가 끝난 뒤 시간이 되는 사람들끼리 강의실에서 간단한 맥주타임을 가졌다. 늦은 시간이었지만 10여 명이 함께 남았다. 총무인 K와 두어 명이 함께 캔맥주와 간단한 안주거리를 사왔다. 사실 강의실은 다른 분들도 함께 쓰는 공간이라 거기서 음식을 먹으면 안 되었다. 우리는 강의실을 관리하시는 분에게 특별히 양해를 구해 한 시간 정도 가볍게 목을 축이는 정도로 조촐한 뒤풀이 자리를 마련했다.

오후 내내 떠들었던 목에 시원한 맥주가 들어가자 목이 뻥 뚫리는 기분이었다. 우리는 책상을 원래 위치로 돌려놓고서 둥그렇게 둘러앉아 맥주 한잔을 걸쳤다. 조촐하나마 공식적으로 뒤풀이를 한 것은 그날이 처음이었다. 책도 두 권이나 끝냈고 특히 고등학교 수학 과정을 마쳤으니 맥주 한잔할 만한 평계는 충분했다. 우리는 돌아가면서 수학 공부에 몸을 내던진 소감을 이야기했다. 의욕이 앞섰으나 막상 따라가려니 생각만큼 쉽지 않다는 게 대체적인 반응이었다. 하지만 비슷한 생각을 하는 사람들과 늦게나마 이렇게 다시 공부할 수 있는 기회를 무척이나 소중하게 여겼다. 멀리 거제도에서 온 분도 있었고, 전역한 지 얼마 안 된 대학생도 있었고 한의사도 있었고, DVD 제작을 위해 대전에서 장비를 들고 와서 촬영하느라 늘 고생하는 J도 있었다. 미적분이 끝났음에도 여전히 세상이 달라 보이지 않는다고 하는 분도 있었다.

봄날 밤의 맥주타임은 그렇게 한 시간 정도 진행되었다. 앞으로는 오늘 같은 뒤풀이 시간도 되도록 많이 가지자는 이야기도 나왔다. 고등학교 과정을 무사히 마쳤으니까 수학아카데미도 탄력을 받은 셈이다. 지금 진행하는 수업은 6개월 단위로 수강신청을 받은 것이라서 5월과 6월이 지나면 말 그대로 1학기가 끝난다. 2학기에도 사람들이 수강신청을 많이 할까? 그러나 아직 6월조차 멀게만 느껴졌다.

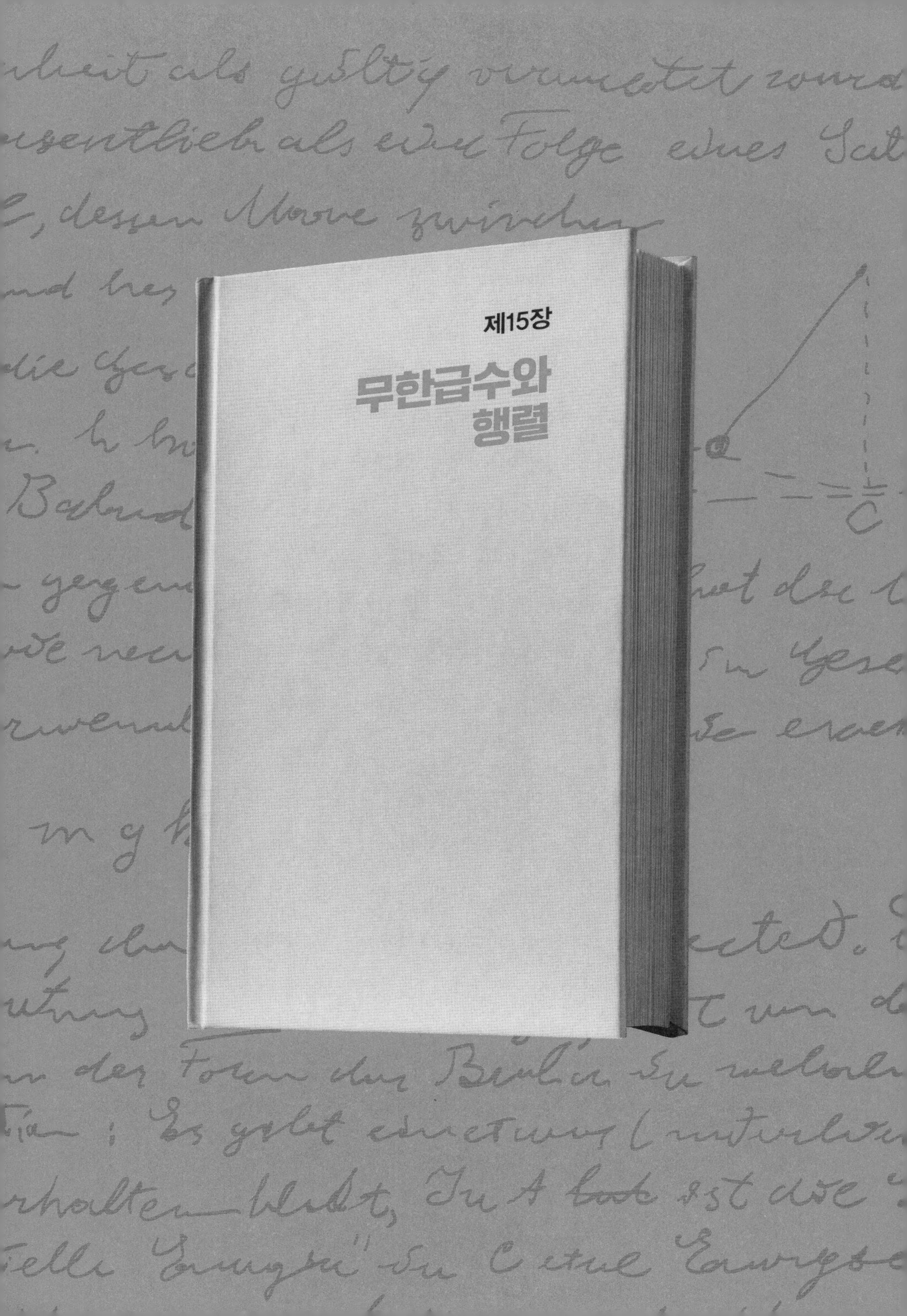

제15장

무한급수와 행렬

지난 4월 강의까지 고등학교 과정을 끝냈고 5월과 6월에 대학 과정, 좀 더 정확하게 말하자면 수리물리학을 강의할 계획이었다. 교재는 메리 보아스가 쓴《수리물리학》으로 이미 정했다. 이 책은 대학교에서 수리물리학 교재로 널리 쓰이고, 비교적 쉬운 편에 속한다.

수리물리학의 교재로는 조지 브라운 아프켄이 쓴《수리물리학》이 널리 알려져 있다. 예전에는 주로 학부과정에서 아프켄을 가르쳤으나 언제부터인가 아프켄이 너무 어렵다는 이유로 보아스나 그와 비슷한 수준의 매튜가 널리 애용되고 있다. 대학교마다 차이는 있겠지만 대체로 아프켄은 대학원 과정으로 밀려났다. '요즘 대학생들의 실력이 너무 떨어진다'는 이야기는 오래전부터 심심찮게 흘러나왔다. 시간의 흐름에 따라 수리물리학 교재가 점점 쉬운 쪽으로 바뀌는 것도 그 정도를 정량적으로 가늠해볼 수 있는 하나의 척도가 아닐까 싶다.

고등학교 수학이야 한마디로 미적분의 기본을 알면 되는 것이지만, 대학에서 배우는 수리물리학은 훨씬 더 복잡하고 방대하다. 그리고 저자에 따라서 다루는 내용의 폭과 깊이가 제각각이다. 보아스는 제1장에서 무한급수를 다룬다. 배우는 입장에서 무난하게 시작할 만한 단원이라고 할 수 있다. 나도 5월 강의를 무한급수부터 시작했다.

무한급수

'급수級數'는 수열의 합을 뜻한다. 수열이란 숫자를 일렬로 늘어 놓은 것에 불과하다. 그렇게 늘어놓은 개별 숫자를 수열의 항이라 고 부른다. 수열의 항들의 합은 수열의 합, 즉 '급수'라고 부른다. 무 한급수란 수열의 항을 무한히 더해나간 것이다.

그중에서 가장 기본적인 무한급수가 무한등비급수이다. 무한등 비급수란 등비수열의 항을 무한히 더한 합이다. 등비수열이란 수열 의 초항에 일정한 숫자(공비)를 계속 곱해서 만든 수열, 즉 이웃한 항들 사이의 비율이 일정한(등비) 수열이다. 이처럼 수학에서는 기 본 개념의 정의만 제대로 알아도 많은 정보를 얻을 수 있다. 수학이 든 물리든 정의를 잘 아는 게 무척 중요하다.

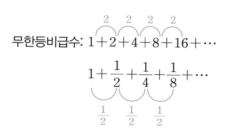

무한등비급수: $1 + 2 + 4 + 8 + 16 + \cdots$

$$1 + \frac{1}{2} + \frac{1}{4} + \frac{1}{8} + \cdots$$

등비수열: $ar^0,\ ar^1,\ ar^2,\ ar^3,\ \cdots,\ ar^{n-1},\ \cdots$

r: 공비

무한등비급수는 공비의 값에 따라 그 결과가 유한한 값으로 수렴하는 경우와 그렇지 않은 경우로 나뉜다. 제13회에서도 소개했듯이 만약 공비의 절댓값이 1보다 크거나 같으면 그 무한등비급수는 발산한다. 상식적으로 생각해보면 이는 당연하다. 공비가 1보다 크면 계속해서 더 큰 숫자를 더해나가는 셈이므로 그 결과는 무한대가 될 것이다. 설령 공비가 1이라고 하더라도(이 경우의 등비수열은 같은 숫자만 계속되는 수열이다) 같은 숫자를 무한히 더해가므로 결과는 역시 발산한다. 무한등비급수가 수렴하려면 공비의 절댓값이 1보다 작아야 한다. 이때 그 결과는 식 (1)과 같다.

$$S = \frac{a}{1-r} \tag{1}$$

여기서 a는 수열의 초항이고 r은 공비이다. 이 결과는 매우 중요하며 수학과 물리학에 걸쳐 두루두루 무척이나 많이 등장한다. 3월 강의 때도 소개했듯이 식 (2)와 같이 됨을 쉽게 알 수 있다(초항 $a=1$이고 공비 $r=\frac{1}{2}$인 경우이다).

$$1 + \frac{1}{2} + \frac{1}{4} + \frac{1}{8} + \cdots = \frac{1}{1-\frac{1}{2}} = 2 \tag{2}$$

사실 무한등비급수는 고등학교 수학에서 다루는 내용이다. 나는 고등학교 과정에서 미적분에 집중하느라 수열 부분을 거의 제외하고, 무한등비급수만 간단하게 다루었었다. 대학에서 새로 배우는 무한급수 중에서 가장 중요한 것을 꼽으라면 단연 테일러급수이다. 테일러급수란 임의의 함수 $f(x)$를 다항함수의 무한한 합으로 표현하는 방법이다. 일반적으로 식 (3)으로 전개한 것을 테일러 전개Taylor expansion라고 한다.

$$f(x) = a_0 + a_1(x - x_0) + a_2(x - x_0)^2 + \cdots + a_n(x - x_0)^n + \cdots$$
$$= \sum_{n=0}^{\infty} a_n(x - x_0)^n \tag{3}$$

특별히 $x_0 = 0$인 경우를 매클로린 전개Maclaurin expansion라고 부른다. 식 (3)은 우변의 계수인 a_n을 모든 n에 대해서 안다면 좌변의 $f(x)$가 완벽하게 다항함수로 전개된다는 것을 보여준다. 우선 식 (3)에서 a_0을 구하는 건 무척 쉽다. 식 (3)의 양변에 $x = x_0$을 대입하면 우변에서 a_0을 제외한 모든 항이 사라진다. 즉 $a_0 = f(x_0)$이다.

a_1은 어떻게 구할까? 비법은 미분이다. 식 (3)의 양변을 한 번 미분하면 상수항인 a_0은 사라진다. 그리고 x의 일차항은 미분하면 상수가 되므로 이제 a_1이 미분한 식의 상수항으로 남게 된다. 이 상태에서 $x = x_0$를 대입하면 $a_1 = f'(x_0)$임을 알 수 있다. 이런 식으로 계속해나가면 일반적으로 n번째 계수 a_n은 식 (4)와 같음을 쉽게 알 수 있다.

$$a_n = \frac{f^{(n)}(x_0)}{n!} \qquad (4)$$

여기서 $f^{(n)}(x_0)$은 $f(x)$를 n번 미분한 뒤 $x = x_0$를 대입한 값이다. 식 (4)의 분모에 $n!$이 나오는 이유는 식 (3)의 양변을 n번 미분했을 때 x의 n차식에서 $n!$이 나오기 때문이다. 식 (4)를 보면 식 (3)이 성립하려면 함수 $f(x)$가 $x = x_0$에서 임의의 횟수만큼 미분이 가능해야 함을 알 수 있다.

식 (3)과 식 (4)는 쓰임새가 참으로 많다. 예를 들어 $f(x) = e^x$인 경우, $f^{(n)}(x)$는 항상 e^x이므로 $x_0 = 0$일 때 식 (5)가 됨을 알 수 있다.

$$e^x = 1 + x + \frac{x^2}{2!} + \frac{x^3}{3!} + \cdots = \sum_{n=0}^{\infty} \frac{x^n}{n!} \qquad (5)$$

이때 x가 아주 작은 값이면 x의 높은 차수들은 큰 의미가 없으므로 $e^x \approx 1 + x$, 즉 $\frac{e^x - 1}{x} \approx 1$임을 알 수 있다. x가 0으로 가는 극한을 생각한다면 이 근사는 정확한 관계식이 될 것이다. 따라서 우리가 고등학교 과정을 배울 때 봤던 지수함수의 극한값을 얻는다.

$$\lim_{x \to 0} \frac{e^x - 1}{x} = 1 \qquad (6)$$

삼각함수의 테일러 전개도 무척 유용하다. 식 (3)과 식 (4)에 의해($x_0=0$) 식 (7)과 식 (8)이 됨을 알 수 있다.

$$\sin x = x - \frac{x^3}{3!} + \frac{x^5}{5!} - \cdots \tag{7}$$

$$\cos x = 1 - \frac{x^2}{2!} + \frac{x^4}{4!} - \cdots \tag{8}$$

사인함수는 x의 홀수 차수만 부호가 교대로 나오고 코사인함수는 짝수 차수만 나온다. 이 같은 결과는 사인함수가 x의 기함수($f(-x)=-f(x)$인 함수), 코사인함수가 x의 우함수($f(-x)=f(x)$인 함수)인 사실과 일치한다. 또한 식 (7)로부터 x가 아주 작은 값일 때 $\sin x \approx x$가 훌륭한 근삿값임을 쉽게 알 수 있다. 이로부터 식 (6)과 마찬가지로 고등학교 과정에서 배웠던 (정확하게 말하자면, 옳으니까 그냥 믿으라고 강요했던) 삼각함수에 대한 극한값 관계식을 얻는다.

$$\lim_{x \to 0} \frac{\sin x}{x} = 1 \tag{9}$$

식 (7)에 따르면 $\sin x - x$의 값이 x의 3차식부터 시작됨을 알 수 있다. 반면 식 (5)에 따르면 $e^x - (1+x)$는 x의 2차식부터 시작된다. x가 충분히 작은 값이면 x의 2차식보다 3차식 값이 더 작다. 따라서 $\sin x \approx x$가 $\dfrac{e^x - 1}{x} \approx 1$보다 더 좋은 근사임을 알 수 있다.

실제 고등학교 과정에서 식 (6)과 식 (9)를 설명하기 위해 그렸던 그래프를 보면 이 사실을 시각적으로 확인할 수 있다. 곧이어 복소수를 배우면 식 (5), 식 (7), 식 (8)이 하나의 관계식으로 연결됨을 보게 될 것이다.

식 (3)의 테일러 전개는 임의의 함수를 다항함수로 전개한 경우이다. 즉 어떤 한 점 x_0에서 그 함수를 임의의 횟수로 미분한 값만 안다면 그 점 외의 다른 모든 점에서 함수 $f(x)$가 어떻게 움직일 것인지를 전부 알 수 있다. 특히 $x=x_0$ 근처에서는 $(x-x_0)$의 값이 매우 작으므로 전개식의 처음 몇 항만 취하더라도 $f(x_0)$에 대해 훌륭한 근삿값을 얻을 수 있다. 물론 식 (3)의 좌우변이 같으려면 우선 우변의 무한급수가 수렴해야만 한다. 특수한 경우에는 테일러급수가 수렴하더라도 원래 함수와 일치하지 않을 수도 있다.

함수 $f(x)$를 전개하는 데는 다항식으로 전개하는 방법만 있는 것은 아니다. 다항함수 대신 삼각함수를 써서 $f(x)$를 전개할 수도 있다. 이런 전개를 푸리에 전개Fourier expansion라고 한다. 푸리에 전개는 다시 다룰 기회가 있을 때 자세히 설명하기로 한다.

복소수

다음으로 강의한 내용은 복소수complex number였다. 복소수는 허수단위인 i를 포함하는 수이다. i는 제곱해서 -1이 되는 가상의 숫자이다. 즉 식 (10)과 같이 제곱해서 음수가 되는 실수는 없다.

$$i = \sqrt{-1}, \quad i^2 = -1 \tag{10}$$

따라서 i는 실수로 표현할 수 없다.

일반적인 복소수의 형태는 $z = a + ib$의 모양이다. 여기서 a는 z의 실수부real part, b는 z의 허수부imaginary part라고 하며 각각 식 (11)처럼 표현한다.

$$a = Re(z), \quad b = Im(z) \tag{11}$$

두 복소수를 더하거나 뺄 때는 실수부와 허수부를 각각 따로 계산하면 된다. 곱하기나 나누기를 할 때는 일반적인 문자의 계산과 똑같이 하되, i의 제곱은 -1로 바꿔주면 된다.

복소수 $z = a + ib$가 주어졌을 때 z의 켤레복소수conjugate complex number를 다음과 같이 정의한다.

$$z^* = a - ib \tag{12}$$

켤레복소수가 중요한 이유는 원래 복소수와 켤레복소수의 곱이 양의 실수가 되기 때문이다.

$$zz^* = (a + ib)(a - ib) = a^2 - (ib)^2 = a^2 + b^2 \tag{13}$$

식 (13)의 곱을 흔히 '복소제곱'이라고 말한다. 교양과학책을 읽다 보면 양자역학과 관련된 내용이 나올 때마다 '파동함수의 복소제곱'이라는 표현을 흔히 마주친다. 그때의 복소제곱이 바로 식 (13)이다. 파동함수wavefunction의 복소제곱은 양자역학에서 확률의 의미를 갖는다. 양자역학의 그 모든 기괴한 현상이 바로 여기서 비롯된다. 보통의 독자들은 복소제곱이 무슨 뜻인지 몰라서 이 중요한 포인트를 제대로 음미하지 못하곤 한다.

복소수는 가우스 평면이라고 불리는 좌표평면에서 표현하면 편리하다. 복소수는 허수단위 i를 도입하여 2개의 실수(a와 b)를 하나의 숫자(z)로 표현한 수이다. 즉 하나의 복소수는 2개의 실수에 대한 정보를 담고 있다. 따라서 좌표평면 위의 점 (a, b)는 하나의 복소수 $z = a + ib$에 대응된다고 볼 수 있다.

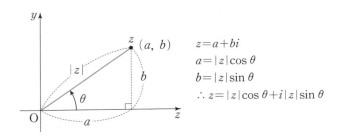

$$z = a + bi$$
$$a = |z| \cos \theta$$
$$b = |z| \sin \theta$$
$$\therefore z = |z| \cos \theta + i |z| \sin \theta$$

위 그림처럼 허수부를 y축, 실수부를 x축으로 표현하면 복소수 $z = a + ib$는 일반적으로 가우스 평면 위의 점 (a, b)와 일대일로

대응된다. 복소수의 절댓값을 붙인 $|z|$는 가우스 평면의 원점과 점 (a, b) 사이의 거리를 나타낸다. 이는 벡터의 크기를 절댓값을 붙여서 표현한 것과 똑같다. 사실 벡터나 복소수나 공간상의 한 점과 완벽하게 대응되므로 수학적으로는 모두가 똑같다고 볼 수 있다.

복소수의 크기는 피타고라스 정리를 이용하면 식 (14)와 같음을 쉽게 알 수 있다.

$$|z| = \sqrt{a^2 + b^2} = \sqrt{zz^*} \tag{14}$$

뒤집어서 말하자면 복소제곱이란 그 복소수를 가우스 평면에 표현했을 때 원점에서 그 점까지의 거리의 제곱이다.

그리고 앞의 그림처럼 가우스 평면에서 z와 x축이 이루는 각을 θ라고 하면 복소수 z를 그 크기와 각도로 표현할 수 있다.

$$z = |z|(\cos\theta + i\sin\theta) \tag{15}$$

식 (15)와 같은 표현식을 복소수의 극형식polar form이라고 부른다. 극형식은 복소수를 다룰 때에 매우 유용하다. 그 쓰임새를 보기 전에 먼저 지수함수와 삼각함수 사이의 놀라운 관계부터 살펴보자.

e^x의 테일러 전개식 (5)에서 x의 자리에 $i\theta$를 대입하면 다음과 같이 전개된다.

$$e^{i\theta} = \sum_{n=0}^{\infty} \frac{1}{n!}(i\theta)^n = 1 + i\theta + \frac{(i\theta)^2}{2!} + \frac{(i\theta)^3}{3!} + \frac{(i\theta)^4}{4!}$$

$$+ \frac{(i\theta)^5}{5!} + \frac{(i\theta)^6}{6!} + \frac{(i\theta)^7}{7!} + \cdots$$

$$= 1 - \frac{\theta^2}{2!} + \frac{\theta^4}{4!} - \frac{\theta^6}{6!} + \cdots$$

$$+ i\left(\theta - \frac{\theta^3}{3!} + \frac{\theta^5}{5!} - \frac{\theta^7}{7!}\right) + \cdots$$

여기서 실수부는 코사인함수의 테일러 전개식 (8), 허수부는 사인함수의 테일러 전개식 (7)과 같음을 알 수 있다. 따라서 식 (16)과 같은 놀라운 결과를 얻는다.

$$e^{i\theta} = \cos\theta + i\sin\theta \tag{16}$$

특별히 $\theta = \pi$인 경우 식 (17)과 같은 관계식을 얻는다.

$$e^{i\pi} + 1 = 0 \tag{17}$$

이 식이 대단히 유명한 오일러 등식으로, 수학자들이 손꼽는 세상에서 가장 아름다운 수식 가운데 하나이다. 식 (16)을 이용하면 복소수의 극형식도 한결 단순해진다.

$$z = |z|(\cos\theta + i\sin\theta) = |z|e^{i\theta}$$

이때 z가 x축과 이루는 각도인 θ를 z의 위상phase이라고 한다. 위상은 위 표현에서 보듯이 극형식에서 $e^{i\theta}$의 모양으로 들어간다. 이런 모양은 물리학에서 굉장히 자주 볼 수 있다. $e^{i\theta}$가 사인함수와 코사인함수를 포함하기 때문에 사인파 형태의 파동과 관련된 모든 물리현상은 $e^{i\theta}$의 형태를 갖는다.

복소수 강의가 끝난 뒤 20분간 휴식시간을 가졌다. 대학수학 과정이라고는 하지만 초반부 강의 내용이 그다지 복잡하거나 어렵지는 않아서 수강생들의 표정이 아주 어둡거나 찌푸려지지는 않았다. 이제 5월인데 어디서 구했는지 K가 수박을 썰어서 차려두었다. 제철은 아니지만 봄에 먹는 수박도 맛이 기가 막혔다.

닥터 김은 한쪽 구석에 있는 화이트보드 앞에서 누군가에게 뭔가를 설명하고 있었다. 아마도 지난번 복습모임에 관한 내용인 듯했다. 몇몇 수강생은 디지털카메라를 들고 와서 사진을 찍었다. 주위에 있던 사람들도 몰려들어 갑자기 포토타임이 되어버렸다.

강의 내용을 촬영하는 J는 오늘도 무거운 장비를 짊어지고 대전에서 올라와 뒷자리에 앉아 묵묵히 촬영을 하고 있었다. 자금 지원도 없이 실비만 받는 상황에서 거의 노력봉사로 촬영 내용을 DVD로 제작하느라 눈코 뜰 새 없이 바쁘던 그가, 드디어 그 노력의 성과를 들고 왔다. 1~2월 강의분이 몇 장의 DVD로 나온 것이다. DVD를 예약한 20여 명에게는 이미 우편 발송을 했고 추가 신청자를 위해 DVD를 가져왔다. 나는 괜찮다고 했는데도 기왕 제작하는 김에 강사분으로 만든 거라며 내게도 DVD를 건네주었다. 이 모든 사람이 열정으로 차려낸 밥상에 나는 정말 숟가락 하나만 없은 느낌이었다.

행렬

휴식시간을 끝내고 새로운 내용으로 강의를 다시 시작했다. 다음 내용은 행렬이었다. 행렬에 관한 수학을 흔히 선형대수학linear algebra이라고 한다. 행렬은 특히 물리학에서 양자역학과 깊은 관계가 있다. 하이젠베르크가 처음으로 구축한 양자역학의 수학이 바로 행렬이었다. 그래서 처음에는 양자역학의 이론적 구조를 행렬역학이라고 불렀다. 하이젠베르크가 처음 양자역학의 이론을 구축했을 때(25세가 되던 해였다) 그 수학적 언어가 행렬인지 자각하지 못했다. 그러다가 괴팅겐 대학교의 막스 보른이 그것이 이미 수학자들이 즐겨 사용하던 행렬임을 알아보았다. 막스 보른은 파동함수의 복소제곱이 어떤 입자가 존재할 확률을 나타낸다는 확률론적 해석을 제시한 물리학자이다.

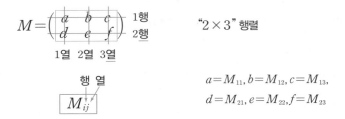

$$M = \begin{pmatrix} a & b & c \\ d & e & f \end{pmatrix} \begin{matrix} 1\text{행} \\ 2\text{행} \end{matrix}$$

1열 2열 3열

행 열
M_{ij}

"2×3" 행렬

$a = M_{11}, b = M_{12}, c = M_{13},$
$d = M_{21}, e = M_{22}, f = M_{23}$

행렬은 영어로 매트릭스matrix이다. 물리를 전공한 사람들은 불세출의 명작 〈매트릭스〉가 개봉했을 당시에 나처럼 거의 본능적으로 행렬과 양자역학을 떠올리지 않았을까 싶다.

행렬과 관련해서 나는 개인적으로 좋은 기억도 갖고 있었다. 내가 선형대수학 수업을 들었던 시기는 2학년 때인 1991년이었다. 수학과에 개설된 강좌에는 들어가지 못한 바람에 공대생을 위해 개설된 수업에 수강신청을 했다. 세 번의 시험 중에서 나는 첫 시험과 마지막 시험에서 만점을 받았다. 당시 교재로 썼던 책의 연습문제를 모두 다 풀어봤던 게 비결이었다. 희한하게도 만점을 받을 때는 문제를 모두 푸는 데 30분도 걸리지 않았다. 주어진 시간이 한 시간밖에 안 되었지만 첫 시험과 마지막 시험 모두 검산까지 마쳤을 때는 15분 이상이 남았다. 반면에 만점을 받지 못한 두 번째 시험 때는 한 시간을 다 써도 풀지 못한 문제가 있었다. 아무튼 나는 20명 정도 수강한 수업에서 혼자 A^+를 받았다.

행렬을 본격적으로 강의하기에 앞서 나는 이런 이야기를 자랑 삼아 늘어놓았다. 적어도 선형대수학에 관한 한 내 실력도 어느 정도 믿을 만하다는, 일종의 신뢰감을 심어주고 싶었다.

행렬을 처음 접하는 사람들에게 가장 어려운 대목은 행렬의 곱셈이다. 행렬의 곱셈은 숫자의 곱하기와 사뭇 다르다. 우선 행렬의 곱셈이 성립하려면 곱하는 두 행렬의 형태가 적절해야 한다. 행렬 A가 m행 n열이고(이를 $m \times n$행렬이라고 한다) 행렬 B가 j행 k열일 때, 행렬의 곱 AB가 성립하려면 앞의 행렬 A의 열의 개수(n)와 뒤의 행렬 B의 행의 개수(j)가 같아야만 한다. 그 결과로 곱해진 행렬 $C=AB$는 m행 k열의 행렬이 된다.

이것을 $(m \times n) \times (n \times k) = (m \times k)$라고 쓸 수도 있다. 그리고 행렬 $C=AB$의 x행 y열의 원소는 앞에 곱해진 행렬 A의 x번째 행을 이루는 n개의 원소(A의 열의 개수가 n개이므로 각 행은 n개의 원소로 이루어져 있다)를 차례대로 행렬 B의 y번째 열의 j개의 원소(행렬의 곱하기가 성립하려면 $j=n$이어야 한다)와 각각 곱해서 더하면 된다. 이 때문에 행렬 A의 열의 개수(n)와 행렬 B의 행의 개수(j)가 같아야만 곱하기가 성립된다.

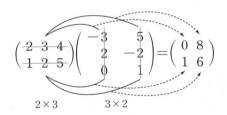

$$2 \times 3 \qquad 3 \times 2$$

이것을 수식으로 표현하자면 다음과 같다. 행렬 $C=AB$의 x행 y열의 원소 C_{xy}는 식 (18)로 계산할 수 있다.

$$C_{xy} = A_{x1}B_{1y} + A_{x2}B_{2y} + \cdots + A_{xn}B_{ny} = \sum_{i=1}^{n} A_{xi}B_{iy} \qquad (18)$$

이로부터 우리는 행렬의 곱하기는 행렬의 순서를 바꾸었을 때 그 결과가 완전히 다르다는 것을 알 수 있다. 결과가 다를 뿐만 아니라 어떤 경우에는 곱하기가 성립하지 않을 수도 있다. 일반적으로 행렬의 곱하기에서는 다음과 같다.

$$AB \neq BA$$

행렬에서는 곱하는 순서를 바꾸면 안 된다. 이는 일반 숫자의 곱하기와는 전혀 다른 행렬만의 독특한 성질이다. 이처럼 어떤 수학적인 조작을 할 때 그 순서를 바꿀 수 없는 경우를 비가환적non-commutative 혹은 비아벨적non-Abelian이라고 한다. 앞에서 배운 함수의 합성도 마찬가지로 비가환적이었다. 하이젠베르크가 발견한 양자역학의 수학은 비가환적 곱하기가 핵심이었고, 그로부터 행렬역학을 구축할 수 있었다.

행렬은 양자역학과도 밀접한 관련이 있지만, 우리가 궁극적으로 배워야 할 일반상대성이론에서도 필수이다. 아인슈타인 방정식을 이루는 아인슈타인 텐서 $G_{\mu\nu}$를 보면 아래첨자 μ와 ν를 갖고 있다. 이것은 수학적으로 행렬의 행과 열을 나타내는 첨자와도 같다. 그래서 $G_{\mu\nu}$는 행렬로 쉽게 표현할 수 있다.

이 밖에 특히 자주 등장하는 요소로 행렬식determinant이 있다. 행렬식은 $n \times n$ 형태의 사각행렬에서만 정의되는 양으로, 그 행렬만의 특성을 담고 있다. 일반적인 $n \times n$ 행렬의 행렬식을 구하는 체계적인 방법이 있긴 하지만, 직접 계산하기가 쉽지 않다. 다행히 2×2 행렬과 3×3 행렬에서는 행렬식을 구하기가 비교적 쉽다. 2×2 행렬의 행렬식은 다음과 같다.

$$M = \begin{pmatrix} a & b \\ c & d \end{pmatrix} \Rightarrow \det M = ad - bc$$

여기서 $\det M$ 이 행렬 M의 행렬식이다. 행렬식은 그 결과가 하나의 숫자다. 3×3 행렬의 행렬식은 다음과 같이 구한다.

$$M = \begin{pmatrix} a & b & c \\ x & y & z \\ \alpha & \beta & \gamma \end{pmatrix}$$

$$\det M = ay\gamma - az\beta$$
$$+ bz\alpha - bx\gamma$$
$$+ cx\beta - cy\alpha$$

다소 복잡해 보이지만, 규칙은 간단하다. 좌상에서 우하로 내려가는 선을 따라 배열된 숫자는 곱해서 $+$의 기여를 하고 반대방향의 선을 따라 계산된 양은 $-$의 기여를 한다. 이 점만 기억하면 3×3 행렬의 행렬식을 쉽게 구할 수 있다. 3×3 보다 더 큰 행렬은 일정한 규칙에 따라 여러 개의 3×3 행렬의 행렬식으로 쪼갤 수 있다.

행렬식을 유용하게 써먹을 수 있는 예 중의 하나가 벡터의 외적이다. 2개의 벡터가 있을 때 이 두 벡터로 할 수 있는 연산에는 크게 두 가지가 있다. 하나는 결과가 스칼라인 연산이고, 다른 하나는 결과가 벡터인 연산이다. 결과가 스칼라인 연산은 이름 그대로 두 벡터의 스칼라 곱 혹은 내적inner product이라 하고, 결과가 벡터인 연산은 벡터 곱 또는 외적outer product이라고 한다.

벡터의 내적은 쉽다. 두 벡터의 각 성분끼리 곱해서 쭉 더하면 된다. 두 벡터 $\vec{A}=(A_1,\,A_2,\,A_3),\,\vec{B}=(B_1,\,B_2,\,B_3)$에 대해 그 내적 $\vec{A}\cdot\vec{B}$는 식 (19)와 같이 정의된다.

$$\vec{A}\cdot\vec{B}=A_1B_1+A_2B_2+A_3B_3=\sum_{i=1}^{3}A_iB_i \tag{19}$$

일반상대성이론에서도 이와 같은 계산이 자주 나온다. 식 (19)의 마지막 단계는 시그마 기호로 벡터의 내적을 표현한 것이다. 이때 반복되는 첨자(i)는 더하기가 이루어지는 첨자이다. 이처럼 벡터의 연산에서는 반복되는 첨자가 더하기로 연결되는 경우가 많다. 그래서 아인슈타인은 반복되는 첨자가 더하기로 연결될 때 편의상 시그마 기호를 생략하는 표기법을 사용했다. 즉 A_iB_i라고만 써도 식 (19)와 같은 의미로 통한다.

벡터의 내적은 기하학적으로도 계산해볼 수 있다. 두 벡터 $\vec{A}=(A_1,\,A_2,\,A_3),\,\vec{B}=(B_1,\,B_2,\,B_3)$의 내적은 식 (20)과 같다.

$$\vec{A}\cdot\vec{B}=|\vec{A}|\,|\vec{B}|\cos\theta \tag{20}$$

여기서 θ는 두 벡터가 이루는 각도이다. 즉 두 벡터의 내적은, 두 벡터의 크기의 곱에 두 벡터가 이루는 각도의 코사인의 곱이다. 따라서 두 벡터가 수직인 경우$\left(\theta = \dfrac{\pi}{2}\right)$ 코사인 값이 0이므로 두 벡터의 내적은 0이 됨을 알 수 있다. 이는 아주 유용한 결과이다.

벡터의 내적은 다음과 같이 $1 \times n$행렬과 $n \times 1$행렬의 곱으로도 표현할 수 있다.

$$\vec{A} \cdot \vec{B} = \underset{1 \times n}{(A_1 A_2 A_3)} \underset{n \times 1}{\begin{pmatrix} B_1 \\ B_2 \\ B_3 \end{pmatrix}}$$

외적은 그 결과가 벡터인 연산으로서 $\vec{A} \times \vec{B}$라고 쓴다. 그래서 외적을 cross product라고도 한다. 외적을 계산하는 가장 단순한 방법은 행렬식을 이용하는 것이다.

$$\vec{A} = (A_1 A_2 A_3) \qquad \vec{B} = (B_1 B_2 B_3)$$

$$\vec{A} \times \vec{B} = \det \begin{pmatrix} \hat{e}_1 & \hat{e}_2 & \hat{e}_3 \\ A_1 & A_2 & A_3 \\ B_1 & B_2 & B_3 \end{pmatrix}$$

$$= \hat{e}_1 (A_2 B_3 - A_3 B_2) + \hat{e}_2 (A_3 B_1 - A_1 B_3)$$
$$+ \hat{e}_3 (A_1 B_2 - A_2 B_1)$$

여기서 $\hat{e}_i(i=1, 2, 3)$는 각 축에 평행한 단위기저벡터들이다. 각 기저 사이의 외적들은 식 (21)과 같다.

$$\hat{e}_1 \times \hat{e}_2 = \hat{e}_3, \ \hat{e}_2 \times \hat{e}_3 = \hat{e}_1, \ \hat{e}_3 \times \hat{e}_1 = \hat{e}_2 \qquad (21)$$

아래첨자를 잘 보면 '1 → 2 → 3 → 1'의 순환이 이루어짐을 알 수 있다. 외적에는 일반적으로 식 (22)와 같은 성질이 있다.

$$\vec{A} \times \vec{B} = -\vec{B} \times \vec{A} \qquad (22)$$

이를 이용하면 식 (23)과 같이 됨을 쉽게 알 수 있다.

$$\vec{A} \times \vec{A} = -\vec{A} \times \vec{A} = 0 \qquad (23)$$

행렬은 어떤 상태에 대한 연산자$_{operator}$ 역할을 한다. 양자역학에서는 물리학적인 상태를 $n \times 1$행렬(이를 A라고 하자)로 나타낸다. 이 상태가 어떤 물리적인 변환 과정을 거치면 새로운 상태 B로 바뀐다. 물리학의 목적은 이 변환 과정을 완벽하게 파악하는 것이다. 이때 상태 A를 상태 B로 바꾸는 물리적 변환 과정은 $n \times n$행렬(M이라고 하자)로 표현된다. 그러면 상태 A와 상태 B는 식 (24)와 같은 관계를 만족한다.

$$B = MA \tag{24}$$

이 식은 행렬의 곱하기이다. 그리고 행렬의 곱하기의 성질에 따라 B의 각 성분은 A의 각 성분과 M의 각 성분의 적절한 곱하기와 더하기로 표현된다. 그 차수는 일반적인 행렬의 곱에서 항상 1차이므로 식 (24)와 같은 변환을 일차변환이라고 부른다. 양자역학이란 쉽게 말해서 식 (24)를 푸는 학문이라고 할 수 있다.

예를 들어, 어떤 2차원 벡터(이것은 2×1행렬과도 같다)를 xy평면에서 θ만큼 회전시키는 변환은 일차변환으로서 다음과 같이 표현할 수 있다.

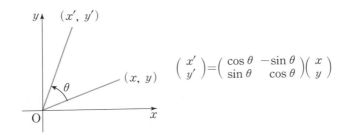

$$\begin{pmatrix} x' \\ y' \end{pmatrix} = \begin{pmatrix} \cos\theta & -\sin\theta \\ \sin\theta & \cos\theta \end{pmatrix} \begin{pmatrix} x \\ y \end{pmatrix}$$

이러한 변환을 회전변환이라고 부른다. 회전변환은 그 자체로 유용할 뿐만 아니라 확장된 형태로도 두루 응용된다. 회전변환은 고등학교 이공계 과정에서도 다루는 내용이다. 일차변환은 고등학교 수학에서도 꽤 어려운 단원에 속한다. 벡터의 외적과 행렬식 등은 고등학교에서 가르치지 않는다.

여기까지 강의한 뒤 저녁을 먹으러 갔다. 식사 후에 마지막 한 시간 동안 행렬에 대한 보충설명을 했다. $n \times n$ 행렬 A가 주어지면 이것을 여러 형태로 바꾸는 조작을 할 수가 있다. A의 각 행과 열을 서로 뒤바꾼 행렬을 트랜스포즈transpose A라고 부르며 A^T라고 쓴다. 단검 모양의 부호인 $\dagger$, 즉 대거dagger를 붙이면, A의 행과 열을 바꾸면서 각 원소의 복소켤레를 취하라는 뜻이다. 즉 $A^\dagger = (A^T)^*$이다. $A^\dagger$는 A의 허미시안Hermitian 켤레라고 불린다. 허미시안 켤레와 원래 행렬이 같을 때, 즉 $A^\dagger = A$를 만족하는 행렬을 허미시안이라고 한다.

$n \times n$ 행렬에는 대각선에 있는 원소(즉 성분이 A_{ii}의 형태인 원소)가 모두 1이고 나머지 원소가 0인 행렬이 있다. 이것을 단위행렬이라고 부르고 보통 I로 표현한다. 3×3 단위행렬은 식 (25)와 같다.

$$I_3 = \begin{pmatrix} 1 & 0 & 0 \\ 0 & 1 & 0 \\ 0 & 0 & 1 \end{pmatrix} \tag{25}$$

단위행렬은 대각원소가 1이고 나머지는 모두 0이어서 이것을 임의의 $n \times 1$ 행렬(즉 물리적인 어떤 상태벡터)에 작용하면 아무런 작용을 하지 않고 그 행렬을 그대로 보존한다.

$$I_3A = \begin{pmatrix} 1 & 0 & 0 \\ 0 & 1 & 0 \\ 0 & 0 & 1 \end{pmatrix} \begin{pmatrix} a_1 \\ a_2 \\ a_3 \end{pmatrix} = \begin{pmatrix} a_1 \\ a_2 \\ a_3 \end{pmatrix} \qquad (26)$$

그리고 주어진 행렬 M에 대해 어떤 행렬 X가 $MX = XM = I$를 만족하면, X를 M의 역행렬이라고 부르고 $X = M^{-1}$이라고 쓴다. 행렬 M의 역행렬이 존재하려면 행렬 M의 행렬식이 0이 아니어야만 한다.

행렬 중에는 식 (27)처럼 역행렬과 허미시안 켤레가 같은 경우도 있다.

$$A^{-1} = A^\dagger \qquad (27)$$

이런 성질을 만족하는 행렬을 유니터리 unitary 행렬이라고 한다. 식 (27)을 다시 쓰면 $A^\dagger A = A^{-1}A = I$를 만족함을 알 수 있다. 이는 어떤 복소수와 그 켤레 복소수를 곱했을 때 크기가 1인 것과 유사하다.

5월 수업의 말미에는 고유치 eigenvalue 문제를 다루었다. 고유치 문제란 $n \times n$행렬 M과 $n \times 1$행렬 X에 대해 식 (28)의 성질을 만족하는 상수 λ를 구하는 것이다. $n \times 1$행렬인 X는 물리적인 상태를 나타낸다고 했다. 여기에 M이 작용해서 새로운 상태 MX가 만들어졌을 때, 이 새로운 상태가 원래 상태의 상수배(λM)가 되는 경우가 어떤 경우이냐를 따지는 것이 고유치 문제이다.

$$MX = \lambda X \tag{28}$$

양자역학에서 슈뢰딩거 방정식을 푸는 것은 모두 식 (27)의 형태이다. 우리 강의의 최종목표는 일반상대성이론이지만, 양자역학의 기본적인 수학구조를 알아두는 것도 현대물리학을 이해하는 데 분명히 큰 도움이 될 것이다.

봄날의 호프집에서

강의가 끝났다. 시간은 어김없이 밤 9시였다. 이날 강의한 내용은 보아스의 《수리물리학》 1~3장에 해당했다. 다음 강의가 끝나면 '1학기 종강'이라고 생각하니 마음이 약간 홀가분해졌다. 강의실을 정리하고 짐을 챙겨 집으로 가는 길에, 몇몇 분이 근처 맥줏집에 있으니 잠깐 들르라고 했다. 마침 포근한 봄날인 데다 장시간의 강의로 목도 칼칼하던 참이라 곧바로 맥줏집으로 향했다. 수업이 있던 일석기념관에서 그리 멀지 않은 곳에 있는 큰 호프집이었다. 안으로 들어가니 수강생 중에서 연세가 지긋한 몇 분이 맥주잔을 기울이고 있었다.

알고 보니 수강생분들은 수업이 끝나면 이렇게 또래끼리 어울려서 가볍게 맥주를 한잔씩 했다고 한다. 안면이 없던 분들이 학습모임 인연으로 만나 한 달에 한 번 같이 수업을 듣게 되었으니 뒤풀이로 맥주 한잔을 걸치지 않으면 무척이나 허전할 것이 불 보듯 뻔하지 않은가. 나도 그렇게 마시는 맥주의 맛이 정말 좋았다.

이제 대학과정의 시작인데 오늘 수업이 너무 어렵지 않았느냐고 버릇처럼 물었더니, 어려워도 그 나름대로 많은 보람이 있다는 답이 돌아왔다. 진심이었던 것 같다. 한 달에 한 번 주말에 어렵게 시간을 내서 장시간 수업을 듣는 열정 자체가 놀라운데, 심지어 수업 시간에 모두가 굉장히 진지한 표정들이다. 특히 연로하신 분일수록 집중력이 더 대단했다. 수업이 끝난 뒤에 맥주라도 한잔 같이 하려는 것이 그런 보람을 함께 나누기 위함일 것이다. 머리가 희끗하신 분들이 그렇게 행복한 표정으로 "이런 강의를 해줘서 정말 고맙다"라고 하실 때면 나 또한 더할 나위없는 보람을 느꼈다.

고등학교와 대학교 수준의 수학과 물리를 강의하다 보니 우리나라 공교육의 현실에 대한 이야기도 많이 나왔다. 의문은 단순했다. 학교 밖에서는 이렇게 열정적으로 뭔가를 배우려고 하는데 정작 학교 안에서는 왜 그렇게 문제가 많을까?

예전에 확인해본 바에 따르면 한국에 있는 대학 중에서 일반상대성이론이라는 과목이 상시 개설된 곳이 몇 개 되지 않는다. 특수상대성이론은 대개 학부과정의 고전역학을 가르칠 때 끝부분에 함께 다루거나 현대물리학 과목에서 다룬다. 또는 대학원에서 전자기학을 배울 때 상대론적인 전자기학을 배우기도 한다. 일반상대성이론은 학부과정에서는 거의 가르치지 않고 대학원 과목으로 따로 개설한다. 그마저 개설하지 않는 대학이 태반이다. 이른바 명문대학의 물리학과도 사정은 마찬가지이다. 일반상대성이론을 가르치는 물리학과 대학원이 몇 곳이나 될까? 열 곳도 안 되지 않을까 싶다. 그러니까 물리학과 대학원을 졸업해도 일반상대성이론을 잘 모르는 경우가 대부분이라는 말이다.

이 이야기는 내가 수학아카데미를 시작할 때 사람들에게 광고했던 내용이기도 했다. 대학원에서도 쉽게 듣기 어려운 기회이니까 관심 있으면 수강신청을 하라고 했던 것이다.

이런 이야기를 할 때마다 듣는 사람들은 많이 놀란다. 물론 그 이야기를 하는 나 자신도 놀랍다. 어떻게 이럴 수가 있느냐고. 근본적인 이유는 대학에 사람이 너무 없기 때문이다. 우선은 대학원 자체가 제대로 굴러가는 대학이 많지가 않다. 설령 대학원을 어떻게든 꾸려나간다고 하더라도, 어지간한 상위권 대학에서도 학생들의 취업이 교육의 일차적인 목적이다. 아인슈타인의 중력이론인 상대성이론은 '취업'과는 거리가 상당히 멀다. 그리고 전공의 특성상 일반상대성이론을 꼭 들어야 하는 대학원생이 별로 없다.

닭이 먼저인지 달걀이 먼저인지는 모르겠으나, 중력이론을 연구하는 국내 교수 또한 몇 되지 않는다. 전공과 무관하게 일반상대성이론을 배우고 싶어도 강의할 사람조차 찾기 어려운 것이다. 예전에 한 조사에서 한국의 교수 1인당 학생 수가 미국의 2배 가까이 된다는 결과가 나왔다. 실제로 미국의 어지간한 대학에서는 물리학과의 교수 수가 50명을 훌쩍 넘거나 100명에 이르기도 한다. 서울대학교의 경우 물리학과의 교수가 45명이 채 되지 않는다. 반면 하버드 대학교는 60명을 웃돈다. 오사카 대학교나 나고야 대학교 등 일반인에게 그다지 유명하지 않은 대학의 물리학과도 50명이 넘는 교수진을 보유하고 있다. 지금 한국의 수준으로는 학문적 자생력을 기대하기가 어렵다. 그 단적인 예가 일반상대성이론이라고 할 수 있다. 그리고 한국의 현실상 대학교육이 제자리를 찾아가야 초중고의 교육도 정상화될 수 있다.

그렇다면 고등학교 교육에서 가장 큰 문제는 무엇일까? 물론 입시 위주의 교육이다. 이것을 좀 더 자세히 들여다보면 재미있는 교훈을 얻을 수 있다. 언제부터인가 정부에서는 수험생의 시험 부담을 덜어준다며 입시제도를 수차례 바꾸었다. 그런데 시험 부담을 줄인다는 명목으로 학생들에게 꼭 필요한 내용 전체가 빠지는 경우도 허다했다. 대표적인 예가 고등학교 수학의 미적분이다.

제도가 바뀌면서 학생들은 미적분을 배우지 않고도 이공계로 진학할 수 있게 되었다. 물론 이것은 난센스이다. 그 결과 대학에서는 저학력의 신입생이 넘쳐났다며 아우성쳤다. 앞서 예를 들었듯이 고교 수준의 미적분 기본도 안 되어 있는 학생들 때문에 대학은 골머리를 앓았다. 그래서 그런 학생들을 위해 대학에서 특별히 교재도 만들었다. 덕분에 우리 수학아카데미가 아주 훌륭한 강의교재를 선택할 수 있었다.

　정부에서 정말로 학생들의 부담을 줄이려고 한다면, 꼭 필요한 단원을 덜어낼 것이 아니라 시험 문제를 쉽게 내면 된다. 예컨대 이 공계에 진학하려는 학생들에게는 부분적분의 기술을 가르쳐야만 한다. 하지만 기본만 알면 된다. 경시대회 수준의 문제는 전체적인 공교육에서는 전혀 필요가 없다. 그러나 한국 사회는, 특히 상위권 대학은 상위권 학생들의 변별력이 중요하다고 목소리를 높인다. 지금까지 수십 년 동안 그렇게 학생들을 한 번의 시험점수 순으로 줄을 세워서 재미를 봐왔던 대학들이 기득권을 쉽게 포기할 리가 없다. 그런 구조에 편승한 언론과 공무원과 입법기관도 마찬가지이다. 그래서 기본 능력만 점검할 수 있도록 문제를 쉽게 내는 대신 부담을 줄인다며 적분이라는 단원 자체를 도려낸 것이다. 그러고는 남은 단원에서 또 어려운 문제를 낸다.

　서울대, 연고대에 가는 학생들만 중심에 놓고 생각하는 교육철학으로는 현재의 공교육 문제를 해결할 수가 없다. 누군가는 그런 식으로 될성부른 학생들을 확실히 밀어주는 교육이 필요하다고 할지도 모르겠다. 그러나 그렇게 상위권 학생들을 수십 년 동안 싹쓸이한 상위권 대학들의 세계 경쟁력이 여전히 형편없다는 점도 생각해봐야 한다. 그런 식의 줄 세우기로는 한계가 명확하다. 어떻게 한 인간의 능력을 한두 번의 시험 점수로만 평가할 수 있겠는가. 그것도 아직 잠재력이 무궁무진한 청소년들을 말이다.

맥주를 한잔 걸치니 평소 고민했던 여러 생각이 술술 풀어져 나왔다. 때로는 공감하기도 하고 때로는 고개를 갸웃거리기도 했지만, 모두가 동의한 점은 한국의 대학에서 수학아카데미처럼 일반인을 위한 교육 서비스를 기획해봐야 한다는 것이었다. 이미 선진국의 대학은 대중을 위한 다양한 교육 프로그램을 운영하고 있다. 한국에서는 상상하기 어려운 일들이다. 내가 지금 이렇게 1년 동안 하는 강의를 대학에서 체계적으로 준비한다면 더 많은 사람이 더 높은 수준의 교육을 받을 수 있을 것이다.

이런저런 이야기를 나누다 보니 어느덧 지하철 막차 시간이 다 되었다. 다음 달이면 벌써 상반기 마지막 강의이다. 언제 세월이 그렇게 흘렀나 싶었다. 6월에는 강의가 끝난 뒤 모두 모여서 종강파티를 하기로 했다. 종강파티라는 걸 해본 것이 10년도 훨씬 더 되었다. 그래서인지 종강파티를 하면 옛 추억들이 새록새록 묻어날 것 같아서 가슴이 설렜다. 아마 어르신들은 나보다 더했을 것이다. 6개월 동안 어려운 수학 공부를 잘 해왔다는 뿌듯함도 밀려들었으리라. 그날의 술자리는 내달 종강파티에 대한 기대를 한껏 품고서 파했다. 5월의 밤바람이 신록처럼 부드러웠다.

제16장

편미분에서
측량 텐서까지

백북스 회원들과 함께 광화문 뒷골목에서 수학 공부를 하자고 뜻을 모았던 때가 찬바람이 불기 시작하던 초가을이었고 첫 강의를 시작한 때가 동장군의 기세가 무섭던 1월이었는데, 어느덧 계절이 다시 바뀌어 찜통 같은 더위가 시작되고 있었다. 시작이 반이라더니 벌써 6월이 되어 상반기 마지막 강의만 남았다. 6월 13일의 강의와 함께 고교수학 및 대학수학 과정은 마무리된다. 7월부터 12월까지는 물리학만을 배운다.

6월 강의는 시간을 앞당겨서 오후 2시부터 시작하기로 했다. 강의가 끝난 뒤 종강파티가 예정되어 있었기 때문이다. 종강파티. 생각만으로도 힘이 솟는 듯했다.

이날 강의 주제는 보아스의 《수리물리학》 5장, 6장, 7장, 10장이었다. 이 모든 내용을 하반기에 전부 소화하기란 쉽지 않아 보였다. 하지만 물리 또는 이공계 책에 나오는 수식을 기본적인 수준에서라도 이해하려면 반드시 알고 넘어가야만 했다.

상반기 마지막 강의라 그런지 더운 날씨에도 불구하고 강의에 참석한 사람들의 표정이 한결 밝아 보였다. 출석한 수강생은 26명으로, 4월이나 5월보다 조금 많았다.

편미분

이날 강의는 편미분partial derivative부터 시작했다. 편미분이란 다변수함수를 특정한 변수에 대해서만 미분할 때 쓰이는 미분법이다.

다변수함수란 문자 그대로 변수가 여러 개인 함수를 말한다. 고등학교 때는 $y=f(x)$ 형태의 일변수함수만 다룬다. 하지만 $f(x)$가 x라는 하나의 변수에 의해서만 정해질 필요는 없다. $f=f(x, y, z, \cdots)$와 같이 여러 변수의 함수일 수도 있다. 예를 들어, 어떤 학생의 수능점수의 총합은 각 과목점수의 합과도 같다. 이때 $x=($국어 점수$)$, $y=($수학 점수$)$, $z=($영어 점수$)$ 등이라고 한다면 이 학생의 총점은 $f=f(x,y,z,\cdots)=x+y+z+\cdots$으로 쉽게 표현할 수 있다.

편미분은 이와 같은 다변수함수를 하나의 변수 또는 하나의 문자에 대해서만 미분하는 계산법이다. 함수 $y=f(x_1, x_2, \cdots, x_n)$가 있다고 하자. 이 함수는 n개의 변수를 가진 함수이다. 이때 다른 모든 변수는 고정한 채 x_i라는 변수에 대한 변화량만을 따져서 f의 변화를 측정한 것이 편미분이다. 수학적인 기호로는 식 (1)과 같이 쓰고 우변과 같이 정의된다.

$$
\frac{\partial f(x_1, x_2, \cdots, x_i, \cdots, x_n)}{\partial x_i}
$$
$$
= \lim_{h \to 0} \frac{f(x_1, x_2, \cdots, x_i+h, \cdots, x_n) - f(x_1, x_2, \cdots, x_i, \cdots, x_n)}{h}
$$

$$(1)$$

좌변의 기호 ∂는 편미분을 나타내는 기호로서 일반적인 미분기호처럼 '디$_d$' 또는 '라운드$_{round}$'라고 읽는다. 편의상 $\frac{\partial}{\partial x}=\partial_x$로 쓰기도 한다.

편미분도 있으니 전미분 total derivative도 당연히 있다. 전미분은 다변수함수의 모든 변수의 변화량에 대한 함수의 변화량이다. 간단한 예를 들어 $z=f(x, y)$가 있다고 하자. 이때 z의 미소변화량 Δz는 식 (2)와 같이 표현할 수 있다.

$$
\begin{aligned}
\Delta z &= f(x+\Delta x, y+\Delta y)-f(x, y) \\
&= f(x+\Delta x, y+\Delta y)-f(x, y+\Delta x)+f(x, y+\Delta y)-f(x, y) \\
&= \left(\frac{\partial f}{\partial x}\right)\Delta x+\left(\frac{\partial f}{\partial y}\right)\Delta y
\end{aligned}
\tag{2}
$$

따라서 식 (3)이 성립함을 알 수 있다.

$$
dz=\left(\frac{\partial f}{\partial x}\right)dx+\left(\frac{\partial f}{\partial y}\right)dy
\tag{3}
$$

즉 전미분은 함수의 모든 변수의 변화량을 고려해야 한다.

다변수함수에 대한 미분이 존재하듯, 다변수함수에 대한 적분도 가능하다. 고등학교 과정에서 배운 일변수함수의 적분은 적분변수(대개 x로 표현된다)가 하나이므로 이때의 적분은 적분변수가 x축을 따라 움직이면서 $f(x)$를 연속적으로 더해나가는 과정이라고 할 수 있다.

이런 개념을 확장하면 다변수함수의 적분에 대한 아이디어를 얻을 수 있다. 가장 쉬운 예를 들어 이변수함수인 $z = f(x, y)$를 생각해보자. 일변수함수의 적분은 밑변이 dx이고 높이가 $f(x)$인 직사각형을 연속적으로 더한 것이라면, 이변수함수의 적분은 밑넓이가 $dxdy$이고 높이가 $f(x, y)$인 사각기둥을 연속적으로 더한 것이라고 할 수 있다.

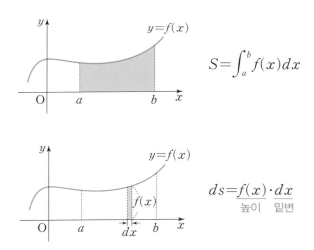

$$S = \int_a^b f(x)\,dx$$

$$ds = \underset{\text{높이}}{f(x)} \cdot \underset{\text{밑변}}{dx}$$

x와 y는 xy평면 위에서 정의된 2차원 공간 속에서 변하면서 적분을 하게 된다. 이런 적분을 통칭해서 다중적분이라고 한다. 특히 다음 그림처럼 적분변수가 2차원 평면 위에서 움직이는 경우에는 면적분이라고 한다. 고등학교 과정에서 배웠던 보통의 적분은 1차원 적분이므로 당연히 선적분이다. 나중에 보겠지만 변수가 3차원 공간 속의 어떤 곡선을 따라 변하면서 진행되는 적분도 선적분이

다. 면적분의 개념을 다시 한번 확장하면 공간적분도 쉽게 이해할 수 있다. 공간적분은 적분변수 3개가 관련되므로 삼중적분의 한 예가 된다.

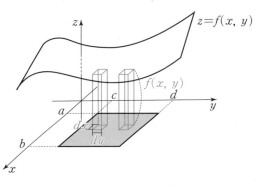

$$(\text{면적분}) = \int dx\,dy\, f(x, y) = \int_a^b \int_c^d f(x, y)\underline{dy\,dx}$$
$$\text{면적요소}$$

이중적분일 때는 적분기호$\left(\int\right)$를 변수별로 따로 써서 2개를 쓰는 게 원칙이다. 특히 변수별로 상한과 하한을 정확하게 표기해야 할 때는 꼭 구분해서 써야 한다. 하지만 적분 범위가 자명한 경우에는 인테그럴 기호를 하나만 쓰기도 한다. 중요한 것은 적분변수가 몇 개인가이다.

면적분에서의 적분요소는 $dxdy$이다. xy평면 위에서 x와 y가 극소량으로 변화할 수 있는 범위를 표현한 것으로, 가로가 dx, 세로가 dy인 직사각형의 넓이라고 할 수 있다. 따라서 $dxdy$는 극소한 넓이요소, 즉 dA라고 할 수 있다.

마찬가지로 3차원 공간적분에서는 적분요소가 $dxdydz$, 즉 극소량의 부피요소 dV로 주어진다. 그래서 $\int dxdy = \int dA$ 혹은 $\int dxdydz = \int dV$로 쓰기도 한다. 상대성이론에서는 시간과 공간이 똑같은 자격을 가지며 4차원의 시공간을 만든다. 그래서 이 경우에는 시간좌표까지 포함하는 4차원적분을 주로 한다. 이때 4차원의 시공간 단위는 $d^4x = dtdxdydz$와 같이 간단하게 표현한다.

$$\iiint \underbrace{dxdydz}_{(\text{부피요소})=dV} \cdot f(x, y, z) = \int d^3xf(x, y, z)$$
$$\int dxdydzdt = \int d^4x$$

면적분과 부피적분이 실제로 적용되는 예는 일반물리학에서 두루 접할 수 있다. 특히 회전하는 물체의 회전관성 moment of inertia 을 구하는 계산 과정은 구체적인 물리적 문제에서 적분 단위를 어떻게 잡아서 계산해야 하는지 연습할 수 있는 좋은 기회이다. 회전관성은 9월 강의 때 다룰 예정이다.

자코비안

다음으로 강의한 내용은 자코비안 Jacobian 이었다. 자코비안은 일반적인 다중적분에서 적분변수를 바꿀 때 등장하는 요소이다. 간단하게 2차원 면적분을 생각해보자. 보통의 직교좌표계에서는 평면 위의 한 점의 위치를 x축과 y축을 따라 정한다. 하지만 평면 위의 점을 꼭 이렇게만 정할 필요는 없다. 극좌표polar coordinate라고 불리는 방식에서는, 원점에서의 거리와 x축으로부터의 각도로 한 점을 정할 수 있다.

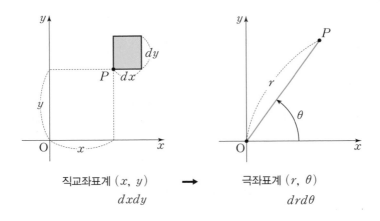

직교좌표계 (x, y) $\longrightarrow$ 극좌표계 (r, θ)
$dxdy$ $drd\theta$

이때 직교좌표계 (x, y)와 극좌표계 (r, θ) 사이에는 식 (4)의 관계가 있다.

$$x = r\cos\theta, \ y = r\sin\theta \tag{4}$$

직교좌표계에서 (x, y)로 정해지던 점은 극좌표계에서는 원점에서의 거리 r과 x축에서 잰 각도 θ를 이용한 (r, θ)로 정해진다. 그렇다면 직교좌표계의 면적분요소인 $dxdy$는 극좌표계에서

$drd\theta$로 바뀌는 것일까?

간단하게 먼저 점검해볼 사항은 변수들의 차원이다. 좌표평면이 실제의 길이 단위로 정의되었다고 생각하면 x와 dx, y와 dy는 모두 길이를 나타낸다. 따라서 $dxdy$는 길이의 곱을 표현하기 때문에 평면상의 면적요소로서 자격을 갖춘 셈이다. 하지만 극좌표에서는 상황이 다르다. 원점에서의 거리 r은 말 그대로 길이의 차원을 갖고 있지만 각도인 θ는 차원이 없는 양이다. 고등학교 과정 때 배웠듯이 각도를 정의하는 수학적으로 가장 자연스러운 방법은 호의 길이에 대한 반지름의 비율로 정의하는 것이다(호도법). 즉 각도는 길이를 길이로 나눈 양이라서 차원이 없다.

결과적으로 $drd\theta$는 길이의 차원만 가지고 있다. 그래서 이것만으로는 $dxdy$와 같은 면적요소라고 할 수 없다.

$$\int \underbrace{dxdy}_{[\text{길이}]^2} f(x,y) \overset{?}{=} \int \underbrace{drd\theta}_{[\text{길이}]^1} f(x,y)$$

문제는 변수를 바꿀 때 생긴다. 변수를 바꾸는 건 우리 마음에 달렸지만 적분요소는 마음대로 바꿀 수 없다. 면적요소가 똑같은 크기의 면적요소로 변환되어야만 올바른 결과를 기대할 수 있다. 이때의 적절한 변환인자가 바로 자코비안이다. 각 좌표계에서의 면적요소를 먼저 직관적으로 살펴보자.

직교좌표계에서는 각 변이 dx, dy인 직사각형이 면적요소이다.

하지만 극좌표계에서는 부채꼴의 일부를 잘라낸 것과 같은 도형이 면적요소가 된다. 이 도형의 넓이는 근사적으로 한 변이 dr이고 다른 한 변이 $rd\theta$인 직사각형과도 같다.

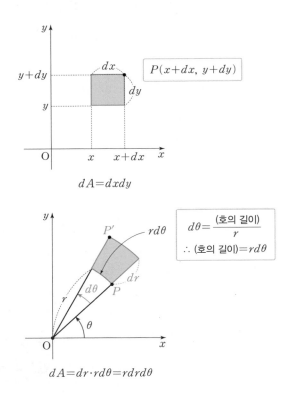

$$dA = dxdy$$

$$dA = dr \cdot rd\theta = rdrd\theta$$

그러니까 극좌표에서의 올바른 면적요소는 $drd\theta$가 아니라 $dr(rd\theta)$이다. 이 요소는 정확하게 길이의 곱, 즉 넓이의 차원을 갖고 있다. $drd\theta$와 비교했을 때 r이 하나 더 들어가 있다. 이 r값이 바로 직교좌표계와 극좌표계를 이어주는 자코비안이다. 정확한 관계식은 식 (5)와 같다.

$$dxdy = \left| \det \begin{pmatrix} \dfrac{\partial x}{\partial r} & \dfrac{\partial x}{\partial \theta} \\ \dfrac{\partial y}{\partial r} & \dfrac{\partial y}{\partial \theta} \end{pmatrix} \right| drd\theta \tag{5}$$

여기서 det는 행렬식determinant을 나타낸다. 이 행렬식의 절댓값($|\det \cdots|$)이 바로 자코비안이다. 일반적으로 $(y_1, y_2, \cdots, y_n)$의 좌표계를 $(x_1, x_2, \cdots, x_n)$의 좌표계로 바꾸는 자코비안은 식 (6)과 같다.

$$J(x_1, \cdots, x_n) = \left| \det \begin{pmatrix} \dfrac{\partial y_1}{\partial x_1} & \cdots & \dfrac{\partial y_1}{\partial x_n} \\ \cdots & \cdots & \cdots \\ \dfrac{\partial y_n}{\partial x_1} & \cdots & \dfrac{\partial y_n}{\partial x_n} \end{pmatrix} \right| \tag{6}$$

실제 극좌표에서의 자코비안을 구하기 위해 식 (4)을 참고하면 식 (7)과 같이 쉽게 계산할 수 있다.

$$\frac{\partial x}{\partial r} = \cos \theta, \quad \frac{\partial x}{\partial \theta} = -r \sin \theta$$

$$\frac{\partial y}{\partial r} = \sin \theta, \quad \frac{\partial y}{\partial \theta} = r \cos \theta \tag{7}$$

따라서 자코비안은 2×2행렬의 행렬식에 의해 식 (8)과 같이 나타낼 수 있다.

$$J = |\cos \theta \cdot r \cos \theta - (-r \sin \theta \cdot \sin \theta)|$$
$$= r(\cos^2 \theta + \sin^2 \theta) = r \tag{8}$$

이 r값이 바로 $dr(rd\theta)$의 r이다.

이런 식으로 좌표계를 바꾸어서 적분하면 상황에 맞게 계산을 아주 편리하게 수행할 수 있다. 예컨대 극좌표계에서는 원형 대칭성이 있는 상황에 적용하기에 알맞다. 가장 간단한 예로 극좌표계의 면적요소를 그대로 적분하면, 당연히 원의 넓이가 나온다.

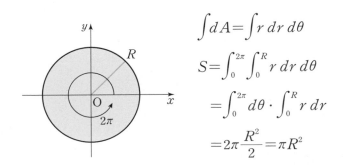

$$\int dA = \int r \, dr \, d\theta$$
$$S = \int_0^{2\pi} \int_0^R r \, dr \, d\theta$$
$$= \int_0^{2\pi} d\theta \cdot \int_0^R r \, dr$$
$$= 2\pi \frac{R^2}{2} = \pi R^2$$

여기까지 강의한 뒤 휴식시간을 가졌다. 이날은 한 시간 일찍 강의를 시작한 탓에 시간관리가 약간은 낯설었다. 하지만 7시까지 쭉 강의하고 다 같이 저녁을 먹으러 가는 스케줄이니까, 밥을 먹고 와서 다시 강의하지 않아도 된다는 이점이 있었다.

원기둥좌표계와 구면좌표계

이어진 강의는 원기둥좌표계에서부터 시작했다. 직교좌표계를 3차원으로 확장하는 것은 직관적으로 어렵지 않다. 원기둥좌표계는 3차원 중 두 차원은 극좌표로 표현하고 나머지 한 좌표는 직교좌표로 표현하는 좌표계이다.

직교좌표계의 부피요소는 $dV = dxdydz$로 주어지는 반면 원기둥좌표계의 부피요소는 $dV = d\rho(\rho d\phi)dz$가 된다. 여기서 ρ와 ϕ는 xy평면을 극좌표로 표현하는 좌표임을 드러낸다. 그래서 이 좌표계의 이름도 원기둥좌표계이다.

원기둥좌표계

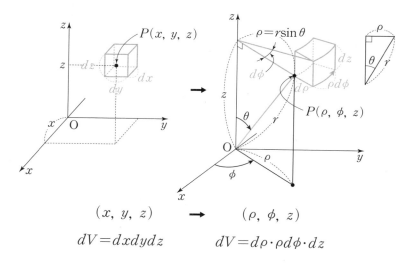

$$(x, y, z) \rightarrow (\rho, \phi, z)$$
$$dV = dxdydz \qquad dV = d\rho \cdot \rho d\phi \cdot dz$$

즉 공간 속의 한 점을 3개의 변수로 정할 때, 원기둥의 모양처럼 원 모양의 극좌표와 그에 수직한 길이 좌표를 사용하기 때문이다. 직교좌표계와 원기둥좌표계 사이의 관계식은 식 (9)와 같다.

$$x = \rho \cos \theta$$
$$y = \rho \sin \theta \qquad\qquad (9)$$
$$z = z$$

이로부터 자코비안도(이 경우 3×3행렬의 행렬식이 될 것이다) 어렵지 않게 구할 수 있다.

직교좌표계에서 각 축을 따르는 길이요소가 각각 dx, dy, dz이다. 이 셋을 모두 곱하면 부피요소 $dV = dx\,dy\,dz$를 얻는다. 만약 공간 속의 한 점 $P(x, y, z)$를 각 축 방향으로 조금씩 변화시켜서 얻은 점을 Q라고 하면 Q는 $Q(x+dx, y+dy, z+dz)$가 된다. 이 두 점 P와 Q 사이의 거리 ds는 직교좌표계에서 피타고라스의 정리에 의해 식 (10)과 같이 나타낼 수 있다.

$$ds^2 = dx^2 + dy^2 + dz^2 \qquad\qquad (10)$$

원기둥좌표계에서는 각 축을 따라가는 변위가 $d\rho, \rho\,d\phi, dz$이다. 따라서 원기둥좌표계에서의 두 점 사이의 거리는 식 (11)로 구할 수 있다.

$$ds^2 = d\rho^2 + \rho^2 d\phi^2 + dz^2 \tag{11}$$

식 (10)이 보통의 평평한 면 위의 두 점 사이의 거리를 잰 것이라면, 식 (11)은 원기둥 위의 두 점 사이의 거리를 잰 것이라고 할수 있다. 식 (10)이나 식 (11)처럼 특정한 좌표계에서의 두 점 사이의 거리를 재는 방식을 측량metric이라고 한다. 측량은 일반상대성이론에서 가장 기본이 되는 개념이다. 일반상대성이론에서 늘 마주치는 것은 식 (10)와 식 (11) 같은 표현이다. 달리 말하면, 식 (11)처럼 두 점 사이의 거리를 재는 특정한 방식이 주어지면 그 두 점이위치한 공간의 성질이 결정된다. 상대성이론에서는 좌표들 사이의변환이 중요하다(사실은 그것이 바로 상대성이론이라는 이름의 기원이기도 하다).

공처럼 구면대칭성이 있는 경우에는 구면좌표계를 쓰는 것이훨씬 편리하다. 구면좌표계는 다음과 같다.

다소 복잡해 보이지만, 공 위의 한 점을 수학적으로 결정하기 위해서 무엇이 필요한지를 잘 생각해보자. 우선은 공의 크기가 얼마인지 알아야 한다. 이는 곧 원점에서 그 점까지의 거리에 해당한다. 이것이 구면좌표계에서의 r이다. 그다음으로는 2개의 각도가 필요하다. 이는 지구 표면 위의 어느 위치를 정하기 위해서는 위도와 경

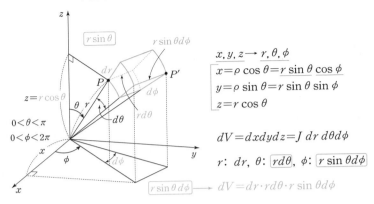

도가 필요한 것과 똑같다. 경도는 0도에서 한 바퀴를 완전히 돌아 360도를 잰다. 일단 경도가 360도를 커버하게 재면 위도는 적도를 기준으로 +90도에서 −90도 사이만 재면 된다. 구면좌표계에서는 경도에 해당하는 좌표를 관습적으로 ϕ, 위도에 해당하는 좌표를 θ로 표현한다. 이때 (x, y, z)와 (r, θ, ϕ) 사이의 관계식은 식 (12)와 같다.

$$
\begin{aligned}
x &= r \sin \theta \cos \phi \\
y &= r \sin \theta \sin \phi \\
z &= r \cos \theta
\end{aligned}
\tag{12}
$$

대개 θ의 값은 +z축일 때는 0도, −z축일 때는 180도로 잰다.

여기서 x와 y에 공통으로 들어가는 $r \sin \theta$의 값은 원기둥좌표계의 ρ와 똑같다. ρ는 z축에서 어떤 점이 얼마나 떨어져 있는지를 잰 양이다. 구면좌표계에서 각 축을 따른 극소변위는 위 그림에서 알 수 있듯이 dr, $(r \sin \theta)d\phi$, $rd\theta$이다. 따라서 구면좌표계에서의 부피요소는 식 (13)과 같이 나타낼 수 있다.

$$dV = dr \cdot rd\theta \cdot r \sin \theta \, d\phi = r^2 \sin \theta \, drd\theta d\phi \tag{13}$$

식 (12)를 이용해서 자코비안을 구해보면 정확하게 $r^2 \sin \theta$임을 확인할 수 있다. 또한 구면에서 두 점 사이의 거리는 식 (14)로 구할 수 있다.

$$ds^2 = dr^2 + r^2 \sin^2 \theta \, d\phi^2 + r^2 \, d\theta^2 \tag{14}$$

2차원 평면에서의 극좌표에서와 마찬가지로 구면좌표계를 이용하면 구의 부피와 넓이를 손쉽게 구할 수 있다.

$$V = \int dV = \int_0^{2\pi} \int_0^{\pi} \int_0^R r^2 \sin \theta \, drd\theta d\phi$$
$$= 2\pi \left[\frac{r^3}{3} \right]_0^R [-\cos \theta]_0^{\pi} = \frac{4}{3}\pi R^3 \tag{15}$$

한편 구의 겉넓이는 r값이 고정된 상황에서의 넓이이므로 2개의 각도에 대한 적분만 진행하면 된다. r값이 고정된 상황에서의 면적요소는 $dS=rd\theta(r\sin\theta)d\phi$로 주어지므로 다음과 같음을 알 수 있다.

$$dS=rd\,\theta\cdot r\sin\theta\,d\phi$$
$$=r^2\sin\theta\,d\theta d\phi$$
$$\int dS=r^2\int_0^{2\pi}\int_0^{\pi}\sin\theta\,d\theta d\phi=r^2(2\pi)2=4\pi r^2$$

이때 넓이요소에서 r을 제외한 부분, 즉 $\sin\theta\,d\theta d\phi$는 반지름이 1인 구의 표면에서의 면적요소에 해당한다. 이를 특별히 입체각 solid angle이라고 하며 대개 $d\Omega=\sin\theta\,d\theta d\phi$로 쓴다. 전 방위에 대한 입체각은 이 식을 θ와 ϕ에 대해 적분하면 되므로 최종적으로 4π라는 결과를 얻는다. 물론 이는 반지름이 1인 구의 전체 겉넓이와도 같다.

미분 연산자

다중적분과 관련해서 몇 가지 응용 사례를 보여준 뒤 나는 3차원에서의 몇 가지 미분 연산자를 설명했다. 여기서 다루는 부분은 벡터 해석 vector analysis이라고 불리는 분야이다. 3차원의 미분 연산자 중에서 가장 기본적이고 중요한 것은 '델 del'이라고 불리는 역삼각형의 기호 ∇이다. 델은 고등학교 수학과 대학수학을 가르는 중요한 기준 중 하나이다.

내 친구 중 한 명은 고등학교 때 대학수학 선행학습을 했는데, 어느 정도 따라가다가 삼각형을 뒤집어놓은 기호가 나오는 순간부터 그만두었다고 고백했다. 그 이상한 기호가 바로 $\vec{\nabla}$이다.

델과 관련해서 꼭 알아야 할 두 가지가 있다. 하나는 델이 미분을 위한 연산자라는 점이고, 다른 하나는 델이 벡터라는 점이다. 실제로 델은 식 (16)과 같이 정의된다.

$$\vec{\nabla} = \left(\frac{\partial}{\partial x}, \frac{\partial}{\partial y}, \frac{\partial}{\partial z} \right) = \sum_{i=1}^{3} \frac{\partial}{\partial x_i} \tag{16}$$

여기서 $\hat{e}_i$는 i방향의 기저벡터이다. 식 (16)으로 정의된 델의 기본적인 연산 몇 가지를 살펴보자.

먼저, 델이 어떤 스칼라 함수 $f(x, y, z)$에 적용된 경우이다.

$$\vec{\nabla} f(x, y, z) = \left(\frac{\partial f}{\partial x}, \frac{\partial f}{\partial y}, \frac{\partial f}{\partial z} \right) \tag{17}$$

이것은 '그레디언트gradient f'라고 하며 'grad f'라고 쓰기도 한다. 식 (17)로 정의된 그레디언트는 벡터임에 유의하자. 벡터에는 방향이 있다. 그리고 델은 기본적으로 미분, 즉 변화량을 뜻한다. 결과적으로 그레디언트는 스칼라 함수가 최대로 변화하는 방향을 나타낸다(이 사실을 엄밀하게 증명하는 것은 그리 어렵지 않다).

가장 대표적인 예로 이변수함수인 $f(x, y)$가 산의 등고선인 경우를 생각해보자. 이때 $\vec{\nabla} f(x, y)$는 산의 가장 가파른 방향, 즉 등고선에 수직인 방향을 나타낸다. 산기슭에서 산으로 올라가는 경우 산허리를 돌아 비스듬히 올라가는 방향은 등고선에 수직이 아니다. 반대로 능선이나 골짜기를 곧바로 가로지르는 등산로는 등고선에 수직이다. 바로 이 방향이 그레디언트이다.

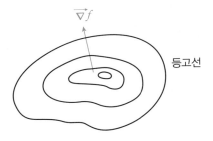

다음으로 중요한 두 가지 연산은 델이 벡터임을 생각하면 쉽게 떠올릴 수 있다. 지난 시간에 배웠듯이 벡터에는 내적과 외적이 있다. 델도 일종의 벡터이므로, 델을 이용해서도 내적과 외적을 정의할 수 있다. 이때 델이 적용되는 함수가 벡터함수이어야 한다. 즉 어떤 벡터함수 $\vec{V}(x, y, z) = (V_x(x, y, z), V_y(x, y, z), V_z(x, y, z))$에 대해 식 (18)을 $\vec{V}$의 발산divergence이라고 한다.

$$\vec{\nabla} \cdot \vec{V} = \frac{\partial V_x}{\partial x} + \frac{\partial V_y}{\partial y} + \frac{\partial V_z}{\partial z} = \sum_{i=1}^{3} \partial_i V_i \qquad (18)$$

식 (18)을 $\vec{V}$의 컬_{curl}이라고 한다.

$$\vec{\bigtriangledown}\cdot\vec{V}=\det\begin{pmatrix} \hat{e}_x & \hat{e}_y & \hat{e}_z \\ \dfrac{\partial}{\partial x} & \dfrac{\partial}{\partial y} & \dfrac{\partial}{\partial z} \\ V_x & V_y & V_z \end{pmatrix}$$

$$=\hat{e}_x(\partial_y V_z - \partial_z V_y) + \hat{e}_y(\partial_z V_x - \partial_x V_z) + \hat{e}_z(\partial_x V_y - \partial_y V_x)$$

$$(19)$$

실제로 $\vec{\bigtriangledown}\cdot\vec{V}=\mathrm{div}\ \vec{V}$, $\vec{\bigtriangledown}\cdot\vec{V}=\mathrm{curl}\ \vec{V}$라고도 쓴다.

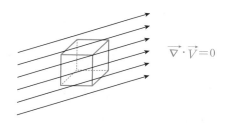

발산의 직관적인 의미는 무언가가 공간 속에서 없던 것이 샘솟아 나오는 원천을 뜻한다. 만약 어떤 공간 속에서 $\vec{\bigtriangledown}\cdot\vec{V}$가 0이 아니라면, 그 공간 속에는 뭔가 벡터장 $\vec{V}$을 뱉어내는 원천_{source}이 있다는 말이다. 원천이 있다는 것은 말하자면 물이 계속 솟아나는 샘이 있다는 뜻이다. 샘을 중심으로 한 공간에서 물이 퍼져 나가는 벡터장을 $\vec{V}$라고 한다면 이 주변에서의 $\vec{\bigtriangledown}\cdot\vec{V}$는 0이 아니다. 뭔가 어디

서 계속 솟아나서 나가는 벡터장의 양이 다른 곳에서 들어오는 양
보다 많다(혹은 적다)는 뜻이다. 반면 흘러가는 강물 속에서 적당한
공간을 잡으면 한쪽에서 흘러 들어온 강물이 다른 쪽으로 모두 빠
져나가므로 이런 경우에는 $\vec{\nabla} \cdot \vec{V}$가 0이다. $\vec{\nabla} \cdot \vec{V}$는 그 결과가 스칼
라임에 유의하자.

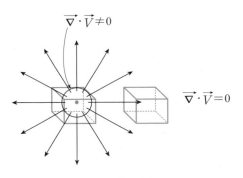

한편 컬은 벡터장이 뭔가 회전하고 있다는 뜻이다. 컬은 그 결과
가 벡터로서 방향이 있다. 그 방향이 일정하게 회전하는 패턴을 보
이면 $\vec{\nabla} \times \vec{V}$은 0이 아니다. 예를 들어 소용돌이 주변에서의 물결의
벡터장에 대한 컬은 0이 아니다. 반면 위의 그림처럼 방사상으로 뻗
어나가거나 한쪽 방향으로 일정하게 흐르는 벡터에 대한 컬은 0이
다. 따라서 그레디언트의 컬은 0이고 컬의 발산도 0임을 직관적으
로 알 수 있다.

$$\vec{\nabla} \times (\vec{\nabla} f) = 0$$

$$\vec{\nabla} \cdot (\vec{\nabla} \times \vec{V}) = 0 \qquad (20)$$

마지막으로 중요한 델의 쓰임새로 라플라시안이 있다. 앞서의 세 가지 연산은 모두 함수에 대한 일차미분인 반면 라플라시안은 이차미분으로 식 (21)과 같이 정의된다.

$$\nabla^2 = \vec{\nabla} \cdot \vec{\nabla} = \frac{\partial^2}{\partial x^2} + \frac{\partial^2}{\partial y^2} + \frac{\partial^2}{\partial z^2} \qquad (21)$$

이것은 벡터나 스칼라 함수에 모두 적용할 수 있다. 스칼라 함수에 대해서는 식 (22)와 같이 그레디언트의 발산으로 이해할 수 있다.

$$\nabla^2 f = \vec{\nabla} \cdot (\vec{\nabla} f) \qquad (22)$$

라플라시안은 양자역학의 슈뢰딩거 방정식에도 등장하며, 우리가 곧 배우게 될 고전역학이나 일반상대성이론에서도 매우 자주 등장한다. 라플라시안은 대체로 에너지와 관련이 있는 양을 표현하는 경우가 많다.

슈뢰딩거 방정식: $\dfrac{-\hbar^2}{2m} \nabla^2 \psi + V(\vec{r})\psi = E\psi$

그 밖에 몇 가지 부수적인 것들을 정리한 뒤 휴식시간을 가졌

다. 지금까지도 많은 내용을 했지만, 마지막 타임에 꼭 설명해야만
하는 두 가지 정리가 남아 있었다. 앞으로 한 시간만 지나면 상반기
강의가 끝나고 종강파티가 있으니 수강생들의 표정도 한결 여유로
워 보였다.

선적분부터 발산정리까지

마지막 강의는 선적분line integral부터 시작했다. 선적분이란 말
그대로 공간 속의 곡선을 따라가면서 수행하는 적분이다. 수학적
으로 곡선curve은 하나의 변수로 표현할 수 있는 도형이다. 그 하나
의 변수가 선적분의 적분변수에 해당한다. 고등학교 과정에서 배운
$y=f(x)$를 적분하는 것도 물론 선적분이다. 그때의 선은 x축과 다
름없다.

물리에 등장하는 가장 중요한 선적분은 일work이다. 일은 물리
적인 힘force을 작용하여 그 방향으로 물체를 움직이는 데에 들인
에너지와 같다. 이때 힘의 방향으로 움직이는 것이 중요한데, 이것
은 수학적으로 힘 벡터와 물체가 움직인 방향 벡터의 내적으로 쉽
게 표현할 수 있다. 힘 $\vec{F}$를 작용하여 $d\vec{r}$만큼 이동했을 때의 극소한
일 dW는 식 (23)으로 정의된다.

$$dW = \vec{F} \cdot d\vec{r} \tag{23}$$

이 양변을 적분하면 전체 일을 얻는다. 이때 우변의 적분이 선적분이다.

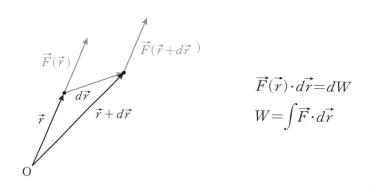

$$\vec{F}(\vec{r}) \cdot d\vec{r} = dW$$

$$W = \int \vec{F} \cdot d\vec{r}$$

이제 대학수학 과정의 하이라이트를 다룰 때가 되었다. 그것은 바로 발산정리divergence theorem와 스토크스 정리Stokes theorem이다. 이공계 대학생들이 1학년 때 1년 과정으로 배우는 미적분학이 있다. 이 미적분학 1년 과정의 목표를 딱 한마디로 말하면 바로 발산정리와 스토크스 정리를 익히는 것이라고 할 수 있다. 그만큼 이 두 정리는 중요하며 물리학에서도 두루 쓰인다.

발산정리는 어떤 벡터함수의 발산에 대한 부피적분이 그 벡터함수의 면적분과 같다는 관계를 식으로 나타낸 것이다.

$$\int_V \vec{\nabla} \cdot \vec{F} \, dV = \int_A \vec{F} \cdot d\vec{A} \tag{24}$$

여기서 인테그럴 아래쪽의 $V(A)$는 이 적분이 부피적분(면적분)임을 나타낸다. 우변의 면적요소 $d\vec{A}$는 넓이요소에 방향을 부여한 벡터로서 그 방향은 넓이가 정의된 면의 수직방향으로 정의된다. 수학적인 면에서 보자면, 식 (24)의 좌변은 미분과 적분이 혼재되어 있다. 따라서 하나의 적분요소는 미분과 상쇄될 것으로 예상할 수 있다. 3차원 적분에서 하나의 적분요소가 빠지면 그것은 2차원 적분이 될 것이다. 그것이 바로 우변이다.

발산정리는 가우스 정리 또는 가우스 법칙이라고도 하는데 특히 물리학에서 그 활용 범위가 넓다. 앞서 어떤 벡터장의 발산은 그 벡터장의 샘 source이라고 했다. 정확하게는 그 샘의 밀도(즉 부피로 나눈 양)이다. 따라서 식 (24)의 좌변은 벡터장의 근원이 되는 샘이라고 할 수 있다.

전기장에 대해서 말하자면 좌변은 전하량이 되고, 중력장에 대해서 말하자면 좌변은 질량이 된다. 공간 속에 하나의 전기전하가 있으면 거기서 비롯된 전기장은 온 사방으로 구면대칭적으로 뻗어나간다. 따라서 전기전하를 중심으로 거리가 r인 구면을 가상적으로 그려봤을 때(이 면을 가우스면이라고 부른다) 그 구면을 통과하는 전기장은 항상 그 구면에 수직인 방향으로 똑같은 크기를 가지고 뻗어나갈 것이다. 전기장은 구면에 수직이고, 또한 구면의 넓이를 규정하는 면적분의 요소 $d\vec{A}$의 방향도 구면에 수직이므로 전기장과 $d\vec{A}$는 같은 방향이다. 따라서 식 (24)의 우변은 식 (25)가 된다

(여기서 F가 모든 면적요소에 대해 일정한 상숫값이므로 적분 밖으로 쉽게 끄집어낼 수 있다).

$$\int_A \vec{F} \cdot d\vec{A} = F \cdot 4\pi r^2 \tag{25}$$

식 (25)와 식 (24)의 좌변을 조합하면 거리의 제곱에 반비례하는 힘을 얻는다. 이는 전기장(쿨롱의 힘)이나 중력(만유인력)에 모두 공통적이다.

가우스 법칙은 다양한 상황에 폭넓고도 강력하게 적용할 수 있다. 또한 가우스면 안에 존재하는 벡터장의 근원이 구면 대칭성만 만족한다면 그 가우스면 안쪽에서 어떤 형태를 취하든 수학적 결과는 똑같다. 이는 태양과 지구 사이의 중력에 대한 문제에 매우 유용하게 적용할 수 있다.

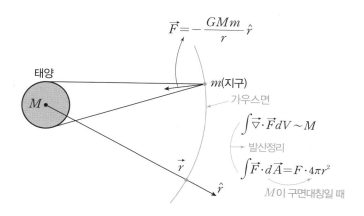

편의상 지구를 하나의 점(E)이라고 생각해보자. 지구에 중력을 미치는 태양(M)의 요소는 태양을 이루는 모든 질량요소이다. 태양을 구성하는 그 모든 요소가 지구에 미치는 영향을 모두 다 더했을 때(힘의 크기와 방향을 모두 다 고려해야 한다) 그 최종적인 결과가 과연 태양의 중심에 태양의 모든 질량이 집중된 상황과 똑같을까? 우리가 고전역학적으로 지구와 태양 사이의 만유인력을 다룰 때는 후자의 경우처럼 이상화된 상황을 상정하고 있다. 이 문제는 한동안 뉴턴을 괴롭혔다고 한다.

하지만 가우스 법칙을 적용하면 이 문제가 손쉽게 해결된다. 태양의 질량이 구면 대칭적이기만 하면(이는 충분히 그럴듯한 가정이다) 지구 입장에서 봤을 때(즉 태양을 중심으로 한 가우스면이 지구에 이르도록 했을 때) 지구를 포함한 가우스면의 안쪽에 있는 태양이 중심에 집중되든 적당한 크기로 분포해 있든 그 결과 구면 대칭적인 중력장만 내게 된다면 식 (24)의 좌우변은 수학적으로 모두 똑같은 결과를 낸다.

발산정리 또는 가우스 법칙의 강력한 위력을 실감한 사람이라면 누구나 가우스의 위대함에 다시 한번 탄복한다. 그래서 물리학을 배우는 학생들은 누구나 한 번쯤 '가우스 신드롬'에 빠지곤 한다. '가우스는 왜 그렇게 똑똑하고 위대할까' 하고 자괴감에 빠지게 된다는 것이다.

스토크스 정리부터 측량 텐서까지

스토크스 정리는 어떤 벡터장의 컬에 대한 면적분이, 벡터장을 그 면의 경계선을 따라 선적분한 결과와 같다는 정리이다.

$$\int_V (\vec{\nabla} \times \vec{V}) \cdot d\vec{A} = \int_{\partial A} \vec{V} \cdot d\vec{r} \tag{26}$$

여기서 우변의 ∂A는 면적 A의 경계선을 나타낸다. 발산정리와 마찬가지로 스토크스 정리도 수학적으로 따져보면 대략 이해가 가능하다. 즉 좌변의 컬은 하나의 미분연산자를 가지고 있으며 그것을 2차원 적분한다. 따라서 하나의 미분과 하나의 적분이 상쇄될 것이고 결국 1차원 적분만 남게 된다. 그 결과가 우변이다. 게다가 이미 언급했듯이 컬이 0이 아니라는 이야기는 그 벡터장이 뭔가 회전하는 방향성을 갖고 있다는 말이다. 그래서 우변의 선적분은 좌변의 면적분이 정의된 넓이의 경계선을 따라 돌아가는 선적분과 관계가 있다.

스토크스 정리도 물리학에서 폭넓게 적용된다. 특히 전자기학에서 쓰임새가 많다. 예를 들면 도선에 전류가 흐를 때 그 주변에 자기장이 형성된다. 이때의 자기장은 도선의 전류방향을 엄지손으로 가리켰을 때 나머지 네 손가락이 휘감는 방향으로 생긴다. 즉 자기장이 도선을 감싸 안듯이 회전하는 방향으로 생긴다. 따라서 이 경우 도선 주변의 자기장의 컬은 0이 아닌 값을 가진다. 실제로 전류를 J(정확히는 전류밀도이다), 그 전류가 흐르는 도선 주변의 자기장을 H라고 하면 식 (27)과 같은 관계가 있다.

$$\vec{J} \sim \vec{\triangledown} \times \vec{H} \tag{27}$$

여기에 스토크스 정리를 적용하면 발산정리에서와 마찬가지로 도선 주변의 자기장을 쉽게 구할 수 있다.

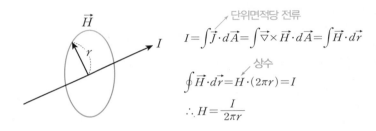

발산정리와 스토크스 정리가 매우 유용하게 쓰이는 유명한 방정식이 있다. 이것은 고전적인 전자기학을 집대성한 맥스웰의 방정식으로서 모든 전자기학은 다음의 네 방정식으로 설명된다.

쿨롱의 법칙: $\vec{\triangledown} \cdot \vec{E} = \rho / \varepsilon_0$

홀극자 문제: $\vec{\triangledown} \cdot \vec{B} = 0$

앙페르의 법칙: $\vec{\triangledown} \times \vec{B} = \varepsilon_0 \mu_0 \dfrac{\partial \vec{E}}{\partial t} + \mu_0 \vec{J}$

패러데이의 법칙: $\displaystyle\int \vec{\triangledown} \times \vec{E} = -\int \dfrac{\partial \vec{B}}{\partial t}$

쿨롱의 법칙은 전기전하들 사이의 힘이 전하량의 곱에 비례하고 거리의 제곱에 반비례한다는 법칙이다. 좌변의 전기장의 발산이 전기장의 근원(즉 전기전하)에 비례한다는 것이 첫 번째 방정식의 뜻이다. 여기에 가우스 법칙을 적용하면 거리의 제곱에 반비례하는 전기장을 얻는다(전기장은 단위 전하량당 힘이다).

홀극자 문제는 자기장의 근원에 대한 것이다. 자기장 B의 발산이 0이므로 이는 자기장의 근원이 없다는 뜻이다. 이는 자연에서 발견되는 자기장의 중요한 성질 가운데 하나이다. 전기장은 전기전하처럼 독립적인 전기장의 근원이 있지만 자기장은 항상 N극과 S극이 붙어 다닌다. 그래서 자기장의 발산은 항상 0이다. 한쪽 극에서 나온 자기장이 다른 쪽 극으로 반드시 들어가기 때문이다. 만약 전기전하와 비슷한 자기홀극자라는 것이 있다면 맥스웰의 두 번째 방정식은 수정되어야 한다. 실제로 폴 디랙은 자기홀극자가 존재한다고 가정하고 자신의 이론을 전개한 바 있다. 그리고 지금도 자연계에서 자기홀극자를 찾기 위한 노력이 이어지고 있다.

세 번째 방정식은 앙페르의 법칙이라고 불린다. 그 뜻은 도선에 전류가 흐르면(이것은 우변의 두 번째 항 J에 관한 내용이다) 주변에 자기장이 생긴다는 뜻이다. 또는 전기장이 시간에 따라 변하더라도(이것은 우변의 첫 번째 항에 관한 내용이다) 자기장이 생긴다. 좌변이 자기장의 컬로 주어져 있으므로 이때 생기는 자기장이 어떤 방향으로 회전함을 알 수 있다.

마지막 방정식은 패러데이의 법칙이다. 이것은 앙페르의 법칙과 상반되는 내용으로서, 자기장이 시간에 따라 변하면(우변) 그 주변에 전기가 생긴다(좌변)는 뜻이다. 좌변이 전기장의 컬이므로 이때 유도되는 전기장 또한 회전성이 있다. 패러데이의 법칙은 전자기 유도의 법칙이라고도 하는데 발전기가 전기를 일으키는 원리가 이 방정식에 담겨 있다.

　　패러데이에 관해서는 다음과 같은 유명한 일화가 전한다. 패러데이가 전자기 유도현상을 발견한 뒤 하루는 빅토리아 여왕의 재무장관이 패러데이의 연구실을 방문했다. 패러데이는 자신이 발견한 신기한 현상을 여왕 앞에서 시연해 보였다. 장관이 패러데이에게 물었다. "이것은 무엇에 쓰는 것이오?" 패러데이가 머리를 조아리며 대답했다. "여왕 폐하께서 나중에 여기에다 세금을 부과하실 수 있을 겁니다." 이 일화는 과학자들이 기초과학의 중요성을 정치인들에게 설명할 때 자주 인용하는 대표적인 에피소드이다.

　　이날 강의는 푸리에 전개와 측량 텐서metric tensor를 간략하게 설명하는 것으로 마무리했다. 푸리에 전개는 테일러 전개 때 잠깐 말했듯이 임의의 함수를 삼각함수로 전개하는 것을 말한다. 삼각함수를 특징짓는 중요 요소는 그 파장이다. 푸리에 전개란 임의의 함수가 주어졌을 때 그 함수를 모든 파장의 삼각함수로 분해해서 더한 것이다.

푸리에 전개: $f(x)=\dfrac{1}{2}b_0+\sum(a_n\sin nx+b_n\cos nx)$

이때의 계수 a_n과 b_n은 삼각함수의 다음과 같은 성질을 이용하면 쉽게 구할 수 있다.

$$\frac{1}{2\pi}\int_0^{2\pi}\sin mx\sin nx\,dx=\frac{1}{2}\delta_{mn}$$

$$\frac{1}{2\pi}\int_0^{2\pi}\cos mx\cos nx\,dx=\frac{1}{2}\delta_{mn}$$

$$\int_0^{2\pi}\cos mx\sin nx\,dx=0$$

$$\delta_{mn}=\begin{cases}1\,(m=n\text{일 때})\\0\,(m\neq n\text{일 때})\end{cases}$$

이로부터 다음이 성립함을 알 수 있다.

$$a_k=\frac{1}{\pi}\int_0^{2\pi}f(x)\sin kx\,dx$$

$$b_k=\frac{1}{\pi}\int_0^{2\pi}f(x)\cos kx\,dx$$

측량 텐서는 임의의 좌표계에서 두 점 사이의 거리를 재는 방식이라고 했다. 일반상대성이론에서는 시간까지 포함하는 4차원 시공간에서의 거리를 재는 방식이 등장한다. 텐서$_{\text{tensor}}$는 벡터가 확장된 개념이라고 할 수 있는데, 10월 강의 때에 본격적으로 설명할 예정이다. 우리의 최종 목표인 아인슈타인의 중력장 방정식은 시공간에 분포한 에너지에 따라 시공간의 측량 텐서가 어떻게 주어지는지를 기술하는 방정식이다. 일반상대성이론을 본격적으로 공부하면 이날 강의에서 봤던 것과 비슷한 모양을 다시 볼 수 있을 것이다.

아무튼 이날 강의의 핵심은 역삼각형 모양의 미분연산자인 델과 이를 이용한 각종 연산, 특히 발산정리와 스토크스 정리를 이해하는 것이었다.

$$\int_V \vec{\bigtriangledown} \cdot \vec{V} dV = \int_A \vec{V} \cdot d A$$
$$\int_A \vec{\bigtriangledown} \times \vec{V} \cdot d \vec{A} = \oint_{\partial A} \vec{V} \cdot d \vec{r}$$

강의가 끝나자 요란한 박수가 터져 나왔다. 나도 기뻤다. 이제 12개월 대장정의 반환점을 돈 셈이다. 이 정도면 고전역학과 일반상대성이론, 특히 아인슈타인 방정식을 풀기 위해 필요한 최소한의 수학 공부는 마친 셈이다. 물론 수강생들이 이 모든 내용을 얼마나 잘 익혔느냐 하는 것은 별개의 문제였다. 머리가 희끗한 P는 얼마나 잘 이해하고 있었을까? 아마도 그 답은 부정적일 듯했다. 하지만 적어도 '원리적으로는' 우리가 공부한 방향대로 따라오면 아인슈타인 방정식에 접근할 수는 있다.

오랜 시간 강의를 하느라 또 듣느라 지쳤지만 다들 기쁜 마음과 밝은 표정으로 짐을 챙겼다. 종강파티를 위해 주변의 중국집을 예약해둔 상태였다.

제17장

한 학기의
마무리

종강파티 장소는 대학로 일석기념관 근처에 있는 중국집이었다. 입구 왼쪽 안으로 기다랗게 별도의 방 형식으로 자리가 마련되었고, 20여 명의 수강생이 몰려들었다. 수학아카데미 과정이 아직 절반이나 남았는데도, 벌써 절반이나 지났다는 생각 때문인지 내 마음도 홀가분하기 그지없었다. 회장 P와 총무 K도 만면에 미소가 가득했다. 종강파티란 말 그 자체만으로도 즐거운데 별 탈 없이 상반기 6개월 강의를 무사히 끝냈으니, 그동안의 강의 내용을 얼마나 이해했는지와는 상관없이 종강파티 준비팀의 마음도 뿌듯했으리라.

수강생 중 한 명이 종강을 축하하는 케이크도 준비해 왔다. 20명이 넘는 사람이 코스요리를 먹을 수 있었던 것은 여전히 수학아카데미의 재정 상태가 튼튼했기 때문이었다. 나중에 K가 결산을 해서 게시판에 보고한 바에 따르면 6월 종강파티까지 상반기 모든 일정이 끝난 뒤에도 약 78만 원이 남아 있었다.

음식이 나오기를 기다리는 동안 함께 자리했던 사람들이 돌아가면서 한마디씩 소감을 밝혔다. 나는 급한 대로 가방에서 종이를 하나 꺼내 그 뒷면에다 받아 적었다.

이○○: 백북스의 다른 교육프로그램에도 1년 동안 다녔고 대안학
　　　　교도 다녀왔습니다. 이해가 안 돼도 수학으로 제대로 배우
　　　　고 싶어서 수업을 듣게 되었습니다.

이○○: 책 받으러 왔다가 수학아카데미에 참석하게 되었습니다. 분위기가 아주 좋네요.

김○○: 과학을 수식으로 본격적으로 공부해보라는 어느 박사님의 권유로 신청했습니다.

이○○: 한의학의 접근법과 과학의 접근법이 서로 다른 것 같습니다. 평소에 과학과 수학에 대한 갈증이 있었습니다. 완전히 이해는 못 하더라도 감상할 수 있는 단계까지 이르면 좋겠어요. 일단 '복습모임을 충실히 하자'라고 생각하고 있습니다. 그리고 배우고만 끝낼 게 아니라, 수강생끼리 서로서로 배움을 나누는 것이 중요하다고 봅니다.

김○○: 수학에 대한 자신감을 갖고 싶었습니다. 3월 이후에는 수업에 못 나와서 아쉽네요.

김○○: 저는 올해 군대에서 제대했고 다음 학기에 복학할 예정입니다. 물리에 관심이 많고요. 학교에서 배운 내용이지만 다시 배워서 새롭고, 일반상대성이론도 더 자세히 배우고 싶습니다.

전○○: 수업 장면을 촬영하고 편집하느라 복습에 소홀했던 게 아쉬움으로 남습니다.

하○○: 하반기까지 다 들어봐야 총평이 가능할 것 같습니다.

김○○: 힘들었지만 행복하고 즐겁습니다. 복습모임이 도움이 많이 되고요. 백북스 복습모임에 참여했을 때 서로가 도움을 주고자 하는 모습에 감동했습니다. 이것이 새로운 과학문화 운동으로 발전할 수 있기를 바랍니다. 앞으로도 계속 공부하면서 나눔과 배움을 이어나갔으면 좋겠습니다.

김○○: 오늘은 수업을 들으면서 절망했습니다. 일단 목표는 하반기까지 100% 출석하는 것입니다.

최○○: 평소에 과학책 독서를 많이 해왔고요. 백북스에서 물리학 강의도 들었습니다. 오늘도 편하게 들었어요. 여건이 되면 계속 동참하고 싶습니다.

이○○: 일반상대성이론을 알고 싶어요.

김○○: 어느새 수업 내용을 따라가기 어려워졌습니다. 하지만 그만큼 자존감이 높아지네요.

최○○: 헤드헌팅 쪽에서 일하고 있는데, 수학을 잘하면 몸값도 올라갑니다. 강의 때 이론의 발달 배경이나 활용 등도 함께 이야기해주시면 더욱 좋을 것 같습니다.

김○○: 저는 통합적인 사고가 무척 중요하다고 생각합니다. 물리, 경영, 철학 이 모든 것을 따로따로가 아니라 하나로 통합해서 파악해야 합니다. 수업을 들으면서 세세한 부분은 잘 이해하지 못했지만 큰 방향은 대강 짐작할 수 있어서 좋았습니다.

안○○: 어느 박사님의 불교 TV 강연을 듣고 백북스를 처음 알게 되었습니다. 일반상대성이론을 이해할 때까지 계속 공부하고 싶습니다.

조○○: 사회학을 전공했습니다만 과학 지식을 쌓아야겠다는 생각을 늘 갖고 있었습니다. 그래서 이렇게 수학 공부를 시작했습니다.

안○○: 혼자서 수학과 과학을 공부하다 좌절했습니다. 그래서 수학아카데미에 참석하게 되었고요. 이과 출신으로서 다른 분의 학습을 도울 수 있는 길도 찾고 싶습니다.

박○○: 저는 고등학교 때 필요성을 못 느껴서 수학 공부를 안 했습니다. 하지만 이런 말이 있지요. '21세기 교양은 자연과학이다.' 저의 목표는 미적분 제대로 풀기입니다. 그리고 좀 더 나아가서 일반상대성이론을 수식으로 푸는 것이지요. 백북스와 함께하면서 느낀 점은 배움은 나눔이라는 것, 그

리고 독서도 책을 읽는 것 자체보다 '학습독서'가 중요하다
는 것입니다.

배움을 서로 나누자는 의견에 나도 크게 공감했다. 내 경험으로
볼 때도 서너 명 정도의 소규모 스터디 그룹을 만들어서 함께 공부
할 때 가장 학습 효과가 좋았던 것 같다. 하지만 본업과 일상이 있
는 분들이 따로 시간을 내서 스터디 모임을 꾸리기란 매우 어려운
일이다. 수학아카데미가 좀 더 체계적으로 발전할 수 있다면 열정
이 있는 분들이 조금이라도 더 부담 없이 공부할 수 있지 않을까 하
는 생각이 식사하는 내내 머리를 맴돌았다.

그날의 종강파티는 배부른 중국식 코스요리에 뒤이어 맥줏집에
서의 술자리로 끝났다.

1학기 강의가 끝났으니 마음은 홀가분했지만 전체 일정으로 보
자면 이제 절반을 끝냈을 뿐이다. 특히 본격적인 일반상대성이론은
2학기에 나온다. 수강신청도 새로 받아야 한다. 하지만 작년 12월
처럼 과연 몇 명이나 신청을 할까 하는 걱정은 더 이상 하지 않았
다. 1학기 때처럼 70명 가까운 사람이 몰려들지는 않겠지만 적어도
그 절반인 30여 명은 지원할 것으로 예상했다. 그리고 시간이 지나
면 평균 수강인원이 20여 명 선을 유지할 것 같았다. 그 정도면 대
만족이었다. 지금은 작년 겨울의 경험도 있고, 회계문제를 전담하
는 K도 있고, 무엇보다 지난 6개월 동안 우리가 해온 강의가 있었

기 때문에 실무 준비나 기타 강의 운영과 관련해서 큰 걱정은 없었다. 6월 강의가 끝난 며칠 뒤 인터넷 게시판에 2학기 수강신청 공고가 올라갔다.

6월의 번개

6월 마지막 주에 번개모임이 있었다. 장소는 광화문 근처의 순대 체인점이었다. 이날 모임은 1학기의 성료를 자축하고 7월에 시작되는 2학기에도 잘해보자며 결의를 다지는 자리였다. 그날은 내가 가장 먼저 도착해서 자리를 잡았다. 그 순댓집은 작년 9월 동호회 모임을 끝내고 뒤풀이를 하면서 처음으로 수학 공부를 시작하자는 이야기를 꺼냈던, 수학아카데미 입장에서는 꽤 유서 깊은 장소였다. P도 작년의 일을 기억하고 있었다. 그게 가능할까 싶었는데 벌써 미적분과 대학수학 과정을 거쳐 반환점을 돌아버렸다.

그날 저녁모임에는 예닐곱 명이 모였다. 멀리 인천에서 오신 분도 있고, 강남에서 한의원을 운영하는 분도 있고, '다음엇지'라는 필명으로 인터넷에서 명성이 자자한 분도 있었다. 다음엇지는 2학기 강의부터 참석할 예정이었다. 순댓국집에서는 식사를 하면서 서로의 근황과 인사말 등을 나누었고 자리를 옮겨 근처 카페에서 담소를 이어갔다.

남자들만의 수다가 얼마나 재미있던지 그날 카페에서는 서로 재잘대느라고 시간 가는 줄도 몰랐다. 그렇다고 대화 주제가 가볍거나 신변잡기적인 것도 아니었다. 우선 2학기 때 공부를 어떻게 할 것인지 서로 의견을 나누었는데 아인슈타인의 논문 〈기초〉(1916)를 번역하면 어떻겠느냐는 이야기도 있었다.

이 논문은 내가 소개한 참고자료였다. 그리고 〈기초〉는 아인슈타인이 그때까지 자신이 구축한 일반상대성이론을 집대성하여 교과서 형식으로 해설하듯이 쓴 논문이다. 이 논문으로 일반상대성이론을 공부하더라도 크게 모자람이 없을 정도이다. 하지만 아무래도 처음 공부하는 사람이, 그것도 영문으로 된 논문을 곧바로 보는 것은 무척 어렵다. 〈기초〉는 총 22장 54쪽에 달하므로 분량도 만만치 않다. 불행히도 이 논문은 당시 한글로 번역되지 않았다. 앞서 얘기했지만 이 논문뿐만 아니라 학문적으로 중요한 저작의 상당수가 한글로 번역되지 않은 것은 참으로 안타까운 일이다.

〈기초〉 번역과 관련된 일은 내가 다시 정리해서 게시판에 올리기로 했다. 번역에는 다음엇지가 큰 관심을 보였다. 수학아카데미 분들이 상대성이론을 비롯한 과학 전반에 관심이 많다 보니 과학이란 무엇인가, 그것을 어떻게 받아들여야 하는가에 대한 이야기도 많이 나왔다. 이런 주제는 교양과학도서로 자기 나름대로 과학 공부를 해온 동호회 사람들이 한 번쯤은 생각해봤을 문제이다. 일선 과학자인 나에게도 이 문제는 무겁게 다가올 수밖에 없다. 사실 내 주변을 둘러봐도 이런 문제를 깊고 진지하게 고민하는 과학자를 찾기란 쉽지 않다. 한국에서는 그런 교육이 어떤 형태로든 제대로 이루어지지 않기 때문이다.

그날 자리를 같이 했던 한의사 한 분은 한의학에 대한 독특한 시각으로 모두의 이목을 끌었다. 한마디로 한의학에 대해 솔직한 한의사였다. 자신이 보기에는 한의학에 비과학적인 요소가 많다며 한의학이 과학적인 의학이 되려면 무엇이 필요할지 과학자들은 실제로 어떻게 과학을 하는지 궁금하다고 했다. 그런 생각에 이끌려서 수학아카데미에 참석한 것이었다.

그와의 대화를 통해 우리는 한의학의 또 다른 면을 알게 되었고, 세상에는 이런 고민을 하는 한의사도 적지 않구나 생각했다. 보약이 어떠니 사상체질이 어떠니… 한의사가 아니라도 대한민국 국민이라면 다들 한 자락씩 전해 들은 풍월이 있으니 그런 이야기들을 현대과학과 연결하여 현직 한의사와 함께 이야기하는 것도 색다른 재미가 있었다. 내년 수학아카데미 주제는 한의학으로 해보는 게 어떻겠느냐는 의견도 나왔다. 평소에 한의학에 관심이 있던 터라 만약에 그런 강의가 개설된다면 나도 평범한 수강생의 입장에서 등록할 작정이었다. 지금은 내가 강사로 나서서 '학습독서' 동호회 분들을 대상으로 수학과 물리학을 강의하고 있지만, 또 다른 분야의 전문가가 새로운 과목을 개설한다면 그만큼 우리의 '아카데미'도 풍성해질 것은 자명했다.

무더운 날 먹은 순댓국 때문이기도 했지만, 그날 자리를 파하고 집으로 돌아오는 길은 내내 배부른 기분이었다. 남은 2학기에 최선을 다해서 좋은 선례를 남긴다면 다른 좋은 강좌도 생겨나지 않을까 하는 기대감이 들었다.

7월의 번개

달이 바뀌자마자 7월 2일에 다시 번개가 잡혔다. 장소는 자주 모였던 종로의 르메이에르 빌딩 지하 음식점이었다. 이날에도 2학기 수학아카데미 운영에 대한 제안들이 오갔다. 나는 그 내용을 정리해서 다음 날 게시판에 올렸다.

어제 저녁에 수학아카데미 운영에 관한 이야기를 나누었습니다. 영문 텍스트를 직접 보고 공부하는 데 대한 부담감이 예상보다 무척 크다는 점을 모두 강조하셨고요. 그럼에도 불구하고 제 생각에는 이번 기회에 영문 텍스트로 공부하는 것이 아주 좋은 경험이 될 것 같습니다. 교양과학책들만 읽던 수준에서 한 걸음 더 나아가기 위해서는 이 장벽을 넘어서는 것이 불가결하지 않을까 싶네요. 잘 아시겠지만 한글 자료는 분야를 막론하고 무척 빈약합니다. 그게 우리의 현실이죠. 그래서 다음과 같은 방식을 제안합니다.

① 강의 자체는 되도록 교재에 크게 구애받지 않도록 구성하겠습니다.
② 여러분 혼자서 (또는 팀을 꾸려서) 공부하는 데에 도움이 되도

록 일반상대성이론 영문판에 나오는 전문용어들을 정리해서 올리겠습니다.

③ 번역 작업은 예정대로 진행하겠습니다. 빨리 번역본을 만들고 그걸로 공부하는 것도 한 가지 방법이지만, 직접 영문 텍스트로 공부하는 것 자체가 하나의 특별한 경험이 될 것입니다. 지금까지 번역 작업에 참여하겠다고 신청하신 분은 다섯 명입니다. 일단 다음 주말 하반기 첫 모임 때까지 신청을 더 받고요. 그날 최종적으로 번역팀을 꾸려서 계획을 세우고 역할 분담을 하겠습니다. 일반상대성이론 강의까지는 아직 몇 달 여유가 있으니까 부담이 가지 않는 선에서 일을 진행했으면 합니다. 물론 일이 빨리 진행된다면 10월 일반상대성이론에 들어갈 때 일부 번역본이 나올 수도 있겠습니다만 꼭 시한을 못 박을 이유는 없을 듯합니다.

일주일여가 지나면 2학기 첫 강의가 시작된다. 7~9월에는 고전역학을 강의하고 10~12월에는 대망의 일반상대성이론을 강의한다. 이제부터 물리학 강의를 본격화한다고 생각하니 설레기도 하고 긴장도 되었다. 9월에는 2~3주 동안 스위스의 CERN에서 연달아 열리는 학회 두 곳에 참석할 예정이었다. 그래서 9월에는 첫 주에 강의를 하기로 했다. 학회 때문에 어쩔 수 없이 한 주 당긴 것이었지만 다른 수강생도 한 달에 한 번 주말에 시간을 내느라 제각각 어려움이 있을 터인데 매달 둘째 주를 지키지 못하게 된 것은 못내 미안했다. 지난 3월에도 워크숍 때문에 한 주 당겨서 한 적이 있었다. 1, 2학기 모두 공교롭게도 세 번째 강의였다.

제18장

고전역학

지난 6월 강의와 마찬가지로 2학기에는 모든 강의가 2시부터 시작됐다. 1시간 30분 강의, 20분 휴식을 기본으로 하되 마지막 타임에는 1시간 20분을 강의하기로 했다(90분＋20분＋90분＋20분＋80분＝300분＝5시간). 그러면 7시에 모든 강의가 끝났다.

7~9월 동안 학습한 교재는 《일반물리학》 제1권이었다. 데이비드 할리데이, 로버트 레스닉, 절 워커가 함께 쓴 이 책은 2022년 현재 11판까지 나와 있다. 대학에서 일반물리학 교재로 오래전부터 널리 쓰인 명저이다. 나도 대학 1학년 때 이 책 3판으로 공부했었다. 한글본은 두 권으로 나뉘어 있는데 우리가 석 달 동안 배울 내용은 모두 제1권에 포함되어 있다. 제2권은 전자기학, 열역학 및 통계역학, 현대물리학 등을 다룬다. 뉴턴역학의 기본 얼개는 제1권의 내용만으로도 충분하다.

물리학의 단위

7월 강의는 물리학에서의 단위를 설명하는 것으로 시작했다. 단위는 물리에서 기본이 되는 개념이면서 아주 중요하다. 단위란 어떤 물리량을 재는 척도라고 할 수 있다. 길이의 단위는 미터$_m$이다. 질량의 단위는 킬로그램$_{kg}$이고, 시간의 단위는 초$_{sec}$이다. 각각 길이, 질량, 시간을 재는 국제규격으로서 단위의 머리글자를 따서 mks 단위라고 부른다. 한편 길이를 센티미터$_{cm}$로, 질량을 그램$_g$으로, 시간을 초로 재는 단위를 cgs 단위라고 한다. 이 둘은 모두 국제규격이다. 반면 미국에서 흔히 쓰는 피트나 야드, 파운드, 온스 등은 국제규격이 아니다.

단위가 뭐 그렇게 중요할까 싶지만 단위는 예상보다 훨씬 중요하다. 1999년에 무인화성기후궤도탐사선MCO이 폭발한 사건이 있었다. 사고 원인은 단위의 착오 때문이었다. MCO를 만든 록히드마틴 사에서는 탐사선의 점화 데이터를 야드로 표기했는데 NASA의 제트추진연구소JPL는 이를 미터로 착각했던 것이다. 유사 이래 군주가 천하를 통일하면 도량형의 통일을 우선시한 것은 그럴 만한 이유가 있어서였다.

물리량이 어떤 단위를 얼마만큼 포함하고 있는지를 따지는 것이 차원dimension이다. 속도의 단위는 보통 시속 몇 km인지로 따진다. 이를 기호로 쓰자면 km/h(h=hour)로 표현할 수 있다. 따라서 속도는 길이 차원이 하나 곱해져 있고 시간 차원이 하나 나누어져 있다. 이처럼 각 물리단위는 고유의 차원을 가지고 있다. 물리량의 차원은 대단히 유용하다. 대부분의 물리학자들은 어떤 계산 결과를 검토하거나 새로운 물리량이 등장할 때마다 항상 단위를 먼저 따져본다. 단위가 일치한다고 해서 모든 것이 들어맞을 리는 없겠지만 단위가 틀렸다면 그 결과도 분명 잘못된 것이다. 게다가 단위만 따져보아도 어떤 물리량이 다른 물리량들을 어떻게 조합해야 할 것인지와 관련해 유용한 힌트를 얻을 수 있다.

입자물리학에서는 편의상 자연단위계natural unit system를 즐겨 사용한다. 이 단위계에서는 광속$_c$과 플랑크 상수$_h$를 1로 놓는다. 광속은 빛의 속도이므로 m/sec의 단위를 갖는다. 이것이 1이므로 길이의 단위와 시간의 단위가 같다. 한편 플랑크 상수는 단위가 J.sec이다. 여기서 J는 주울로서 에너지의 단위이다. 따라서 플랑크 상수를 1로 두면 시간의 단위는 에너지 단위의 역수이다. 따라서 자연단위계에서는 (길이)=(시간)=$\dfrac{1}{(에너지)}$의 관계가 성립한다. 이 때문에 모든 물리량은 에너지 단위로만 표현 가능하다. 한때 재야의 물리학자 한 사람이 '제로존 이론'을 들고 나와 세상을 떠들썩하게 만든 적이 있다. 그 이론은 물리의 모든 단위가 하나로 통일되는 새로운 길을 찾았다고 하는데, 사실 그것 자체가 새로운 물리이론도 아닐 뿐더러 물리학자들이 예전부터 편의상 해오던 관습에 불과하다.

관습적으로 영문자 c로 표현되는 광속은 초속 30만 km에 달한다. 즉 c=300,000 km/sec다. 시속이 아니라 초속임에 유의하자. 한국형 고속철도인 KTX의 속도는 300 km/h에 불과하다. 이처럼 어마어마하게 큰 광속을 1로 두면 광속에 가까운 속도로 운동하는 물체를 다루기에 무척 편리하다. 이는 마치 모든 기차의 속도를 KTX의 속도를 기준으로 다시 측정한 것과도 같다.

반대로 플랑크 상수 h는 매우 작은 값이다($6.626 \times 10^{-34} J \cdot s$). 이렇게 작은 값을 1로 두면 원자와 같은 미시세계를 기술하는 데 편리하다. 그러니까 자연단위계는 미시세계의 입자가 광속만큼 빠른 속도로 운동하는 상황에 적합한 단위계이다.

아인슈타인의 유명한 방정식인 $E=mc^2$에 따르면 질량과 에너지는 서로 등가의 관계에 있으며 광속이 그 둘을 연결해준다는 점을 알 수 있다. 자연단위계에서는 $c=1$이므로, 단순히 $E=m$의 관계를 만족한다. 즉 에너지가 곧 질량이다.

위치, 속도, 가속도

다음으로는 물리에서 가장 기본이 되는 위치, 속도, 가속도의 정의와 이들 사이의 관계를 설명했다. 우선 위치position는 벡터임에 유의해야 한다. 갈릴레오와 뉴턴의 위대한 통찰력 덕분에 우리는 우주의 어느 곳도 다른 곳과 차이가 없다는 것을 알게 되었다. 게다가 모든 운동은 상대적이다. 속도의 변화가 없는 한, 내가 운동하는지 다른 사람이 운동하는지 알 길이 없다. 나란히 서 있는 기차 안에 있을 때 내가 탄 기차가 움직이는지 반대편 기차가 움직이는지 헷갈렸던 경험이 한 번쯤 있었을 것이다. 따라서 물체의 운동을 기술하려면 어떤 기준을 정해야 한다. 그렇게 정해진 기준에 대해 다른 점의 상대적인 위치를 정한 것이 바로 고등학교 과정에서 배운 위치벡터이다.

위치가 정확하게는 위치벡터임을 알면 그다음은 쉽다. 위치(벡터)의 시간에 대한 변화가 바로 속도(벡터)이고 속도(벡터)의 시간에 대한 변화가 바로 가속도(벡터)이다. 시간에 대한 변화란 시간에 대한 미분이다.

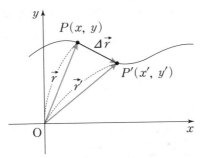

$\Delta \vec{r}$: 변위

$\vec{r}$: 위치벡터

$$\vec{v} = \lim_{\Delta t \to 0} \frac{\Delta \vec{r}}{\Delta t} = \frac{d\vec{r}}{dt}$$

속도＝(위치의 시간에 따른 변화)

$$= \frac{d}{dt}(\text{위치})$$

대개 단순히 속도velocity라고 하면 위치의 시간에 대한 미분으로 정의된 속도, 즉 순간속도를 뜻한다. 순간속도는 물체의 위치벡터가 변해가는 매 순간에서의 변화율이다. 반면 평균속도는 중간의 이동 경로는 무시하고 처음 시작점과 나중점만 생각해서 그 둘을 잇는 벡터에 대한 평균변화율만 생각한 값이다.

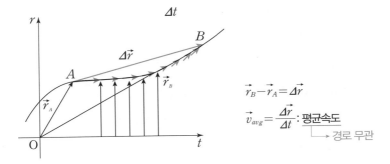

$$\vec{r}_B - \vec{r}_A = \Delta \vec{r}$$

$$\vec{v}_{avg} = \frac{\Delta \vec{r}}{\Delta t} : \text{평균속도}$$

└→ 경로 무관

3차원 위치벡터 $\vec{X} = (x,\ y,\ z)$가 주어졌을 때, 이 벡터의 속도 $\vec{v}$는 식 (1)과 같이 주어진다.

$$\vec{v} = \frac{d}{dt}\vec{X} = \left(\frac{d}{dt}x,\ \frac{d}{dt}y,\ \frac{d}{dt}z \right) = (v_x,\ v_y,\ v_z) \tag{1}$$

$\vec{v}$의 각 성분은 방향별 속도를 나타낸다. 비교를 위해 점 $A(A_x, A_y, A_z)$에서 점 $B(B_x, B_y, B_z)$로 시간 T만큼 걸려서 이동한 경우의 평균속도는(중간과정을 무시함에 유의하자) 다음과 같다.

$$\vec{v}_{avg} = \frac{(B_x, B_y, B_z) - (A_x, A_y, A_z)}{T}$$
$$= \left(\frac{B_x - A_x}{T},\ \frac{B_y - A_y}{T},\ \frac{B_z - A_z}{T} \right)$$

한편 속력speed은 속도벡터의 크기이다. 우리는 벡터의 크기가 어떻게 정의되는지 고등학교 과정에서 이미 배웠다. 식 (1)의 크기, 즉 속력은 식 (2)와 같다.

$$v = |\vec{v}| = \sqrt{v_x^2 + v_y^2 + v_z^2} \tag{2}$$

차원이 3차원이라고 해서 달라지는 것은 없다. 성분별로 운동을 분석하면 되기 때문이다. 3차원 운동은 독립적인 1차원 운동 3개가 합쳐진 운동이라고 보면 된다.

가속도_acceleration는 속도의 시간에 대한 변화이다. 따라서 속도와 가속도의 관계는 위치와 속도의 관계와 완전히 똑같다. 또한 가속도는 위치를 시간에 대해 두 번 미분한 값이다. 시간으로 미분하는 것은 매우 짧은 시간으로 나누는 것과 같으므로 속도의 단위는 당연하게도 m/sec가 되며 가속도의 단위는 m/sec²이다. 위치, 속도, 가속도를 1차원과 3차원의 경우에 따라 정리하면 다음과 같다.

	위치	속도	가속도
1차원	x	$v = \dfrac{dx}{dt}$	$a = \dfrac{dv}{dt} = \dfrac{d}{dt}\left(\dfrac{d}{dt}x\right) = \dfrac{d^2}{dt^2}x$
3차원	$\vec{r} = (x, y, z)$	$\vec{v} = \dfrac{d\vec{r}}{dt}$	$\vec{a} = \dfrac{d\vec{v}}{dt} = \dfrac{d}{dt}\left(\dfrac{d\vec{r}}{dt}\right) = \dfrac{d^2}{dt^2}\vec{r}$
단위	m	m/s	m/s²

물리에서는 시간에 대한 미분을 나타낼 때 문자 위에 점을 찍어서 나타내기도 한다.

$$\vec{v} = \dot{\vec{r}}$$
$$\vec{a} = \dot{\vec{v}} = \ddot{\vec{r}}$$

두 번째 식에서 위치벡터 위에 점을 2개 찍은 이유는 가속도가 위치벡터를 시간에 대해 두 번 미분한 것이기 때문이다.

가속도가 시간에 대해 변하지 않는 간단한 경우부터 생각해보자. 시간에 대해 변하지 않는다는 말은 시간에 대한 상수라는 뜻이다. 이처럼 가속도가 시간에 대해 상수인 운동을 등가속운동이라고 한다.

가속도가 상수이면 이로부터 위치와 속도, 가속도의 관계를 쉽게 정할 수 있다. 속도를 시간으로 미분한 것이 가속도이므로, 가속도를 시간으로 적분하면 속도가 나온다. 이때 가속도가 상수이면 적분이 단순하다.

$$a = \frac{dv}{dt} \Rightarrow dv = adt \Rightarrow \int_{v_i}^{v_f} dv = \int_{t_i}^{t_f} adt = a\int_{t_i}^{t_f} dt$$

$$[v]_{v_i}^{v_f} = a[t]_{t_i}^{t_f} \Rightarrow v_f - v_i = a(t_f - t_i)$$

$$\therefore v(t) = v + at \begin{pmatrix} v_f = v(t), v_i = v_0 \\ t_f = t, \qquad t_i = 0 \end{pmatrix}$$

위 식에서 v_0는 초속도이고 나중 속도인 v_f를 $v(t)$로 표현했다. 가속도인 a가 상수이므로 $v(t)$는 시간(t)에 대한 일차함수에 불과하다.

한편 속도는 위치를 시간으로 미분한 양이다. 그러니까 위에서 구한 속도를 시간에 대해 적분하면 위치를 얻는다. 피적분함수인 $v(t)$가 t의 일차함수이므로 이 적분은 그야말로 식은 죽 먹기이다.

$$v(t) = v_0 + at = \frac{dx}{dt}$$

$$\int_{x_i}^{x_f} dx = \int_0^t (v_0 + at) dt$$

$$x_f - x_i = v_0 t + \frac{1}{2} at^2$$

$$\therefore \ x(t) = v_0 t + \frac{1}{2} at^2 \left(\begin{matrix} x_f = x(t) \\ x_i = 0 \end{matrix} \right)$$

이 결과는 고등학교 과정의 물리학에서도 나온다. 하지만 고등학교에서는 물리의 기본을 미적분으로 가르치지 않기 때문에 이 간단한 결과를 도출하기 위해서 여러 가지 다른 논리를 동원한다(적어도 내가 배울 무렵, 그리고 그 뒤로도 한동안은 그랬다). 대학교 1학년 때 미적분을 기본으로 한 물리학이 얼마나 직관적이고 이해하기 쉬웠던지 무척이나 놀랐던 기억이 아직도 생생하다. 나는 그 놀라움을 수강생들에게 전해주고 싶었다. 세상의 삼라만상이 아주 단순한 수학기호 몇 개로 설명된다는 사실, 그 놀라움, 그 경이로움 말이다. 아마 수강생들도 그 경이로움을 직접 느껴보고자 이 자리에 앉아 있는 것일 테다.

1교시는 여기까지였다. 확실히 1학기 때보다는 시간에 대한 압박이 적었다. 그만큼 1학기 때 많은 분량을 강의해둔 덕분이다.

벡터

2교시는 1교시 막판의 결과를 그림으로 다시 보여주면서 시작했다.

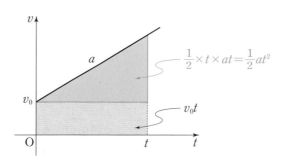

$$\frac{1}{2} \times t \times at = \frac{1}{2} at^2$$

$v_0 t$

대개 고교 과정에서는 위 그림처럼 속도–시간의 그래프를 그려서 회색으로 칠한 넓이가 이동거리(정확히는 위치)에 해당한다고 가르친 뒤 기하학적으로 넓이를 구한다. 다른 색으로 칠한 부분은 삼각형이므로 $\frac{1}{2}$이 필요하다. 하지만 적분을 동원하면 이렇게 에둘러서 설명할 필요가 없다. 게다가 $\frac{1}{2}$이 왜 나왔는지도 명확하다. $v(t) = v_0 + at$에서 at를 시간으로 적분하면 $\frac{1}{2} at^2$이 자동으로 나오기 때문이다. 물론 위 그림도 직관적으로 이해하는 데 도움이 되는 것은 확실하다. 그러나 위치와 속도, 가속도 사이의 본원적인 관계를 이해하려면 미적분의 언어를 구사해야 한다.

2교시에서 본격적으로 강의한 내용은 벡터였다. 벡터는 앞서 고등학교 과정에서도 다루었지만 일반물리학을 시작하는 마당에 다시 처음부터 정리하는 기분으로 강의를 진행했다. 벡터는 크기와 방향이 있는 양이고 스칼라는 크기만 있는 양이다. 벡터는 공간 속의 한 점을 기준으로 모두 표현이 가능한데 이런 벡터를 위치벡터라고 한다. 따라서 점과 벡터는 일대일의 대응관계가 있다. 공간 속의 점이 각 축에 따른 좌표, 즉 성분을 갖고 있듯이 벡터도 성분을 갖는다.

두 벡터의 더하기나 빼기는 벡터의 성분끼리 더하고 빼면 되므로 매우 쉽다. 이는 기하학적으로 평행사변형법 또는 삼각형법으로 표현 가능하다.

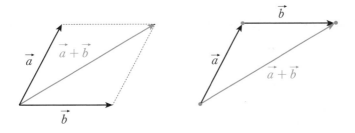

벡터를 성분으로 표현할 때는 기저벡터를 이용하면 쉽다. 기저벡터는 각 축에 평행하고 크기가 1인 벡터이다(기저벡터를 다르게 잡을 수도 있지만 대개는 이렇게 잡는다).

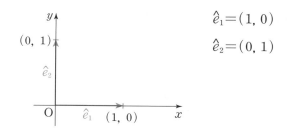

3차원이나 그 이상의 차원 속 벡터는 각 차원에 맞게 성분의 개수가 늘어날 뿐이다. 그리고 각 축을 표현하는 기저벡터도 마찬가지로 늘어난다.

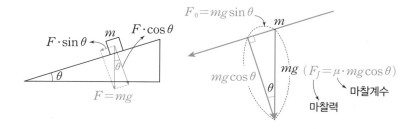

벡터는 크기와 방향을 모두 갖고 있는 양으로서 물리학에서 없어서는 안 되는 양이다. 일반물리학에서 가르치는 고전역학을 배우다 보면 항상 등장하는 문제 가운데 하나가 어떤 벡터량을 편의에 따라 성분별로 나누는 것이다. 예를 들면 위 그림처럼 빗면에 놓인 물체에 작용하는 힘을 빗면에 평행한 성분과 수직인 성분으로 나누면 이 물체의 운동을 이해하는 데 큰 도움이 된다.

벡터의 내적inner product과 외적outer product도 다시 정리했다. 내적과 외적은 두 벡터를 이용한 곱하기 연산이다.

내적: $\vec{A} \cdot \vec{B}$ ← 결과는 스칼라

외적: $\vec{A} \times \vec{B}$ ← 결과는 벡터

$$\vec{A} = (A_1, A_2, A_3), B = (B_1, B_2, B_3)$$

$$\vec{A} \cdot \vec{B} = \sum_i^3 A_i B_i = A_1 B_1 + A_2 B_2 + A_3 B_3$$

$$= |\vec{A}||\vec{B}| \cos\theta = \vec{B} \cdot \vec{A}$$

$$\vec{A} \times \vec{B} = \hat{e}_1(A_2 B_3 - A_3 B_2) + \hat{e}_2(A_3 B_1 - A_1 B_3)$$

$$+ \hat{e}_3(A_1 B_2 - A_2 B_1)$$

$$= det\begin{pmatrix} \hat{e}_1 & \hat{e}_2 & \hat{e}_3 \\ A_1 & A_2 & A_3 \\ B_1 & B_2 & B_3 \end{pmatrix} = -\vec{B} \times \vec{A}$$

벡터에 대한 강의를 마무리한 다음으로 나는 포물선 운동으로 넘어갔다. 포물선 운동은 고전역학을 적용해서 물체의 운동을 기술하는 가장 대표적인 사례이다. 포물선 운동의 원조라고 한다면 대포에서 발사한 포탄의 궤적을 들 수 있다(대포는 로켓과는 달리 일단 쏘면 그 초속도로만 운동한다. 반면 로켓은 자체 연료로 계속해서 가속운동을 할 수 있다). 이렇게 발사된 물체를 투사체projectile라고 한다. 중력이 작용하는 지표면에서 지면과 일정한 각도를 이루고 얼마간의 초

속도를 가진 물체가 어떤 운동을 하는지는 군사적으로도 매우 중요한 문제였을 것이다. 이런 물체가 수학적으로 포물선 운동을 할 것이라고 분석한 첫 인물은 갈릴레오였다. 여기서는 지금까지 우리가 배웠던 고전역학의 기본사항을 이용해서 투사체의 운동을 살펴보자. 투사체 운동의 일반적인 상황은 다음과 같다.

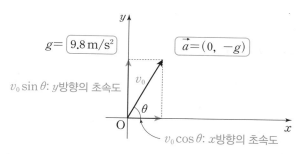

여기서 $\vec{a}$는 투사체에 대해 x축과 y축 두 방향으로 작용하는 가속도의 좌표이다.

$$\vec{a} = \frac{d\vec{v}}{dt}$$
$$\Rightarrow \vec{v} = \vec{v_0} + \vec{at}$$
$$\Rightarrow \vec{r} = \vec{v_0}t + \frac{1}{2}\vec{a}t^2 = (x,\ y)$$

먼저, 이 물체는 2차원 운동을 한다. 수평방향(x방향)과 수직방향(y방향)의 운동성분을 모두 가지고 있다는 말이다. 투사체 운동에서 가장 중요한 포인트는 x방향으로는 힘이 전혀 작용하지 않는 운동을 하고 y방향으로는 아래쪽으로 일정한 힘이 작용하는 운동을 한다는 점이다. x방향으로는 아무런 힘이 작용하지 않기 때문에 속도의 변화가 없다(이 점은 다음 달 뉴턴의 운동방정식을 배우면 더욱 명확해질 것이다). 속도의 변화가 곧 가속도이니까, x방향의 운동은 가속도가 0인 운동이다. 가속도가 0이면 물체는 일정한 속도로만 운동한다. 이런 운동을 등속운동이라고 부른다. 반면 y방향으로는 항상 아래쪽으로 힘을 받는다. 이 때문에 모든 물체에는 수직 아래쪽으로 일정한 가속도가 작용한다. 이런 운동을 등가속도운동이라고 한다. 지구 위에서 일정한 가속도가 생기는 이유는 물론 중력 때문이다. 우리는 9월 강의에서 왜 지구의 지표면에는 일정한 크기의 가속도가 작용하는지를 알게 될 것이다.

먼저 x방향의 운동을 살펴보자. 물체가 수평면과 θ의 각도를 이루고 초속도 v_0로 운동하므로, x방향의 초속도는 위 그림에서처럼 $v_0 = \cos \theta$이다. x방향의 운동은 등속운동이니까 이 속도가 항상 유지된다. 따라서 다음과 같은 결과를 얻는다.

x성분: $v_x(t) = v_0 \cos \theta$
$$\Rightarrow x(t) = (v_0 \cos \theta)t$$

운동의 수직성분에는 아랫방향, 즉 $-y$방향으로 일정한 중력가속도 g가 작용한다. 즉 $a_y = -g$이다(여기서 a_y는 가속도의 y성분이다). 이 식의 양변을 적분하면 y방향의 속도를 얻고, 그것을 다시 적분하면 y방향의 시간에 대한 위치를 얻을 수 있다.

$$y성분: v_y(t)=(v_0 \sin \theta)+(-g)t=v_0 \sin \theta - gt$$

$$y(t)=\int v_y(t)dt=(v_0 \sin \theta)t-\frac{1}{2}gt^2$$

이로써 우리가 필요한 정보는 다 얻었다. 이것을 좀 다르게 표현하기 위해 $x(t)$와 $y(t)$에서 시간 t를 소거해보자. $x(t)$의 식으로부터 다음을 얻을 수 있다.

$$t=\frac{x}{v_0 \cos \theta}$$

이를 $y(t)$에 대입하면 다음과 같이 됨을 쉽게 알 수 있다.

$$\therefore y=v_0 \sin \theta \cdot \left(\frac{x}{v_0 \cos \theta}\right)-\frac{1}{2}g\cdot\left(\frac{x}{v_0 \cos \theta}\right)^2$$

$$=x \tan \theta - \frac{g}{2v_0^2 \cos^2 \theta}x^2$$

$$=x\left(\tan \theta - \frac{g}{2v_0^2 \cos^2 \theta}x\right)$$

이 식은 $y=y(x)$의 형태로 표현되었고, $y(x)$가 x의 이차함수임을 한눈에 알 수 있다. 따라서 이 운동은 포물선 운동이다.

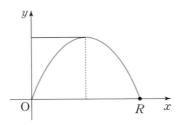

위 그림에서 R은 투사체가 날아가서 다시 땅에 닿는 곳의 위치다. 이 값을 레인지 Range라고 한다. 대포를 쏘는 입장에서는 얼마의 초속도로 얼마의 각도를 유지해서 쏘면 얼마만큼 날아갈 것인가가 초미의 관심사일 것이다.

R값은 $y=y(x)=0$이 될 때의 x값이므로 위 식에서 쉽게 구할 수 있다.

$$\tan\theta - \frac{g}{2v_0^2\cos^2\theta}R = 0 \Rightarrow R = \frac{2v_0^2}{g}\cdot\frac{\sin\theta}{\cos\theta}\cdot\cos^2\theta$$
$$= \frac{v_0^2}{g}\cdot 2\sin\theta\cos\theta$$
$$= \frac{v_0^2}{g}(\sin 2\theta)$$

마지막 단계에서 삼각함수의 덧셈정리가 적용되었음에 유의하라. 이 값을 보면 R이 최대가 될 때는 $\sin 2\theta$가 최대가 될 때이다. 사인함수는 그 각이 90도일 때 최댓값 1을 가지니까, $2\theta=90$도, 즉 $\theta=45$도일 때 가장 멀리 날아간다. 이것은 우리의 일상적인 직관과 부합하는 내용이다.

투사체에서 또 하나 관심 있는 양이 얼마나 높이 올라갈 수 있느냐이다. 이것은 최고점에 이를 때까지 걸린 시간을 알면 그 값을 $y=y(t)$에 대입해서 간단하게 구할 수 있다. 그 시간은 어떻게 알 수 있을까? 최고점에 이르면 투사체는 순간적으로 y방향으로 정지 상태에 있게 된다. 즉 순간적으로 y방향의 속도가 0이 된다. 따라서 $v_y(t)=0$을 만족하는 t의 값을 구해서 그 값을 $y=y(t)$에 대입하면 된다. y방향의 속도는 식 (3)과 같이 나타낼 수 있다.

$$v_y(t)=v_0 \sin \theta - gt \tag{3}$$

따라서 $v_y(t)=0$인 t의 값을 t_0라고 하면 식 (4)가 성립한다.

$$t_0 = \frac{v_0 \sin \theta}{g} \tag{4}$$

다시 이 값을 $y(t)$에 대입하면 다음의 값을 얻는다.

$$\begin{aligned} \therefore y(t_0) &= v_0 \sin \theta \cdot \frac{v_0 \sin \theta}{g} - \frac{1}{2} g \cdot \frac{v_0^2 \sin^2 \theta}{g^2} \\ &= \frac{v_0^2 \sin^2 \theta}{g} - \frac{1}{2} \cdot \frac{v_0^2 \sin^2 \theta}{g} \\ &= \frac{v_0^2 \sin^2 \theta}{2g} \end{aligned}$$

여기까지 강의하고 다시 휴식시간을 가졌다.

회전운동

마지막 3교시의 주제는 회전운동이었다. 회전운동은 고전역학
에서 특히 분석이 어렵기로 악명이 높은 주제이다. 하지만 자연에
는 회전운동이 무척 흔하다. 당장 우리가 사는 지구와 태양계는 끝
없는 회전운동을 하고 있다.

먼저, 어떤 물체가 줄에 매달려 일정한 속력으로 회전하는 경우
를 생각해보자. 속력이 일정하더라도 회전운동의 경우 물체의 속도
의 방향은 항상 바뀌기 때문에 이 운동은 가속운동이다. 그리고 그
가속도의 방향은 항상 회전운동의 중심방향이다. 이때 회전가속도
의 크기는 식 (5)와 같이 나타낼 수 있다.

$$a = \frac{v^2}{r} \tag{5}$$

여기서 r은 회전반지름이고 v는 물체의 선속도이다. 회전운동
이 일어나려면 이처럼 물체를 회전의 중심으로 당겨주는 힘이 있어
야만 한다. 이 힘을 구심력이라고 한다. 물체를 붙잡고 있는 줄이 그
역할을 한다. 지구-태양의 경우에는 둘 사이의 중력이 구심력이다.
한편 회전하는 물체의 입장에서는 바깥으로 튕겨 나가려는 힘을 느
낀다. 이 힘이 원심력이다. 원심력은 회전좌표계로 변환했을 때 좌

표변환 때문에 생기는 가상의 힘이다. 회전운동이 가능하려면 원심력과 구심력이 정확하게 비겨야 한다.

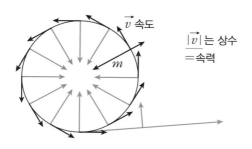

3교시는 식 (5)의 관계식을 유도하는 데 대부분을 할애했다. 유도방법에는 몇 가지가 있는데, 여기 소개하는 방법과 과정은 쓰임새가 많다. 먼저, 반지름이 1인 원주 위를 움직이는 점 $P(x, y)$를 생각해보자. 이때 원점 O와 점 P를 연결하는 직선이 x축과 이루는 각을 θ라고 하면 식 (6)이 성립함을 쉽게 알 수 있다.

$$x = \cos \theta,\, y = \sin \theta \tag{6}$$

표준기저벡터는 식 (7)과 같다.

$$\begin{aligned}
\hat{e}_1 &= \hat{e}_x = (1,\ 0) \\
\hat{e}_2 &= \hat{e}_y = (0,\ 1)
\end{aligned} \tag{7}$$

식 (7)을 이용하면 점 P를 나타내는 위치벡터 $\vec{p}$은 식 (8)과 같이 나타낼 수 있다.

$$\vec{p} = (x, y) = x\hat{e}_x + y\hat{e}_y = (\cos\theta, \sin\theta)$$
$$= \hat{e}_x \cos\theta + \hat{e}_y \sin\theta \tag{8}$$

여기서 회전운동을 나타낼 때 식 (7)과 같은 기저벡터 말고 새로운 기저벡터를 도입하면 편리하다. 기저벡터는 우리의 편의에 따라 좌표를 잡는 것과도 같으므로 상황에 가장 적절한 기저벡터를 잡아도 무방하다. 회전운동에서는 벡터 $\vec{p}$의 방향으로 뻗어나가는 단위벡터 $\hat{r}$과, 각도 θ가 돌아가는 방향 $\hat{\theta}$을 도입하면 편리하다. 지금 우리는 길이가 1인 단위원 위에서만 움직이는 점 P를 생각하고 있으므로, 식 (8)을 보면 $|\vec{p}| = \sqrt{\cos^2\theta + \sin^2\theta} = 1$임이 자명하다. 따라서 $\vec{p}$ 자신이 바로 $\vec{p}$방향의 단위벡터, 즉 $\hat{r}$임을 알 수 있다.

$$\vec{p} = (\cos\theta, \sin\theta) = \hat{r} \tag{9}$$

한편 $\hat{\theta}$은 점 P에서 원주 위를 돌아가는 접선방향이므로 $\hat{r}$과 수직이어야 한다. 따라서 앞의 그림에서 알 수 있듯이 식 (10)이 주어진다.

$$\hat{\theta} = (-\sin\theta, \cos\theta) \tag{10}$$

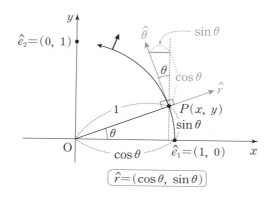

$$\hat{r}=(\cos\theta,\ \sin\theta)$$

기하학적으로 따지지 않더라도, $\hat{\theta}=(a,b)$로 놓고 $\hat{r}$과의 수직조건($\hat{r}\cdot\hat{\theta}=0$)과 단위벡터조건($|\hat{\theta}|=1$)을 쓰면 식 (10)을 얻을 수 있다. 실제로 식 (9), 식 (10)으로부터 식 (11)이 성립되어 두 벡터가 수직임을 쉽게 확인할 수 있다.

$$\hat{r}\cdot\hat{\theta}=-\cos\theta\sin\theta+\sin\theta\cos\theta=0 \tag{11}$$

표준기저인 식 (7)은 점 P가 변하더라도 변하지 않는다. 이는 각 성분이 상수라는 점에서도 자명하다. 하지만 새로운 기저인 식 (10)과 식 (11)은 점 P가 운동함에 따라 변한다. 시간이 변하면 각도 θ가 변하므로 식 (10)과 식 (11)은 시간에 따라 변하는 기저이다.

$$\frac{d\hat{r}}{dt} = \left(\frac{d}{dt} \cos\theta, \ \frac{d}{dt} \sin\theta \right)$$

$$= \left(\left(\frac{d}{d\theta} \cos\theta \right) \cdot \frac{d\theta}{dt}, \ \left(\frac{d}{d\theta} \sin\theta \right) \cdot \frac{d\theta}{dt} \right)$$

$$= (-\sin\theta \cdot \dot{\theta}, \ \cos\theta \cdot \dot{\theta})$$

$$= \dot{\theta}(-\sin\theta, \ \cos\theta) = \dot{\theta}\hat{\theta}$$

$$\frac{d\hat{\theta}}{dt} = (-\cos\theta \cdot \dot{\theta}, \ -\sin\theta \cdot \dot{\theta}) = -\dot{\theta}(\cos\theta, \ \sin\theta) = -\dot{\theta}\hat{r}$$

실제로 시간에 대한 미분을 계산해보면 위와 같은 놀라운 결과를 얻는다. 이때 합성함수의 미분법이 사용된 사실에 유의하자. 다시 정리하면, 식 (12)와 같다.

$$\frac{d}{dt}\hat{r} = \dot{\hat{r}} = \dot{\theta}\hat{\theta}, \ \ \frac{d}{dt}\hat{\theta} = \dot{\hat{\theta}} = -\dot{\theta}\hat{r} \tag{12}$$

여기서 위에 점을 찍은 것은 시간에 대한 미분을 뜻한다. 식 (12)에서 특히 $\dot{\theta} = \frac{d}{dt}\theta$는 시간에 대한 각도의 변화로서, 흔히 각속도angular velocity라고 부른다. 각속도는 초당 얼마의 각도만큼 회전했는가를 나타낸다. 각속도의 단위는 $\sec^{-1}$이다. 각도는 단위가 없는 양이라고 했다. 단위가 없는 각도를 시간으로 미분했으니 단위가 시간의 −1승이 된 것이다. $\sec^{-1}$은 특별히 헤르츠Hz라고도 부른다. Hz는 진동수, 즉 초당 몇 번 진동하는가를 나타내기도 한다.

각도는 호도법으로 쟀을 때 호의 길이에 대한 반지름의 비율이다. 따라서 호의 길이를 l이라고 하면 식 (13)과 같은 관계가 있다.

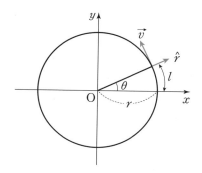

$$\dot{\theta} = \frac{d}{dt}\theta = \frac{d}{dt}\left(\frac{l}{r}\right) = \frac{1}{r}\frac{d}{dt}l = \frac{v}{r} \tag{13}$$

이제 등속원운동에 대해서 생각해보자. 등속원운동이란 원운동의 선속도 v가 상수인 운동이다. 등속원운동도 원운동의 일종으로서 가속도 운동임에 유의하자. 여기서 선속도 벡터 $\vec{v}$는 식 (14)로 주어진다.

$$\vec{v} = (v_x,\, v_y) = v\hat{\theta} \tag{14}$$

여기서 $v = |\vec{v}| = \sqrt{v_x^2 + v_y^2}$으로 선속도의 크기이다. 등속원운동은 v가 상수인 운동, 즉 $\frac{d}{dt}v = 0$인 운동이다. 이제 우리가 원하는 가속도 벡터를 계산할 때가 되었다. 식 (15)를 보자.

$$\vec{a} = \frac{d}{dt}\vec{v} = \frac{d}{dt}(v\hat{\theta}) = v\dot{\hat{\theta}} = -v\dot{\theta}\hat{r} \qquad (15)$$

여기에 식 (13)의 결과를 대입하면 식 (16)이 성립함을 알 수 있다.

$$\vec{a} = -v\dot{\theta}\hat{r} = -\frac{v^2}{r}\hat{r} \qquad (16)$$

식 (16)의 결과가 우리가 바라던 최종결과이다. 회전운동의 가속도 $\vec{a}$는 그 크기가 $\frac{v^2}{r}$이고 방향은 $\hat{r}$의 반대방향, 즉 회전의 중심 방향($-\hat{r}$)이다.

다음에 다시 다루겠지만, 이왕 이야기가 나온 김에 케플러의 법칙과 암흑물질에 대해 간단하게 설명했다. 케플러의 법칙은 행성운동에 대한 세 가지 법칙인데 그중 세 번째 법칙은 행성운동을 원운동이라고 가정했을 때 식 (16)과 뉴턴의 만유인력을 조합하면 얻을 수 있다. 즉 행성운동에서는 만유인력이 구심력의 역할을 한다. 뉴턴의 운동방정식 $F = ma$를 잠시 차용하면 식 (17)이 성립한다.

$$m\frac{v^2}{r} = \frac{GMm}{r^2} \qquad (17)$$

따라서 식 (18)과 같은 관계가 있음을 알 수 있다.

$$v \sim \frac{1}{\sqrt{r}} \qquad\qquad (18)$$

즉 회전운동을 하는 물체의 선속도는 거리의 제곱근에 반비례한다. 그런데 천문학자들이 은하의 별을 관측한 결과는 달랐다. 은하와 함께 회전하는 별의 속도를 회전중심으로부터의 거리의 함수로 그려본 결과, 회전 선속도가 식 (18)과 같지 않음을 알게 된 것이다.

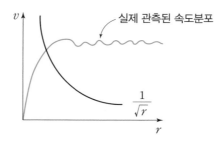

위 그림에서 검은 곡선은 케플러 법칙 식 (18)에 따른 속도분포다. 하지만 실제 관측된 속도분포는 표시한 부분과 같아서 거리에 따라 일정한 속도를 유지하는 패턴을 보였다. 이 결과는 은하에 우리가 관측할 수 없는 다른 물질이 분포하고 있다는 강력한 증거로 받아들여지고 있다. 이렇듯 우리 눈에는 보이지 않지만 은하의 상당 부분을 차지하는 물질을 암흑물질dark matter이라고 한다. 은하의 회전곡선이 케플러 법칙과 어긋난다는 사실은 암흑물질이 존재한다는 유력한 증거 가운데 하나이다.

고전적 상대성이론

　마지막으로 나는 고전적인 상대성이론에 대해서 간략하게 설명했다. 이것은 갈릴레오가 제안한 것으로, 앞서 설명했듯이 우주 공간에서의 모든 운동은 상대적이라는 원리를 고전역학적으로 구현한 것이다. 경험적으로 우리는 차를 타고 움직이면서 옆에서 달리는 차를 바라보면 지면에 정지해서 달리는 차를 볼 때와는 다른 운동을 목격하게 된다는 것을 잘 알고 있다. 이는 우리가 물체를 관측하는 좌표계가 다르기 때문이다. 다음과 같이 점 P를 관측할 때의 차이를 살펴보자. A는 편의상 정지한 좌표계, B는 A에 대해 상대적인 운동(편의상 등속운동이라고 하자)을 하고 있는 좌표계라고 생각하면 상황을 파악하기가 쉽다.

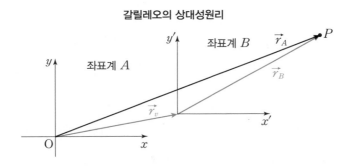

갈릴레오의 상대성원리

　그림에서 보듯이 $\vec{r_A}$는 좌표계 A에서 바라본 P의 위치이고 $\vec{r_B}$는 좌표계 B에서 바라본 P의 위치이며 $\vec{r_v}$는 A에서 바라본 B의 위

치이다. 이 세 가지 벡터 사이에는 식 (19)와 같이 간단한 관계가
성립한다.

$$\vec{r_A}=\vec{r_B}+\vec{r_v} \tag{19}$$

식 (19)의 양변을 시간에 대해 미분하면 식 (20)을 만족함을 알
수 있다.

$$\vec{v_A}=\vec{v_B}+\vec{V} \tag{20}$$

여기서 $\vec{v_A}$는 A 좌표계에서 측정한 P의 속도이고 $\vec{v_B}$는 B 좌표
계에서 측정한 P의 속도이며 $\vec{V}$는 A에서 측정한 B 좌표계의 속도
다. 식 (20)을 다시 쓰면 다음과 같은 관계를 얻는다.

$$\vec{v_B}=\vec{v_A}-\vec{V}$$

$\vec{v_B}$: 지하철을 타고 바라본 자동차 속도

$\vec{v_A}$: 정지해서 바라본 자동차 속도

$\vec{V}$: 지면에 대한 지하철 속도

구체적으로 지하철을 타고 가면서 바라본 자동차의 속도가 어

떻게 보이는지를 적어보았다. 이때 측정하는 좌표계의 상대적인 속도가 빼기로 들어가 있음에 유의하자. 이 관계식은 갈릴레오의 상대론을 표현한다.

아인슈타인의 상대성이론은 식 (20)과 다르다. 편의상 일차원 운동만 생각해보자. 아인슈타인이 10대 때에 고민했던 문제는 이런 것이다. 만약 빛의 속도로 운동하면서 빛을 바라보면 그 빛은 어떻게 보일까? 이 상황을 식으로 써보면 광속을 c라고 했을 때, $V=c$이고 $v_A=c$일 때 v_B는 얼마일까 하는 문제로 귀결된다. 식 (20)에 이 값들을 대입하면 식 (21)과 같이 된다.

$$c = v_B + c \tag{21}$$

이때 $v_B=0$의 결과를 얻는다. 하지만 이는 맥스웰 방정식의 결과와 배치된다. 빛은 좌표계를 바꾸더라도 항상 c의 속도여야만 하기 때문이다. 아인슈타인은 이것을 좌표변환에 대한 새로운 가정으로 도입하여 자신의 상대성이론을 구축했다.

그 결과만 써보면, 특수상대성이론에서 서로 다른 좌표계들 사이의 속도의 관계는 식 (22)와 같이 나타낼 수 있다.

$$v_B = \frac{v_A - V}{1 - \dfrac{v_A V}{c^2}} \tag{22}$$

식 (21)과 비교해보면 분모가 상당히 복잡해졌다. 하지만 이 덕분에 아인슈타인이 고민했던 상황에서도 올바른 결과가 나온다. 우선 계산의 편의상 $v_A = c$라고 두면(V는 나중에 c의 값으로 극한을 취한다고 생각하면 된다) 식 (23)과 같은 결과가 나온다.

$$v_B = \frac{c-V}{1-\dfrac{cV}{c^2}} = \frac{c-V}{1-\dfrac{V}{c}} = c\,\frac{c-V}{c-V} \tag{23}$$

이를 통해 빛은 어느 좌표계에서나 V에 상관없이 항상 c의 값임을 알 수 있다.

한여름의 개강

강의는 여기서 끝났다. 2학기 첫 강의는 순조롭고 여유로웠다. 해가 길기도 했지만 7시에 끝났으니 바깥도 훤히 밝았다. 수강생 반응도 나쁘지 않았다. 지난 6개월 동안 수학만 해왔던 터라 현실세계와 관계가 깊은 물리적인 내용이 나오니까 훨씬 더 익숙했을 것이다. 사실 우리가 눈으로 보는 현실세계를 간단한 수학 몇 줄로 쉽게 기술할 수 있다는 점은 대단히 놀라운 일이다. 나도 처음 물리학을 배울 때 그 점이 정말로 신기했다. 예컨대 공을 45도 각도로 던지면 가장 멀리 날아갈 것이라는 직관적인 판단은 투사체의 R값이 $\sin 2\theta$에 비례한다는 매우 간단한 계산 결과로 설명된다.

케플러의 법칙(식 (18))이 적용되지 않는 은하계의 질량분포가 암흑물질의 유력한 증거라는 내용도 수강생들이 많은 관심을 보였다. 그리고 아마도 가장 놀라웠던 식은 특수상대성이론에서 속도가 어떻게 더해지는가를 나타내는 식 (22)였을 것이다. 똑같은 광속으로 서로 반대로 움직이는 사람들이 상대방의 속도를 $2c$가 아니라 여전히 c로만 관측한다는 마법 같은 일이 식 (22)를 통해 명쾌하게 (물론 증명하지는 않고 소개만 했지만) 설명되기 때문이다. 교양과학책에서 그렇게 많이 봐왔던 광속불변이 이런 식으로 지켜지는구나 하고 알 수 있는 기회였다. 그래서인지 식 (22)와 식 (23)을 설명할 때는 수강생들의 집중력이 대단히 높아지고 있음을 느낄 수 있었다 (아니면 강의가 끝나가고 배가 고파져서 그랬을지도 모른다). 실제로 강의가 끝난 뒤에 "어떻게 광속끼리 더하거나 뺐는데도 다시 광속이 나오는지 이제야 알게 되었습니다"라는 말을 들을 수 있었다. 하지만 아직은 많은 분들이 언뜻 보기에 복잡해 보이는 수식을 여전히 어려워하는 표정이 역력했다.

식사를 하고 나서 아인슈타인의 2016년 논문 〈기초〉를 번역할 사람끼리 따로 모여 번역 작업 계획을 논의했다. 총 7명이 번역팀에 합류했다. 초벌번역의 1차 마감일은 8월 8일로 잡았다. 초벌번역 상태로라도 게시판에 업로드하면 더 많은 분이 아인슈타인이 직접 쓴 일반상대성이론의 해설 논문을 읽어볼 수 있으리라 기대했다.

나는 번역이 우선이라기보다 이런 작업을 통해서 일단 사람들이 영어 텍스트를 함께 공부하는 분위기를 만드는 것이 중요하다고 생각했다. 좋은 번역이 되려면 결국에는 한 사람이 한 호흡으로 어떤 형태로든 정리하는 단계가 반드시 필요하기 때문에 결국 마지막으로는 나의 손을 거쳐야 한다. 50여 쪽짜리 논문 번역에 굳이 여러 명이 달려들 필요는 없다. 하지만 이번 작업은 번역 자체보다도 번역을 계기로 함께 원전을 공부하고 토론하는 것이 중요하다고 생각했다. 그렇게 되면 번역에 참가하지 않는 사람들에게도 새로운 자극이 될 것이고 그렇게 공부한 내용을 서로 공유할 수 있지 않을까 싶었다.

7~8월 동안에 각자 맡은 번역본이 하나씩 게시판에 올라왔다. 결과론적으로 보자면, 이 작업은 크게 흥행하지는 못했다. 올라온 번역본이 그다지 많이 유통되지도 않았고 그것을 하나로 묶어내지도 못했다. 일차적으로는 모든 작업을 총괄해야 할 내가 게을렀던 데다 각자의 노력을 하나로 모아낼 만큼의 능력이 되지 않아서였다.

한 가지 치졸한 평계를 대자면, 일반인에게 영어 논문은 진입 장벽이 높다. 특히 기본적인 물리학 용어에 전혀 익숙하지 않은 상황에서 그 모든 것을 처음부터 다시 공부할 수도 없는 노릇이다. 사실 수학아카데미를 기획한 이유는 그렇게 처음부터 공부해야 할 모든 것을 최소한으로 줄여보기 위한 시도였다. 하지만 실제 번역을 해본 사람들에게는 조금이라도 남는 것이 있지 않았을까 싶다. 원전은 그 자체로 읽어볼 만한 가치가 있고 직접 그렇게 공부하다 보면 내가 무엇을 모르는지 더욱 명확하게 알 수 있기 때문이다. 무엇보다 아인슈타인 본인의 생각의 흐름을 추적해볼 수 있다는 것도 큰 즐거움이다.

쬠통 같은 무더위가 한창이던 8월의 강의는 8일로 예정되어 있었다.

제19장

뉴턴의
운동법칙

일반물리학 강의 교재로 쓰고 있는 할리데이, 레즈닉, 워커가 공저한 《일반물리학》은 전 세계 대학에서 널리 쓰인다. 근 20년 전인 1990년 대학 신입생이었던 나도 이 책으로 물리학을 배웠다. 그때는 저자가 할리데이와 레즈닉이었다. 그래서 흔히 '할리데이·레즈닉' 또는 '할리데이'로만 불렀다. 아직도 내 책장 한쪽에는 손때 묻은 그때의 할리데이가 웅크리고 있다. 너덜너덜해진 제본면에 붙인 청테이프도 20년 전 그대로이다.

고등학교를 갓 졸업하고 대학에 들어가 처음 접한 '대학교재'로서의 할리데이는 경악스러웠다. 일단 영어 원서로 공부한다는 사실 자체가 부담스러웠다(당시에는 한국어 번역본도 없었다. 물론 강의는 한국어로 진행되었다). 1,100쪽이 넘는 두툼한 분량도 나를 압도했다. 게다가 모양도 정사각형에 가까워서 들고 다닐 때 편리함이라고는 찾아볼 수 없었다.

내가 특별히 할리데이로 공부하기가 어려웠던 이유는 고등학교 때 선택과목으로 물리를 선택하지 못했기 때문이었다. 당시는 학력고사 시절이었다. 이과생이 학력고사를 보려면 과학과목에서 두 가지를 선택해야 했다. 하지만 일선의 고등학교에서는 교육의 편의를 내세워서 학교별로 선택과목을 미리 정해두는 경우가 많았다. 물리, 화학, 생물, 지구과학 등 네 과목 중에서 두 과목을 고르는 경우의 수는 (앞에서 배운 조합의 경우의 수를 이용하면) $_4C_2 = \dfrac{4 \times 3}{2!} = 6$가지이다. 이 모든 가능성에 맞춰 6개의 과학반을 운영하기란 현실적으로 곤란한 면도 있었을 것이다(만약 그때 고등학교 수업이 지금의 대학과 같은 식으로 과목별로 골라 듣는 방식으로 진행되었다면 별문제는 없었을 것이다). 내가 다닌 고등학교에서는 물리 – 지구과학, 화학 – 생물의 조합만 가능했다. 고3으로 올라가기 전 학생들 몇몇이 모여서 물리 – 화학반을 만들어달라고 일종의 탄원을 했지만 간단하게 진압되었다. 학교의 논리는 이랬다. 학생들의 선택에 따라 과학반을 나누면 공부를 잘하는 학생들은 잘하는 학생들끼리, 못하는 학생들은 못하는 학생들끼리 모이게 될 것이고 그렇게 되면 학교 전체의 분위기가 나빠진다고 했다. 요즘은 학교가 앞장서서 우열반을 나누려 한다는 뉴스를 들을 때마다 나는 고등학교 때의 생각이 떠올라 격세지감을 느끼곤 한다.

나는 어느 반이었냐고? 물론 화학 – 생물반이었다. 물리학과에 진학하려 했던 나로서는 참 난감한 상황이었다. 다행히 학력고사 점수를 높게 받은 덕분에 나는 무사히 물리학과에 진학할 수 있었다. 만약에 내가 물리 – 지구과학반이었다면 합격할 수 있었을까? 알 수 없는 일이다. 대학에 입학하고 나서도 한동안 나는 영원히 풀리지 않을 이 문제를 붙들고 있었다. 나와 아주 친했던 한 친구는 나와 반대로 물리 – 지구과학반에서 화학과로 진학하는 데 성공했다. 그래서 우리는 서로가 반을 바꾸었더라도 원하는 학과에 무난히 합격하지 않았을까, 그렇게 생각하며 위안을 삼았다.

물에 빠진 사람 구해줬더니 보따리 내놓으란다고, 고3 때는 어떻게든 대학에 붙기만 하면 좋겠다 싶었는데 막상 물리학과에 붙고 나니 고등학교 때 물리를 배우지 못한 것이 무척이나 아쉬웠다. 물리에 관한 한 거의 백지상태에서 집어든 1천 쪽짜리 원서 할리데이는 악몽이었다. 대학 신입생 시절에는 그렇게 할리데이(그리고 미적분학)를 따라가느라 정신이 없었다. 그렇다면 입시에서 화학생물을 선택한 결과 일반화학은 잘했을까? 불행히도 그렇지 않았다. 화학은 도무지 내 적성과는 맞지 않아서 고3 때도 입시에만 맞춘 문제풀이 연습에만 치중했던 탓에 대학에서 배운 일반화학은 전혀 낯선 과목처럼 보였다. 물론 그렇다고 새로운 흥미가 생긴 것은 더더욱 아니었다.

세월은 흘러 내가 대학 1학년 때 3판이었던 할리데이가 11판까지 나왔다. 수학아카데미에서 선택한 교재는 7판의 번역본이었다. 강의 준비를 위해 번역본 할리데이를 펼쳐보며 20년 전의 할리데이도 다시 꺼내서 보았다. 내가 20년 전 물리에 대해 거의 아무런 지식 없이 할리데이를 배웠듯이, 수학아카데미의 수강생 대부분도 물리에 대한 배경지식이 거의 없을 것이다. 그 때문에 나는 일종의 동병상련의 정을 느꼈다. 희미하게나마 내가 공부하면서 어려워했던 기억을 되살린다면 강의에 큰 도움이 될 것이라고 생각했다.

뉴턴의 운동법칙

8월의 강의는 뉴턴의 운동법칙부터 시작했다. 유명한 뉴턴의 세

가지 운동법칙은 다음과 같다.

① 관성의 법칙:

　외력이 작용하지 않으면 운동하던 물리계는 계속 운동하려고
하고 정지한 계는 계속 정지해 있으려고 한다.

② 가속도의 법칙:

　질량이 m인 물체에 힘 F를 가하면 m은 가속도를 가지며 그
관계는 다음과 같다.

$$F = ma$$

③ 작용 - 반작용의 법칙:

　힘은 항상 크기가 같고 방향이 반대인 힘과 쌍으로 작용한다.

관성의 법칙은 너무나 당연해 보이지만 역사적으로 되돌아보면
수천 년을 지배해온 아리스토텔레스의 세계관을 무너뜨린 법칙이
다. 아리스토텔레스는 지상에서 운동이 일어나려면 이른바 기동자
에 의한 접촉이 끊임없이 있어야 한다고 주장했다. 기동자란 운동
의 원천이 되는 요소로서, 예를 들면 달구지가 움직이기 위해서는
소가 계속해서 끌어야 하는데 이때 소가 기동자이다. 만약 소가 끌
기를 멈추면 달구지는 조금 굴러가다가 운동을 멈추고 정지한다.
　아리스토텔레스에 처음으로 반기를 든 사람은 갈릴레오였다. 갈

릴레오가 관성의 법칙에 이르게 된 것은 유명한 '빗면 사고실험' 덕분이었다.

위와 같이 V자 모양의 빗면에서 공을 굴리면 공은 빗면을 타고 내려가 반대편 빗면으로 올라가서 처음 위치와 똑같은 높이에 멈추게 될 것이다. 물론 이 과정에서 마찰 같은 요소는 모두 제거했다. 이와 같은 단순화 혹은 모형화도 갈릴레오의 공로라고 할 수 있다. 마찰이 없다면 V자 빗면 위의 공은 영원히 오르락내리락하는 운동을 계속할 것이다. 만약 반대편 빗면의 각도를 조금 낮추면 공은 같은 높이까지 올라가기 위해 더 먼 거리를 굴러갈 것이다. 나아가서 오른쪽 빗면을 아예 평평하게 펼치면 왼쪽 빗면에서 굴러 내려온 공은 끝없이 굴러갈 것이다. 여기에는 아무런 기동자가 필요 없다. 이런 식으로 해서 갈릴레오는 아리스토텔레스를 가볍게 무너뜨릴 수 있었다.

게다가 만약에 굴러가는 공과 똑같은 속도로 움직이면서 공을 바라보면 그 공은 마치 정지한 것처럼 보일 것이다. 이렇게 되면 정지 상태와 운동 상태를 구분하는 것은 물리적으로 아무런 의미가 없어진다. 정지 상태는 운동 상태의 특별한 경우일 뿐이다. 사실 이것이야말로 상대성이론의 출발점이다.

수학아카데미는 아인슈타인의 일반상대성이론을 배우기 위해 시작된 학습모임이다. 흔히 상대성이론이라고 하면 아인슈타인의 특수상대성이론과 일반상대성이론을 떠올린다. 그러나 앞선 강의에서도 소개했듯이 상대성이론의 원조는 갈릴레오였다. 갈릴레오의 상대성이론은 우리가 거시세계에서 일상적으로 경험하는 바와 아주 잘 맞아떨어진다. 특수상대성이론에서 광속을 무한대로 보내면 갈릴레오의 상대성이론으로 되돌아간다.

뉴턴은 갈릴레오의 관성의 법칙을 제1법칙으로 내세웠다. 관성의 법칙이 성립하려면 외력이 없어야 한다. 관성의 법칙이 성립하는 좌표계는 특히 관성좌표계라고 부른다. 지상의 실험실은 관성좌표계가 아니다. 항상 아래 방향으로 일정한 힘이 작용하기 때문이다. 정지한 물체는 계속 정지해 있지 못하고 끝없이 아래로 떨어지려고 한다. 게다가 떨어지는 속도는 시간에 따라 커진다. 즉 운동 상태가 계속 바뀐다. 지상에는 중력이라는 힘이 항상 작용하므로 관성의 법칙이 작동하지 않는다.

어떤 주어진 좌표계 A에 대해 다른 좌표계 B가 관성좌표계라고 한다면 A와 B는 서로가 등속운동(즉 속도가 일정한 운동)을 하는 관계이다. 만약 속도가 변하면 버스가 갑자기 출발할 때와 마찬가지로 정지한 물체가 갑자기 움직이는 수가 있다. 이렇게 되면 관성의 법칙이 깨진다. 뉴턴의 운동 제2법칙을 슬쩍 참고하면 이처럼 속도의 변화, 즉 가속도가 있으려면 반드시 힘이 있어야 한다.

뉴턴의 운동 제2법칙은 관성의 법칙이 일반화된 경우에 적용된다. 관성의 법칙은 한마디로 말해 '외력이 없을 때 물체의 속도는 항상 일정하다'는 뜻이다. 그렇다면 외력이 있을 때 물체의 운동은 어떻게 될까? 여기에 대한 답이 바로 제2법칙이다. 외력이 있으면 속도가 변한다. 즉 가속도가 생긴다. 이것이 관성의 법칙의 핵심이다. 아니, 뉴턴역학 전체의 핵심 중의 핵심이다.

이미 말했듯이 관성의 법칙은 $F=ma$의 특수한 경우에 성립한다. 관성의 법칙이 성립하려면 외력이 없어야 한다. 즉 $F=0$인 경우여야 한다. $F=0$이면 $ma=0$이다. 질량이 0이 아닌 물체라면 a, 즉 가속도가 0이다. 가속도는 속도의 변화이다. 그러므로 외력이 없으면 속도의 변화가 없다. 이것은 관성의 법칙과 다름없으며, 수학적으로 식 (1)과 같이 나타낼 수 있다.

$$F=ma=m\frac{d}{dt}v=0$$

$$\therefore \frac{d}{dt}v=0 \Rightarrow v=(상수) \tag{1}$$

즉 속도는 시간에 대한 상수로서, 시간이 변하더라도 물체의 속도는 바뀌지 않는다. 정지한 물체는 계속 정지해 있고 운동하는 물체는 원래 속도대로 계속 운동한다.

이 때문에 제1법칙과 제2법칙이 혼동되기도 한다. 대학원 때의 일이다. 석사 때 졸업논문을 쓰고 학위를 받으려면 우선 논문자격시험(일명 '논자시')을 통과해야 했다. 전공과목들과 함께 영어도 포함되었고, 영어 시험에는 물리학과 관련 있는 에세이를 영어로 번역하는 문제도 있었다. 그때 내가 치른 논자시의 영작 문제는 뉴턴의 제1 운동법칙을 영문으로 쓰라는 것이었다. 나중에 채점을 맡은 어느 교수님의 이야기를 전해 들은 바로는 한 학생이 답안지에 "No force, no acceleration(힘이 없으면 가속도도 없다)"이라고 썼다고 한다. 물론 이 문장 자체는 틀리지 않았다. 그러나 관성의 법칙을 설명하기에는 뭔가 미흡해 보인다. 그 교수님이 한숨을 쉬면서 했다는 말이 압권이었다. "아니, 그래도 영어 작문인데 동사가 하나라도 있어야 할 거 아냐?"

뉴턴의 운동 제2법칙 $F=ma$는 질량 m의 성질도 그대로 간직하고 있다. 질량은 일정한 힘을 가했을 때 운동 상태를 변화시키지 않으려는 힘이다. 일정한 힘 F에 대해 질량 m이 크면 가속도 a의 크기는 작다. 반대로 m이 작으면 가속도, 즉 속도의 변화가 크다. 이처럼 주어진 힘에 대한 속도의 변화 정도를 측정하면 그 물체의 질량을 알 수 있다. 나중에 우리는 이렇게 정의된 질량이 아인슈타인의 일반상대성이론의 기초가 되는 등가원리와 밀접한 관련이 있음을 알게 될 것이다.

$F=ma$만 놓고 보면 사실 힘 자체에 대해서는 아무런 정보를 얻을 수 없다. 이 식으로는 힘의 정체를 알 수 없다. 뉴턴은 단지 속도의 변화를 일으키는 원인을 힘이라고 규정했을 뿐이다.

힘의 본질이나 정체를 철학적으로 추구하지 않고 운동에 대한 그 효과로부터 기술적으로 정의한 것이 뉴턴역학의 성공 요인 중 하나이기도 하다. 과학사를 연구하는 사람 중 일부는 이를 두고 뭔가 마술적인 신비주의 사상인 헤르메티시즘이 녹아들어 있다고도 주장했다. 헤르메티시즘은 연금술의 사상적 연원이기도 하다. 실제로 뉴턴은 약 30년 동안이나 연금술에 빠져 있기도 했다.

9월 강의에서는 뉴턴의 중력이론인 만유인력의 법칙을 배울 터인데, 만유인력의 법칙은 질량이 있는 두 물체 사이의 '원격작용'에 대한 것이다. 원격작용은 마치 해리포터가 마술봉을 휘저어서 멀리 떨어져 있는 책들을 집어 올리는 것과도 같다. 그렇게 따지고 보면 〈해리포터〉 시리즈가 영국에서 나온 것은 우연이 아닐지도 모른다. 문화적 전통이란 그래서 무서운 법이다. 뉴턴 시절에 조엔 롤링 같은 작가가 있었다면 뉴턴은 아마 해리포터의 광팬이었을 것 같다.

뉴턴의 마지막 운동법칙은 작용-반작용 법칙이다. 한마디로 힘은 항상 쌍으로 짝을 지어 반대방향으로 작용한다는 이론이다. 만약에 힘이 쌍으로 작용하지 않으면 어떻게 될까. 물체 A가 B에 끄는 힘 F를 작용하는 대신 B는 A에 아무런 힘도 작용하지 않는다고 생각해보자. 그렇다면 A는 정지해 있고 B는 A를 향해 가속운동을 시작할 것이다. 한편 우리가 물체 A와 B를 하나로 묶어 전체를 하나의 고립된 물리계로 생각한다면 이 계에는 외력이 작용하지 않으므로 정지해 있어야 한다. 즉, A와 B의 질량중심(질량중심에 대해서는 뒤에서 자세히 다룬다)은 항상 정지해 있다는 뜻이다.

그런데 힘이 B에만 작용해서 B만 움직인다면 A와 B의 질량중심은 당연히 A로 움직일 것이다. 이는 A와 B를 고립계로 간주했을 때와 상충되는 결과다. 따라서 A와 B의 질량중심이 정지해 있으려면 A도 B를 향해 적당한 가속도로 움직여야 한다. A도 B에 의한 힘을 받기 때문이다. 그 힘의 크기는 정확하게 F와 같아야만 한다. 그래야 A와 B를 하나의 계로 봤을 때 질량중심에 전혀 힘이 작용하지 않는다. 따라서 힘은 항상 같은 크기의 한 쌍의 힘이 서로 반대방향으로 작용해야만 한다.

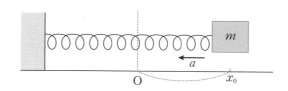

또 하나 중요한 물리적 계는 질량 m인 물체가 스프링에 달려 있는 계다.

평형점에서 m을 조금 당겼다 놓으면 스프링의 복원력 때문에

m은 평형점을 중심으로 진동운동을 한다. 이런 계를 단순조화진동 자SHO: Simple Harmonic Oscillator라고 한다. 스프링의 복원력은 대개 평형점에서 스프링의 길이가 늘어난 만큼 비례하며, 그 방향은 항상 평형점을 향한다. 이 말을 식으로 옮기면 식 (2)와 같다.

$$F = -kx \qquad (2)$$

여기서 x는 m이 평형점에서 늘어난 길이이며 F는 복원력, k는 비례상수로서 흔히 스프링 상수라고 한다. 식 (2)의 우변에 마이너스 부호가 붙은 이유는 복원력이 x가 늘어나는 반대방향으로 작용하기 때문이다. 식 (2)는 SHO의 운동방정식이다.

이 복원력이 질량 m에 작용하여 가속도를 만들어낼 것이므로 식 (3)이 성립한다.

$$F = ma = -kx, \quad ma + kx = 0 \qquad (3)$$

양변을 m으로 나누면 식 (4)를 얻는다.

$$\ddot{x} + \frac{k}{m}x = 0 \qquad (4)$$

여기서 x 위의 점 2개는 시간에 대한 2계 미분, 즉 가속도 a를 나타낸다. 식 (4)와 같은 식을 미분방정식이라고 한다. 이 방정식을 x에 대해서 풀면 우리는 임의의 시간에서의 x의 값 $x(t)$를 알 수 있다. 수학적으로 식 (4)와 같은 미분방정식은 여러 가지 물리계에 등장한다. 특히 가장 간단한 양자역학적 계를 기술하는 슈뢰딩거 방정식도 식 (4)와 똑같다.

식 (4)의 풀이는 의외로 쉽다. 이 식을 다시 쓰면 식 (5)로 나타낼 수 있다.

$$\ddot{x} = -\frac{k}{m}x \tag{5}$$

두 번 미분해서 자기 자신(부호는 반대인)이 나오는 함수를 찾으면 된다. 우리가 배운 함수 중에 그런 함수가 있다. 바로 삼각함수이다. 예컨대 식 (6)이 성립함을 우리는 이미 고등학교 과정에서 배웠다.

$$\frac{d}{dt}\sin \omega t = \omega \cos \omega t,$$
$$\frac{d^2}{dt^2}\sin \omega t = \omega \frac{d}{dt}\cos \omega t = -\omega^2 \sin \omega t \tag{6}$$

따라서 $x(t) \sim \sin t$이면 식 (5)를 만족할 확률이 높다. 실제로 식 (6)과 식 (5)를 비교해보면 $\omega^2 = \dfrac{k}{m}$일 때 정확하게 식 (5)를 만

족함을 알 수 있다.

이처럼 힘을 성분별로 분석해내고 그에 맞게 운동방정식을 찾으면 그 물리계를 정확하게 기술할 수 있다. 특히 지난 강의에서 봤듯이 가속도를 알면 연속된 적분으로 임의의 시간에서의 속도와 위치를 알 수 있다. 물리학과 학생들은 이렇게 매우 다양한 상황에서 힘을 분석해서 운동방정식을 찾아내는 훈련을 받는다.

일과 에너지

다음 내용은 에너지energy였다. 에너지를 정의할 때는 일work을 할 수 있는 능력으로 정의하는 것도 좋은 방법이다. 이렇게 정의된 에너지는 일과 같은 단위(J)를 갖는다. 일은 힘의 방향으로 물체를 움직였을 때 힘을 그 이동거리에 따라 곱한 값이다. 힘 $\vec{F}$에 대해 이 힘이 $d\vec{r}$만큼의 거리를 따라 한 일의 양 dW는 식 (7)과 같이 주어진다.

$$dW = \vec{F} \cdot d\vec{r} \tag{7}$$

여기서 일이 힘벡터와 위치벡터의 내적으로 주어졌음에 유의하자. 두 벡터의 내적은 두 벡터가 이루는 각도의 코사인 값에 비례한다. $\vec{F}$의 성분을 $d\vec{r}$에 평행한 성분과 수직인 성분으로 나누었을 때, 코사인 값은 $d\vec{r}$에 평행한 성분에 비례한다. 따라서 두 벡터의 내적은 서로가 평행한 성분들에 비례한다. 일도 마찬가지이다. 작용하는 힘에 대해 수직인 방향으로 움직였으면 그 힘이 한 일은 0이다(수직인 두 벡터의 내적은 언제나 0이다).

힘 $\vec{F}$가 한 전체 일의 양은 식 (7)를 적분해서 식 (8)를 얻을 수 있다.

$$W = \int \vec{F}(r) \cdot d\vec{r} \qquad (8)$$

에너지란 앞서 설명했듯이 일을 할 수 있는 능력이다. 예를 들어 지면에서 h만큼의 높이에 있는 질량 m의 공은 에너지를 가지고 있다. 이 공을 가만히 놓아두면 중력이라는 힘을 따라 지면으로 떨어진다. 중력이라는 힘(mg)은 이 공에 일을 했다. 힘의 방향을 따라 공이 h만큼 운동했기 때문이다. 이때 힘이 한 일은 식 (8)에 따라 식 (9)로 주어진다.

$$W = \int_0^h mg(-\hat{z}) \cdot dz(-\hat{z}) = mg \int_0^h dz = mgh \qquad (9)$$

여기서 $\hat{z}$은 수직방향의 단위벡터이다.

일 및 에너지와 관련해서 한 가지 굉장히 중요한 개념은 퍼텐셜potential 에너지이다. 퍼텐셜 에너지는 '힘을 거슬러서 계에 해준 일work done on the system'이다. 힘을 거슬러서 일을 해주니까, 속된 말로 '힘이 든다.' 좀 더 정확하게는 우리가 에너지를 투여해야만 힘을 거슬러서 일을 해줄 수가 있다. 그렇게 우리가 에너지를 들여서 일을 해주면 그 계는 우리가 일을 해준 만큼의 에너지를 갖는다. 이 에너지가 바로 퍼텐셜 에너지이다. 말하자면 우리가 계에 일을 해서 저장해준 에너지가 퍼텐셜 에너지라고 할 수 있다. 퍼텐셜 에너지 U는 식 (10)과 같다.

$$U = \int (-\vec{F}) \cdot d\vec{r} \tag{10}$$

여기서 $\vec{F}$에 마이너스 부호가 붙은 이유는 힘을 '거슬러서' 일을 한 양이 퍼텐셜 에너지이기 때문이다.

지표면상의 중력에 대해서 다시 생각해보자. 우리가 지면 ($z=0$)에 있는 질량 m인 공을 높이 h까지 들어 올리면 이것은 중력을 거슬러서 공에 일을 해준 것이므로 공은 높이 h에서 우리가 일을 해준 만큼 퍼텐셜 에너지를 가진다. 그 양은 얼마나 될까?

$$U = \int_0^h mg\hat{z} \cdot dz\hat{z} = mgh \tag{11}$$

식 (11)에서 $\vec{F} = mg(-\hat{z})$임을 이용했다. 식 (11)의 결과는 우리가 고등학교 때부터 봐왔던 중력에 의한 퍼텐셜 에너지와 다름이 없다. 똑같은 원리를 단순조화진동자에 적용해보자. 스프링을 평형점에서 A만큼 잡아당겼을 때 이 계에 저장된 퍼텐셜 에너지는 식 (12)와 같음을 쉽게 알 수 있다.

$$U=\int_0^A -(-kx)dx=k\left[\frac{1}{2}x^2\right]_0^A=\frac{1}{2}kA^2 \qquad (12)$$

여기서 사용된 대부분의 적분은 고등학교 수준의 적분에 불과하다. 대학교의 일반물리학 과정이 좀 어려워 보여도 기본적인 원리만 제대로 알면 실제 계산은 생각보다 어렵지 않다.

퍼텐셜 에너지는 식 (10)에서 보듯이 힘이 있는 공간에서의 위치와 관계가 있는 에너지이다. 반면 운동하는 입자 자체가 가지는 에너지가 있다. 이것은 우리가 흔히 아는 운동에너지이다. 운동에너지 T는 잘 아는 바와 같이 식 (13)과 같이 주어진다.

$$T=\frac{1}{2}mv^2 \qquad (13)$$

운동에너지와 퍼텐셜 에너지를 합해서 역학적 에너지라고 한다. 대개의 경우 역학적 에너지는 보존된다. 즉 운동에너지와 퍼텐셜 에너지의 합은 항상 일정하다. 이것은 가장 단순한 경우의 에너지 보존법칙이다. 수학적으로 이 관계를 살펴보는 것도 흥미롭다.

$$\int F \cdot dr = \int ma \, dr = \int m \frac{dv}{dt} \cancel{dr}^{=v} = \int mv \, dv = \boxed{\frac{1}{2} mv_f^2 - \frac{1}{2} mv_i^2}$$

$$-\int (-F \, dr) = -\int_i^f dU = -(U_f - U_i)$$

$$= \boxed{U_i - U_f}$$

에너지 보존

$$\boxed{\frac{1}{2} mv_f^2 + U_f = \frac{1}{2} mv_i^2 + U_i} = E$$

첫 출발은 힘 F가 하는 일의 양을 운동에너지로 표현하는 것이다. 이 과정을 보면 왜 운동에너지가 $T = \frac{1}{2} mv^2$와 같은 모양인지 수학적인 기원을 알 수 있다. 한편 힘이 한 일은 퍼텐셜 에너지의 차이와 부호가 반대이므로(퍼텐셜 에너지는 힘을 거슬러서 우리가 계에 해준 일이다) 둘째 줄과 같은 결과를 얻는다. 이 모두를 종합하면 역학적 에너지 보존법칙을 얻는다.

질량중심

다음으로 강의한 내용은 질량중심center of mass이었다. 질량중심이라는 단어 자체가 갖고 있는 직관적인 심상이 있다. 예컨대 우리는 젓가락의 질량중심이 어디인지를 손가락 위에 젓가락을 이리저리 옮겨보면서 쉽게 찾을 수 있다. 젓가락이 어느 쪽으로도 기울어지지 않게 되는 지점이 바로 젓가락의 질량중심이다. 이런 생각을 확장하면 일반적으로 여러 개의 입자들로 모인 계의 질량중심도 구할 수 있다. 뉴턴역학은 기본적으로 크기가 전혀 없는 점입자를 대상으로 삼는다. 하지만 우리가 일상적으로 접하는 모든 물체는 확장된 구조를 갖고 있다. 이런 경우 그 물체를 구성하는 각 입자의 상대적인 위치가 중요한 의미를 가질 수 있다. 질량중심도 마찬가지이다.

간단하게 2개의 질량 M과 m이 일차원 직선에 놓여 있는 경우 (M은 점 A에, m은 점 B에 있다고 하자) 이 계의 질량중심을 구해보자. 직관적으로 생각해봤을 때, 질량중심은 선분 AB 위에 있을 것이고, M이 m보다 더 무겁다면 질량중심의 위치는 M 쪽으로 치우쳐 있을 것이다. 얼마나 치우쳐 있을까? M이 m보다 더 무거운 만큼 질량중심은 선분 AB의 중점보다 더 M으로 치우쳐 있을 것이다. 이것은 수학적으로 말해서 선분 AB를 $\frac{1}{M} : \frac{1}{m}$, 즉 $m : M$으로 내분하는 점이다. 따라서 임의의 원점을 잡고 점 A와 점 B에 각각 $A(a)$, $B(b)$라는 좌표를 부여했을 때, 선분 AB를 $m : M$으로 내분하는 점의 좌표 c는 식 (14)로 구할 수 있다(내분점의 위치를 구하는 문제는 고등학교 수준이다).

$$c = \frac{Ma + mb}{M + m} \tag{14}$$

이 점이 질량중심이다.

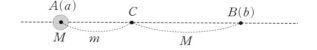

이것을 일반적으로 확장해보자. 일차원 직선 위에 N개의 입자가 있어서 각 위치를 $x_1, x_2, \cdots, x_N$이라 하고 각 입자의 질량을 $m_1, m_2, \cdots, m_N$이라 하자. 이 계의 질량중심의 좌표 x_c는 식 (15)와 같이 주어진다.

$$x_c = \frac{m_1 x_1 + m_2 x_2 + \cdots + m_N x_N}{m_1 + m_2 + \cdots + m_N} = \frac{\sum_{i=1}^{N} m_i x_i}{\sum_{i=1}^{N} m_i} \tag{15}$$

만약 N개의 입자가 3차원 공간에 흩어져 있다면 질량중심의 y성분과 z성분에 대해서도 똑같은 식을 적용할 수 있다(위 식에서 x_i를 y_i나 z_i로 바꾸기만 하면 된다). 만약에 N개의 입자가 무수히 많이 연속적으로 분포해 있다면(우리가 일상생활에서 보는 대부분의 물체가 그렇다) 식 (15)의 더하기는 연속적인 더하기, 즉 적분이 된다.

질량중심의 물리적인 의미는 이렇다. N개의 입자계의 운동은 이 모든 입자가 질량중심에 집중돼 마치 하나의 입자인 것처럼 운동하는 것과도 같다. 이것은 그 계를 기술하려는 물리학자에게는 엄청나게 유용하다. 모든 입자의 운동을 예측해서 그 총합을 볼 필요가 없이, 질량중심에 모든 질량이 집중된 경우로 치환해서 분석할 수 있기 때문이다. 9월 강의에서 만유인력의 법칙을 공부하면 이 문제가 좀 더 분명해질 것이다.

운동량 보존법칙부터 라그랑지안까지

시간은 어느덧 흘러 두 번째 휴식시간이 되었다. 바깥 날씨는 무더웠지만 강의실 안은 훌륭한 냉방장치 덕분에 그리 덥지는 않았다. 한 교시만 더 지나면 8월 강의도 끝날 예정이었다.

마지막 시간은 운동량 보존부터 시작했다. 운동량momentum은 입자의 질량과 속도의 곱으로 주어지는 물리량으로서 벡터이다. 흔히 P로 표현한다.

$$\vec{p} = m\vec{v} \tag{16}$$

운동량이 중요한 이유는 이것이 힘과 직접적으로 관계가 있기 때문이다.

$$\frac{d}{dt}\vec{p} = \frac{d}{dt}(m\vec{v}) = m\frac{d}{dt}\vec{v} = m\vec{a} = \vec{F} \tag{17}$$

식 (17)의 두 번째 등식에서 질량 m을 시간에 무관한 상수라고 전제했다. 만약 질량이 시간에 따라 변한다면(로켓의 운동이 대표적이예다) 그 효과도 반드시 함께 고려해야 한다. 따라서 힘을 운동량의 시간에 대한 변화라고 정의하는 것이 더 보편적이고 일반적이다.

식 (17)은 곧바로 운동량 보존의 법칙으로 연결된다. 만약 외력이 없다면, 즉 $\vec{F} = 0$이라면 식 (17)의 시간에 대한 미분이 0이므로 운동량 P는 시간에 대한 상수가 된다. 따라서 식 (18)과 같이 나타낼 수 있다.

$$\frac{d}{dt}\vec{p}=0 \Rightarrow \vec{p}=(\text{상수})=\vec{p_i}=\vec{p_f} \tag{18}$$

이때 처음 운동량($\vec{p_i}$)과 나중 운동량($\vec{p_f}$)이 항상 같게 된다. 이것이 운동량 보존이다.

운동량 보존법칙은 에너지 보존법칙과 함께 물리학 전반에 걸쳐 가장 유용하게 쓰이는 보존법칙이다. 나도 논문을 작성하며 수식을 계산할 때 운동량 보존법칙에 의존하는 경우가 아주 많다. CERN의 LHC에서처럼 두 입자를 충돌시켜서 새로운 입자가 만들어지는 과정을 연구할 때도 운동량 보존법칙은 필수불가결하다. 일반물리학 과정에서는 운동량 보존법칙을 적용해서 해결할 수 있는 수많은 문제를 접할 수 있다. 나도 한두 가지 예를 들어 어떻게 운동량 보존법칙을 적용하는지 보여주었다. 운동량 보존법칙이 강력한 이유 가운데 하나는 운동량이 보존될 때 성분별로 보존되기 때문이다. 즉 x방향의 운동량은 그 자체로 보존되고 y방향, z방향의 운동량도 제각각 보존된다. 따라서 우리는 이미 3개의 독립된 방정식을 갖고 시작하는 셈이다.

운동량을 이용한 분석 대상 중에서 로켓이 있다. 로켓은 자체 연료로 비행한다는 점에서 총이나 대포류(이 모두가 영어로는 gun에 속한다)와 다르다. 총이나 대포는 총탄 혹은 포탄의 탄피에 집어넣은 화약이 폭발하면서 그 힘으로 탄을 날려 보낸다. 따라서 총탄이나 포탄은 비행하는 동안에는 다른 추진력이 없다. 중력이나 저항 등을 무시하면 이것은 등속운동에 속한다. 이와 반대로 로켓은 자체 연료를 태우면서 비행한다. 따라서 비행하는 동안에 로켓 전체의 질량이 줄어든다. 질량의 변화는 운동량의 변화이고, 이것은 곧 추진력과 연결된다.

로켓의 초속도와 질량 차이로부터 로켓의 나중 속도가 얼마인가를 알 수 있는 방정식은 흔히 '로켓방정식'으로 알려져 있다. 나는 수업 시간에 로켓방정식을 유도해주었다(그러나 여기서는 생략한다). 로켓방정식은 처음 접하는 물리학과 학생들도 좀 어렵게 생각할 만큼 유도 과정이 그리 쉽지만은 않다. 나도 수학아카데미의 수강생들이 그 모든 것을 다 따라오리라고 기대하지는 않았다. 다만 뉴턴 역학으로 어떤 일들을 할 수 있는지, 어떻게 물리학자들이 우주선을 쏘아 올리고 미사일을 날릴 수 있는지 보여주고 싶었다.

이날 강의의 마지막은 오일러-라그랑주Euler-Lagrange 방정식이었다. 이것은 뉴턴의 고전역학을 이해하는 새로운 방식으로서 물리학 전반에 걸쳐 대단히 유용하다. 특히 양자역학도 거의 이 과정을 따르면서 논리를 구축해왔다. 그러므로 고전역학과 양자역학이 서로 공유하는 점 없이 완전히 분리되었다고 생각하는 것은 잘못되었다.

고전역학은 입자의 위치와 속도가 가장 중요하고 또 기본이 되는 물리량을 다룬다. 그래서 위치와 속도 자체를 새로운 변수로 생각해서 어떤 물리계가 시간에 따라 어떤 위치와 속도를 따라가는지 추적하면 그 물리계를 완벽하게 기술할 수 있다. 그런 목적으로 고안된 물리량이 라그랑지안Lagrangian이다. 이 양은 프랑스 출신의 물리학자인 라그랑주에서 따온 것이다. 라그랑주도 전형적인 천재의 코스를 밟은 위인이었다.

라그랑지안은 대개 L로 표현하는데, L은 위치(x)와 속도($v = \dot{x}$)의 함수이다. 물론 위치와 속도는 다시 시간의 함수이다. 그래서 대개 다음과 같이 표현한다.

$$L = L(x, \dot{x}; t) \tag{19}$$

위치와 속도의 함수로 표현할 수 있는 계의 정보 중 가장 중요한 것은 운동에너지 T와 퍼텐셜 에너지 U이다. 그래서 라그랑지안도 T와 U의 조합이 될 것임을 짐작할 수 있다. 실제로 식 (20)으로 주어진다.

$$L = T - U \tag{20}$$

여기서 라그랑지안 L을 시간으로 적분한 양을 사람들은 '작용 action'이라고 부르며 대개 S로 표현한다.

$$S = \int L(x, \dot{x}; t) dt \qquad (21)$$

이때 물리계의 운동은 작용 S를 최소화하는 방향으로 진행된다는 것이 알려져 있으며, 이는 해밀턴의 원리로 불린다. 어떤 계의 운동은 x와 $\dot{x}$이 어떤 값들을 취하느냐로 정해지며, 그것이 정해지는 방식이 S를 최소화하는 방식이라는 뜻이다. 수식으로 S를 어떻게 최소화하는지 쉽게 알 수 있다. x와 $\dot{x}$를 서로 독립된 변수로 보았을 때 S가 최소가 될 조건은 식 (22)와 같음이 알려져 있다.

$$\frac{\partial L}{\partial x} - \frac{d}{dt}\frac{\partial L}{\partial \dot{x}} = 0 \qquad (22)$$

이 식이 바로 오일러-라그랑주 방정식(또는 줄여서 $E-L$ 방정식)이다. 이것을 이용하면 고전역학에서 매우 복잡한 계의 운동방정식도 아주 손쉽게 구할 수 있다. $E-L$ 방정식은 이미 말한 대로 양자역학은 물론이고 물리학 전반에 걸쳐 두루 폭넓게 사용되는 방정식이다. 물리학자들은 대개 어떤 물리계를 분석할 때 그 계의 라그랑지안이 무엇인지부터 찾는다. 라그랑지안은 말하자면 물리계의 모든 정보를 담고 있는 물리량이다.

$E-L$ 방정식은 당연하게도 일반상대성이론에서도 등장한다.

그 세세한 부분까지 내가 일반상대론 강의에서 다 소개할 수는 없지만, 굽은 시공간에 $E-L$ 방정식을 적용하면 우리가 그토록 바라던 아인슈타인 방정식을 얻을 수 있다.

늦여름의 저녁

8월 강의는 여기서 끝났다. 이날 강의는 사람들이 한 번은 들어봤을 뉴턴의 운동법칙을 중심으로 다루었기 때문에 친숙도가 높았던 것 같았다. 그리고 그렇게 말로만 들었던, 또는 고등학교 수준에서 어렴풋이 알고 있던 운동법칙이 현란한 미적분을 통해 어떻게 기술되는지를 볼 수 있어서 좋았다는 평가가 더러 있었다. 다만 라그랑지안과 $E-L$ 방정식은 무척 어려워했다. 구체적인 물리계에 대한 이야기라기보다 뉴턴역학을 새롭게 기술하는 다소 추상적이고 고급스러운 방법이기 때문이다. "마지막 강의 내용은 하나도 모르겠어요." 강의를 마치고 밥 먹으러 나가면서 이렇게 말하는 분이 꽤 많았다. 나도 라그랑지안이나 $E-L$ 방정식을 완전히 이해할 것으로 기대하지는 않았다. 그저 그런 게 있다는 정도만이라도 안다면 그걸로 충분하다 싶었다. 세세한 디테일보다 큰 줄기에서 이야기의 흐름만 파악하는 것, 그것이 그해 강의를 관통하는 목표였다.

저녁 7시. 아직 밖은 훤했다. 지난달처럼 역시 한 시간 빨리 시작해서 저녁을 먹고 그냥 끝나는 것이니 마음 편하게 식사를 할 수 있게 되었다. 덕분에 집에 들어가더라도 그리 시간이 늦지 않았다.

무더위가 기승을 부려도 수학아카데미의 번개모임은 잊을 만하면 잡혔다. 8월 강의가 있은지 약 열흘 뒤인 19일에 삼청동 칼국숫집에서 번개모임이 있었다. 특별한 일이 있어서라기보다 날도 덥고 하니 서로 얼굴을 보면서 밥이나 같이 먹자는 취지였다. 8월도 하순으로 막 접어든 시점이라 아침저녁으로는 무더위가 많이 꺾였다. 이제 9월 강의가 끝나면 예정했던 고전역학 과정은 끝이 나고 할리데이를 떼게 된다. 그러면 10월부터는 대망의 일반상대성이론에 진입한다.

대개 사람들은 수학이나 과학 이론 자체에 환상을 많이 갖고 있기도 하다. 아마 수학으로 직접 중력장 방정식을 풀어보면 그 환상의 일부가 깨질지도 모르겠다. 하지만 적어도 일반상대성이론의 본질을 조금은 음미해볼 수는 있을 것이다. 그것이 원래 이 수학아카데미의 목표이기도 하다. 그 목표를 달성하는 것이 몇 명의 수강생에게 얼마나 묵직하게 다가갈까? 그건 나도 잘 몰랐다. 나로서는 그저 주어진 여건 속에서 최선을 다할 뿐이었다. 게다가 곧 시작되는 9월은 무척 바쁜 일정들로 가득 차 있었다.

A. Einstein.

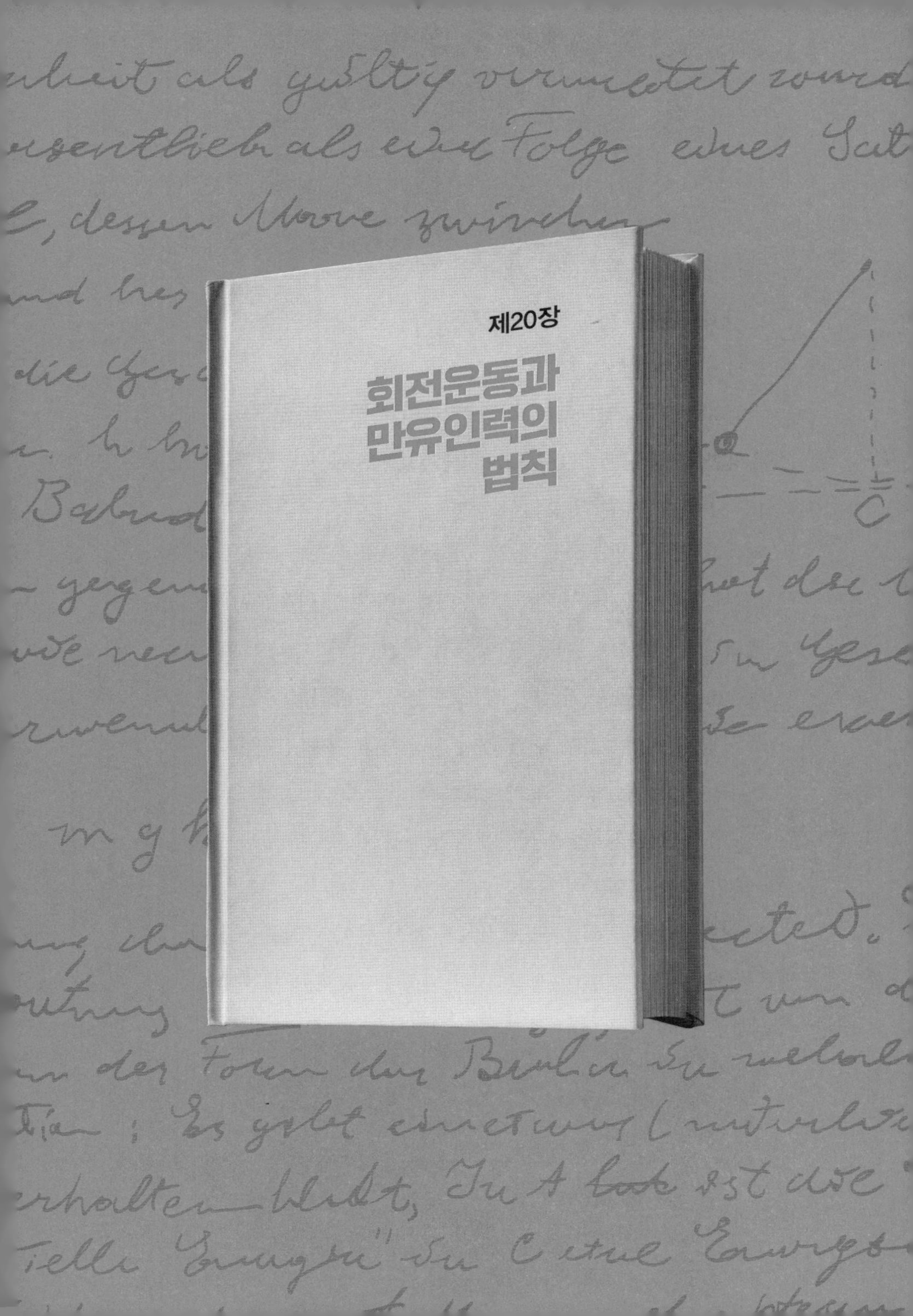

제20장

회전운동과 만유인력의 법칙

9월 강의는 둘째 주가 아닌 첫째 주에 하기로 했다. 그달 둘째 주에 내가 제네바 소재 CERN에서 열리는 COSMO2009라는 국제학회에 참가할 예정이었기 때문이다. 그다음 주에는 COSMO2009와 연관된 Particle Cosmology라는 소규모 학회가 잇달아 잡혀 있었다. 강좌 일정을 이렇게 바꾼 것은 지난 3월에 이어 9월이 두 번째였다.

COSMO는 그 이름에서 알 수 있듯이 우주론을 중심으로 다루는 유명한 학회이다. COSMO2009는 CERN에서 열린다는 사실 자체로 사람들의 흥미를 끌었다.

9년 전 LEP 실험을 끝내고 그 터널 안에 8년에 걸쳐 LHC를 설치해서 공식 가동을 시작한 것이 1년 전인 2008년 9월 10일이었다. 그러나 공식적으로 가동한 지 불과 열흘 만인 9월 19일에 불의의 사고로 실험이 중단되었다. LHC는 양성자 빔의 자세를 잡기 위해 매우 강력한 전자석을 수천 개나 사용한다. 이때 강력한 자기장을 만들려면 초전도 물질의 케이블을 써야 하는데, 초전도 물질이 초전도 성질을 나타내려면 극저온의 상태를 유지해야 한다. 그래서 방대한 양의 액체 헬륨이 사용된다.

2008년 9월 19일의 사고는 자석과 자석 사이의 전류 흐름에 문제가 생겨 주변에 파열이 생겼다. 이 와중에 6톤의 액체 헬륨이 새어 나왔다. CERN에서는 이 문제를 해결하고, 또 이와 비슷한 사고가 재발하는 것을 방지하고자 1년 넘게 LHC의 가동을 중지했다.

모든 수리가 끝나고 LHC가 재가동된 시점이 2009년 11월 20일이었다. COSMO2009는 LHC 실험이 본격적으로 시작되기 전에 CERN에서 열린 마지막 대규모 국제학회인 셈이다(LHC 실험이 진행되는 동안에는 CERN에서 큰 학회를 열기가 쉽지 않을 것이다). 이 때문인지 COSMO2009에는 상당히 많은 과학자가 모였다.

출장 때문에 어쩔 수 없는 일이라고는 하지만, 또 한 번 강의를 한 주 앞당기게 되어 나는 수강하시는 분들에게 미안한 마음이 들었다. 그럼에도 이튿날 강의를 시작하기 전, 만나는 수강생들마다 학회와 휴가 잘 다녀오라고 내게 덕담을 해주었다.

그렇게 간단히 인사말을 마치고 나는 9월 강의를 시작했다. 지금은 다섯 시간 강의를 해야 하고, 집에 가서는 출국 준비를 해야 하고, 내일 낮에는 비행기를 타야 했다. 한국에 돌아오는 날은 27일로 예정되어 있었다.

고전역학의 개념 완성

이날 강의의 목표는 고전역학을 마무리하는 것이었다. 다섯 시간짜리 강의라고는 하지만 강연 세 차례로 고전역학의 모든 내용을 다루기는 어려웠다. 9월 강의에서는 회전운동과 만유인력의 법칙을 중점으로 다루었다.

회전운동에서 가장 기본적인, 그렇기 때문에 가장 중요한 개념은 각속도angular velocity이다.

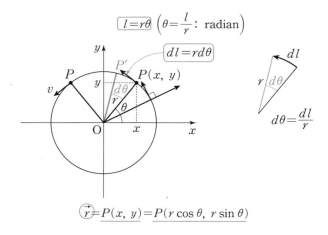

$$\boxed{l=r\theta}\ \left(\theta=\frac{l}{r}:\ \text{radian}\right)$$

$$\overrightarrow{r}=P(x,\ y)=\underline{P(r\cos\theta,\ r\sin\theta)}$$

각속도는 말 그대로 각도가 시간에 따라 어떻게 변하는가를 나타내는 양이다. 위 그림은 예전에 라디안으로 각을 정의했던 호도법을 정리한 것이다. 수학적으로 의미가 있는 각도는 호의 길이에 대한 반지름의 비율이다. 반지름이 r인 원 위를 물체가 움직일 때 미세한 각도 변화 $d\theta$에 대한 호의 변화량은 dl이므로 식 (1)과 같은 관계가 있다.

$$dl=rd\theta \tag{1}$$

양변을 시간 변화량인 dt로 나누면 식 (2)의 관계가 성립함을 알 수 있다.

$$\frac{dl}{dt}=r\frac{d\theta}{dt}\ \Rightarrow\ v=r\omega \tag{2}$$

여기서 호(혹은 원주)를 따라가는 속도는 보통 우리가 말하는 속도로서 구분을 위해 선속도라고 부르기도 한다. 선속도 v는 호를 따라 이동하는 위치의 시간에 대한 변화이므로 식 (3)이 성립한다.

$$v = \frac{dl}{dt} \tag{3}$$

한편 각도의 시간에 대한 변화인 각속도는 ω로 표시했다. 즉 식 (4)와 같이 나타낼 수 있다.

$$\omega = \frac{d\theta}{dt} \tag{4}$$

속도와 각속도 사이의 관계는 식 (2)만 유념하면 회전운동에 쉽게 적용할 수 있다. 보통의 선운동이 위치 x와 그 속도 v로 기술된다면 회전운동은 각도 θ와 각속도 ω로 기술된다. 이 변수들 사이에는 훌륭한 대응관계가 성립한다. 물론 식 (2)를 이용하면 한쪽에서 다른 쪽으로 쉽게 표현을 바꿀 수 있다. 그리고 식 (2)의 양변을 다시 시간에 대해 미분하면 호를 따라가는 가속도와 각의 가속도, 즉 각가속도의 관계도 쉽게 얻는다.

회전운동에서 또 하나 중요한 개념은 회전관성moment of inertia이라는 물리량이 있다. 회전관성과 회전운동에 대해서 알아보기 위해 물체가 축을 중심으로 회전하는 상황을 생각해보자.

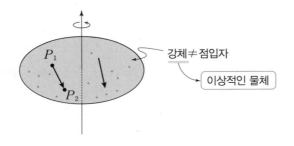

강체≠점입자

이상적인 물체

    강체 rigid body란 여러 입자들이 모여 이루어진 물체로서 각 입자의 상대적인 위치가 절대로 변하지 않는 물체를 일컫는다. 예를 들어 밀가루 반죽 덩어리는 주물럭거릴 때마다 모양이 바뀌므로 반죽을 이루는 입자들의 상대적인 위치가 계속해서 바뀐다. 이런 물체는 강체가 아니다. 강체는 이상적인 개념으로서 상대론적인 효과를 생각하면 절대적인 강체란 존재할 수 없다. 특수상대성이론에 따르면 자연계에서는 빛보다 빠른 물리적 신호를 전달할 수 없다.

    누군가는 이렇게 생각할 수도 있다. 만약 지구에서 250만 광년 떨어진 안드로메다까지 매우 강력한 쇠막대를 연결한 뒤 지구에서 툭 하고 그 쇠막대를 밀면 빛보다 빠르게 신호를 전달할 수 있지 않을까? 불행히도 이렇게 하더라도 빛보다 빨리 신호를 전달할 수 없다(빛은 250만 년이 걸린다). 지구에서 쇠막대의 끝을 밀면 그 힘이 쇠막대를 이루는 분자들, 원자들에 연속적으로 전달된다. 그런데 이들을 묶어서 쇠막대를 이루는 기본적인 힘은 전자기력으로서 결국 빛이 그 속에서 힘을 매개해야 한다. 그러므로 지구에서 쇠막대를 밀면 그 충격이 물결처럼 쇠막대를 타고 안드로메다까지 전달되는 속도는 결코 빛보다 빠를 수가 없다. 이것은 어떤 쇠막대도 완벽한 강체가 아니기 때문에 일어나는 현상이다. 완벽한 강체라면 한쪽의 신호가 반대쪽에 순식간에 전달된다. 하지만 그런 효과를 무시하면 우리가 상식적으로 단단하다고 인식하는 물체는 대략 근사적으로 강체라고 볼 수 있다.

이제 이 강체가 N개의 입자들로 구성되었다고 가정하고 이 강체가 그림처럼 어떤 축 주변으로 회전한다고 생각해보자. 이때의 운동에너지 K는 식 (5)와 같이 정리할 수 있다.

$$K = \frac{1}{2}m_1 v_1^2 + \frac{1}{2}m_2 v_2^2 + \cdots + \frac{1}{2}m_N v_N^2$$
$$= \sum_{i=1}^{N} \frac{1}{2}m_i v_i^2 \qquad (5)$$

여기서 식 (2)를 이용하면 $v_i = r_i \omega_i$이므로(각 입자가 축 주위로 도는 반지름은 모두 다르기 때문에 r_i로 구분을 해야 한다) 식 (5)는 식 (6)과 같이 다시 쓸 수 있다.

$$K = \sum_i \frac{1}{2}m_i v_i^2 = \sum_i \frac{1}{2}m_i (r_i \omega_i)^2 = \frac{1}{2}\left(\sum_i m_i r_i^2\right)\omega_i^2 \qquad (6)$$

그런데 이 회전체는 강체이므로 강체를 이루는 각 입자의 축에 대한 각속도는 모두 똑같아야 한다. 즉 $\omega_i = \omega$로서 모든 입자가 같은 각속도로 함께 돌고 있다. 따라서 이 강체의 운동에너지는 식 (7)과 같이 주어진다.

$$K = \frac{1}{2}\left(\sum_i m_i r_i^2\right)\omega_i^2 = \frac{1}{2}\left(\sum_i m_i r_i^2\right)\omega^2 = \frac{1}{2}I\omega^2 \qquad (7)$$

여기서 식 (8)과 같이 정의된 이 양이 바로 회전관성이다.

$$I = \sum_i m_i r_i^2 \qquad (8)$$

식 (7)과 식 (8)에서 시그마 합은 연속적인 물체에 대해서는 적분으로 바뀐다(원래 적분의 개념이 바로 이것이다).

식 (7)을 우리가 잘 아는 운동에너지의 식 $K = \frac{1}{2}Mv^2$과 비교해보면, 각속도 ω는 선속도 v에 대응되므로, 회전관성 I는 물체의 질량 M에 대응된다는 사실을 알 수 있다. 즉 회전관성이란 회전하는 강체의 질량 역할을 하는 물리량이다. 식 (8)에 질량이 들어가 있는 것은 이 때문이다. 그런데 회전반지름인 r_i^2이 회전관성에 들어가 있는 점에 유의해야 한다. 이것은 순전히 회전효과 때문이다. 우리는 경험적으로 회전축에서 멀리 떨어져 있을수록 잘 돌아간다는 것을 알고 있다. 그 효과가 r_i^2에 들어가 있는 셈이다.

질량이 연속적으로 분포된 경우에는 식 (9)와 같이 식 (8)이 적분으로 바뀐다.

$$I = \int r^2 dm \qquad (9)$$

여기서 dm이란 강체를 이루는 부피요소의 질량으로, 밀도(질량/부피) ρ를 도입해서 $dm = \rho dV$로 쓸 수 있다. 그러면 식 (10)이 성립한다.

$$I = \int r^2 dm = \int r^2 \rho dV \qquad (10)$$

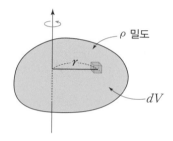

회전관성은 같은 강체라고 하더라도 회전축이 어디냐에 따라 달라진다. 왜냐하면 축의 위치에 따라 각 구성입자의 회전반지름이 달라지기 때문이다. 식 (10)을 이용하면 다양한 모양의 강체의 회전관성을 구할 수 있다. 예를 들어 구의 중심을 지나는 축으로 회전하는 구의 회전관성을 구해보자. 회전관성을 구할 때 항상 중요한 것은 부피요소 dV를 제대로 구하는 것이다. 구의 회전관성은 당연히 구면좌표계에서 계산하는 것이 편리하다. 그 계산 과정은 다음과 같다.

$$I = \int l^2 \underline{dm} = \int l^2 \underline{\rho \, dV} \qquad \rho : \text{상수}$$

$$dV = r^2 \sin\theta \, dr d\theta d\phi$$

$$l = r\sin\theta$$

$$I = \rho \int l^2 \cdot r^2 \sin\theta \, dr d\theta d\phi$$

$$= \rho \int (r\sin\theta)^2 \, r^2 \sin\theta \, dr d\theta d\phi$$

$$= \int_0^{2\pi} \rho \int_0^R \int_0^\pi r^4 \sin^3\theta \, dr d\theta \underline{d\phi}$$

$$I = \rho \int_0^R \int_0^\pi \int_0^{2\pi} \boxed{r^4 \sin^3\theta} \, dr d\theta \, \textcircled{d\phi}$$

$$= \rho \underbrace{\int_0^{2\pi} d\phi}_{2\pi} \underbrace{\left(\int_0^R r^4 \, dr \right)}_{\frac{1}{5}R^5} \underline{\int_0^\pi \sin^3\theta d\theta}$$

$$\longrightarrow \quad \cos\theta = \mu$$

$$-\sin\theta \, d\theta = \mathrm{d}\mu$$

$$\int_0^\pi \sin^3\theta \, d\theta$$

$$= \int_1^{-1} (-d\mu)(1-\mu^2)$$

$$= \int_{-1}^1 (1-\mu^2) d\mu$$

$$= 2\int_0^1 (1-\mu^2) d\mu$$

$$= 2\left(\mu - \frac{1}{3}\mu^3 \right)\Big|_0^1$$

$$= \frac{4}{3}$$

$$\therefore \ I = \rho \cdot (2\pi) \cdot \frac{1}{5} R^5 \cdot \textcircled{\frac{4}{3}}$$

$$= \frac{2}{5} R^2 \left(\rho \cdot \frac{4}{3} \pi R^3 \right)$$

$$= \textcircled{\frac{2}{5}} M R^2$$

$$\boxed{M = \rho \cdot \frac{4}{3} \pi R^3}$$

여기서 구의 부피요소를 구하는 과정을 복습해보자면 다음과 같다.

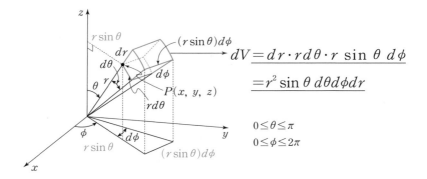

$$dV = dr \cdot rd\theta \cdot r \sin\theta\, d\phi$$
$$= r^2 \sin\theta\, d\theta d\phi dr$$

$0 \leq \theta \leq \pi$
$0 \leq \phi \leq 2\pi$

　구의 회전관성은 결론적으로 말해서 $I = \dfrac{2}{5}MR^2$이다. 이 말은 반지름이 R인 구를 그 중심축으로 회전시킬 때의 회전효과는, 구의 질량의 40%에 해당하는 질량을 R만큼 떨어진 곳에 위치시켰을 때의 회전효과와 같다는 것이다. 왜 이렇게 차이가 날까? 그것은 구라는 물체를 구성하는 구성입자들이 회전축에서 떨어져 있는 위치가 다 다르기 때문이다. 구는 직관적으로 생각해봤을 때 비교적 축 주위에 구의 많은 질량이 분포해 있다는 것을 알 수 있다. 축에 가까운 입자들은 회전관성이 줄어든다(식 (8)을 볼 것). 따라서 모든 질량이 R만큼 떨어져 있을 때보다 회전관성은 작아질 것이다. 그 효과가 40%라는 이야기이다.

　속이 꽉 찬 구 대신에 모든 질량이 껍질에만 분포하는 공 껍질의 회전관성은 어떨까? 이 회전관성은 구의 회전관성을 구할 때와 거의 비슷하지만, 모든 질량이 R만큼 떨어진 공의 표면에만 존재하므로 적분계산이 보다 단순하다. 정확한 값이야 계산해보면 알겠지만, 우리는 다시 직관적으로 생각해서 공 껍질의 회전관성이 구의 회전관성보다 큰지 작은지 짐작할 수 있다. 공 껍질은 모든 질량이 공 표면에만 존재한다. 따라서 구의 경우보다 회전축에서 멀게 질량들이 분포해 있는 셈이다. 우리는 같은 질량 같은 반지름일 경우 공 껍질의 회전관성이 구의 회전관성보다 더 클 것으로 예상할 수 있다. 실제로 계산을 해보면 공 껍질의 회전관성은 $I = \frac{2}{3} MR^2$임을 알 수 있다.

일반물리학을 배우면 다양한 기하학 물체의 회전관성을 구하는 연습을 하게 된다. 우리는 공 껍질과 구의 회전관성을 계산했지만, 막대나 고리, 사각형 판자 등이 회전할 때의 회전관성도 적분을 통해 쉽게 구할 수 있다. 단 각각의 경우 질량분포를 잘 따져야 정확한 결과를 얻을 수 있다. 나도 대학교 1학년 때 여러 가지 도형의 회전관성을 구하면서 고생도 많이 했지만, 그 과정에서 적분의 의미를 새삼 깨달을 수 있었다. 사실 그때는 공 껍질의 회전관성이 클지 구의 회전관성이 클지 그 물리적인 의미는 제대로 알지 못했다. 하지만 계속 적분 계산을 하면서 질량이 연속적으로 분포할 때 그 효과를 어떻게 잘게 쪼개서 더할 수 있는지 그 의미를 피부로 느낄 수 있었다.

나는 수업을 하는 내내 그 느낌을 전하고 싶었다. 적분이 단순히 미분의 역산으로 정해진 공식에 따라 계산되는 산수가 아니라 그 자체로 물리적인 의미가 있다는 것, 실제 물리에서는 그렇게 연속적인 모든 효과를 생각할 때 적분의 개념이 곳곳에 녹아 있다는 것을 힘주어 강조했다. 그러나 사실 그 느낌은 본인 각자가 스스로 계산하고 연습하면서 체득할 수밖에 없다. 내가 수강생들의 생각까지 대신해줄 수는 없는 노릇이다. 그리고 실제로 계산을 많이 하다 보면 계산이 손에 익어서(흔히 근육기억이라고 한다) 그 의미를 파악하는 데 큰 도움이 된다. 그것은 본인이 직접 체험해보는 수밖에 없다.

그 느낌과 의미를 잘 전할 수 있을까? 나의 경험을 이야기하면서 P의 표정을 살펴보니 약간은 인상을 찡그리며 고개를 갸웃거리고 있었다. 1교시는 여기서 끝났다. 쉬는 시간에는 삼삼오오 모여서 이야기를 나눌 때 P는 자신은 아직 전혀 그 의미를 깨닫지 못한 것 같다고 했다. 사실은 그것이 당연하다. 계속된 훈련 없이 그런 감각이 생기기란 무척이나 어렵다.

평행축 정리

휴식이 끝난 뒤 2교시에는 평행축 정리와 돌림힘, 회전운동에너지, 각운동량 등을 강의했다. 평행축 정리란 강체를 회전시킬 때 회전축을 평행하게 이동하는 효과가 강체의 회전관성에 어떤 영향을 주는가에 대한 정리이다. 앞서 말했듯이 회전관성은 어떤 축을 중심으로 강체를 회전시키느냐에 따라 달라진다. 축이 주어질 때마다 식 (8) 혹은 식 (10)에 따라 회전관성을 구한다면 아주 귀찮을 것이다. 이때 평행축 정리를 이용하면 이 수고가 줄어든다.

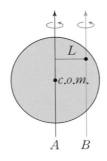

위 그림에서처럼 축 A가 강체의 질량중심을 지나고 축 B가 그와 평행하게 L만큼 떨어져 있다고 하자. 축 A를 중심으로 한 회전관성을 I_{com}, 축 B를 중심으로 한 회전관성을 I라고 했을 때 이 둘 사이에는 식 (11)과 같은 관계가 성립한다(M은 강체의 질량).

$$I = I_{com} + ML^2 \qquad\qquad (11)$$

이 관계식을 평행축 정리라고 한다. 증명은 그다지 어렵지 않다. 이 정리에 따르면 임의의 축을 중심으로 한 회전관성은 그 축에 평행하고 질량중심을 지나는 축을 중심으로 한 회전관성만 알면 쉽게 구할 수 있다. 물리에서는 구체적인 공식을 아는 것보다도 그 식의 물리적인 의미를 정확하게 이해하는 것이 훨씬 중요하다. 한국적인 풍토에서는 아무래도 공식 하나하나를 자세하게 외우는 게 중요하게 여겨지지만, 세세한 디테일은 책을 펼쳐보면 쉽게 알 수 있는 것들이다. 한국 학생들이 과학을 어렵게 여기는 이유 가운데 하나는 쓸데없는 데에 너무 많은 노력과 정력을 소비하게 하는 풍조 때문이다. 과학을 하는 즐거움, 물리를 하는 즐거움은 곧 생각하는 즐거움이다. 평행축 정리도 마찬가지이다.

돌림힘 torque은 회전운동에서 힘에 대응되는 물리량이다. 예를 들어 문을 열 때 똑같은 힘을 주더라도 그 힘이 문의 회전축에서 얼마나 멀리 떨어져 있느냐에 따라 문을 더 쉽게 열 수도 더 어렵게 열 수도 있다. 따라서 돌림힘에는 회전반지름이 어떻게든 개입되어 있다.

실제로 돌림힘 $\vec{\tau}$(타우)는 식 (12)와 같이 정의된다.

$$\vec{\tau} = \vec{r} \times \vec{F} \tag{12}$$

여기서 $\vec{F}$는 힘이고 $\vec{r}$은 힘이 작용하는 점의 위치벡터이다. 이 두 벡터가 벡터곱으로 곱해져서 돌림힘 $\vec{\tau}$를 정의한다. 벡터곱의 크기는 두 벡터가 이루는 각도의 사인값에 비례한다.

$$|\vec{\tau}| = |\vec{r}| \cdot |\vec{F}| \cdot \sin\theta \tag{13}$$

이때 θ는 두 벡터가 이루는 각도이다. 따라서 두 벡터가 평행하면(즉 각도가 0도이거나 180도이면) 돌림힘은 0이다. 이는 우리의 직관과도 일치한다. 문을 회전축의 바깥쪽으로 당기거나 안쪽으로 밀면

문은 돌아가지 않는다. 또한 돌림힘이 최대가 되려면 작용점까지의 위치벡터와 힘이 서로 수직이어야 한다. 이 또한 우리의 직관에 매우 부합하는 현상이다.

돌림힘은 회전운동에서 힘의 역할을 하는 물리량이다. $F = ma$에 대응되는 회전운동의 방정식은 식 (14)와 같다.

$$\tau = I\alpha \tag{14}$$

여기서 I는 회전관성으로 회전운동의 질량에 해당하는 양이고, α는 각가속도이다.

다음으로, 굴러가는 바퀴의 운동에너지를 구해보자. 질량이 m인 물체가 v의 속도로 운동하면 이 물체의 운동에너지는 $K = \frac{1}{2}mv^2$이다. 바퀴를 구성하는 모든 입자의 운동에너지를 다 더하면 앞서 보았듯이 이 바퀴라는 강체의 운동에너지는 식 (15)와 같이 주어진다.

$$K = \frac{1}{2}I\omega^2 \tag{15}$$

여기서 I는 회전관성인데, 어느 축을 중심으로 한 회전관성인지가 중요하다.

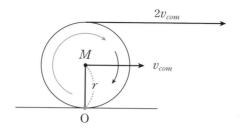

위 그림처럼 바퀴가 미끄러지지 않고 지면에 계속 맞닿아 오른쪽으로 굴러가면 바퀴는 지면과 닿는 점 O를 중심으로 회전하는 것과도 같다. 따라서 바퀴의 반지름을 r, 바퀴의 질량을 M이라고 하면 평행축 정리에 의해 $I = I_{com} + Mr^2$이다. 이 결과를 식 (15)에 대입하면 식 (16)을 얻는다.

$$K = \frac{1}{2} I_{com} \omega^2 + \frac{1}{2} Mr^2 \omega^2$$
$$= \frac{1}{2} I_{com} \omega^2 + \frac{1}{2} Mv^2_{com} \tag{16}$$

여기서 $v_{com} = r\omega^2$의 관계를 이용했다. 이 관계는 회전운동의 기본관계식으로서 바퀴가 굴러갈 때도 성립한다. 이 관계를 이해하려면 보통의 경우처럼 바퀴의 중심이 정지해 있으면서 축을 중심으로 회전하는 경우를 생각하면 된다.

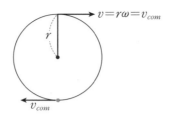

위 그림처럼 바퀴의 위 끝은 선속도 v로, 아래 끝은 $-v$로 운동한다. 만약 우리가 $-v$의 속도로 움직이면서, 즉 아래 끝이 뒤로 달아나는 속도로 운동하는 좌표계에서 이 바퀴를 바라보면 아래 끝은 항상 정지해 있고 바퀴의 중심은 v의 속도로, 위 끝은 $2v$의 속도로 오른쪽으로 운동한다. 이것이 바로 지면에 정지한 사람이 굴러가는 바퀴를 관찰할 때의 현상이다. 즉 바퀴가 굴러갈 때는 지면에 닿는 아래 끝은 항상 지면에 대한 상대속도가 0이고 바퀴의 중심은 v로 움직이며 위쪽 끝은 $2v$의 속도로 운동한다.

이제 다시 식 (16)을 보면, 굴러가는 바퀴의 운동은 두 가지로 구성되어 있음을 알 수 있다. 식 (16)의 첫째 항은 바퀴가 질량중심을 지나는 축을 중심으로 회전할 때의 회전운동에너지이다. 그리고 둘째 항은 질량중심이 속도 v_{com}으로 운동할 때의 운동에너지이다. 따라서 굴러가는 바퀴는 질량중심을 지나는 축으로 회전하는 회전운동에너지와, 질량중심이 직선으로 운동하는 에너지의 합이다. 그러니까 강체에 똑같은 에너지를 주었을 때 강체의 회전운동에너지가 커지면 그만큼 질량중심이 날아가는 속도는 줄어든다. 식 (16)

은 꼭 바퀴가 아니더라도 회전하는 물체에 일반적으로 적용된다.

2교시의 마지막 강의주제는 각운동량_{angular momentum}이었다. 각운동량은 회전운동에서 가장 중요한 개념 중 하나라고 볼 수 있다. 각운동량은 그 이름에서 알 수 있듯이 직선운동에서의 운동량에 대응되는 개념으로서 식 (17)과 같이 정의된다.

$$\vec{L} = \vec{r} \times \vec{p} \tag{17}$$

이렇게 정의된 각운동량 $\vec{L}$은 보통의 운동량 $\vec{p}$와 마찬가지로 시간으로 미분했을 때 돌림힘이 된다. 이 계산 과정은 복잡하지 않다.

$$\frac{d}{dt}\vec{L} = \vec{\tau} \tag{18}$$

또한 운동량이 $\vec{p} = m\vec{v}$로 주어지는 것으로부터 식 (19)를 유추할 수 있다.

$$\vec{L} = I\vec{\omega} \tag{19}$$

아주 간단하게 벡터의 크기만 생각해보면 식 (20)의 관계가 쉽게 성립할 것이다.

$$L = rmv = (mr^2)\omega = I\omega \tag{20}$$

벡터의 방향까지 고려하면 문제가 그리 간단하지는 않으나 벡터의 성분을 잘 분석하면 이 관계를 증명할 수 있다. 실제로 이를 증명하기 위해서는 회전하는 강체를 이루는 질량요소 dm이 기여하는 각운동량을 모두 적분으로 더하면 되는데, 그리 간단하지는 않다. 나도 수업 시간에 이것을 증명하다가 잠시 헷갈려서 잘못된 길로 들어갔었다. 그래서 나중에 강의노트를 다시 올릴 때 이 증명 부분을 보강해야만 했다.

선운동에서도 운동량의 보존이 중요하듯이 회전운동에서도 각운동량 보존이 무척이나 중요하다. 각운동량의 보존 또한 외부의 돌림힘이 작용하지 않을 때 성립하는 보존법칙이다. 이 내용을 정리하면 다음과 같다.

운동량 보존	각운동량 보존
$\vec{F} = \dfrac{d\vec{p}}{dt} = 0$ $\Rightarrow \ \vec{p}_i = \vec{p}_f$ $\Rightarrow m_i v_i = m_f v_f$	$\vec{\tau} = \dfrac{d\vec{L}}{dt} = 0$ $\Rightarrow \ \vec{L}_i = \vec{L}_f$ $\Rightarrow I_i \omega_i = I_f \omega_f$ $(I \sim mr^2)$

즉 외부 돌림힘이 없으면 각운동량의 값은 언제나 똑같다. 그래서 마지막의 관계식으로 식 (21)이 성립한다.

$$I_i\omega_i = I_f\omega_f \qquad\qquad (21)$$

여기서 첨자 i는 초깃값을 나타내고 f는 나중값을 나타낸다. 각운동량 보존을 표현하는 식 (21)은 우리 일상생활에서도 두루 널리 적용된다. 그중에서도 특히 자주 드는 예가 피겨스케이팅이다. 일반물리학 교과서에도 피겨스케이팅이 각운동량 보존의 좋은 예로 자주 소개된다. 당시에 김연아 선수가 세계적인 선수로 발돋움했기 때문에 한국의 물리학자들은 각운동량 보존의 예를 들 때 거의 너나없이 김연아 선수 이야기를 꺼냈다.

김연아 선수가 제자리에 서서 몸을 회전하는 연기를 생각해보자. 처음에는 팔을 벌렸다가 나중에 팔을 몸에 붙여 위로 쭉 뻗으면 몸의 회전 속도가 갑자기 빨라진다. 추가로 회전력을 주지 않고 처음의 회전력만으로도 이런 효과를 얻는다. 이것은 각운동량 보존 때문이다. 먼저, 팔을 벌리고 회전하는 경우를 생각해보자. 이때는 김연아 선수의 팔을 구성하는 분자들이 회전축(몸통)에서 멀리 떨어져 있다. 따라서 몸 전체의 회전관성은 커진다.

정확한 회전관성은 복잡한 계산을 하거나 다른 방법을 동원해봐야겠지만 식 (8)을 생각해보면 축에서 멀어진 질량요소가 많을수록 회전관성은 커진다. 반면에 팔을 몸에 바짝 붙이면 팔을 구성하는 질량요소가 축에 가까워지기 때문에 회전관성이 작아진다.

자, 처음에는 팔을 벌려서 회전관성이 컸다. 처음에 일정한 각운동량이 있었다면 식 (21)에 의해 각속도는 그만큼 작아야 한다. 나중에 팔을 붙이면 회전관성은 줄어든다. 그러면 그만큼 각속도는 커진다.

똑같은 원리가 공중 3회전 점프할 때도 적용된다. 김연아 선수의 명품 3회전 점프를 유심히 들여다보면 점프가 시작될 때 팔을 한껏 움츠려서 몸에 바짝 붙이는 것을 볼 수 있다. 이런 자세에서는 회전관성이 최소가 되기 때문에 각속도가 최대가 되어 3회전을 하는 데 유리하다. 반면 착지할 때는 팔을 최대한 쭉 펼쳐서 회전관성을 최대로 하는 게 유리하다. 왜냐하면 그만큼 각속도가 줄어들어서 안정된 자세를 잡기가 쉽기 때문이다.

김연아 선수 덕분에 온 국민이 피겨스케이팅에 관심을 갖게 돼서 물리를 하는 사람들이 각운동량을 설명하기가 예전보다 훨씬 쉬워진 게 사실이다. 실제로 얼마 전 어느 대학에서 신임교수를 임용하기 위한 최종 인터뷰를 할 때 발표 주제가 회전운동이었는데, 발표에 나선 세 명의 후보 모두가 김연아 선수 동영상을 들고 나왔다는 일화도 있다.

각운동량 보존은 항공 역학적으로도 매우 중요하다.

먼저 헬리콥터를 예로 들어보자. 헬리콥터에는 보통 주날개(메인로터)와 함께 꼬리날개(테일로터)가 달려 있다. 만약 헬리콥터에 주날개만 있다면 어떻게 될까? 정지한 헬리콥터 전체를 하나의 계로 생각해보면 외부에서 돌림힘이 전혀 작용하지 않는다. 따라서 각운동량의 값이 항상 0으로 보존된다.

이제 주날개가 돌기 시작하면 이 때문에 헬리콥터에는 없던 각운동량이 생긴다. 그러면 헬리콥터의 다른 부분에서 반대방향의 각운동량이 생겨서 주날개에 의한 각운동량을 상쇄해야만 한다. 새로운 각운동량은 실제로 헬리콥터의 몸체 전체가 주날개와 반대방향으로 돌면서 생성된다. 영화에서 꼬리날개가 파손된 헬기가 빙글빙글 도는 장면이 바로 이 현상이다. 뒤집어서 말하자면, 헬리콥터의 꼬리날개는 각운동량 보존에 의해 동체가 돌아가는 것을 막기 위해 필요하다(같은 원리로 꼬리날개에 의한 각운동량 보존을 위해 동체가 움직여야 하나 이 경우 중력이 동체를 당기는 힘과 주날개가 만드는 양력이 워낙 커서 그 효과가 미미하다). 주날개가 회전하려면 무언가를 반대로 돌려야만 한다. 그 '무언가'가 헬기의 동체이다. 즉 주날개는 헬기의 동체를 반대로 돌려야만 자기가 원하는 방향으로 돌 수 있다.

만약 꼬리날개를 따로 만들고 싶지 않다면 2개의 주날개를 달아 서로 반대방향으로 돌게 하면 된다. 미 육군의 치누크 헬기는 앞뒤로 2개의 주날개를 달았고 (텐덤 방식) 러시아제 공격헬기인 KA-50기는 2개의 주날개가 겹쳐져 서로 반대로 도는 2중반전로터의 구조를 채택한다. 이런 헬기는 꼬리날개에 동력을 소모하지 않고 모든 동력을 기체의 양력에 쓸 수 있기 때문에 효율적이다.

헬리콥터에서 각운동량이 보존되는 양상을 잘 살펴보면 선운동량이 보존되는 원리와 근본적으로 같다는 것을 알 수 있다. 지금 의

자에 앉아 자신의 상체를 갑자기 왼쪽으로 돌려보라. 그러면 자신의 하체가 순간적으로 반대방향인 오른편으로 쏠리는 것을 느낄 것이다. 몸 전체를 왼쪽으로 돌리려면 땅바닥을 반대방향으로 밀어 돌려야 한다. 김연아 선수가 3회전 점프를 할 때도 마찬가지이다. 만약 무중력 상태로 허공에 떠 있다면 아무리 발버둥 쳐도 자신의 몸을 회전시킬 수 없다. 몸을 돌리기 위해서는 뭔가를 반대로 돌리면서 자기 몸을 지지하여 원하는 방향으로 돌려야 하기 때문이다. 이는 로켓이 앞으로 나아가기 위해 연료를 뒤로 분사해야 하는 것과 근본적으로 같은 이치이다.

헬리콥터의 주날개가 회전한다는 것은 주날개가 동체를 반대방향으로 회전시키면서 주날개 자체가 회전한다는 것을 뜻한다. 없던 각운동량이 갑자기 생길 수가 없다. 뭔가를 반대로 돌려야만 자신이 원하는 방향으로 돌 수 있다.

우주선에서도 유사한 일이 생긴다. 보이저 2호가 1986년에 천왕성 근처를 비행할 때의 일이다. 당시에는 우주선이 촬영한 사진을 자기테이프를 감아서 기록했다. 테이프를 감으려면 테이프를 돌려야 한다. 그런데 무엇에 대해 돌린단 말인가? 우주공간 속의 우주선에서 테이프를 돌리려면 우주선 전체가 반대로 돌아가야만 한다. 각운동량 보존의 관점에서 다시 설명하면, 테이프가 돌면서 생긴 각운동량을 상쇄하기 위해 우주선 전체가 반대로 (매우 느리겠지만) 돌아야만 한다. 그 결과로 우주선의 방향이 약간씩 뒤틀린다. 처음에 지상의 관제소에서는 우주선의 자세가 조금씩 뒤틀리는 이유를 알지 못했다. 이 원리를 이용하면 우주 공간에서 우주선의 자세를 쉽게 바꿀 수 있다. 우주선이 각운동량 보존을 이용해서 자세를 제어하는 것도 일반물리학에서 종종 드는 예다.

각운동량과 관련해서 또 하나 흥미로운 물리량으로 스핀 spin이라는 것이 있다. 스핀이란 고전역학에는 없는, 순전히 양자역학적인 물리량으로서 기본입자들이 질량처럼 고유하게 갖고 있는 각운동량이다. 스핀이 입자 고유의 각운동량이긴 하지만 실제로 입자가 회전하면서 생기는 각운동량이 아니다. 전자 같은 입자들은 (적어도 지금의 과학 수준에서는) 하부구조가 없는 자연의 기본 점입자로 여겨진다. 점입자는 아무런 구조가 없기 때문에 점입자 자체가 회전하지는 않는다. 스핀이란 이런 점입자가 생겨나면서부터 간직하고 있던 회전효과다. 스핀의 효과는 외부 자기장과 상호작용을 하는 양상을 분석하면 쉽게 알 수 있다.

양자역학은 상대성이론과 함께 현대물리학을 떠받치는 두 기둥이라고 할 수 있다. 이번 수학아카데미는 일반상대성이론을 집중적으로 배우는 과정이기 때문에 양자역학을 접할 기회는 없다. 언젠가 나는 다음번에 수학아카데미를 한다면 양자역학을 꼭 한 번은 해야 한다고 말하기도 했다.

양자역학은 아직도 인간이 완벽하게 이해하지 못하는 학문 가운데 하나다. 그리고 현대물리학의 그 모든 기묘한 현상은 대개가 양자역학에 기원을 두고 있다. 여기서 양자역학을 모두 소개할 수는 없지만, 스핀과 관련해서 꼭 알아야 할 내용은 입자가 고유하게 간직하고 있는 스핀의 값은 임의의 연속적인 값을 가질 수 없다는 것이다. 사실 양자역학에서는 모든 물리량이 불연속적이다. 스핀도 마찬가지다.

입자의 스핀이 가질 수 있는 값에는 두 가지 종류가 있는데, 양자역학을 지배하는 상수인 플랑크 상수($\hbar$) 단위로 측정했을 때 0, 1, 2, … 처럼 정숫값을 가지거나 $\frac{1}{2}$, $\frac{3}{2}$, … 처럼 반정숫값을 가지거나 둘 중의 하나다.

스핀이 정숫값을 가지는 입자를 보존boson, 반정숫값을 가지는 입자를 페르미온fermion이라고 부른다.* 빛, 즉 광자photon는 스핀이 1인 입자로 대표적인 보존이다. 전자와 쿼크, 중성미자 등은 모두 스핀이 $\frac{1}{2}$이다. 양성자는 3개의 쿼크로 만들어진 것으로 여겨지는데, 양성자의 스핀은 $\frac{1}{2}$이다. 보존은 입자들 사이의 힘을 매개하는 입자이고 페르미온은 물질을 구성하는 입자이다. 페르미온은 파울리의 배타원리에 의해 둘 이상의 입자가 똑같은 양자상태에 있을 수 없기 때문에 물질을 구성하는 입자가 될 수 있다. 반면에 보존은

● 보존과 페르미온의 원래 정의는 파동함수의 대칭성에 따라 정해지며 그 결과가 스핀과 직결된다.

여러 개의 입자가 하나의 양자상태에 똑같이 머물 수 있다. 이런 현상을 보스—아인슈타인 응축이라고 부른다.

언론에도 심심찮게 등장하는 초대칭성 supersymmetry은 보존과 페르미온 사이의 대칭성이다. 만약 자연에 초대칭성이 있다면 모든 보존에 페르미온 짝이 있고 모든 페르미온에 보존 짝이 존재한다. 예컨대 전자$\left(스핀 \frac{1}{2}\right)$에는 스핀이 0인 전자의 초짝 superpartner이 존재하고, 광자(스핀 1)에는 스핀이 $\frac{1}{2}$인 광자의 초짝이 존재한다. 아직까지는 실험적으로 이런 초입자 superparticle들이 발견되지는 않았다. 이는 초입자들의 질량이 매우 무거워서 지금의 기술로는 탐색하지 못하기 때문이라고 설명할 수 있다.

만약 자연에 정말로 초대칭성이 존재해서 그 대칭성이 깨지지 않고 유지되고 있다면, 원래 입자와 초입자는 스핀을 제외한 모든 성질이 똑같다. 따라서 전자와 전자의 초짝은 질량이 같고 광자와 그 초짝도 질량이 똑같다. 그러니까 초입자들의 질량이 워낙 무거워서 아직 발견되지 못한 것이라면 초대칭성은 자연에서 어떤 형태로든 깨져 있어야만 할 것이다.

대칭성이 애초에 없는 것과 대칭성이 있다가 깨진 것은 전혀 다르다. 초대칭성이 아예 없다면 자연에 초입자 따위는 애초에 없을 것이다. 하지만 초대칭성이 있는데 깨졌다면 초입자들이 매우 무거운 질량을 갖고 자연에 숨겨져 있을 것이다. 초입자를 찾는 것은 현재 CERN에서 가동 중인 LHC의 가장 큰 임무 가운데 하나다.

여기까지 강의하고 2교시가 끝났다. 1교시에 비해서는 수학적 기교가 덜 들어간 데다 일상생활과 관련된 예가 꽤 나와서 수강생들의 호응과 관심이 나쁘지 않았다. 그리고 이제 슬슬 본격적으로 '물리'에 대한 이야기가 나오고 있기 때문에 우리의 최종목적인 일반상대성이론에 조금씩 다가가는 느낌도 가졌을 것이다.

만유인력과 케플러의 법칙

마지막 3교시에서는 만유인력과 케플러의 법칙 위주로 강의했다. 만유인력은 영어 단어 'law of universal gravitation'을 옮긴 말이다. 나는 만유인력의 '만유'가 universal을 번역했다는 사실을 대학에 들어가서야(즉 할리데이를 공부하고 나서야) 알게 되었다. 만유萬有는 어디에나 있다는 뜻이니까 보편적universal이라는 말과 통하기도 한다. 그렇다면 무엇이 어디에나 있고 무엇이 보편적이라는 말일까?

뉴턴 이전의 아리스토텔레스적인 세계관에 따르면 완벽한 자연의 질서가 적용되는 천상의 세계와 불완전하고 지저분한 것들로 가득 찬 지상의 세계가 분리되어 있었다. 천상의 세계에서는 모든 것이 완벽해서 천체도 둥글고 천체의 운동도 완벽한 원운동을 하며 접촉에 의한 기동자 따위는 필요 없이 스스로가 질서 잡힌 운동을 영원히 계속한다. 반대로 지상의 물체들은 모든 것이 불완전하고 엉망이어서 운동이 계속되려면 기동자가 끊임없이 작용을 해야만 한다.

아리스토텔레스의 운동관에 처음으로 파열을 낸 사람은 갈릴레오였지만 그것을 완전히 무너뜨린 것은 뉴턴이었다. 공교롭게도 뉴턴은 갈릴레오가 죽던 해(구력 기준)에 태어났다. 사과가 떨어지는 것을 보고 만유인력을 떠올렸다는 일화는 사실이 아닐 가능성이 높지만, 뉴턴의 간단한 추론은 음미해볼 만하다. 사과를 던지면 포물선을 그리며 날아가다가 땅에 떨어진다. 더 큰 속도로 던지면 사과는 더 멀리까지 날아가서 떨어진다. 만약 사과를 충분히 세게 던질 수 있다면 어떻게 될까? 사과는 영원히 지면에 떨어지지 않고 지구 주변을 돌게 될 것이라고 뉴턴은 추론했다. 그러니까 지상세계의 사과가 갑자기 천상의 달이 되어버린 것이다.

뉴턴은 이 현상을 설명하기 위해서 질량이 있는 물체는 그것이 천상계에 속하든 지상계에 속하든 모두가 보편적으로 서로 당기는 힘을 가질 것이라고 생각했다. 그래서 '보편적universal'이라는 말이 붙은 것이다. 이로써 아리스토텔레스가 나누었던 천상계와 지상계의 이분법은 무너지고 두 세계는 하나의 과학이론으로 완전히 통합되었다.

뉴턴의 만유인력의 법칙을 말로 하면 이렇다. 질량을 가진 두 물체 사이에는 각 질량의 곱에 비례하고 두 물체 사이의 거리의 제곱에 반비례하는 인력(당기는 힘)이 작용한다. 이것을 식으로 나타내면 식 (22)와 같다.

$$\vec{F} = -\frac{GmM}{r^2}\hat{r} = -\frac{GmM}{r^3}\vec{r} \qquad (22)$$

여기서 $\vec{r}$은 한 질량에서 다른 질량까지의 위치벡터이다. 마이너스 부호가 있으므로 이 힘은 $\vec{r}$이 줄어드는 방향, 즉 서로 당기는 방향으로 작용한다. 또한 $r = |\vec{r}|$로서 두 질량 사이의 거리이고 $\hat{r} = \frac{\vec{r}}{r}$ 은 $\vec{r}$방향의 단위벡터이다. G는 뉴턴상수라고 부르는 비례상수인데 식 (23)의 값을 가진다.

$$G = 6.67 \times 10^{-11}\left(\frac{Nm^2}{\text{kg}^2}\right) \qquad (23)$$

뉴턴상숫값이 매우 작기 때문에 일상적인 물체들 사이에서는 중력이 극히 미미하다. 지구나 태양처럼 어마어마하게 큰 질량이 아니면 중력을 느끼기가 무척 어렵다.

뉴턴의 만유인력에 대해서는 해야 할 이야기가 많다.

① 지구 표면에서의 중력가속도를 쉽게 구할 수 있다. 지상의 물체 m이 질량 M인 지구와 주고받는 중력은 (크기만 생각했을 때) 식 (24)로 구할 수 있다.

$$F = ma = \frac{GmM}{r^2} \qquad (24)$$

이때 m이 지구표면에 매우 가까이 있다면 r의 값은 거의 지구 반지름 R과 같으므로, m이 받는 중력가속도는 식 (25)로 구할 수 있다.

$$a = \frac{GM}{R^2} \qquad (25)$$

식 (25)의 우변에 식 (23)과 지구질량($M = 6 \times 10^{24}$kg), 지구 반지름($R = 6370$km) 값을 대입하면 식 (26)이 주어진다.

$$a = 9.8 (\text{m/sec}^2) \qquad (26)$$

② 만유인력은 천체들은 물론 질량이 있는 모든 물체들 사이에서 보편적으로 작용하는 힘(중력)이다. 그 힘의 실체, 즉 '무엇 what'에 대한 답을 뉴턴이 제시한 것이다. 그러나 중력이 '어떻게 how' 작용하는지에 대해서는 아무런 답이 없다. 중력은 '그냥, 즉각적으로' 작용한다. 이것은 앞서 말한 헤르메티시즘적인 요소와 직결되는데, 해리포터가 마술봉을 휘두르면 알 수 없는 마법의 힘이 작용하여 즉시 그 효과가 나타나는 것과도 같다. 이것을 '원격작용 action at a distance'이라고 한다. 뉴턴 자신도 중력의 원격작용을 탐탁지 않게

여겼다고 한다. 중력에 대한 이 '어떻게how' 문제를 해결한 것은 뉴턴 이후 200년도 더 지난 20세기의 아인슈타인이었다.

만유인력은 '어떻게'의 문제뿐만 아니라 '왜why'의 문제에도 대답을 주지 않는다. 자연에는 왜 중력이라는 힘이 존재할까? 질량이 있는 물체들은 왜 서로를 끌어당길까? 만유인력은 이 질문에 대한 답이 없다. 이 문제도 20세기가 되어서야 비교적 만족할 만한 답을 얻었다. 그 답을 준 사람이 누구냐고? 역시 아인슈타인이었다. 수학 아카데미의 목표인 아인슈타인의 일반상대성이론은 뉴턴의 만유인력이 중력에 대해 전혀 대답하지 못했던 문제, 즉 '어떻게'와 '왜'에 대한 답을 제시했다. 그래서 물리학자들은 일반상대성이론이 중력을 기술하는 올바른 현대적인 이론이라고 확신한다. 아인슈타인이 달리 위대한 물리학자가 아니다. 바로 다음 달부터 우리는 이 일반상대성이론을 배우기 시작할 예정이었다.

③ 식 (22)로 주어진 중력의 퍼텐셜 에너지를 구해보면 재미있다. 퍼텐셜 에너지는 힘을 '거슬러서' 우리가 물리계에 해준 일이다. 계는 우리가 해준 일의 양만큼 에너지를 저장한다. 퍼텐셜 에너지의 정의에 따라 중력의 퍼텐셜 에너지를 구해보면 식 (27)과 같이 된다.

$$U = -\int_{r_0}^{r} \vec{F} \cdot d\vec{r}$$

$$= \int_{r_0}^{r} GmM \frac{1}{r^2} \hat{r} \cdot dr \hat{r} (\hat{r} \cdot \hat{r} = 1)$$

$$= GmM \int_{r_0}^{r} \frac{dr}{r^2}$$

$$= GmM \left[-\frac{1}{r} \right]_{r_0}^{r}$$

$$= -\frac{GmM}{r} + \frac{GmM}{r_0} \tag{27}$$

여기서 r_0은 퍼텐셜 에너지를 측정하는 기준점으로서 중력의 경우 보통 무한대(∞)로 놓는다. 그렇게 되면 식 (27)의 두 번째 항은 0이 된다. 따라서 식 (27)로 최종적인 결과를 얻는다.

$$U = -\frac{GmM}{r} \tag{28}$$

퍼텐셜 에너지가 음수인 것은 그 기준을 무한대에 잡았기 때문이다. 중력은 당기는 힘이므로 물체에서 멀어질수록 해줘야 할 일이 많아진다(즉 +가 된다). 그런데 기준점을 무한대에 놓고 m을 M에 가까이로 옮기면, 원래 힘이 그쪽 방향으로 당기고 있으므로 음으로 일을 해준 결과가 된다. 에너지의 절대적인 값이란 의미가 없다. 어떤 기준점에서의 상대적인 차이가 중요하다.

이제 물체 m이 질량 M 지구 주변의 중력 속에 있다고 생각해보자. 이 물체가 v의 속도를 가진다고 했을 때 m의 총에너지는 식 (29)로 구할 수 있다.

$$E = \frac{1}{2}mv^2 - \frac{GmM}{r} \qquad (29)$$

우리가 퍼텐셜 에너지의 기준점을 $r = \infty$로 잡았는데 이 점에서는 퍼텐셜 에너지가 0이다. 따라서 물체 m의 에너지가 0보다 크거나 같은 값을 가지면 이 물체는 중력 퍼텐셜을 완전히 벗어난다고 볼 수 있다. 식 (29)에서 E가 0이 되는 때는 (지표면 근처, 즉 $r \sim R$인 영역에서 생각해보면) 식 (30)으로 결과를 얻을 수 있다.

$$v = \sqrt{\frac{2GM}{R}} \qquad (30)$$

만약 질량 m인 물체가 식 (30)의 속도를 가지면 지구중력을 완전히 벗어날 수 있다. 이 속도를 탈출속도escape velocity라고 부른다. 식 (30)의 우변을 보면 탈출속도는 질량 m과는 아무런 상관없이 오직 지구의 물리적 성질과 뉴턴상수에 의해서만 결정됨을 알 수 있다. 실제 지구의 경우 식 (30)을 이용해서 계산해보면 탈출속도는 약 11.2km/sec임을 쉽게 알 수 있다.

만약 지구보다 훨씬 더 무거운 천체가 있다면 어떻게 될까? 식 (30)을 보면 질량이 커질수록 혹은 반지름이 작아질수록 탈출속도가 점점 커짐을 알 수 있다. 만약 질량이 아주 크고 반지름이 아주 작은 그런 천체가 있어서 탈출속도가 광속(c)보다 더 커지면 어떻게 될까? 다음 강의에서 상대성이론을 본격적으로 배우기 시작하겠지만, 특수상대성이론에 따르면 자연의 그 어떤 물체도 빛보다 빠를 수 없다. 만약 탈출속도가 광속보다 큰 천체가 존재한다면, 그 천체에서는 빛이나 그 외 어떤 물체도 그 천체의 중력을 빠져나올 수 없다.

이런 천체가 바로 블랙홀이다. 물론 이런 추론은 굉장히 고전적인 추론이다. 우리는 일반상대성이론을 배우는 과정에서 일반상대성이론이 어떻게 블랙홀을 기술하는지도 배우게 될 것이다.

탈출속도가 광속(c)인 경우 식 (30)을 다시 써보면 식 (31)과 같이 나타낼 수 있다.

$$R = \frac{2GM}{c^2} \tag{31}$$

이것은 블랙홀이 형성될 조건이라고 할 수 있다. 즉 질량 M의 물체를 반지름 R 속에 쑤셔 넣으면 이 물체는 블랙홀이 된다. 이 반지름 R을 슈바르츠실트 반지름이라고 부르며, 또한 블랙홀의 사건의 지평선의 반지름이라고도 한다. 사건의 지평선이란 이 선을 넘어서 블랙홀로 떨어지는 그 어떤 물체도 (빛이라도) 다시 빠져나올 수 없는 그런 경계선이다. 블랙홀의 크기는 사건지평선의 크기, 또는 슈바르츠실트 반지름의 크기로 정한다. 만약 태양을 블랙홀로 만들려면 식 (31)에 의해 반지름을 3km로 줄이면 된다. 지구를 블랙홀로 만들려면 지구 전체를 약 9mm로 압축해야 한다. 식 (31)은 블랙홀과 관련해서 가장 중요하고도 기본이 되는 관계식이라고 할 수 있다.

④ 지구와 사과의 관계를 생각해보자. 사과는 지구에 비해 대단히 작은 물체니까 그냥 편의상 점입자라고 가정하자. 뉴턴의 운동법칙 3번을 떠올려보면 지구와 사과는 서로가 똑같은 힘을 주고받는다. 즉 지구가 사과를 당기는 것과 똑같은 크기의 힘을 사과가 지구에도 미치고 있는 것이다.

그런데 사과에 미치는 지구의 중력은 지구를 구성하는 모든 질량요소가 각각 사과에 미치는 중력을 모두 다 더한 것이다. 만약 지구의 모든 질량이 지구의 질량중심에 집중된 점입자라고 가정하면 그때 지구와 사과 사이의 힘은 실제 지구와 사과 사이의 힘과 같을까? 직관적으로 생각해보면 그래야만 할 것 같다. 왜냐하면 사과가 아주 먼 거리, 예컨대 안드로메다은하에 있다고 생각해보자. 안드로메다은하는 지구에서 250만 광년이나 떨어져 있어서 그 거리에서 보면 지구는 말 그대로 점 하나에 지나지 않을 것이다. 즉 안드로메다에 있는 사과와 지구 사이에 작용하는 힘은 사과와 지구를 모두 각자의 질량중심에 모든 질량이 집중된 점입자로 생각했을 때의 힘과 똑같을 것이다. 만유인력의 법칙이 거리에 따라서 달라지지는 않을 것이므로 지구에 심어진 사과나무 위의 사과와 지구 사이에 작용하는 중력도 마찬가지일 것이다. 즉 지구를 이루는 모든 질량 요소가 사과에 미치는 중력효과를 모두 다 더하면 그 결과는 지구의 모든 질량이 지구의 질량중심에 집중된 점입자가 사과에 미치는 중력과 똑같다는 말이다.

언뜻 생각하면 이게 뭐 그리 대단할까, 원래 그래야만 하는 게 아닌가 싶지만 실제 계산은 간단하지 않다. 예컨대 종로에 심은 사과나무의 사과에 작용하는 지구의 중력 중에는 도쿄 근처의 질량이 미치는 효과가 있을 것이다. 이 힘은 종로의 사과를 대략 남동쪽 아랫방향으로 잡아당긴다. 반면 베이징 근처의 질량이 미치는 힘은 종로의 사과를 대략 북서쪽 아랫방향으로 잡아당긴다. 하지만 종로의 사과를 당기는 지구의 질량요소는 이 밖에도 무수히 많다. 그 모든 요소를 다 더해야만 한다. 물론 이 계산은 적분으로 이루어진다. 지구가 완전한 구이고 밀도가 일정하다고 가정하면 대칭성 때문에 그 모든 요소가 다 더해져서 종로의 사과를 지구의 중심방향으로 당길 것임은 직관적으로 쉽게 생각할 수 있다. 하지만 그 크기를 계산하는 과정은 간단하지가 않다. 이 계산은 적분을 연습하기에도 매우 훌륭한 연습문제다.

뉴턴도 만유인력을 발표할 당시 이 문제 때문에 무척 고민했다고 전해진다. 그런데 뉴턴 후대의 위대한 수학자 한 명은 이 문제를 매우 간단하게 해결해버렸다. 그 위대한 수학자의 이름은 바로 카를 프리드리히 가우스이다. 그는 자신의 이름이 붙은, '가우스 정리'를 통해 뉴턴의 고민거리를 한 방에 해결했다. 그런데 가우스 정리라고? 어디서 들어본 적이 없는가? 그렇다. 대학수학 과정을 배울 때 우리는 발산정리를 배운 적이 있다. 발산정리가 바로 가우스 정리와 다름이 없다.

가우스 정리를 살펴보기 위해 식 (22)에서 단위질량 m에 작용하는 힘 f를 생각해보자. 즉 식 (32)와 같이 나타낼 수 있다.

$$\vec{f} = \frac{\vec{F}}{m} = -\frac{GM}{r^2}\hat{r} \tag{32}$$

고전적으로는 바로 이 $\vec{f}$가 중력장에 해당한다. 이는 곧 m의 가속도와도 같다. 어떤 벡터장에 대한 발산정리는 식 (33)과 같다.

$$\int_V \vec{\nabla} \cdot \vec{f} dV = \int_S \vec{f} \cdot d\vec{S} \tag{33}$$

여기서 좌변은 부피적분이고 우변은 그 부피를 둘러싼 면적분이다. 식 (33)을 식 (32)에 적용하려면 어떤 부피공간을 정의해야 한다. 그 공간을 편의상 질량 M을 둘러싼 반지름 r의 구면이라고 해보자. 이러한 구면을 가우스면이라고 한다. 식 (33)의 우변 면적분을 먼저 생각해보면, 구면좌표계에서 면적요소는 식 (34)로 주어진다.

$$d\vec{S} = r^2 \sin\theta\, d\theta d\phi \hat{r} \tag{34}$$

따라서 식 (33)의 우변은 식 (35)와 같이 나타낼 수 있다.

$$\int_S -GM\frac{1}{r^2}\hat{r} \cdot r^2 \sin\theta\, d\theta d\phi \hat{r} = -GM\int_S \sin\theta\, d\theta d\phi$$
$$= -4\pi GM \tag{35}$$

그러므로 만유인력에 대한 가우스 법칙의 결과는 식 (36)으로 구할 수 있다.

$$\int_V \vec{\nabla} \cdot \vec{f}\, dV = -4\pi GM \tag{36}$$

또는 $M = \int_V \rho dV$ 이므로 식 (37)이 성립한다.

$$\vec{\nabla} \cdot \vec{f} = -4\pi G\rho \tag{37}$$

이것이 중력에 대한 가우스 법칙이다. 만약 가우스 법칙인 식 (37) 또는 식 (36)을 출발점으로 시작한다면 식 (36)의 좌변에 발산정리인 식 (33)을 적용하여 만유인력의 법칙 식 (32)를 얻는다. 이때 식 (32)가 나오는 과정에서 질량 M이 구형대칭으로 분포하기만 하면, 구형대칭에 의한 중력은 항상 방사상으로 일정하게 뻗어나갈 것이므로 식 (38)을 만족한다.

$$-4\pi GM = \int_S \vec{f} \cdot d\vec{S} = f\hat{r} \cdot \int_S dS\hat{r} = f(4\pi r^2) \tag{38}$$

이에 식 (32)가 복원된다. 따라서 질량 M이 지구처럼 구형으로 존재하든 중심의 한 점에 집중되든 식 (38)의 결과에는 변화가 없다. 단지 구형대칭으로 가우스면 안에만 존재하면 된다. 만약 가우스면 안에 아무런 질량요소가 없으면 식 (36)의 우변은 0이다. 이는 발산정리 때도 잠시 말했듯이 벡터장의 근원이 가우스면 밖에 있으면 그 공간에 들어가고 나오는 벡터장의 양이 똑같기 때문이다.

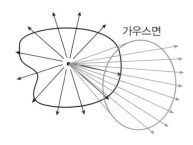

가우스면

앞의 그림처럼 한가운데 질량이 위치해 있을 때 색이 들어 있는 선으로 그려진 가우스면을 잡으면, 이 가우스면 안에는 중력의 근원이 되는 질량이 없으므로 이 면을 따른 벡터장의 발산에 대한 부피적분(식 (36)의 좌변)은 0이다.

가우스 법칙은 물리 전반에 두루 널리 쓰인다. 특히 전자기력도 그 모양이 중력과 비슷하므로 전자기에서도 가우스 법칙이 똑같이 강력하게 적용될 수 있다. 가우스 법칙의 강력한 힘을 체험하기 위해, 지구의 중심을 관통하는 터널을 뚫는다고 해보자. 이 뚫린 터널로 질량 m인 물체를 떨어뜨린다면 m은 어떤 운동을 할까?

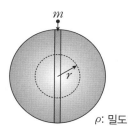

ρ: 밀도

질량 m이 여하튼 지구 중심에서 r만큼 떨어진 곳까지 떨어졌다고 생각해보자. 이때 반지름이 r인 구면을 가우스 면으로 잡고 이 면에 가우스 법칙인 식 (36)을 적용해보자.

여기서 r로 둘러싸인 부피 속의 질량은 (밀도)×(부피)로 구하면 $\rho \cdot \left(\dfrac{4}{3} \pi r^3 \right)$가 된다. 따라서 식 (36)은 식 (39)가 된다.

$$-4\pi G\rho \frac{4}{3}\pi r^3 = \int_S f dS = f \cdot 4\pi r^2 \qquad (39)$$

따라서 식 (40)이 주어진다.

$$f = \frac{F}{m} = -\frac{4}{3}\pi G\rho r \qquad (40)$$

식 (40)은 스프링의 운동방정식 $F = -kx$와 수학적으로 완전히 동일하다. 위치를 나타내는 좌표가 x와 r로 차이가 있을 뿐, $k = \frac{4}{3}\pi G\rho m$이면 두 식은 완전히 똑같다. 따라서 터널로 떨어진 질량 m은 스프링과 마찬가지로 왕복진동운동을 한다. 스프링의 진동수는 $\omega = \sqrt{\dfrac{k}{m}}$으로 주어진다. 따라서 이 경우에도 m이 지구 끝과 끝을 왕복하는 진동수는 식 (41)과 같이 된다.

$$\omega = \sqrt{\frac{4}{3}\pi G\rho} \qquad (41)$$

이 문제는 일반물리학에서도 비교적 높은 수준의 문제에 속한다. 가우스 법칙을 이용하면 얼마나 간단하게 문제가 해결되는지 눈여겨보기 바란다. 이쯤 되면 대학수학 시간에 잠깐 소개했던 '가우스 신드롬'의 실체를 조금은 느껴볼 수 있을 것이다. 가우스는 진정 위대한 수학자였다.

실제 뉴스 보도에 따르면 지구 속으로 터널을 뚫어 기차를 운행하는 계획이 연구되기도 했다. 그 터널은 물론 지구 중심까지 내려가지는 않지만 중력의 효과를 활용할 수 있을 만큼 지하를 가로지른다고 한다. 먼 미래에는 정말 중력을 이용한 지하열차가 대륙과 대양을 횡단할지도 모를 일이다.

한편 식 (37)은 다른 식으로도 표현이 가능하다. $\vec{f}$에 대해 만약 $\vec{\nabla} \times \vec{f} = 0$인 경우에는, 즉 벡터장 $\vec{f}$에 어떤 회전의 효과가 없는 경우에는 $\vec{f}$가 어떤 스칼라 함수의 그레디언트로 표현될 수 있다. 즉 식 (42)와 같다.

$$\vec{f} = -\vec{\nabla}\phi \qquad\qquad (42)$$

이렇게 정의하면 $\vec{f}$는 항상 $\vec{\nabla} \times \vec{f} = 0$이다. 왜냐하면 임의의 스칼라 함수에 대해 $\vec{\nabla} \times \vec{\nabla}\phi = 0$이기 때문이다. 식 (42)의 좌변 $\vec{f}$는 $\vec{f} = \dfrac{\vec{F}}{m}$로 정의된, 단위질량에 작용하는 힘이다. 즉, 말하자면 1kg의 물체에 질량 M인 지구가 작용하는 힘이다. 그런데 그 힘이 뭔가의 미분(그레디언트)으로 주어져 있다. 따라서 우변의 ϕ는 단위질량에 대한 힘을 주는 일종의 퍼텐셜 에너지이다. 이 ϕ를 중력퍼텐셜이라고 한다. 원래 힘과 퍼텐셜 에너지와의 관계를 보면 $\vec{f}$와 ϕ의 관계를 쉽게 떠올릴 수 있다.

$$U=-\int \vec{F}\cdot d\vec{r} \Leftrightarrow \vec{F}=-\vec{\nabla}U \qquad (43)$$

이제 식 (42)를 식 (37)에 대입하면 뉴턴의 만유인력의 법칙이 아주 간결하게 표현된다.

$$\vec{\nabla}\cdot\vec{\nabla}\phi = \nabla^2\phi = 4\pi G\rho \qquad (44)$$

여기서 미분기호 $\vec{\nabla}\cdot\vec{\nabla}=\nabla^2$은 라플라시안Laplacian이다. 식 (44)에서 우변이 0인 경우를 특별히 라플라스 방정식이라고 부른다. 식 (44)는 만유인력에 대한 가우스 법칙인 식 (37)과 완전히 동일하므로 이 식이 뉴턴의 만유인력을 표현한 식이라고도 볼 수 있다. 실제로 만유인력을 수학적으로 표현할 때 식 (32)보다 식 (44)를 많이 쓰기도 한다. 내가 이 식을 강조하는 이유는 이 식 (44)가 일반상대성이론에서도 매우 중요한 역할을 하기 때문이다. 아인슈타인이 왜 일반상대성이론을 구축하면서 식 (44)를 중요하게 여겼는지는 11월의 강의에서 만나볼 수 있다. 일단 여기서는 식 (44)가 뉴턴의 만유인력을 표현하는 수학 방정식임을 잊지 말기 바란다.

⑤ 두 질량 사이의 중력이 거리의 제곱에 반비례한다는 점이 굉장히 중요하다. 이것을 흔히 역제곱의 법칙inverse square law이라고 한다. 전하를 띤 두 입자 사이에 작용하는 힘(쿨롱의 힘이라고 한다)도

두 전하의 거리의 제곱에 반비례한다. 이처럼 역제곱의 법칙은 물리학에서 매우 보편적이면서도 중요한 힘의 성질이다.

역제곱 법칙의 의미를 한마디로 말하면, 두 물체 사이의 거리가 2배가 되면 그 힘은 $\frac{1}{4}$로 줄어들고, 거리가 3배가 되면 힘은 $\frac{1}{9}$로 줄어든다는 뜻이다.

그렇다면 왜 중력은 거리의 역제곱으로 줄어드는 것일까? 이것을 직관적으로 이해하기 위해서 우선 큼직하고 둥근 사과를 하나 준비하자. 이 사과의 중심을 향해 가늘고 기다란 바늘을 여러 개 꽂는다. 바늘은 최대한 많이, 사과 표면에 고루 꽂을수록 좋다. 단 모든 바늘은 사과의 중심을 향하도록 꽂혀야 한다. 이렇게 꽂은 바늘은 사과에서 뻗어나가는 중력을 시각적으로 표현한 것과도 같다. 바늘이 촘촘할수록 중력은 더 세어진다.

이제 사과보다 2배 정도 큰 투명한 공이 바늘이 꽂힌 사과를 감싸고 있다고 생각해보자. 투명구와 사과의 중심을 잘 맞추면 사과에 꽂힌 바늘은 투명구를 뚫고 여전히 방사형으로 뻗어나갈 것이다. 그러나 사과 표면과 투명구의 표면을 비교하면 한 가지 다른 점이 있다. 즉 바늘이 사과 표면에 훨씬 더 촘촘히 박혀 있다. 이것을 좀 더 정량적으로 말하자면, 사과 표면의 단위면적당 꽂혀 있는 바늘의 개수는 투명구 표면의 단위면적당 꽂혀 있는 바늘의 개수보다 많다. 바늘의 개수에는 전혀 변화가 없다는 사실을 잊지 말자. 대신 사과의 표면적보다 투명구의 표면적이 훨씬 더 클 뿐이다.

바늘은 사과 표면에서 더 촘촘하게 꽂혀 있으므로 사과 표면의 중력이 투명구 표면의 중력보다 더 세다. 그리고 바늘이 많은 정도는 정확하게 사과 표면의 넓이가 투명구의 표면적보다 작은 정도다. 투명구는 사과보다 반지름이 2배 크기 때문에 표면적은 4배가 넓다. 달리 말하면 같은 넓이를 뚫고 지나가는 바늘의 개수는 4배가 적다. 이로부터 우리는 중심에서 2배가 멀어지면 중력은 4배가 줄어듦을 알 수 있다. 즉 역제곱의 법칙이 성립한다.

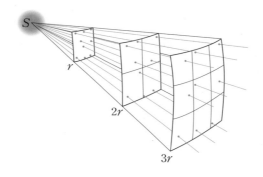

케플러의 법칙

이날 강의의 마지막은 케플러의 법칙으로 채워졌다. 케플러의 법칙은 태양계 행성의 운동을 설명하는 법칙으로서 다음 세 가지가 있다.

① 모든 행성의 궤도는 태양을 하나의 초점에 두는 타원궤도이다.

② 태양과 행성을 잇는 직선은 단위시간당 항상 똑같은 넓이를 훑고 지나간다.

③ 행성의 공전주기의 제곱은 궤도 장반경의 세제곱에 비례한다.

케플러가 이런 법칙을 얻을 수 있었던 것은 그의 스승이었던 티코 브라헤가 당대 최고의 천문관측 기록을 남긴 덕분이었다. 브라헤는 덴마크의 천문학자로서 맨눈으로도 먼 거리의 사람 얼굴을 식별할 수 있을 정도로 시력이 좋은 것으로 정평이 나 있었다. 당시는 아직 망원경이나 렌즈가 나오기 전이었지만 브라헤는 자신의 유별난 시력으로 방대하고도 정밀한 관측 자료를 남겼다. 망원경을 만들어 처음으로 천체를 관측한 인물은 1609년의 갈릴레오였다. 브라헤가 방대한 관측 자료를 남기긴 했으나 이로부터 행성운동의 법칙을 끌어내는 작업은 매우 고단하고 힘들었다.

특히 행성의 타원궤도는 획기적인 발상의 전환이 필요했다. 플라톤 시절부터 원운동은 가장 완벽한 운동으로 인식되었기 때문에 천체가 그와 다른 운동을 한다는 상상을 해본 사람은 케플러 이전에 아무도 없었다. 코페르니쿠스도 예외는 아니었으며 심지어 케플러도 처음에는 원운동을 가정하고 브라헤의 데이터를 분석했다.

원은 평면 위의 한 점에서 거리가 일정한 점들의 집합이다. 그래서 평면 위에 임의의 점을 잡아 일정한 길이의 실 한쪽 끝을 그 점에 고정하고 다른 끝에 펜을 달아 한 바퀴 돌리면 원을 얻는다.

타원은 이보다 약간 복잡해서 평면 위의 두 점에서의 거리의 합이 일정한 점들의 집합이다. 먼저 평면에 두 점을 고정하고 그 두 점 사이의 거리보다 길이가 더 긴 실의 양 끝을 두 점에 고정한다. 펜으로 실의 한 지점을 팽팽하게 잡아당기면 펜과 두 고정점은 하나의 삼각형을 이룰 것이다. 이렇게 팽팽한 상태를 유지하며 펜을 한 바퀴 돌리면 타원을 얻는다. 이때의 두 고정점을 타원의 초점이라고 부른다. 두 초점 사이의 중점은 타원의 중심이다. 두 초점을 잇는 직선을 타원의 장축, 이와 수직이면서 타원의 중심을 지나는 축은 단축이다. 타원의 중심에서 장축이 타원과 만나는 점까지의 거리를 장반경, 단축이 타원과 만나는 점까지의 거리를 단반경이라고 한다. 타원의 장반경과 단반경이 같은 경우가 원에 해당하며 이때 두 초점은 타원의 중심에서 만난다.

케플러는 처음에 지구궤도를 구하려 했으나 이내 포기하고 화성의 궤도를 탐구했다. 우선 원운동을 가정하고, 브라헤의 자료를 설명하고자 화성의 공전속도가 일정하지 않다는 가설도 세웠다. 그 결과 각도로 약 8분(1분은 1도의 $\frac{1}{60}$이 되는 각도이다) 정도의 차이가 났다고 한다. 케플러는 브라헤의 관측이 정확하다는 믿음이 있었기 때문에 자신의 가설을 과감하게 버렸다. 이렇게 그는 수년에 걸친 엄청난 시행착오(2절지 900장에 달하는 계산, 70여 회의 반복 계산)를 거친 끝에 마침내 1605년에 타원궤도를 찾아내게 되었다. 케플러의 이 작업에는 '화성의 전투'라는 별칭이 붙었다.

지구와 화성이 타원궤도라고는 하나 이 궤도는 모두 원에 아주 가깝다. 지구의 경우 장반경에 대한 단반경의 비율이 99.986%이고 화성의 경우 99.566%이다. 맨눈으로 관측한 결과로 이 정도의 타원궤도를 끄집어낸 케플러(그리고 브라헤)의 공적은 자연에 대한 엄밀한 관측과 그 결과를 토대로 자연법칙을 도출한다는 전형적인 과학적 방법론에 대한 최상의 예라고 할 만하다. 그러나 플라톤주의자였던 케플러는 화성의 궤도가 타원임을 알고서는 무척 실망했다고 한다.

케플러의 제1법칙은 행성의 질량이 태양에 비해 대체로 아주 가볍긴 하지만 0이 아니기 때문에 근사적으로 성립하는 법칙이다. 즉 태양의 위치는 정확하게 타원궤도의 초점에 있지는 않다. 두 물체가 서로 잡아당기면서(그 힘의 정체는 뉴턴이 규명했다) 회전하는 경우 회전의 중심은 두 물체의 질량중심이 되며, 각 물체는 이 질량중심을 타원의 한 초점으로 하여 각각 궤도운동을 한다. 지구-태양처럼 한쪽의 질량이 다른 쪽에 비해 엄청나게 크면 질량중심은 질량이 큰 물체(태양)의 내부 깊숙한 곳에 있게 되어 태양의 질량중심이 태양-지구의 질량중심(이 지점이 타원궤도의 초점이다)에 아주 근접해진다.

케플러의 제2법칙은 행성의 궤도운동이 일정하지 않다는 점을 말하는데, 이는 타원궤도를 알기 전부터 알려진 사실이다. 행성이 원운동을 하면 행성과 태양과의 거리는 언제나 일정하다. 그러나

타원궤도이면 행성과 태양의 거리는 수시로 변한다. 행성이 태양에 가장 근접할 때의 위치를 근일점, 가장 멀어질 때의 위치를 원일점이라고 한다. 행성이 궤도운동을 할 때 속도는 근일점에서 빨라지며 원일점에서 느려진다. 케플러가 화성의 공전궤도를 타원이라 생각한 계기 중 하나도 바로 이 성질이었다. 여기서 행성이 빨라지고 느려지는 정도는 단위 시간당 행성이 궤도상을 훑고 지나가는 부채꼴의 넓이가 항상 일정하도록 유지된다. 이것이 케플러의 제2법칙이다. 그래서 제2법칙은 '면적속도 일정의 법칙'이라고도 한다. 행성의 면적속도가 항상 일정한 것은 행성의 각운동량이 늘 보존되기 때문이다.

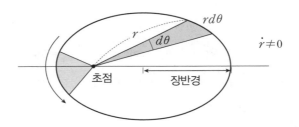

위 그림에서처럼 행성이 $d\theta$만큼 회전했을 때 행성이 훑고 지나간 부채꼴 모양의 도형(음영이 있는 부분)의 넓이는(이 도형은 삼각형에 가까우므로 삼각형의 넓이로 구한다) 식 (45)와 같다.

$$dA = \frac{1}{2} \times r \times (rd\theta) \qquad (45)$$

양변을 dt로 미분하면 식 (46)이 성립한다.

$$\frac{dA}{dt} = \frac{1}{2}r^2\frac{d\theta}{dt} = \frac{1}{2}r^2\omega \tag{46}$$

여기서 행성의 회전관성 $I = mr^2$이므로 식 (46)은 식 (47)을 만족한다.

$$\frac{dA}{dt} = \frac{1}{2m}I\omega = \frac{1}{2m}L \tag{47}$$

여기서 $L = I\omega$는 행성의 각운동량이다. 외부의 돌림힘이 없으면 각운동량은 보존된다. 즉 항상 일정한 값을 가진다. 따라서 식 (47)의 우변은 시간에 대해 항상 상수이며 그 결과 좌변 또한 상수다. 좌변은 말 그대로 행성이 훑고 지나가는 넓이의 시간에 대한 변화, 즉 면적속도가 된다. 따라서 케플러의 제2법칙인 면적속도 일정의 법칙은 행성의 각운동량 보존과 다름이 없다.

케플러의 제3법칙은 1618년에 발표된 것으로, 행성의 공전주기와 장반경 사이에 특별한 관계가 있음을 나타낸다. 공전주기는 궤도의 장반경이 클수록 커지는데, 그 정도는 공전주기의 제곱이 장반경의 세제곱에 비례한다. 이를 이용하면 이미 알려진 행성들의 성질과 비교하는 방식으로, 어떤 행성의 주기만으로 태양에서 그 행성까지의 거리를 알 수 있다. 이 법칙은 관측가능한 모든 행성에 보편적으로 적용되었기 때문에 '조화의 법칙'이라고도 한다. 제3법칙을 식으로 표현하면 식 (48)과 같다.

$$T^2 = ka^3 \qquad (48)$$

여기서 T는 행성의 공전주기, a는 타원궤도의 장반경이고 k는 비례상수이다. 만유인력의 법칙을 이용하면 k의 값을 정확하게 구할 수 있다. 또는 식 (48)과 원운동의 특성을 이용하면 거꾸로 만유인력의 공식을 유도할 수도 있다. 이 문제는 일반물리학 과정에서 가장 흔히 등장하는 시험문제일 것이다.

케플러의 제3법칙과 각운동량 보존법칙을 이용하면 지구와 달의 신비한 비밀을 밝혀낼 수도 있다.

지구와 달은 각자가 자전하면서, 지구 내부에 있는 지구-달의 질량중심을 회전의 중심으로 하여 각각 공전하는 복잡한 시스템이다. 지구의 조수간만을 일으키는 주원인은 달의 인력 때문이다. 달은 지구와 충분히 가깝고 또 충분히 무겁기 때문에 지구에 대한 그 중력의 효과가 태양보다 더 크다. 달의 인력 때문에 지구 표면의 지각이나 수면은 지구와 달을 잇는 직선을 따라 부풀어 오른다. 이때 달을 바라보는 지표면뿐만 아니라 달의 반대편 지표도 똑같이 부푼다. 지구 자체가 지구의 달 반대편 표면보다 달의 중력을 더 많이 받아 달 쪽으로 끌려가기 때문이다.

그런데 문제는 지구가 자전하면서 이렇게 부풀어 오른 면을 끌고 다니는 데 있다. 이렇게 되면 달의 인력에 의해 부풀어 오른 면이 정확히 달을 향하지 않고 지구-달을 잇는 직선에서 약간 벗어나게 된다. 하지만 달의 인력은 이렇게 부풀어 오른 면이 지구-달 축을 벗어나지 않는 방향으로 당기는 효과를 발휘한다. 그 결과 지구의 자전은 방해를 받게 된다. 말하자면 달이 지구를 자기 쪽으로 부풀어 올려놓아서 이것이 일종의 마찰력처럼 작용하여 지구 자전을 늦춘 셈이다. 이 '마찰력'이 지구 자전에 대한 돌림힘으로 작용해서 지구의 회전을 늦춘다.

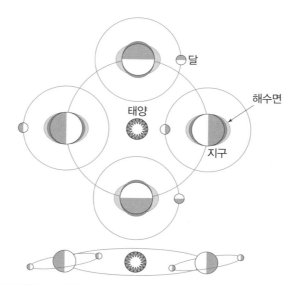

달의 인력으로 인해, 지구 표면의 수면이 달 쪽으로 부풀어 오른다.

지구 입장에서는 지구 외부에 있는 달의 인력 때문에 자신의 회전각속도가 줄어들었다. 달의 기조력 때문에 표면이 부풀어 올랐으니 지구의 회전관성이 약간 커지는 효과가 있으나 각속도가 줄어드는 효과가 훨씬 더 크기 때문에 전체적으로 지구의 각운동량은 줄어든다.

하지만 지구-달 전체 계가 고립되어 있다고 가정하면 지구와 달의 모든 각운동량은 보존된다. 따라서 줄어든 지구의 각운동량은 어떻게든 지구-달 시스템의 다른 각운동량을 증가시킬 것이다. 한편 달의 입장에서는 지구의 인력에 의해 지구보다 훨씬 더 큰 기조력의 영향을 받는다. 그 결과 달의 자전은 지구보다 훨씬 더 빨리 줄어들 것이다. 달의 공전주기와 자전주기가 거의 똑같은 것은 이 때문이다(동주기 자전). 동주기 자전을 하면 달은 항상 같은 면만 지구를 향하므로 조수간만이 더는 자전을 방해하는 마찰력으로 작용하지 않는다.

지구나 달 모두 자전하는 회전각속도가 줄어들었으므로 이 때문에 줄어든 각운동량을 벌충하려면 달의 공전에 의한 각운동량이 늘어날 수밖에 없다. 각운동량은 앞에서 소개했듯이 다음과 같이 주어진다.

$$L=rmv=(mr^2)\omega=I\omega \ (\omega: 각속도)$$

각운동량을 늘리기 위한 한 가지 방법은 지구나 달의 공전주기를 빠르게 하는 것이다. 하지만 달의 공전주기는 케플러의 제3법칙 식 (48)에 의해 그 궤도반지름과 밀접한 관계가 있다. 이 관계를 이용하여 대략적으로 계산하면 다음과 같이 된다.

$$L = I\omega \sim \frac{r^2}{T} \sim \frac{r^2}{r^{\frac{3}{2}}} = r^{\frac{1}{2}} \ (T: 공전주기)$$

따라서 달의 각운동량이 늘어나면 필연적으로 그 공전궤도가 커져야만 하고, 다시 케플러 제3법칙에 의해 그만큼 공전주기도 길어진다.

이 결과는 지구의 부풀어 오른 면이 지구 자전을 늦추는 한편으로, 달에게는 그 궤도 진행방향으로 끌어당기는 효과의 결과라고도 볼 수 있다. 즉 지구의 부푼 면이 지구 자전으로 지구-달 축을 벗어나면서 달의 진행방향 앞쪽에 위치하게 되어 이 부분이 달에 대해서는 달의 진행방향으로 중력을 작용시켜 가속화한 것이다. 그 결과 달은 보다 높은 궤도로 옮겨간다.

기조력의 마찰 때문에 늘어나는 것은 각운동량뿐이 아니다. 지구 중력에 대한 달의 위치에너지도 함께 늘어난다. 이는 마치 3층에 있는 물체보다 5층에 있는 물체가 가지는 위치에너지가 더 큰 것과도 같다. 지구의 자전이 느려짐으로 인해 줄어든 운동에너지가 달의 중력 위치에너지의 증가로 옮겨간 것이다.

이 모든 결과를 종합해서 요약하면, 달은 점점 지구에서 멀어지고 지구의 자전주기는 점점 더 길어진다. 이렇게 달은 매년 38mm씩 지구에서 멀어진다. 지구의 자전주기는 매년 백만 분의 17초 정도가 느려진다. 지구 자전이 해마다 느려지면 그만큼 하루가 길어진다. 반대로 초기 지구의 하루는 지금보다 더 짧았을 것이다. 실제로 공룡이 활보하던 수억 년 전에는 지구의 하루가 23시간이었다. 고생물학과 지질학의 도움을 얻으면 실제로 지구의 자전주기가 느려지고 있음을 확인할 수 있다.

미국의 고생물학자인 존 웰스는 산호 화석의 성장선 개수를 세어 고대에는 하루의 길이가 지금보다 더 짧았다는 것을 직접적으로 확인했다. 산호는 밤과 낮에 따라 그 성장속도가 달라진다. 웰스는 데본기(3억 6000만 ~ 4억 1600만 년 전) 중기의 산호화석을 조사했다. 산호는 밤과 낮에 따라 생장 속도에 차이가 나기 때문에 화석에는 하루의 변화를 나타내는 성장선이 나타나 있다. 좀 더 넓은 무늬마루는 1년의 변화로 이해할 수 있어서 이들 사이의 미세한 성장선(약 50마이크론)을 세면 일 년의 날수를 셀 수 있는 것이다. 이것은 원리적으로 나무의 나이테와도 같다. (물론 웰스는 현재의 산호화석에서 약 360개의 성장선을 미리 확인했다.)

이런 식으로 웰스는 중기 대본기의 1년의 날수가 365일보다 더 많은 400일 정도(샘플에 따라 약 385~410일)임을 쉽게 알 수 있었다 (〈네이처Nature〉, 1963. 3. 9). 1년이 400일이면 하루의 시간은 약 22시간에 해당한다(24×365÷400＝21.9). 즉 웰스의 데이터를 이용하면 지금부터 4억 년 정도 전에는 하루의 길이가 22시간이었다는 결론을 얻는다.

이 밖에도 호주의 조지 윌리엄스는 최근 신원생대(6억 2천만 년 전) 지층을 조사하여 1년이 400±7일임을 밝혔다(〈지구물리학의 고찰Reviews of Geophysics〉, 2000). 윌리엄스는 자신의 연구 결과를 토대로 이 당시 지구에서 달까지의 거리는 지금 거리의 약 96.5%였으며 달이 지구에서 멀어지는 정도는 연간 2.17±0.31cm로 지금 멀어지는 정도의 절반 정도밖에 되지 않는다는 결론을 내렸다.

지구의 자전이 매년 백만 분의 17초가 느려지면 약 4백만 년에 1분이 느려진다. 이 비율이 그대로 유지된다면 산술적으로 계산했을 때 하루의 길이가 25시간이 되려면 약 2억 4천만 년은 더 흘러야 한다. 물론 그때까지 우리 인간이 지구상에 계속 살아남아 있는지는 아무도 모른다.

피타고라스는 수가 우주의 근본이라고 믿었고 플라톤은 우주가 기하학적인 구조를 가진다고 생각했다. 이런 입장을 받아들이면 인간은 우주를 수학적으로 이해할 수 있다는 결론에 이른다. 케플러가 한 일이 바로 그것이다. 실제로 케플러는 자신의 법칙을 발견하기 전인 1596년 25세의 나이에 《우주의 신비》를 쓰면서 5개의 플라톤 입방체(정사면체, 정육면체, 정팔면체, 정십이면체, 정이십면체)로 행성의 궤도를 설명하려고 했다. 지금 기준으로 생각해보면 이런 시도는 아주 터무니없어 보일는지도 모르나 적어도 원리상 그는 충실한 피타고라스주의자였고 동시에 플라톤주의자였다. 그리고 지금도 과학자들은 수학적인 구조를 자연현상을 설명하는 데 아무런 거리낌 없이 도입하고 있다.

자신의 조수에게 방대한 자료를 남긴 티코 브라헤는 사촌과의 다툼으로 칼싸움을 벌이다 코가 잘리기도 했다. 그는 덴마크 왕 프레데리크 2세로부터 벤섬을 하사받고 그곳에 우라니보르크Uraniborg(하늘의 성이라는 뜻)라는 관측소를 지었는데, 한때는 덴마크 총생산의 5%를 사용할 정도의 규모였다고 한다.

그러나 프레데리크 2세의 뒤를 이은 크리스티안 4세는 우라니보르크에 대한 지원을 대폭 삭감했고 브라헤는 하는 수 없이 프라하로 자리를 옮겼다. 그로부터 얼마 뒤인 1600년 1월 케플러가 브라헤와 합류했다. 브라헤는 타고난 관측자였으나 수학적 분석에는 재능이 없었고, 케플러는 정반대였다. 덕분에 이 둘은 서로의 재능을 보완하며 완벽한 조력자가 될 수 있었다. 그러나 둘 사이의 인간적인 관계는 그리 좋지 않았다. 케플러 입장에서는 사이가 나빴던 스승 브라헤가 남긴 화성 데이터가 원궤도와 일치하지 않았음에도 자신의 신념(행성궤도는 원궤도라는 신념)을 포기하면서까지 브라헤의 데이터를 끝까지 신뢰했던 셈이다.

일화에 따르면 브라헤는 로젠베르크 남작의 만찬에 갔다가 예의상 소변을 억지로 참는 바람에 병을 얻어 세상을 떠났다고 한다.

비교적 빠른 시기에 브라헤의 자료를 넘겨받을 수 있었던 케플러로서는 다행이었을지도 모른다.

브라헤는 죽음을 앞두고 "내 삶이 헛되지 않기를"이라는 말을 남겼다고 한다. 자신의 후임자가 자신의 관측 자료로 과학계에 길이 남을 위대한 발견을 했으니 브라헤의 유언은 확실하게 지켜진 셈이다.

우라니보르크가 있던 벤섬에는 덴마크 출신 조각가인 이바르 욘손이 1936년에 조각한 브라헤의 화강암 석상이 버티고 서 있다. 이 석상에서 브라헤는 꼿꼿한 자세로 서서 고개를 쳐들고, 수백 년 전 실제 브라헤가 그랬던 것처럼 머나먼 하늘을 똑바로 응시하고 있다.

강의가 끝나고 난 뒤

9월 강의는 이렇게 끝났다. 여느 때처럼 함께 몰려가서 저녁을 먹었다. 다음 날이 출국이라 뒤풀이는 할 수 없었다. 아마 수강생 중 뜻이 맞는 몇몇 분은 대학로 어딘가에서 술잔을 기울였을 것이다. 출국 준비로 마음은 쫓겼지만, 극히 일부이긴 해도 고전물리학의 핵심 분야를 끝냈다는 생각에 또 다른 성취감이 밀려왔다. 10월부터는 본격적으로 일반상대성이론으로 바로 들어간다.

9월 강의에 대한 공식적인 후기는 K가 강의 몇 시간 뒤인 6일 새벽 1시 9분에 올렸다. 나는 이 후기를 한참 뒤에야 볼 수 있었다. 현장 사진도 여러 장 올라와 있었다. 후기의 내용은 중력과 케플러의 법칙을 배운 이야기, 길이가 수백만 광년인 막대기를 이용하더라도 광속보다 빨리 신호를 전달할 수 없다는 이야기 등이 포함되어 있었다. 물리학으로 상상하는 즐거움을 느꼈다는 말에 내 마음도 흐뭇했다. 물론 K는 지금까지 배운 내용을 아직 잘 모른다고 썼지만 끝까지 포기하지 않겠다는 각오가 나를 뭉클하게 했다. 길이가 수백만 광년인 막대기 이야기는 이 후기에 달린 댓글에서도 다시 언급되었다. 평소 궁금증을 해소되었다고 하니 기뻤다. 지구 반대편까지 구멍을 뚫어 물체를 낙하시키는 사고실험도 흥미롭다고 했다.

수강생들이 아마도 복잡한 수학을 모두 따라오지는 못했을 것이다. 하지만 그 과정에서 뭔가 하나라도 물리적인 의미를 잡아내고 흥미를 느낄 수 있다면 나로서는 더 바랄 게 없었다.

늦더위가 가시지 않은 9월 초, 나는 행복한 마음을 안고 집으로 가서 짐을 쌌다.

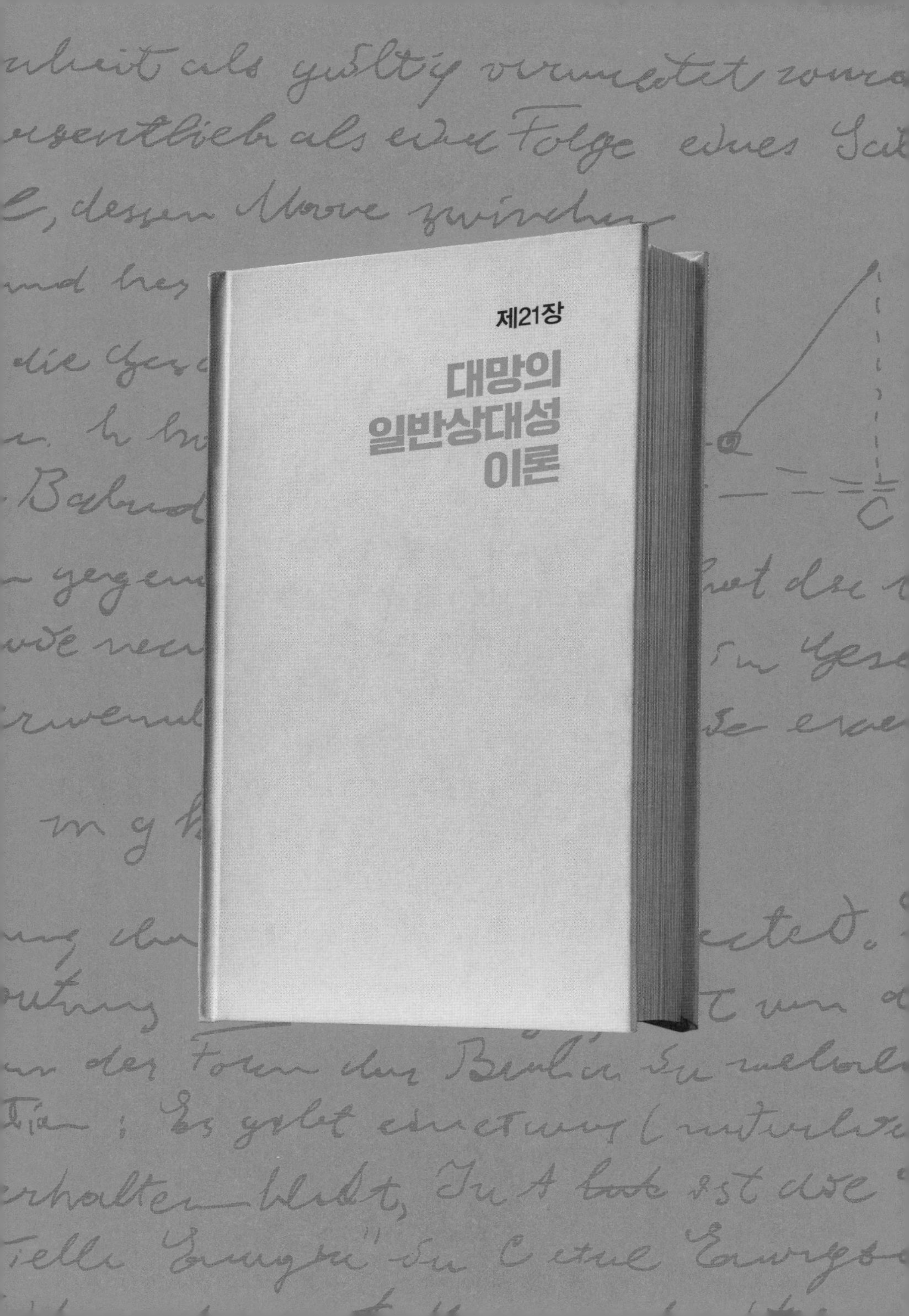
제21장
대망의
일반상대성
이론

10월 강의가 시작되기 3일 전 공지 글을 올렸다.

　　이번 주말인 10월 10일 토요일 2시부터 수학아카데미 10월 강의가 있습니다. 장소는 여전히 혜화동 일석기념관입니다. 이번 강의는 일반상대성이론 첫 시간인데요. 일반상대성이론을 위한 산수를 좀 할 예정입니다. 1교시에는 벡터와 텐서에 대한 내용을 다룹니다. 특히 4벡터와 측량 텐서가 중요합니다.

　　2교시에는 곡률 curvature을 배웁니다. 여기서는 크리스토펠 기호 Christoffel symbol와 리만 텐서, 리치 텐서, 리치 스칼라 등이 나옵니다. 리치 텐서와 리치 스칼라를 잘 조합하면 아인슈타인 텐서가 나옵니다. 그리고 크리스토펠 기호가 들어가는 측지선 방정식도 배웁니다.

　　3교시에는 이를 바탕으로 해서 드디어 아인슈타인 방정식을 구경합니다. 이 방정식의 몇 가지 특징까지만 배울 겁니다.

　　11월 강의에서는 아인슈타인 방정식으로부터 ①만유인력의 법칙 유도, ②빛의 휘어짐, ③수성 근일점 이동을 다룰 예정입니다. 교재는 마땅한 게 딱히 없는데요, 아인슈타인의 1916년 논문이나 션 캐럴의 논문이 도움이 될 겁니다. 참고도서를 굳이 적어보면 스티븐 와인버그의 《중력과 우주론 Gravitation and Cosmology》과 제임스 하틀의 《중력 Gravity》입니다. 와인버그의 책은 나온 지 오래되었지만 이 분야 최고의 명저입니다. 분량도 많고 영어라서 직접 보시기

가 쉽지는 않겠지만, 특히 관심이 있으신 분이라면 한 권 소장하셔
도 무방할 듯합니다.

그리고 스위스에서 찍은 사진 몇 장 올립니다.

이날 강의는 본격적인 일반상대성이론을 처음으로 다루기 때문
인지 수강생들의 표정에도 약간의 긴장감과 뿌듯함, 그리고 설렘이
서려 있었다. 강의의 마지막은 아인슈타인 방정식을 보여주는 것으
로 끝낼 예정이었다.

다시, 벡터

일반상대성이론 강의는 벡터부터 시작했다. 벡터의 기본은 이미
고등학교 과정에서도 다루었다. 우리는 그 내용을 간단하게 복습했다.

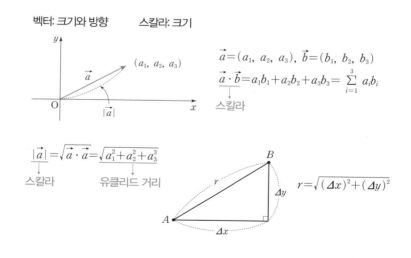

여기서 한 가지 중요한 사실은 벡터의 크기인 $|\vec{a}|$는 좌표계를 어떻게 바꾸더라도 변화하지 않는 양이라는 점이다. 반면 벡터의 성분은 좌표계마다 달라진다. 이는 직관적으로 생각해봐도 당연하다. 비유적으로 설명하기 위해 연필 한 자루를 생각해보자. 연필을 어떤 각도로 들고 있느냐에 따라 책상에 비치는 그림자의 길이는 제각각 달라진다. 이 그림자는 연필이라는 벡터의 성분과도 같다(원래 벡터의 성분이란 벡터에서 각 축에 내린 정사영, 즉 그림자의 길이이다). 하지만 연필의 각도를 어떻게 바꾸더라도 연필의 길이 자체는 변하지 않는다. 연필의 길이는 말 그대로 벡터의 길이이다. 즉 벡터의 길이는 좌표를 어떻게 바꾸더라도 변하지 않는다.

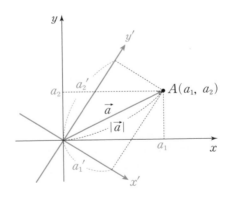

이런 경우를 두고 우리는 벡터의 길이는 '좌표변환에 대해 불변invariant under coordinate transformation'한다고 말한다. 이처럼 좌표변

환에 대해 불변인 양을 스칼라scalar라고 한다. 스칼라는 원래 방향성이 없고 크기만 있는 양이다. 어떤 양이 스칼라이면 그 양은 연필의 길이처럼 좌표변환에 대해 언제나 같은 값을 가진다. 이 개념은 상대성이론에서 특히 중요한 만큼 잘 기억해둬야 한다.

그다음으로 강의한 내용은 4벡터four vector였다. 여기서부터 본격적으로 상대성이론으로 넘어간다. 나는 좌중을 쭉 둘러보았다. 돋보기를 쓴 P가 앞줄에서 나를 빤히 쳐다보고 있었다.

3차원 공간벡터는 3개의 성분을 가지며, 그것은 x성분과 y성분, z성분이다. 4벡터는 4개의 성분을 가지며, 3개의 공간성분(x, y, z)에 시간성분(t)이 하나 더 들어가 있다. 시간성분이 새롭게 들어가는 이유는 상대성이론이 시간과 공간을 하나로 엮었기 때문이다.

상대성이론에서 시간과 공간이 하나로 엮여 시공간spacetime이 된 것은 광속 때문이다. 아인슈타인은 특수상대성이론을 만들면서 모든 관성좌표계에서 광속이 항상 일정하다는 '광속불변'을 자기 이론의 첫 번째 전제조건으로 내세웠다.

광속, 즉 빛의 속력도 속력의 일종이므로 시간과 공간의 변수들로 정의되는 양이다. 그런데 이 값이 임의의 관성좌표계(서로 등속운동을 하는 좌표계)에서 항상 똑같은 값을 가지려면 시간과 공간이 특별하게 얽힐 수밖에 없다. 뉴턴역학에서 시간은 시간대로 공간은 공간대로 따로따로 존재하는 물리량이었지만, 아인슈타인에 이르러서는 모든 것이 광속을 중심으로 돌아간다. 시간과 공간은 뉴턴역학에서처럼 더 이상 절대적인 지위를 갖지 못하고 불변의 광속에 종속된 물리량일 뿐이다.

이것을 좀 더 자세하게 살펴보기 위해 빛이 Δt라는 시간 동안 이동한 거리 $c\Delta t$를 생각해보자. 이 시간 동안 x, y, z 좌표가 각각 Δx, Δy, Δz만큼 변했다고 하면 피타고라스의 정리에 따라 식 (1)과 같은 관계가 성립한다.

$$c^2(\Delta t)^2 = (\Delta x)^2 + (\Delta y)^2 + (\Delta z)^2 \tag{1}$$

이것을 달리 쓰면 식 (2)로 나타낼 수 있다.

$$(\Delta s)^2 = c^2(\Delta t)^2 - (\Delta x)^2 - (\Delta y)^2 - (\Delta z)^2 = 0 \tag{2}$$

만약 우리가 또 다른 좌표계를 도입해서 빛의 이동거리를 기술하면 이때는 식 (3)으로도 쓸 수 있다.

$$(\Delta s')^2 = c^2(\Delta t')^2 - (\Delta x')^2 - (\Delta y')^2 - (\Delta z')^2 = 0 \tag{3}$$

여기서 시간과 공간의 모든 좌표에 붙은 프라임(′)은 이것이 새로운 좌표계의 좌표임을 뜻한다. 하지만 광속 c에는 프라임이 붙지 않았다. 식 (2)와 식 (3)의 광속이 모두 c로 똑같다는 것이 바로 광속불변의 법칙이다. 물리학자들은 흔히 편의상 광속을 1로 둔다. 광속을 1로 둔다는 것은 물체의 속도가 광속에 가까이 다가가는 현상을 주로 묘사하겠다는 말이다. 광속은 초속 30만 km이므로 평소 우리가 일상생활에서 느끼는 속도는 1보다 (즉 광속보다) 훨씬 더 작기 때문에 무시할 수 있다. 그리고 속도의 단위가 '길이/시간'이므로 광속을 1로 둘 때 길이와 시간이 같은 단위가 된다. 이처럼 광속을 중심으로 세상을 바라보면 시간과 공간이 자연스럽게 연결되기 시작한다. 이제부터 특별한 언급이 없는 한 $c=1$로 두겠다.

식 (2)는 4개의 성분을 가진 2개의 벡터의 곱을 써서 식 (4)와 같이 표현할 수 있다.

$$
\begin{aligned}
(\Delta s)^2 &= (\Delta t)^2 - (\Delta x)^2 - (\Delta y)^2 - (\Delta z)^2 \\
&= (\Delta t, \Delta x, \Delta y, \Delta z) \cdot (\Delta t, -\Delta x, -\Delta y, -\Delta z) \\
&= \sum_{\mu=0}^{4} \Delta X^{\mu} \Delta X_{\mu}
\end{aligned}
\tag{4}
$$

특별히 위의 두 벡터를 일반적으로 식 (5), 식 (6)과 같이 정의한다.

$$
\Delta X^{\mu} = (\Delta t, \ \Delta x, \ \Delta y, \ \Delta z)
\tag{5}
$$

$$
\Delta X_{\mu} = (\Delta t, \ -\Delta x, \ -\Delta y, \ -\Delta z)
\tag{6}
$$

그리고 각 벡터의 4개의 성분은 식 (7), 식 (8)과 같다.

$$\Delta X^0 = \Delta t, \; \Delta X^1 = \Delta x, \; \Delta X^2 = \Delta y, \; \Delta X^3 = \Delta z \qquad (7)$$

$$\Delta X_0 = \Delta t, \; \Delta X_1 = -\Delta x, \; \Delta X_2 = -\Delta y, \; \Delta X_3 = -\Delta z \qquad (8)$$

이렇듯 4개의 성분을 가진 벡터를 4벡터라고 한다. 4벡터의 첫 성분은 0성분으로서 시간성분이라고도 한다. 나머지 1, 2, 3 성분은 보통의 3차원 공간벡터의 성분과 같다. 즉 4벡터란 3차원 공간벡터에 0번째 시간성분을 하나 더한 벡터이다.

여기서 식 (5)처럼 벡터의 성분을 나타내는 첨자(μ: 그리스 문자 뮤)가 위에 붙은 벡터를 반변벡터 contravariant vector, 첨자가 아래에 붙은 벡터를 공변벡터 covariant vector 라고 부른다. 반변은 뭔가가 거꾸로 변한다는 뜻이고, 공변은 뭔가가 함께 변한다는 의미다. 정확한 내용은 곧 알게 될 것이다.

식 (5)와 식 (6)은 식 (9), 식 (10)과 같이 쓸 수도 있다.

$$\Delta X^\mu = (\Delta t, \; \Delta x, \; \Delta y, \; \Delta z) = (\Delta t, \; \vec{\Delta r}) \qquad (9)$$

$$\Delta X_\mu = (\Delta t, \; -\Delta x, \; -\Delta y, \; -\Delta z) = (\Delta t, \; -\vec{\Delta r}) \qquad (10)$$

여기서 식 (11)은 보통의 3차원 공간벡터이다.

$$\vec{\Delta r} = (\Delta x, \Delta y, \Delta z) \tag{11}$$

상대성이론을 살펴볼 때는 벡터의 성분을 나타내는 첨자가 위에 붙었는지 아래에 붙었는지를 잘 구분해야 한다. 그리고 식 (4)의 마지막 줄에서와 같이 똑같은 위첨자와 아래첨자가 반복되며 시그마로 연결되어 있을 때는 같은 성분끼리 곱해서 더하라는 뜻인데, 상대성이론에서는 이런 경우가 매우 자주 나오기 때문에 편의상 아예 시그마 기호 전체를 생략하기도 한다. 이것을 아인슈타인 표기법이라고 부르며 식 (12)와 같이 나타낸다.

$$\begin{aligned} X^{\mu}X_{\mu} &= \sum_{\mu=0}^{3} \Delta X^{\mu} \Delta X_{\mu} \\ &= X^0 X_0 + X^1 X_1 + X^2 X_2 + X^3 X_3 \end{aligned} \tag{12}$$

그리고 이렇게 똑같은 첨자가 아래위로 반복되면서 더해진 형태를 첨자의 축약contraction이라고 부른다. 관습적으로 4벡터의 첨자는 그리스 문자를 쓰고 3차원 벡터의 첨자는 로마자로 쓴다.

광속불변에 따르면 식 (2)와 식 (3)에서 보듯이 식 (2)와 식 (3) 같은 조합은 좌표변환에 대해서 불변인 양이다. 즉 식 (4)를 참고해서 식 (2)와 식 (3)을 다시 쓰면 식 (13)이 된다.

$$\Delta s = \Delta X^{\mu} \Delta X_{\mu} = \Delta s' = \Delta X'^{\mu} \Delta X'_{\mu} \tag{13}$$

따라서 2개의 4벡터가 $A^\mu A_\mu$의 형태로 곱해져 있으면 이 양은 좌표변환에 대해서 불변invariant인 양이다. 이는 마치 앞서 예를 들었던 연필의 길이와도 똑같다. 우리에게 익숙한 3차원의 유클리드 공간에서는 $|\vec{a}|^2 = a_x^2 + a_y^2 + a_z^2$처럼 3개의 공간성분의 제곱의 합이 불변량을 이룬다. 반면에 4차원 시공간에서는 식 (2)처럼 시간성분의 제곱과 공간성분의 제곱의 합의 차이가 불변량을 이룬다. 이와 같은 공간을 '민코프스키 공간'이라고 한다. 상대성이론을 직관적으로 이해하기가 어려운 이유는 그 무대가 되는 민코프스키 공간이 우리의 경험에 익숙한 유클리드 공간과 다르기 때문이다.

 좌표를 아무리 변환해도 $A^\mu A_\mu$ 형태의 양은 변화가 없기 때문에 이런 양은 물리에서 대단히 중요한 의미가 있다. 상대성이론에서는 더욱 그러하다. 흔히 상대성이론 하면 보는 사람의 관점에 따라 사물의 본성이 달라져 보이는 이론으로 오해하곤 한다. 이런 오해는 '상대성이론'이라는 말 자체가 가지는 어감 때문이기도 하다. 그러나 상대성이론의 핵심은 관측자의 상대적 운동에 따라서 바뀌지 않는 물리법칙이다. 특히 상대성이론에서는 어느 좌표계에서도 광속은 변하지 않는다. 식 (13)과 같은 스칼라양도 아무리 좌표계를 바꾸더라도 변하지 않는다.

 이처럼 상대성이론은 변하지 않는 물리적 진실이 좌표변환에 대해 불변으로 유지되게끔 다른 것들이 어떻게 바뀌는가에 대한 이론이다. 상대성이론은 상대적인 것에 대한 이론이라기보다 불변적인 것에 대한 이론이다. 실제로 아인슈타인은 이런 이유 때문에 상대성이론relativity이라는 말 자체를 좋아하지 않았다고 한다.

델부터 측량 텐서까지

반변벡터와 공변벡터의 뜻을 알아보기 전에 먼저 대학수학 과정에서 배운 델 연산자를 생각해보자. 이는 식 (14) 또는 식 (15)로 쓸 수 있다.

$$\vec{\nabla} = \left(\frac{\partial}{\partial x}, \ \frac{\partial}{\partial y}, \ \frac{\partial}{\partial z} \right) \tag{14}$$

$$\nabla_a = \frac{\partial}{\partial x^a} \tag{15}$$

여기서 $a = 1, 2, 3$이고 $x_1 = x$, $x_2 = y$, $x_3 = z$다. 이때 델의 성분들인 $\frac{\partial}{\partial x^a}$는 각각이 벡터의 기저basis 역할을 수행할 수 있다. 즉 식 (16)이 성립한다.

$$\frac{\partial}{\partial x^a} = \hat{e}_a \tag{16}$$

우리는 미분이 곡선의 접선임을 이미 배웠다. 그 개념을 확장하면 $\frac{\partial}{\partial x^a}$는 임의의 곡면에서 각 축의 방향으로 접선을 그은 벡터성분에 해당한다. 어떤 좌표계의 기저는 우리가 임의로 잡을 수 있는

데, 식 (16)을 기저로 잡으면 곡면에서의 임의의 좌표계 (x, y, z)
를 표현하기 쉽다. 이 점을 더 명확히 하려면 복잡하고 추상적인 수
학을 좀 해야 한다. 하지만 우리는 직관적으로 받아들이고 넘어가
자. 식 (15)나 식 (16)에서 미분기호의 분모에 들어간 위첨자가 델
이나 $\hat{e}$에서 아래첨자로 들어갔음에 유의하자. 예컨대 식 (17)의 계
산을 보자.

$$\frac{\partial}{\partial x^a}x^a = \frac{\partial x}{\partial x} + \frac{\partial y}{\partial y} + \frac{\partial z}{\partial z} = 3 \tag{17}$$

식 (17)에서 위첨자가 붙은 반변벡터가 $\dfrac{\partial}{\partial x^a}$ 와 축약되었을 때
불변인 양이 만들어지기 때문이다. 따라서 $\dfrac{\partial}{\partial x^a}$ 는 공변벡터와 마
찬가지로 첨자가 아래쪽에 있다고 보는 것이 타당하다.

만약에 우리가 좌표계를 (x, y, z)에서 (x', y', z')으로 바꾸었
을 때 식 (14)는 어떻게 바뀌는지 살펴보자. 고등학교 때 배운 미분
의 방법들 중 합성함수의 미분법을 떠올려 보면 식 (18)과 같이 됨
을 알 수 있다.

$$\nabla'_a = \frac{\partial}{\partial x'^a} = \frac{\partial x^b}{\partial x'^a}\frac{\partial}{\partial x^b} \tag{18}$$

여기서 반복되는 첨자인 b에 대해서는 더하기가 수행되었다. 식

(18)은 4벡터로도 바로 확장된다. 그런데 앞서 설명했듯이 델의 아래첨자는 편미분의 미분변수(x)의 위첨자에 해당하는 점에 유의해야 한다. 즉 식 (19)와 같이 되어 일반적인 4벡터와는 공간성분의 부호가 반대가 된다.

$$\nabla_{\mu} = \frac{\partial}{\partial x^{\mu}} = \left(\frac{\partial}{\partial t}, \frac{\partial}{\partial x}, \frac{\partial}{\partial y}, \frac{\partial}{\partial z} \right) \tag{19}$$

이제 식 (18)을 4벡터로 확장하면 좌표를 변환했을 때의 변환식인 식 (20)을 쉽게 얻을 수 있다.

$$\nabla'_{\mu} = \frac{\partial}{\partial x'^{\mu}} = \frac{\partial x^{\beta}}{\partial x'^{\mu}} \frac{\partial}{\partial x^{\beta}} \tag{20}$$

여기서 $\beta = 0, 1, 2, 3$에 대해서 더하기가 수행되었다. 식 (20)은 말하자면 기저벡터가 좌표변환에 대해 변환하는 방식을 표현한 식이다. 식 (20)과 같이 변환하는 방식을 공변covariant이라고 한다. 여기서 공변, 즉 함께 변한다는 의미는 기저벡터인 $\dfrac{\partial}{\partial x^{\mu}}$가 좌표변환에 대해서 변하는 것과 똑같은 방식이라는 의미이다.

실제로 첨자가 위에 붙은 4벡터의 변환식은 식 (21)과 같이 쓸 수 있다.

$$A^\mu \hat{e}_\mu = A^\mu \frac{\partial}{\partial x^\mu} = A^\mu \frac{\partial x'^\beta}{\partial x^\mu} \frac{\partial}{\partial x'^\beta} = \left(A^\mu \frac{\partial x'^\beta}{\partial x^\mu} \right) \hat{e}'_\beta \qquad (21)$$

식 (21)에서 식 (20)의 결과가 이용됐음에 유의하자. 식 (21)의 마지막 표현을 보면 식 (22)라고 정의하는 것이 매우 자연스러우며 또 그래야 한다.

$$\left(A^\mu \frac{\partial x'^\beta}{\partial x^\mu} \right) = A'^\beta \qquad (22)$$

식 (22)는 위첨자가 붙은 4벡터가 좌표변환에 대해서 어떻게 변해야 하는지를 보여준다. 그런데 식 (22)와 식 (20)을 비교해보면 좌표변환과 관련된 계수가 $\frac{\partial x^\beta}{\partial x'^\mu}$ (식 (20))와 $\frac{\partial x'^\beta}{\partial x^\mu}$ (식 (22))로 서로 다르다. 즉 A^μ가 변환하는 방식은 기저가 변환하는 방식과 반대인 셈이다. 그래서 '반변벡터'라는 이름이 붙었다.

첨자가 아래에 붙은 4벡터에 대해서 똑같은 계산을 해보면 이경우에는 4벡터의 변환이 정확하게 식 (20)과 똑같은 형태임을 쉽게 확인할 수 있다. 아래첨자의 4벡터가 '공변벡터'라는 이름을 얻은 것도 바로 이 때문이다. 즉 아래첨자의 4벡터는 그 변환식이 기저의 변환식과 같아서, 기저가 변하는 것과 '함께 변한다_{covariant}.'

좌표변환에 대해 불변인 양은 하나의 반변벡터가 다른 하나의 공변벡터와 축약이 되어야 한다. 즉 반변벡터는 공변벡터와 만나야만 불변인 양을 만들 수 있다. 반변벡터와 공변벡터의 축약이 왜 좌표변환에 불변인지는 식 (23)과 식 (24)에서 쉽게 확인할 수 있다.

$$A'^{\mu}B'_{\mu} = \frac{\partial x'^{\mu}}{\partial x^{\alpha}} A^{\alpha} \frac{\partial x^{\beta}}{\partial x'^{\mu}} B_{\beta} = \frac{\partial x^{\beta}}{\partial x^{\alpha}} A^{\alpha} B_{\beta}$$
$$= \delta^{\beta}_{\alpha} A^{\alpha} B_{\beta} = A^{\alpha} B_{\alpha} \tag{23}$$

여기서 δ^{β}_{α}는 식 (24)와 같은 양이다.

$$\delta^{\beta}_{\alpha} = \left(\begin{array}{ll} 1 & if \ \ \alpha = \beta \\ 0 & if \ \ \alpha \neq \beta \end{array} \right. \tag{24}$$

벡터를 더 일반화하면 텐서tensor라는 양을 얻는다. 벡터는 한마디로 말해 성분을 갖는 양이라고 볼 수 있다. 텐서는 벡터를 일반화한 것으로서 하나의 성분이 또 다른 여러 개의 성분들을 가질 수 있는 물리량이다. 기술적으로 보면 텐서는 일반적으로 둘 이상의 첨자를 갖는다. 성분이 또 다른 성분을 갖기 때문이다. 수학아카데미의 최종목표인 아인슈타인 방정식도 텐서 방정식이다. 이 방정식에 들어가는 주요 항들은 모두 텐서이다.

여기서 중요한 점은 일반적으로 첨자가 둘 이상이라고 해서 무조건 텐서가 되지는 않는다는 것이다. 사실 벡터도 마찬가지이다. A^{μ}처럼 첨자가 하나 있다고만 해서 벡터가 되는 것이 아니다. 벡터가 되려면 좌표변환에 대해서 A^μ가 식 (22)처럼 반변의 형식으로 변환해야만 한다. 텐서도 마찬가지이다. 첨자가 둘(이것을 랭크 2라고도 한다)인 어떤 양 $F^{\mu\nu}$가 있다고 하자. 이 양이 텐서가 되려면 각 첨자 μ, ν에 대해서 각각 반변적으로_{contravariant} 변해야만 한다(첨자가 모두 위에 있다).

$$F'^{\mu\nu} = \frac{\partial x'^\mu}{\partial x^\alpha} \frac{\partial x'^\nu}{\partial x^\beta} F^{\alpha\beta} \tag{25}$$

식 (25)에서 첨자 μ는 μ대로, ν는 ν대로 각각 반변적으로 변환함에 유의하자. 이처럼 모든 첨자에 대해서 벡터처럼 변환을 해야 비로소 텐서라고 할 수 있다.

첨자가 아래에 붙은 텐서 $F_{\alpha\beta}$는 공변적으로 변환해야 한다.

$$F'_{\mu\nu} = \frac{\partial x^\alpha}{\partial x'^\mu} \frac{\partial x^\beta}{\partial x'^\nu} F_{\alpha\beta} \tag{26}$$

한편 위첨자와 아래첨자가 섞여 있는 텐서도 있다. 가령 F^μ_ν라는 모양도 가능한데 이 경우의 변환식은 식 (27)과 같다.

$$F'^\mu_\nu = \frac{\partial x'^\mu}{\partial x^\alpha} \frac{\partial x^\beta}{\partial x'^\nu} F^\alpha_\beta \tag{27}$$

첨자가 둘인 (즉 랭크가 2인) 텐서는 특히 행렬로 표현이 가능하다. 앞 첨자를 행의 번호로 뒤 첨자를 열의 번호로 생각하면 4차원의 텐서 $F^{\mu\nu}$는 식 (28)과 같이 쓸 수 있다.

$$F^{\mu\nu} = \begin{pmatrix} F^{00} & F^{01} & F^{02} & F^{03} \\ F^{10} & F^{11} & F^{12} & F^{13} \\ F^{20} & F^{21} & F^{22} & F^{23} \\ F^{30} & F^{31} & F^{32} & F^{33} \end{pmatrix} \tag{28}$$

랭크 2인 텐서 중에서 가장 중요하고도 기본이 되는 텐서는 측량 텐서metric tensor이다. 측량 텐서의 기본은 공변텐서인 $g_{\mu\nu}$이다. 이 텐서의 가장 중요한 특징은 2개의 반변텐서를 묶어서 불변인 스칼라양을 만든다는 점이다. 즉 식 (29)와 같이 된다.

$$g_{\mu\nu} A^{\mu} B^{\nu} = A^{\mu} B_{\mu} = A \cdot B \tag{29}$$

식 (29)의 첫 번째 식과 두 번째 식을 비교하면 식 (30)과 같은 관계가 있음을 알 수 있다.

$$g_{\mu\nu} B^{\nu} = B_{\mu} \tag{30}$$

즉 반변벡터인 B^{ν}가 측량 텐서 $g_{\mu\nu}$를 만나 공변벡터인 B_{μ}가 된 것이다. 이 과정을 사람들은 첨자 내리기 index lowering라고 부른다. 공변텐서인 측량 텐서가 작용해서 반변벡터의 위첨자를 아래로 내려 공변벡터로 만들었다는 뜻이다.

한편 $g_{\mu\nu}$의 역행렬에 해당하는 반변텐서 $g^{\mu\nu}$도 있다. 이 텐서는 짐작하겠지만 공변벡터의 아래첨자를 위로 올려서 반변벡터로 만드는 역할을 한다. 즉 식 (31)과 같이 쓸 수 있다.

$$g^{\mu\nu}A_{\mu}B_{\nu}=A^{\nu}B_{\nu}=A\cdot B \qquad (31)$$

스칼라양인 $A\cdot B$는 식 (30)이든 식 (31)이든 어느 쪽으로도 표현이 가능하다.

$g_{\mu\nu}$는 벡터뿐만 아니라 임의의 텐서에도 작용을 해서 위첨자를 아래로 내릴 수 있다. $g^{\mu\nu}$도 비슷한 역할을 할 수 있다.

이제 우리가 제일 먼저 생각했던 빛의 경로로 다시 돌아가 보자. 식 (1)에서 Δ가 0으로 가는 극한을 생각해보면 Δx의 양은 미분요소인 dx로 바뀔 것이다. 이 경우 식 (1)은($c=1$) 식 (32)로 나타낼 수 있다.

$$ds^2=dt^2-dx^2-dy^2-dz^2 \qquad (32)$$

빛에 대해서는 식 (32)의 값이 0이지만 일반적으로 빛이 아닌 입자에 대해서는 꼭 0일 필요는 없다. dt는 이 시간 동안에 빛이 이동한 거리이지만, $\sqrt{dx^2+dy^2+dz^2}$은 이 입자가 원점에서 떨어진 거리를 나타낸다. 이 입자의 속도가 빛의 속도와 다르다면 ds는 0이 아닐 것이다. 이런 의미에서 식 (32)는 시간까지 포함한 4차원 시공간 속에서의 두 점 사이의 거리라고 부를 수 있다. 다만 그 거리를 재는 방식이 3차원과 달리 매우 독특하다. 이는 3차원에서 좌표변환에 대해 불변인 스칼라양(예: 연필의 길이)에 대응되는 4차원의 스칼라양이 식 (32)와 같이 정의되기 때문이다. 수학적으로 어떻게 정의되든 그 값이 좌표변환에 대해 불변인 스칼라양이면 우리는 그 값을 기꺼이 '거리'라고 부를 수 있다. 4차원 시공간에서는 그 거리가 식 (32)로 주어진다.

식 (32)는 식 (33)과 같이 두 벡터의 곱으로 표현할 수 있다.

$$dx^{\mu} = (dt, dx, dy, dz)$$
$$dx_{\mu} = (dt, -dx, -dy, -dz) \tag{33}$$

이 두 벡터를 이용하면 식 (32)는 측량 텐서를 써서 식 (34)와 같이 쓸 수 있다.

$$ds^2 = dx^{\mu} dx_{\mu} = g_{\mu\nu} dx^{\mu} dx^{\nu} \tag{34}$$

식 (32)와 식 (34)를 비교해보면 $g_{\mu\nu}$의 값은 식 (35) 또는 식 (36)에서 주어지는 값을 가져야 한다.

$$g_{00}=1, g_{11}=g_{22}=g_{33}=-1 \tag{35}$$

$$g_{\mu\nu}=\begin{pmatrix} 1 & 0 & 0 & 0 \\ 0 & -1 & 0 & 0 \\ 0 & 0 & -1 & 0 \\ 0 & 0 & 0 & -1 \end{pmatrix} \tag{36}$$

$g_{\mu\nu}$의 값이 식 (35)나 식 (36)의 값을 가지는 것은 4차원 시공간에서의 두 점 사이의 거리인 ds가 식 (32)와 같을 때이다. 그리고 식 (32)는 우리가 흔히 아는 평평한 시공간과 다름없다(3차원에서의 거리가 피타고라스 정리로 측정됨에 유의하자). 만약 시공간이 이상하게 굽어 있다면 그 속에서의 두 점 사이의 거리는 식 (32)와 많이 다를 것이고 그 결과 $g_{\mu\nu}$의 값도 식 (36)과 같지 않을 것이다. 이런 의미에서 $g_{\mu\nu}$를 측량 텐서라고 부르는 것이다. 즉 $g_{\mu\nu}$만 알면 주어진 시공간에서 두 점 사이의 거리가 어떻게 측량되는지를 알 수 있고 그에 따라 공간의 성질이 결정된다.

$g_{\mu\nu}$에는 식 (37)과 같은 성질이 있다.

$$g^{\mu\nu}g_{\nu\alpha}=\delta_\alpha^\mu=\begin{cases} 1 & if \ \mu=\alpha \\ 0 & if \ \mu\neq\alpha \end{cases} \tag{37}$$

식 (37)의 우변은 말하자면 4×4 단위행렬과도 같다. 그래서 $g_{\mu\nu}$ 와 $g^{\mu\nu}$는 서로 역행렬의 관계에 있다. 또한 식 (38)과 같이 되어 시공간의 차원이 나온다.

$$g^{\mu\nu}g_{\mu\nu}=1 \times 1+(-1) \times (-1)$$
$$+(-1) \times (-1)+(-1) \times (-1)=4 \qquad (38)$$

여기까지 강의를 마친 뒤 첫 번째 휴식시간을 가졌다.

4벡터 운동량부터 측지선 방정식까지

2교시는 측량 텐서를 이리저리 가지고 놀면서 시작했다. 측량 텐서를 이용하면 특수상대성이론에서 시간이 팽창하고 길이가 수축하는 정도를 아주 간단하게 알 수 있다. 이 둘은 특수상대성이론을 처음 접할 때 가장 신기하고도 놀라운 현상 가운데 하나이다. 하지만 우리의 목표는 일반상대성이론이기 때문에 특수상대성이론은 간략히만 다루기로 했다.

다음으로 4벡터로 정의된 운동량을 강의했다. 4차원 시공간에서는 운동량의 시간성분으로 에너지가 들어간다. 그 이유는 정지한 물체의 질량이 4차원 시공간의 변환에 대해서 불변인 양인데, 그러려면 에너지와 운동량이 유기적으로 식 (39)와 같이 연결되어야 하기 때문이다.

$$E^2 = p^2 c^2 + m^2 c^4 \qquad (39)$$

여기서 물체가 정지한 상태이면 $p=0$이므로 유명한 관계식 $E=mc^2$을 얻는다.

다음으로 강의한 내용은 측지선 방정식geodesic equation이었다. 측지선이란 임의의 곡면 위에 있는 두 점 사이의 최단거리를 나타내는 경로이다. 보통의 평면에서는 측지선이 단순한 직선이다. 하지만 구면 위의 두 점을 잇는 최단경로는 곡선이다.

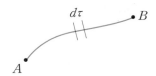

4차원 시공간에서 두 점 사이의 측지선은 무엇일까? 이것은 측량 텐서를 이용하면 구할 수 있다. 4차원 시공간에서 무한히 가까이 있는 두 점 사이의 거리를 나타내기 위해 식 (40)이 이용된다.

$$d\tau^2 = dx^\mu dx_\mu = g_{\mu\nu} dx^\mu dx^\nu \qquad (40)$$

이때 두 점 사이의 거리는 식 (41)과 같이 주어진다.

$$\tau_{AB} = \int_A^B d\tau = \int_A^B \sqrt{g_{\mu\nu} dx^\mu dx^\nu}$$
$$= \int_A^B d\sigma \sqrt{g_{\mu\nu} \frac{dx^\mu}{d\sigma} \frac{dx^\nu}{d\sigma}} \tag{41}$$

식 (41)은 점 A와 점 B를 잇는 임의의 경로를 모두 포함하고 있다. 최단경로를 얻으려면 위의 경로를 최소화하는 조건을 찾으면 된다. 이런 목적을 달성하는 데 필요한 방법이 바로 $E\text{-}L$ 방정식 이다. 우변의 피적분함수에 대한 $E\text{-}L$ 방정식은(고전역학 시간 때 배운 $E\text{-}L$ 방정식에서 시간 t의 역할을 하는 것이 여기서는 시그마$_\sigma$이다) 식 (42)와 같다.

$$\frac{d}{d\sigma} \frac{\partial L}{\partial (dx^\mu/d\sigma)} - \frac{\partial L}{\partial x^\mu} = 0 \tag{42}$$

실제 좌변의 각 항을 계산하기가 아주 어렵지는 않지만 그리 간 단하지도 않다. 이 결과를 잘 정리하면 최종적으로 식 (43)과 같은 방정식을 얻는다.

$$\frac{d^2 x^\rho}{d\tau^2} + \Gamma^\rho_{\mu\nu} \left(\frac{dx^\mu}{dx} \frac{dx^\nu}{d\tau} \right) = 0 \tag{43}$$

식 (43)이 바로 측지선 방정식이다. 여기서 둘째 항의 계수로 들 어가 있는 $\Gamma^\rho_{\mu\nu}$는 크리스토펠Christoffel 기호라고 부르며 식 (44)와 같이 정의된다.

$$\Gamma^{\rho}_{\mu\nu} = \frac{1}{2} g^{\rho\alpha} \left(\frac{\partial g_{\alpha\mu}}{\partial x^{\nu}} + \frac{\partial g_{\alpha\nu}}{\partial x^{\mu}} - \frac{\partial g_{\mu\nu}}{\partial x^{\alpha}} \right) = 0 \tag{44}$$

측지선 방정식인 식 (43)이 어떤 의미를 가지는지 알아보기 위해 자유낙하를 하는 좌표계에서 함께 자유낙하를 하는 물체의 운동을 기술해보자. 자유낙하를 하는 좌표계에서는 아무런 힘도 작용하지 않는다. 이는 떨어지는 엘리베이터 내부가 무중력 상태가 되는 것과 마찬가지이다. 이 좌표계에 있는 관측자의 입장에서는 물체가 정지해 있다. 모든 운동은 상대적이지만 각각 운동하는 물체의 좌표계에서 보자면 모든 물체는 각각의 좌표계에서는 정지해 있다.

이렇게 정지해 있는 물체가 측정한 시간을 고유시간proper time 이라고 하는데, 이 값은 좌표를 어떻게 변환하더라도 항상 똑같을 수밖에 없다. 예컨대 지면에 정지한 내가 측정한 나의 시간과 비행기를 타고 날아가는 홍길동이 측정한 홍길동의 시간은 똑같을 수밖에 없다. 홍길동의 시계는 홍길동 자신에게는 정지한 시계이기 때문이다.

식 (40)의 좌변인 $d\tau$가 바로 고유시간이다. 이제 자유낙하를 하는 좌표계의 좌표를 ζ^{α}라고 하면, 이 물체에는 힘이 전혀 작용하지 않으므로 식 (45)와 같이 쓸 수 있다.

$$\frac{d^2\zeta^\alpha}{d\tau^2} = 0 \tag{45}$$

이때 가속도는 0이다. 만약 이 운동을 전혀 다른 운동을 하는 좌표계에서 바라보면 어떻게 될까? 다른 좌표계에서 이 운동을 표현하려면 좌표를 바꿔야 한다. ζ^α를 새로운 좌표 x^α로 바꾼다고 하고 이렇게 바뀐 좌표계로 식 (45)를 다시 써보면 식 (46)과 같이 표현할 수 있다.

$$0 = \frac{d^2\zeta^\alpha}{d\tau^2} = \frac{d}{d\tau}\left(\frac{d\zeta^\alpha}{d\tau}\right) = \frac{d}{d\tau}\left(\frac{\partial\zeta^\alpha}{\partial x^\mu} \cdot \frac{dx^\mu}{d\tau}\right)$$

$$= \frac{\partial\zeta^\alpha}{\partial x^\mu}\frac{d^2x^\mu}{d\tau^2} + \frac{\partial^2\zeta^\alpha}{\partial x^\nu \partial x^\mu}\frac{dx^\nu}{d\tau}\frac{dx^\mu}{d\tau} = 0$$

$$\therefore \frac{d^2x^\lambda}{d\tau^2} + \boxed{\frac{\partial x^\lambda}{\partial\zeta^\alpha}\frac{\partial^2\zeta^2}{\partial x^\mu \partial x^\nu}}\frac{dx^\nu}{d\tau}\frac{dx^\mu}{d\tau} = 0 \tag{46}$$

식 (46)의 마지막 식에서 네모로 둘러싼 수식은 계산을 해보면 식 (44)의 크리스토펠 기호가 됨을 알 수 있다(스티븐 와인버그,《중력과 우주론》). 따라서 그 결과는 식 (43)의 측지선 방정식이 된다. 그러니까 측지선 방정식이란 자유낙하를 하는 운동을 다른 좌표계에서 표현한 식과도 같다. 다만 식 (43)이나 식 (46)에서 크리스토펠 기호가 붙은 항을 우변으로 넘기면 좌변에 남는 양은 일종의 가속도를 나타내므로 이 방정식의 모양이 $F = ma$에 근접해진다. 자유낙하를 하는 좌표계에서는 그런 힘이 없었다. 이 좌표계는 평평한 좌표계이다. 하지만 일반적으로 좌표변환을 했을 때는 그 효과 때문에 크리스토펠 기호에 비례하는 힘이 생겼다. 이것이 바로 관성력이다.

고전역학의 중력장 $\vec{f} = \vec{F}/m$과 비교했을 때 크리스토펠 기호가 중력장의 역할을 함을 알 수 있다. 다만 크리스토펠 기호가 식 (44)와 같이 측량 텐서의 미분으로 주어지므로 사실상 측량 텐서가 중력장의 본질이라고도 할 수 있다.

한편 애초에 측지선 방정식은 일반적으로 굽은 시공간 속에서의 최단경로였다. 굴곡진 시공간에서의 최단경로는 그 자체가 복잡하게 굽어 있을 것이다. 따라서 굴곡진 시공간에서의 최단경로는 어떤 관성력을 받고 있을 때의 운동방정식과 같음을 알 수 있다. 여기서 일반상대성이론의 중요한 원리인 등가원리를 엿볼 수 있다.

다시 요약하면, 임의로 굴곡진 시공간 속의 입자는 그 속의 측지선, 즉 최단경로를 따라 운동한다. 이것을 다른 관점에서 보면 굴곡진 시공간 속의 입자는 자유낙하를 하는 좌표계를 적당히 좌표변환을 했을 때 그에 따른 관성력을 받는 것처럼 운동한다. 등가원리에 따르면 관성력은 중력과 구분할 수 없다. 따라서 중력이 있는 시공간에서의 물체의 운동은 굽은 시공간에서의 운동과도 같다. 중력은 질량 때문에 생긴다. 요컨대 질량(질량은 곧 에너지이다)이 있으면 시공간이 굽어진다!

여기서 두 가지 사항에 주목해야 한다.

첫째, 크리스토펠 기호는 텐서가 아니다. 첨자가 3개 달려 있지만 좌표변환에 따른 크리스토펠 기호의 변환 내용을 살펴보면 텐서처럼 변환하지 않음을 알 수 있다.

둘째, 크리스토펠 기호는 일종의 관성력과 관계된 양으로서 결국 시공간이 어떻게 굽어 있는지에 대한 모든 정보를 담고 있다. 식 (43)에서 크리스토펠 기호가 0이면 측지선의 방정식은 자유낙하를 하는 물체의 방정식과 똑같아진다.

크리스토펠 기호는 그 정의가 복잡하지만 기본적으로 측량 텐서에 대한 1차 미분으로 이루어져 있음에 유의하자. 대략적으로 말하면 크리스토펠 기호는 측량 텐서의 시공간에 대한 변화량을 표현한 양이라고 보면 된다.

크리스토펠 기호는 비록 텐서는 아니지만, 시공간이 굽은 모든 정보를 담고 있으므로 이로부터 시공간의 굽은 정보를 담은 텐서를 정의할 수 있다. 그렇게 만든 텐서가 리만 텐서이다. 리만 텐서로부터 우리는 리치 텐서와 리치 스칼라라는 양을 정의할 수 있고, 이로부터 아인슈타인 방정식의 핵심이라고 할 수 있는, 아인슈타인 방정식의 좌변을 구성하는 아인슈타인 텐서를 정의할 수 있다. 요컨대 다음과 같은 흐름이 성립한다.

굽은 시공간 → 크리스토펠 기호 → 리만 텐서 → 리치 텐서
→ 리치 스칼라 → 아인슈타인 텐서 → 아인슈타인 방정식

이 흐름이야말로 일반상대성이론의 논리적 핵심이라고 할 수 있다. 위의 흐름을 잘 이해하면 아인슈타인 방정식의 대부분을 이해한 것과 같다.

여기서 2교시가 끝났다. 2교시의 내용은 일반상대성이론의 기초 중의 핵심을 관통하는 내용들이다.

크리스토펠 기호부터 아인슈타인 방정식까지

마지막 3교시의 목표는 크리스토펠 기호에서 시작하여 아인슈타인 방정식을 얻는 것이었다. 말하자면 이 강의가 전체 열두 달 강의 중 하이라이트라고 할 수 있다. 수학아카데미에서 최종적으로 풀고 싶어 했던 아인슈타인 방정식, 그것이 어떻게 구성되었는지를 수학적으로 파헤칠 수 있는 기회인 것이다.

먼저, 크리스토펠 기호의 정의로부터 좌표변환에 의한 이 기호의 변환을 살펴보면 식 (47)과 같이 나타낼 수 있다.

$$\Gamma'^{\lambda}_{\mu\nu} = \frac{\partial x'^{\lambda}}{\partial x^{\rho}} \frac{\partial^2 x^{\rho}}{\partial x'^{\mu}\partial x'^{\nu}} + \frac{\partial x'^{\lambda}}{\partial x^{\rho}} \frac{\partial x^{\sigma}}{\partial x'^{\nu}} \frac{\partial x^{\tau}}{\partial x'^{\mu}} \Gamma^{\rho}_{\tau\sigma} \tag{47}$$

식 (47)의 우변에서 만약에 첫째 항이 없고 둘째 항만 있다면

크리스토펠 기호는 3개의 모든 첨자가 좌표변환에 대해 텐서처럼 변환함을 알 수 있다. 즉 위첨자 λ는 반변적으로 변환하며 아래첨자 μ와 ν는 각각 공변적으로 변한다. 하지만 첫째 항이 있기 때문에 크리스토펠 기호는 안타깝게도 텐서가 아니다.

그래도 크리스토펠 기호는 아주 중요하게 쓰인다. 우선, 크리스토펠 기호와 마찬가지로 벡터에 대한 미분도 텐서가 아니다. 예컨대 $\dfrac{\partial V^{\mu}}{\partial x^{\lambda}}$는 다음과 같이 변환된다.

$$
\begin{aligned}
\frac{\partial V'^{\mu}}{\partial x'^{\lambda}} &= \frac{\partial}{\partial x'^{\lambda}}\left(\frac{\partial x'^{\mu}}{\partial x^{\nu}}\right)V^{\nu} \\
&= \frac{\partial^{2} x'^{\mu}}{\partial x^{\rho}\partial x^{\nu}}\frac{\partial x^{\rho}}{\partial x'^{\lambda}}V^{\nu} + \frac{\partial x'^{\mu}}{\partial x^{\nu}}\frac{\partial x^{\rho}}{\partial x'^{\lambda}}\frac{\partial V^{\nu}}{\partial x^{\rho}}
\end{aligned}
\tag{48}
$$

이러한 변환 때문에 $\dfrac{\partial V^{\mu}}{\partial x^{\alpha}}$는 텐서가 아니다(식 (48)의 둘째 항만 놓고 보면 텐서처럼 변한다. 하지만 첫째 항 때문에 텐서가 아니다). 그런데 이것과 크리스토펠 기호를 조합하면 텐서를 하나 만들 수 있다. 즉 식 (49)와 같이 나타낼 수 있다.

$$
\nabla_{\lambda}V^{\mu} = \frac{\partial V^{\mu}}{\partial x^{\lambda}} + \Gamma^{\mu}_{\lambda\alpha}V^{\alpha}
\tag{49}
$$

식 (49)로 정의된 양은 식 (50)과 같이 변환된다.

$$\frac{\partial V'^{\mu}}{\partial x'^{\lambda}} + \Gamma''^{\mu}_{\lambda k} V'^{k} = \frac{\partial x'^{\mu}}{\partial x^{\nu}} \frac{\partial x^{\rho}}{\partial x'^{\lambda}} \left(\frac{\partial V^{\nu}}{\partial x^{\rho}} + \Gamma^{\nu}_{\rho\sigma} V^{\sigma} \right) \tag{50}$$

따라서 식 (49)는 하나의 텐서이다. 여기서 텐서인가 텐서가 아닌가가 중요한 이유는 다음과 같다. 식 (49)의 경우에 위첨자(μ)는 반변적으로 변하고 아래첨자(λ)는 공변적으로 변하기 때문에 위첨자에 공변적으로 변하는 아래첨자가 축약되어 붙고 아래첨자에 반변적으로 변하는 위첨자가 축약되어 붙으면 그 결과는 좌표변환에 대해 불변인 스칼라양이 된다. 스칼라양은 어느 좌표계에서도 항상 일정한 값이므로 물리에서 대단히 중요하다. 따라서 주어진 어떤 양이 있을 때 그로부터 어떻게 스칼라양을 만들 수 있을지를 가늠할 수 있으면 대단히 유리할 것이다.

식 (49)와 같이 정의된 양을 공변미분covariant derivative이라고 한다. 단순히 미분한 양은 좌표변환에 따라 텐서처럼 변환하지 않지만 공변미분은 좌표변환을 하더라도 텐서처럼 변환되어 그 형태가 유지된다. 왜냐하면 공변미분 공간의 굽은 요소를 반영하고 있기 때문이다.

크리스토펠 기호가 중요한 또 하나의 이유는 이로부터 시공간의 굽은 특성을 기술하는 텐서를 만들 수 있기 때문이다. 그 과정은 대단히 복잡하므로 식 (51)으로 결과만 소개한다.

$$R^{\alpha}_{\beta\mu\nu} = \partial_{\mu}\Gamma^{\alpha}_{\nu\beta} - \partial_{\nu}\Gamma^{\alpha}_{\nu\beta} + \Gamma^{\alpha}_{\mu\lambda}\Gamma^{\lambda}_{\nu\beta} - \Gamma^{\alpha}_{\nu\lambda}\Gamma^{\lambda}_{\mu\beta} \qquad (51)$$

식 (51)과 같이 정의된 $R^{\lambda}_{\mu\alpha\beta}$를 리만 텐서라고 부른다. 리만 텐서는 굽은 공간의 모든 정보를 담고 있으며 앞서 말했듯이 궁극적으로 이로부터 아인슈타인 텐서를 정의할 수 있다. 그 과정은 식 (52)~식 (54)와 같다.

리치 텐서: $R_{\alpha\beta} = R^{\lambda}_{\alpha\lambda\beta}$ (52)

리치 스칼라: $R = R^{\alpha}_{\alpha} = g^{\alpha\beta}R_{\alpha\beta}$ (53)

아인슈타인 텐서: $G_{\mu\nu} = R_{\mu\nu} - \dfrac{1}{2}g_{\mu\nu}R$ (54)

아인슈타인 텐서는 아인슈타인 방정식의 좌변을 이룬다. 이 텐서는 리치 텐서, 리치 스칼라, 측량 텐서만 있을 뿐이다. 아인슈타인 텐서는 시공간의 정보, 즉 시공간이 어떻게 굽어 있는지에 대한 정보를 담고 있다.

아인슈타인은 앞서도 말했듯이 시공간을 휘게 하는 원인으로 질량(즉 에너지)을 지목했다. 그래서 우변에는 에너지와 관련된 텐서가 들어간다. 그렇게 완성된 아인슈타인 방정식의 최종적인 모습은 식 (55)와 같다.

$$G_{\mu\nu} = 8\pi G T_{\mu\nu} \qquad (55)$$

식 (55)의 우변의 $T_{\mu\nu}$는 에너지-운동량 텐서로 불리는 양으로서 말 그대로 시공간 속에 포함된 에너지를 나타낸다. G는 무엇일까? 놀랍게도 G는 뉴턴의 중력상수이다. 흔히 아인슈타인의 상대성이론이 뉴턴의 고전역학을 완전히 뒤엎었다고 하지만, 일반상대론의 정수라고 할 수 있는 아인슈타인 방정식에 뉴턴상수가 등장한다는 사실은 고전역학과 상대성이론 사이의 일종의 연속성을 보여준다. 실제로 이 G값이 여기에 들어오게 된 데는 아인슈타인의 세심한 배려가 있었기 때문이다. 그 이유는 11월 강의에서 확인할 수 있다.

이로써 10월 강의의 목표를 이루었다. 4벡터로부터 시작해서 아인슈타인 방정식을 구하는 데까지 온 것이다. 백북스 회원들의 가슴에 박힌 방정식에까지 오는 데 열 달이 걸렸다.

그런데 식 (55)는 백북스 모임 때 봤던 방정식 그대로의 모습은 아니다. 식 (55)는 텐서가 첨자를 모두 달고 표현되어 있다. 이것은 엄밀히 말해서 텐서를 성분으로 표시한 것이라고 할 수 있다. 백북스 모임에서 소개했던 방정식은 텐서를 식 (56)과 같이 표현했다.

$$T = \frac{c^4}{8\pi G} G \qquad\qquad (56)$$

물리학자들이 세상에서 가장 아름다운 방정식으로 꼽기를 주저하지 않는 방정식이다. 이제 우리는 정말로 일반상대성이론이라는 큰 산의 중턱까지는 오른 셈이다.

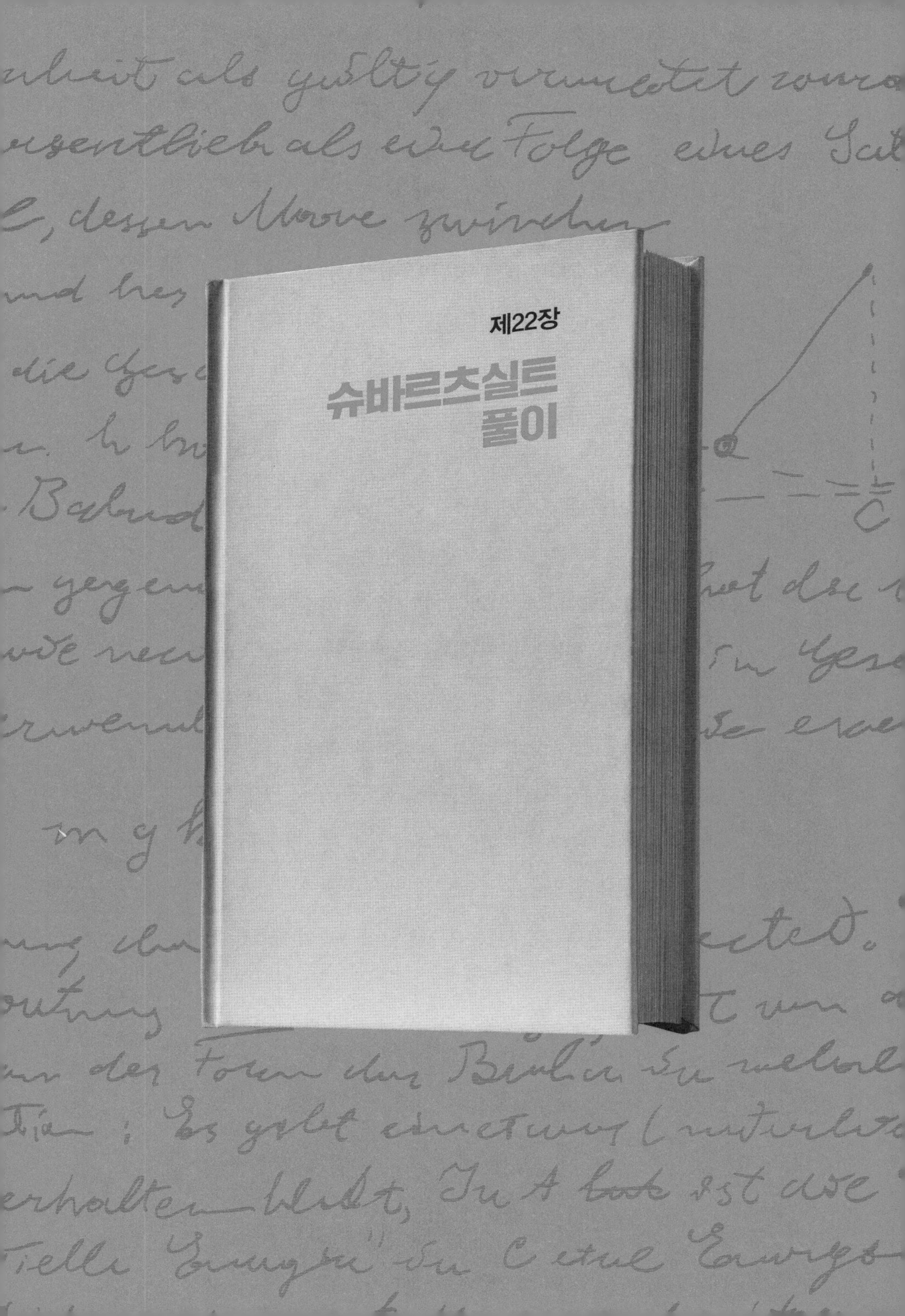

제22장

슈바르츠실트 풀이

10월 강의에 대한 수강생들의 반응은 조용하고 차분했지만 열의가 느껴졌다. 강의를 시작한 지 열 달이 지나서야 아인슈타인 방정식을 마주하게 되었으니 나를 포함해서 모두 감회가 남달랐을 것이다. 이날 강의를 들은 사람들은 한결같이 이번 강의가 가장 중요한 강의였다고 입을 모았다. 11월의 강의는 14일에 있었다. 나흘 전인 10일에 나는 게시판에 11월 강의를 알리는 공지를 띄웠다.

이번 주말인 11월 14일 토요일 2시부터 수학아카데미 11월 강좌가 있습니다. 장소는 혜화동 일석기념관입니다. 지난 시간에 일반상대성이론의 기본을 배웠습니다. 이번 시간에는 우선 지난 시간 내용을 간단하게 복습하고요. 그리고 아인슈타인 방정식의 몇 가지 성질을 이야기하고 뉴턴역학과의 관계를 살펴본 뒤, 곧바로 슈바르츠실트 풀이로 넘어가겠습니다. 아인슈타인의 궤적을 따라가는 것도 한 가지 방법인데, 슈바르츠실트 풀이가 아인슈타인 방정식의 정확한 풀이 중 하나라서 일단 이걸 출발점으로 삼는 게 좋을 것 같습니다. 이로부터 빛의 휘어짐과 수성 근일점 이동을 배우는 것까지 하겠습니다. 이번에도 수식으로 좀 달려야 하지 않을까 하는 생각이 잠깐 듭니다. 디테일보다는 전체적인 스토리의 흐름을 파악하시기 바랍니다.

다음 달 마지막 강의에서는 일반상대성이론을 우주론에 적용했을 때 어떤 일이 생기는지를 배웁니다. 요즘 신종플루 때문에 뒤숭

숭한데 여러분 모두 건강 잘 챙기시고요. 밝은 모습으로 토요일에 뵙겠습니다.

여기에 댓글이 몇 개 달렸다. 그중에는 이듬해 수학아카데미 운영에 관한 것도 있었다. 10월경 나는 P를 비롯해 몇몇 분에게 내년에는 양자역학을 공부하면 어떻겠느냐고 지나가는 말로 제안한 적이 있었다. 양자역학은 상대성이론과 함께 현대물리학의 두 기둥이니만큼 내년의 학습주제로 적절한 0순위 후보였다. 11월로 접어들다 보니 이제는 올해 전체 일정을 잘 마무리하고 내년 계획도 서서히 준비할 때가 되었다. 하지만 나는 무엇보다 두 번 남은 강의에 충실해야 했다. 11월 강의 내용은 주로 스티븐 와인버그의 명저《중력과 우주론》의 해당 부분을 요약·정리해서 준비했다.

이달 강의는 지난 수업을 복습하면서 시작했다. 내용 자체가 워낙 중요하기도 했고 10월 강의를 듣지 못한 사람도 몇몇 있었기 때문이다.

그러고는 뉴턴의 만유인력과 일반상대성이론 사이의 관계를 먼저 설명했다. 이 대목은 그 자체로도 중요하지만 상대성이론에 대해 사람들이 가진 오해나 선입견을 없애기 위해서도 필요할 것 같았다. 일반상대성이론의 함의를 교양과학책 수준으로 이해하는 것과 직접 수식으로 확인하는 것은 천지 차이이다. 수강생들은 강의를 듣고 나면 일반상대성이론에 대해 많은 사람이 갖고 있는 오해와 편견이 얼마나 진실과 다른지 확실히 알게 되지 않을까, 나는 그런 기대를 간절히 품고서 강의를 시작했다.

아인슈타인 방정식과 뉴턴역학

아인슈타인은 자신의 새로운 중력이론이 특정한 상황에서는 뉴턴의 만유인력의 법칙으로 되돌아가야 한다고 생각했다. 만유인력의 법칙은 고전적인 영역, 즉 상대론적인 효과가 크지 않은 영역에서는 자연을 매우 잘 기술하는 법칙이다. 만약 일반상대성이론이 중력에 대한 올바른 이론이라면 만유인력의 법칙을 일반상대성이론에 특수한 경우로 반드시 포함해야 할 것이다. 과학의 발전은 이런 의미에서의 발전이다.

먼저 측지선 방정식을 살펴보자. 광속에 비해 속도가 느린 물체가 일정한 중력의 영향을 아주 약하게 받으면서 운동하는 경우 측지선 방정식은 식 (1)과 같이 나타낼 수 있다.

$$\frac{d^2 x^\lambda}{d\tau^2} + \Gamma^\lambda_{00}\left(\frac{d x^0}{d\tau}\right)^2 = 0 \tag{1}$$

이 방정식을 풀려면 크리스토펠 기호 Γ^λ_{00}를 구해야 한다. 그런데 크리스토펠 기호는 측량 텐서로부터 정의되는 양이므로 측량 텐서가 어떻게 되는지를 우선 알아야 한다. 만약 시공간이 평평하다면 측량 텐서는 식 (2)와 같이 대각원소만 1 또는 −1인 행렬이 된다.*

$$g_{\mu\nu}=\begin{pmatrix} -1 & & & 0 \\ & +1 & & \\ & & +1 & \\ 0 & & & +1 \end{pmatrix}=\eta_{\mu\nu} \tag{2}$$

평평한 시공간의 측량 텐서인 식 (2)를 특별히 $\eta_{\mu\nu}$로 표현하기로 한다. 만약 측량 텐서가 식 (2)와 같다면 모든 원소가 상수이므로 크리스토펠 기호는 0이 된다(크리스토펠 기호가 복잡하게 정의된 양이지만, 기본적으로 측량 텐서를 시공간으로 미분한 양이다).

만약 중력이 시간에 따라 변하지 않고 일정하며 그 크기가 대단히 약하다면 우리는 그런 중력에 의한 시공간이 평평한 시공간에서 약간 구부러져 있다고 생각할 수 있다. 이것을 측량 텐서로 표현하면, 평평한 측량 텐서 식 (2)에 뭔가 약간의 요동이 더해진 것으로 묘사할 수 있다. 즉 식 (3)과 같이 쓸 수 있다.

$$g_{\mu\nu}=\eta_{\mu\nu}+h_{\mu\nu} \tag{3}$$

---

* $g_{\mu\nu}$의 대각원솟값을 앞에서처럼 $(1,-1,-1,-1)$로 정해도 무방하다. 이후로는 식 (2)의 표기를 따르기로 한다. 이 경우 시공간의 두 점 사이의 거리는 $ds^2=-dt^2+dx^2+dy^2+dz^2$이다.

식 (3)에서 $h_{\mu\nu}$의 모든 요소는 1보다 대단히 작은 양으로서 평평한 시공간에 대한 작은 요동이다.

이제 식 (3)과 같이 측량 텐서가 정의되었으므로 우리는 거의 기계적으로 크리스토펠 기호를 구할 수 있다. 첨자를 따라가면서 미분하는 것이 약간 까다롭긴 하지만 그다지 어렵지 않게 식 (4)와 같은 결과를 얻을 수 있다.

$$\Gamma^{\mu}_{00} = -\frac{1}{2}\eta^{\mu\nu}\frac{\partial h_{00}}{\partial x^{\nu}} \tag{4}$$

이 결과를 식 (1)에 넣고 $\lambda = i$인 공간성분$(i = x, y, z)$에 대해서 써보면 식 (5)와 같이 된다.

$$\frac{d^2 x^i}{dt^2} = +\frac{1}{2}\nabla_i h_{00} \tag{5}$$

이것을 익숙한 형태로 다시 표현하면 식 (6)과 같이 나타낼 수 있다.

$$\frac{d^2\vec{x}}{dt^2} = +\frac{1}{2}\vec{\nabla}h_{00} \tag{6}$$

식 (6)의 좌변은 위치좌표의 시간에 2차 미분이므로 가속도와 다름이 없다. 그리고 가속도는 힘과 어떤 관계가 있다. 우변은 측량 텐서의 00성분에 대한 그레디언트, 즉 공간미분이다. 식 (6)은 일반상대성이론의 고전적인 극한이다. 따라서 식 (6)이 뉴턴의 만유인력을 기술할 수 있어야 일반상대성이론이 올바른 중력이론이라고 할 수 있다.

이제 비교를 위해 뉴턴의 만유인력을 나타내는 식 (7)을 써보자.

$$\vec{F} = m\vec{a} = m\frac{d^2\vec{x}}{dt^2} = -\frac{GmM}{r^2}\hat{r} \tag{7}$$

식 (7)을 단위질량에 대한 힘(즉 m의 가속도)으로 표현해보면 식 (8)과 같이 쓸 수 있다.

$$\begin{aligned}
\frac{\vec{F}}{m} = \frac{d^2\vec{x}}{dt^2} &= -\frac{GM}{r^2}\hat{r} \\
&= -\vec{\bigtriangledown}\left(-\frac{GM}{r}\right) \\
&= -\vec{\bigtriangledown}\phi
\end{aligned} \tag{8}$$

여기서 식 (9)는 중력에 대한 스칼라 퍼텐셜이다.

$$\phi = -\frac{GM}{r} \tag{9}$$

고전역학 시간에 배웠듯이 식 (8)은 가우스 법칙을 이용하여 식 (10)으로 표현할 수 있다.

$$\vec{\nabla} \cdot \vec{\nabla}\phi = \nabla^2\phi = 4\pi G\rho \tag{10}$$

식 (6)과 식 (8)을 비교하면 식 (11)과 같은 관계가 성립해야
한다.

$$h_{00} = -2\phi + C = +\frac{2GM}{r} + C \tag{11}$$

미분한 두 함수가 같으므로 두 함수는 상수 C만큼의 차이가 난
다. 하지만 $r \to \infty$인 극한에서는 시공간이 평평해야 할 것이므로
$h_{00} = 0$이 되어야 한다. 따라서 식 (11)의 상수항 C는 0이 되어야
한다.

이제 우리는 측량 텐서의 중요한 성분 g_{00}의 값을 알게 되었다.

$$g_{00} = \eta_{00} + h_{00} = -(1 + 2\phi) \tag{12}$$

이로부터 우리는 측량 텐서가 중력 퍼텐셜 역할을 함을 알 수 있
다. 속도가 느린 물체가 약한 중력 속에 있을 때의 시공간의 00성분
은 식 (12)와 같다. 이제 식 (12)를 이용해서 아인슈타인 방정식을
풀어보자. 아인슈타인 방정식은 식 (13)과 같은 모양이다.

$$G_{\mu\nu} = \kappa T_{\mu\nu} \tag{13}$$

여기서 κ는 상수이다. 식 (13)에서 00성분만 생각해보면 식 (14)와 같이 나타낼 수 있다.

$$G_{00}=R_{00}-\frac{1}{2}g_{00}R=\kappa T_{00} \tag{14}$$

일단 R_{00}의 값을 구해보면 (리만 텐서의 정의에 따라 구하면 된다. 이 모든 과정은 생략한다) 식 (15)와 같이 된다.

$$R_{00}=\eta^{\mu\nu}R_{\mu0\nu0}=\eta^{00}R_{0000}+\eta^{ij}R_{i0j0}$$
$$=-R_{0000}+R_{i0i0}=-\frac{1}{2}\frac{\partial^2}{\partial x^{i2}}g_{00} \tag{15}$$

한편 리치 스칼라는 계산해보면 식 (16)과 같음을 알 수 있다.

$$R=2R_{00} \tag{16}$$

이로써 식 (14)의 좌변, 즉 시공간에 대한 정보는 모두 얻은 셈이다. 우변은 시공간에 퍼진 에너지 분포를 나타내는데, 그 00성분은 특히 질량분포를 나타낸다.

$$T_{00}=\rho \tag{17}$$

여기서 ρ는 질량밀도이다. 이제 이 모든 결과를 식 (14)에 집어 넣으면 아인슈타인 방정식의 좌변은 식 (18)과 같이 정리된다.

$$R_{00} - \frac{1}{2} R \, g_{00} = R_{00} - \frac{1}{2} \cdot 2R_{00}g_{00}$$
$$= 2R_{00} = -\frac{\partial^2}{\partial x^{i2}} g_{00} = -\nabla^2 g_{00}$$
$$= -\vec{\nabla} \cdot (\vec{\nabla} g_{00}) \qquad (18)$$

한편 식 (14)의 우변은 단순히 $\kappa\rho$이므로 최종적으로 우리는 식 (19)와 같은 결과를 얻는다.

$$-\nabla^2 g_{00} = -\nabla^2 h_{00} = 2\nabla^2 \phi = \kappa\rho \qquad (19)$$

이 결과는 아인슈타인 방정식을 뉴턴역학의 극한에서 풀어본 것이다. 따라서 식 (19)는 만유인력의 법칙과 같아야 한다. 이제 식 (19)와 만유인력에 대한 가우스 법칙인 식 (10)을 비교해보면 식 (20)의 관계가 성립할 때 아인슈타인 방정식과 만유인력이 자연스럽게 연결됨을 알 수 있다.

$$\kappa = 8\pi G \qquad (20)$$

실제로 아인슈타인이 자신의 방정식인 식 (13)에서 우변의 상수 κ의 값을 식 (20)과 같이 정한 것은 지금 우리가 유도했던 것과 똑같은 추론 과정 때문이었다. 하지만 그 과정이 순탄하지는 않았다. 아인슈타인은 처음에 자신의 방정식 좌변에 리치 텐서를 넣지 않았다. 왜냐하면 그로부터 뉴턴의 만유인력을 곧바로 재현하는 데 어려움을 겪었기 때문이다.

리치 텐서는 텐서이기 때문에 좌표변환에 대해 공변적으로 변한다. 따라서 방정식 전체는 좌표변환에 대해서 모양이 결코 변하지 않는다. 아인슈타인은 1913년에 자신이 시도한 방정식이 뉴턴의 만유인력을 재현하지 못하자 곧바로 방정식의 공변성을 포기하고 다른 길을 모색한다. 그렇게 2년여의 시간을 허비한 뒤 1915년에 다시 공변성으로 돌아온다. 사실 공변성은 아인슈타인이 생각했던 상대성이론의 원리, 즉 좌표가 바뀌더라도 물리적 진실은 변함이 없어야 한다는 정신을 가장 잘 구현하는 성질이었다. 관측자의 관점이 바뀌었다고 해서 물리 방정식이나 법칙이 바뀐다면 그것은 보편적인 물리법칙이라고 볼 수 없을 것이다. 아인슈타인이 최종적으로 자신의 방정식을 완성한 것은 1915년 11월 25일에 발표한 논문에서였다.

지금까지의 논의 과정에서 봤듯이 일반상대성이론은 만유인력을 무너뜨리고 대체했다기보다 그것을 더 폭넓게 확장했다. '패러다임'으로 유명한 토머스 쿤은 과학의 발전 과정을 경쟁하는 두 패러다임 사이의 투쟁과 선택 과정으로 설명했다. 쿤에 따르면 경쟁하는 두 가지 패러다임 사이에는 공약불가성 incommensurability이 있어서 한 패러다임의 기준이나 규칙, 방법론이 다른 패러다임에 적용되지 않으며, 따라서 전혀 공유되는 바가 없다. 그러나 이는 과학의 실제 발전 과정과는 거리가 멀다. 지금 예를 든 만유인력과 일반상대성이론의 경우만 보더라도 아인슈타인이 그 시작 단계부터 자신의 새로운 중력이론이 만유인력을 재현하게끔 각고의 노력을 기울였음을 알 수 있다.

나는 이 점을 힘주어 강조하면서 1교시 강의를 마쳤다.

슈바르츠실트 풀이

2교시는 아인슈타인 방정식이 현대물리학의 다른 분야와 어떻게 관계를 맺는지 간단히 소개하는 것부터 시작했다. 중력과 소립자 물리학 사이의 관계, 초끈이론, 우주상수와 암흑에너지, 인류원리 등등을 맛보기 정도로 간략히 다루었다. 우주상수, 암흑에너지, 암흑물질 등은 마지막 12월 강의에서 다시 자세히 다룰 예정이었다.

2교시의 핵심은 슈바르츠실트 풀이를 구하는 것이었다. 카를 슈바르츠실트는 독일 출신의 천문학자로 아인슈타인이 일반상대성이론을 연구하고 있던 1914년에 제1차 세계대전이 터졌을 때 독일군 포병으로 참전해서 포탄의 궤적을 계산했다. 전장에 있던 슈바르츠실트는 1915년에 아인슈타인이 일반상대성이론을 발표하자 러시아 전선에서 틈틈이 새로운 이론을 연구했다. 슈바르츠실트는 지구나 태양과 같이 공처럼 생긴 천체가 만드는 중력장에 대한 아인슈타인 방정식의 정확한 풀이(해)를 구했다. 그는 전장에서 얻은 자신의 연구 결과를 아인슈타인에게 보냈고 이를 검토한 아인슈타인이 그 결과를 슈바르츠실트의 이름으로 학회에서 발표했다. 슈바르츠실트는 1916년에 전쟁터에서 얻은 피부병으로 사망했다.

슈바르츠실트 풀이는 공 모양의 천체 주변의 시공간 구조이다. 문제를 단순화해서, 질량이 공간 속의 한 점에 집중되어 있을 때 그 주변의 시공간이 어떻게 휘어져 있는지를 계산하면 된다. 이때의 시공간은 시간에 대한 변화가 없을 것이며 방사대칭적인 모양일 것이다. 따라서 우리는 정적static이고 등방적인isotropic 측량 텐서에서부터 문제해결의 실마리를 찾을 수 있다. 이런 성질을 만족하는 측량 텐서는 일반적으로 식 (21)과 같이 쓸 수 있다.

$$ds^2 = g_{\mu\nu}dx^\mu dx^\nu$$
$$= -B(r)dt^2 + A(r)dr^2 + r^2(d\theta^2 + \sin\theta d\phi^2) \qquad (21)$$

여기서 $-B(r)$과 $A(r)$은 g_{00}와 g_{11}의 성분으로서 각 함수가 모두 각도와 시간에 대한 의존성 없이 오직 r만의 함수이기 때문에 전체 측량 텐서가 정적이고 구면 대칭인 시공간 구조를 나타낸다. 이 두 함수의 모양을 알려면 아인슈타인 방정식을 풀어야 한다. 그런데 이미 우리는 정적이고 등방적인 시공간의 구조를 가정했으므로 이 시공간에는 어떤 질량의 근원도 존재할 필요가 없다. 질량은 공간 속의 한 점에만 집중되어 있을 뿐이다. 따라서 식 (21)의 측량 텐서로 풀 아인슈타인 방정식은 우변의 에너지-운동량 텐서가 0인 해, 즉 진공해 vacuum solution를 구하면 된다.

식 (21)의 측량 텐서가 주어져 있으므로 이로부터 아인슈타인 텐서는 거의 자동적으로 계산할 수 있다(실제 컴퓨터 프로그램 중에는 측량 텐서로부터 리만 텐서, 리치 텐서, 리치 스칼라 등을 자동으로 계산하는 소프트웨어도 있다). 그로부터 성분별로 아인슈타인 방정식을 쓰면 다음과 같다.

$$R_{rr} = -\frac{B''}{2B} + \frac{1}{4}\frac{B'}{B}\left(\frac{A'}{A} + \frac{B'}{B}\right) + \frac{1}{r}\frac{A'}{A} = 0$$

$$R_{\theta\theta} = +1 - \frac{r}{2A}\left(-\frac{A'}{A} + \frac{B'}{B}\right) - \frac{1}{A} = 0$$

$$R_{\phi\phi} = \sin^2\theta R_{\theta\theta}$$

$$R_{tt} = +\frac{B''}{2A} - \frac{1}{4}\frac{B'}{A}\left(\frac{A'}{A} + \frac{B'}{B}\right) + \frac{1}{r}\frac{B'}{A} = 0$$

위 식들을 잘 풀면, 과정은 다소 복잡하지만 $A(r)$과 $B(r)$을 구할 수 있다. 그 결과 최종적인 측량 텐서의 모양은 식 (22)와 같다.

$$ds^2 = -\left(1 - \frac{2GM}{r}\right)dt^2 + \frac{dr^2}{1 - \frac{2GM}{r}}$$
$$+ r^2(d\theta^2 + \sin^2\theta d\phi^2) \tag{22}$$

이것이 아인슈타인 방정식의 슈바르츠실트 풀이 혹은 슈바르츠실트 측량 텐서이다. 여기서 G는 뉴턴상수이고 M은 방사형의 중력장을 주는 물체의 질량이다.

식 (22)에서 r이 충분히 크다고 생각해보자. 그러면 식 (22)는 평평한 시공간의 측량 텐서에 가까워진다. 식 (12)와 비교해보면 $g_{00} = -(1+2\phi) = -1 + \dfrac{2GM}{r}$ 이므로 중력에 대한 스칼라 퍼텐셜 ϕ는 $\phi = -\dfrac{GM}{r}$ 이 되어 만유인력에 의한 중력과 같아진다.

여기서 빛이 식 (22)로 주어진 시공간 주변을 지난다고 해보자. 그러면 앞서 봤듯이 빛의 경우 $ds^2 = 0$이므로, 빛이 방사형으로 진행할 때($\theta = \phi = 0$) 식 (22)는 식 (23)과 같이 된다.

$$dt^2 = \frac{dr^2}{\left(1 - \dfrac{2GM}{r}\right)^2} \tag{23}$$

식 (23)의 의미는 빛이 dr만큼 이동하는 데 걸리는 시간 dt는 다음과 같다.

$$\frac{1}{1 - \dfrac{2GM}{r}}$$

그런데 r의 값이 $2GM$일 때 분모는 0이 되어 전체는 무한대로 커진다. 그러니까 $r=2GM$인 곳에서는 빛이 조금이라도 밖으로 나오는 데 걸리는 시간이 무한대이다. 시간이 무한대로 걸린다는 말은 빛이라고 하더라도 $r=2GM$의 경계선에서 밖으로 빠져나올 수 없다는 뜻이다. 왜냐하면 중력이 대단히 세기 때문이다.

지구나 태양 같은 천체는 그 질량에 대해 $r=2GM$의 값이 자기 자신의 크기에 비해서 무척이나 작다. 하지만 만약 질량 M의 모든 값이 $r=2GM$ 안에 집중되어 있다면 빛도 빠져나갈 수 없는 경계면이 이 천체의 바깥에 놓이게 된다. 이런 천체를 블랙홀이라고 한다. 그리고 $r=2GM$인 경계면을 사건의 지평선event horizon이라고 하며 이 크기를 슈바르츠실트 반지름이라고 부른다. 지구 질량에 대해서는 슈바르츠실트 반지름이 약 9 mm, 태양의 질량에 대해서는 약 3 km이다. 달리 말해, 지구를 이 크기보다 작게 찌그러뜨리면 블랙홀을 만들 수 있다. 슈바르츠실트 반지름에서는 그 중력을 벗어나는 탈출 속도가 정확히 광속과 같다. 이 결과는 9월 강의에서 보았듯이 고전적으로 유추한 블랙홀의 특성과도 일치한다(여기서는 광속 $c=1$로 두었다).

2교시는 블랙홀과 함께 끝났다.

태양에 의한 빛의 휘어짐

3교시에는 정적이고 등방적인 시공간을 이용해서 지구나 태양 같은 천체 주변의 중력효과를 살펴보는 데 할애했다. 이것은 새로운 중력이론인 일반상대성이론이 고전역학에서는 설명하거나 예측하지 못한 새로운 현상을 어떻게 설명하고 예측하는지 보여줄 것이다. 여기에는 역사적으로도 중요한 두 가지 현상이 있다. 하나는 태양에 의한 빛의 휘어짐이고, 다른 하나는 수성의 근일점 이동이다.

일반상대성이론에 따르면 질량이 있을 때 주변의 시공간이 휘어진다. 이 관계를 정량화한 것이 아인슈타인 방정식이다. 그리고 물체는 그렇게 휘어진 시공간의 측지선을 따라 운동한다. 이 운동을 기술하는 방정식이 측지선 방정식이다. 아인슈타인은 자신의 새로운 이론에 의해 태양이나 목성처럼 질량이 무거운 천체 주변에서는 실제로 빛이 휘는 모습을 측정할 수 있을 것이라고 생각했다. 충분히 멀리 떨어진 곳에서 오는 별빛이 태양이나 목성 주변을 지날 때와 그렇지 않을 때 그 경로가 달라질 것이고 그것을 지구에서 측정할 수 있다는 것이다.

태양과 목성은 둘 다 장단점이 있었다. 태양은 질량이 충분히 무거운 대신 너무나 밝아서 멀리서 오는 희미한 별빛을 관측하기 어렵다. 반대로 목성은 빛을 내지 않아(반사할 뿐이다) 그 주위를 지나는 별빛을 쉽게 관측할 수 있지만 질량이 태양만큼 크지 않아서 휘는 각도가 작을 것으로 예상되었다.

아인슈타인은 태양에서 일식이 일어나 달이 태양을 완전히 가리면 그 부근을 지나는 별빛을 관측하기가 쉬울 것이라고 생각했다. 일식이 일어나기 6개월 전, 별빛이 태양 근처를 지나지 않고 곧

바로 지구로 올 때 미리 원하는 별의 위치를 파악해둔 뒤, 여섯 달이 지나 태양이 별빛의 경로를 거의 가로막게 될 때 그 빛의 경로를 다시 재서 그 둘을 비교하는 것이다. 별빛이 충분히 먼 거리에서 온다면 여섯 달 동안 지구의 위치변화는 별의 위치를 재는 데 거의 영향을 미치지 않을 것이다. 아인슈타인은 이러한 자신의 아이디어를 여러 천문학자에게 알리기도 했다. 그 결과 1919년에 영국의 에딩턴이 이끄는 일식 탐사팀이 최초로 태양 주변을 지나가는 별빛이 휘는 정도를 측정했다.

여기까지의 이야기는 보통의 교양과학책에 다 나오는 내용이라 책을 웬만큼 열심히 읽은 사람이라면 대충은 안다. 지금 우리는 아인슈타인이 자신의 새로운 이론으로 별빛의 경로가 어떻게 얼마나 휘는지를 계산했는지 수학적으로 따라가 볼 작정이다.

먼저 정적이고 등방적인 측량 텐서인 식 (21)부터 시작해보자. (이미 우리는 $A(r)$과 $B(r)$의 모양을 알고 있지만 일단 이대로 문제를 풀어보자.) 기본적인 아이디어는 식 (21)로 주어진 시공간의 구조 주변의 측지선 방정식을 분석하는 것이다. 빛은 이 측지선을 따라 움직일 테니 태양 같은 천체 주변의 측지선이 어떻게 휘는지를 알아보면 된다. 우선 측지선 방정식은 식 (24)와 같이 나타낼 수 있다.

$$\frac{d^2 x^\mu}{dp^2} + \Gamma^\mu_{\nu\lambda} \frac{dx^\nu}{dp} \frac{dx^\lambda}{dp} = 0 \qquad (24)$$

따라서 이제 크리스토펠 기호만 계산하면 된다. 이것은 측량 텐서 식 (21)로부터 기계적으로 도출된다. 그런 다음 식 (24)의 각 성분($\mu=0, 1, 2, 3$)에 대한 측지선 방정식을 써보면 식 (25)~식 (28)과 같다.

$$\mu=r: \frac{d^2r}{dp^2} + \frac{A'}{2A}\left(\frac{dr}{dp}\right)^2 - \frac{r}{A}\left(\frac{d\theta}{dp}\right)^2$$
$$- \frac{r\sin^2\theta}{A}\left(\frac{d\phi}{dp}\right)^2 + \frac{B'}{2A}\left(\frac{dt}{dp}\right)^2 = 0 \qquad (25)$$

$$\mu=\theta: \frac{d^2\theta}{dp^2} + \frac{2}{r}\frac{d\theta}{dp}\frac{dr}{dp} - \sin\theta\cos\theta\left(\frac{d\phi}{dp}\right)^2 = 0 \qquad (26)$$

$$\mu=\psi: \frac{d^2\phi}{dp^2} + \frac{2}{r}\frac{d\phi}{dp}\frac{dr}{dp} + 2\cot\theta\frac{d\phi}{dp}\frac{d\theta}{dp} = 0 \qquad (27)$$

$$\mu=t: \frac{d^2t}{dp^2} + \frac{B'}{B}\frac{dt}{dp}\frac{dr}{dp} = 0 \qquad (28)$$

우리가 원하는 정보는 측지선의 궤도방정식이다. 궤도방정식이란 말 그대로 어떤 물체가 지나가는 경로를 표현하는 방정식으로, 대개 태양에서의 거리 r을 돌아가는 각도 ϕ의 함수로 표현된다. 즉 $r=r(\phi)$로 주어지는 함수가 궤도방정식이다. 이것만 알면 측지선의 경로가 얼마나 휘어지는지 알 수 있다.

다소 복잡하긴 하지만 위의 식 (25)~식 (28)을 이리저리 잘 활용하면 궤도방정식 $r=r(\phi)$과 관련된 식 (29)와 같은 방정식을 얻는다.

$$\frac{A(r)}{r^4}\left(\frac{dr}{d\phi}\right)^2 + \frac{1}{r^2} - \frac{1}{J^2 B(r)} = -\frac{E}{J} \tag{29}$$

여기서 E는 에너지와 관련된 상수항이고 J는 각운동량과 관련된 상수항이다. 구체적으로 써보면 다음과 같다.

$$J = r^2 \frac{d\phi}{dt}$$

$$E = -A(r)\left(-\frac{dr}{dt}\right)^2 - \frac{J^2}{r^2} + \frac{1}{B(r)}$$

식 (29)에서 $\dfrac{dr}{d\phi}$에 관해 풀고 양변을 $d\phi$로 적분하면 식 (30)과 같이 원하는 궤도방정식을 얻는다.

$$\phi(r) = \pm \int \frac{dr}{r^2} \sqrt{\frac{A(r)}{\dfrac{1}{J^2 B(r)} - \dfrac{1}{r^2} - \dfrac{E}{J^2}}} \tag{30}$$

이제 실제로 태양 주변의 측지선이 휘는 상황을 그림으로 살펴보면 다음과 같다.

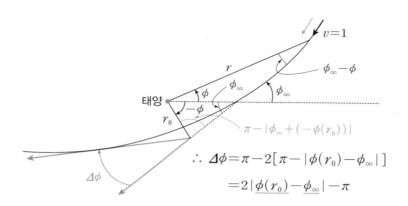

$$\therefore \Delta\phi = \pi - 2[\pi - |\phi(r_0) - \phi_\infty|]$$
$$= 2|\phi(r_0) - \phi_\infty| - \pi$$

여기서 최종적으로 필요한 양은 그림에서 왼쪽 하단에 있는 △ϕ의 양이다. 이 양은 태양이 없어 별빛이 직선으로 진행할 때와 비교했을 때 태양에 의한 별빛의 휘는 정도를 재는 각도이다. 식 (30)에 필요한 모든 정보를 넣고 계산하면 식 (31)과 같은 적분 결과를 얻는다.

$$\phi(r) - \phi_\infty$$
$$= \int_r^\infty dr \frac{1}{r\sqrt{\left(\frac{r}{r_0}\right)^2 - 1}}\left[1 + \frac{GM}{r} + \frac{rGM}{r_0(r+r_0)} + \cdots\right]$$
$$= \sin^{-1}\left(\frac{r_0}{r}\right) + \frac{MG}{r_0}\left[2 - \sqrt{1 - \left(\frac{r_0}{r}\right)^2} - \sqrt{\frac{r - r_0}{r + r_0}}\right] + \cdots \ (31)$$

최종적인 결과는 식 (32)와 같다.

$$\triangle\phi = 2\,|\,\phi(r_0) - \phi_\infty\,| - \pi = \frac{4MG}{r_0} = 1.75''$$ (32)

식 (32)의 1.75″(1″＝1초＝1/3600도)라는 결과는 태양의 질량과 태양의 반지름(별빛이 태양에 아주 가까이 붙어 지나가는 경우이므로) 값을 넣어서 얻었다(목성의 경우 이 값은 약 0.02초이다). 이 값은 아인슈타인이 실제로 예측한 값이다. 그렇다면 1919년에 에딩턴이 관측한 값은 얼마였을까?

에딩턴이 이끄는 탐사팀은 둘로 나뉘어져 한 팀은 브라질의 정글 지역인 소브랄로 들어갔고, 에딩턴 자신이 포함된 다른 팀은 서아프리카의 프린시페섬으로 들어갔다. 5월 29일에 있었던 일식에서 에딩턴은 16장의 사진을 찍었는데 날씨가 좋지 않아 제대로 나온 사진은 1장뿐이었다. 앞서 말했듯이 이것만 가지고서는 별빛이 얼마나 휘었는지 알 수 없다. 이 사진과 여섯 달 전 똑같은 별을 찍은 사진을 비교해야만 경로차를 알 수 있다. 에딩턴이 얻은 값은 놀랍게도 1.61초였다. 소브랄팀이 얻은 값은 1.95초로 아인슈타인의 예측인 식 (32)의 1.74초에 아주 근접한 결과를 얻었다.

에딩턴의 탐사 결과는 그해 11월 6일 영국 왕립학술원과 왕립천문학회의 연합학회에서 공식적으로 발표되었다. 다음 날 〈타임〉은 뉴턴역학의 종말을 보도했고 〈뉴욕타임스〉는 아인슈타인의 승리를 선언했다. 아인슈타인 본인이나 상대성이론도 이를 계기로 대중적인 인기와 관심을 한 몸에 받기 시작했고, 아인슈타인은 세계적인 스타 과학자로 급부상했다.

영국의 과학자가 서로 적국인 독일 과학자의 이론을 증명했으니 그 자체가 큰 가십거리가 되기도 했다. 에딩턴이 찍은 사진검판에 대해서 몇몇 논란도 있었고, 특히 노벨상 위원회는 이런 결과에도 무척 조심스러워했다. 하지만 에딩턴의 비교적 성공적인 일식탐사는 일반상대성이론이 예측한 새로운 현상을 검증한 첫 번째 사례로 꼽히며 과학적 이론이 어떻게 성공할 수 있는지에 대한 좋은 본보기로 회자된다. 그렇다고 해서 아인슈타인이 이 공로로 노벨상을 받은 것은 아니었다. 아인슈타인은 1921년에 광전효과(금속에 빛을 쬐면 전자가 튀어나오는 현상)에 대한 공로로 노벨상을 받았다.

수성의 근일점 이동

두 번째 사례는 수성의 근일점 이동이다. 케플러의 법칙에 따르면 모든 행성은 태양 주변을 타원궤도로 돌고 있고 태양은 그 타원의 한 초점에 있다. 이렇게 되면 행성이 태양에 가장 가까운 점과 가장 먼 점이 궤도 위에 존재하게 된다. 이때 태양에 가장 가까운 점을 근일점perihelion이라 하고 가장 먼 점을 원일점aphelion이라고 한다. 만약 태양— 행성 사이에 거리의 역제곱에 비례하는 만유인력만 작용한다면 행성은 공간 속에서 완전히 고정된 타원궤도만 돌게 된다. 하지만 행성의 궤도는 여러 가지 이유로 고정되어 있지 못하고 궤도 자체가 서서히 돈다. 따라서 근일점도 돈다. 이것을 근일점 이동perihelion shift이라고 한다. 수성의 경우 근일점 이동을 한다는 사실이 오래전부터 매우 잘 알려졌다.

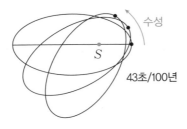

목성이나 토성 등 다른 행성에 의한 영향으로 수성의 근일점이 이동하는 정도는 100년에 532초로 계산되었는데, 실제 관측에 따르면 수성의 근일점이 돌아가는 정도는 100년에 43초가 더 많았다. 43초/100년의 원인은 전혀 알려지지 않았다. 하지만 그렇다고 해서 뉴턴의 만유인력을 의심하는 사람은 아무도 없었다. 아인슈타인은 일반상대성이론을 구축할 당시 자신의 새로운 이론이 천문학의 이 해묵은 문제를 해결할 수 있음을 직감했다. 실제로 그는 1915년 11월 25일에 자신의 방정식의 최종본을 발표하기 일주일 전(11월 18일)에 발표한 논문에서 수성의 근일점 문제를 일반상대성이론으로 완전히 해결했음을 보였다. 당시 아인슈타인은 슈바르츠실트 해를 몰랐기 때문에 다소 복잡한 과정을 거쳐 결론에 이르렀다. 우리는 여기서 슈바르츠실트 해를 알고 또 태양 주변의 측지선에 대한

궤도방정식을 아니까 손쉽게 아인슈타인의 결론에 이를 수 있다.

먼저, 태양 주변을 도는 수성의 타원 궤도는 이렇다.

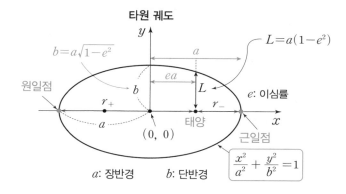

타원 궤도

$b=a\sqrt{1-e^2}$

$L=a(1-e^2)$

원일점

a

ea

b

L

e: 이심률

r_+

r_-

태양

(0, 0)

근일점

a: 장반경 b: 단반경

$$\frac{x^2}{a^2}+\frac{y^2}{b^2}=1$$

여기서도 우리는 여전히 식 (30)을 그대로 이용할 것이다. 다만 E와 J 두 값은 식 (33)과 같이 주어진다.

$$E=\frac{1}{r_+^2-r_-^2}\left[\frac{r_+^2}{B(r_+)}-\frac{r_-^2}{B(r_-)}\right]$$

$$J^2=\frac{\dfrac{1}{B(r_+)}-\dfrac{1}{B(r_-)}}{\dfrac{1}{r_+^2}-\dfrac{1}{r_-^2}} \tag{33}$$

이 결과를 궤도방정식에 넣고 적분을 하면(적절한 근사도 필요하다) 식 (34)가 나온다.

$$\varphi(r) - \varphi(r_-)$$

$$= \left[1 + MG\left(\frac{1}{r_+} + \frac{1}{r_-} \right) \right] \int_{-\frac{\pi}{2}}^{\alpha} \frac{1}{2}\left(\frac{1}{r_+} - \frac{1}{r_-} \right) \cos \alpha \, d\alpha$$

$$\times \frac{1 + MG\left[\frac{1}{2}\left(\frac{1}{r_+} + \frac{1}{r_-} \right) + \frac{1}{2}\left(\frac{1}{r_+} - \frac{1}{r_-} \right) \sin \alpha \right]}{\frac{1}{2}\left(\frac{1}{r_+} - \frac{1}{r_-} \right) \cos \alpha}$$

$$= \left(\alpha + \frac{\pi}{2} \right)\left[1 + MG\left(\frac{1}{r_+} + \frac{1}{r_-} \right)\frac{3}{2} \right] - \frac{1}{2}MG\left(\frac{1}{r_+} - \frac{1}{r_-} \right)\cos \alpha$$

$$\therefore \ \varphi(r_+) - \varphi(r_-) = \pi\left[1 + MG\left(\frac{1}{r_+} + \frac{1}{r_-} \right)\cdot\frac{3}{2} \right]$$

$$\left(r = r_+ \Rightarrow \alpha = \frac{\pi}{2} \right) \tag{34}$$

우리가 원하는 값은 식 (35)와 같이 깔끔하게 주어진다.

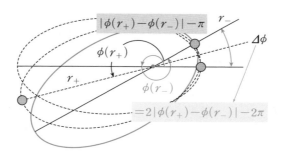

$$\triangle \varphi = 2\,|\,\varphi(r_+) - \varphi(r_-)\,| - 2\pi = 6\pi GM \cdot \left[\frac{1}{2}\left(\frac{1}{r_+} + \frac{1}{r_-} \right) \right]$$

$$\tag{35}$$

식 (35)에서 타원의 성질을 이용하면, 놀랍게도 식 (36)과 같은 결과를 얻는다.

$$\triangle\varphi = \frac{6\pi GM}{(1-e^2)a}(rad/rev) = 43.03''/100yr \tag{36}$$

아인슈타인은 1915년 11월 18일에 발표한 논문에서 "계산을 해 보면 수성의 경우 근일점이 1세기에 43초 진행한다. 천문학자들에 따르면 뉴턴의 이론과 관측 사이에 설명할 수 없는 차이가 1세기에 45±5초 정도 된다. 따라서 이 이론은 관측과 완전히 일치한다"라고 썼다. 아인슈타인은 자신의 새로운 중력이론으로 천문학의 오래된 미스터리를 해결하게 되자 미칠 듯이 기뻐했다고 한다.

이렇게 11월 강의도 끝이 났다. 아마도 이날 선보인 계산 과정은 1년 동안 해왔던 계산 중에서 가장 복잡하고도 어려웠을 것이다. 그럼에도 과학사에 큰 획을 그은 역사적 사건들이 실제로 어떻게 이루어졌는지를 한층 생생하게 알 수 있어서, 단지 글과 이야기로만 전해 듣던 느낌과는 또 다른 감동이 있지 않았을까. 그런 덕택인지 수업 내내 수강생의 집중도도 높은 편이었다. 이날 강의한 내용 자체가 거시적인 세계와도 연결이 되는 데다 교양과학책에서 보거나 대중강연에서 듣던 내용들이었다. 어떻게 보면 무림의 고수만이 탐독했던 비밀서적의 첫 장을 들춰보는 재미가 있었을 것 같았다.

이제 남은 강의는 마지막 12월 강의 하나뿐. 나도 그랬지만, 함께 식사하러 가는 수강생들의 얼굴에서 성취감과 홀가분함이 언뜻 느껴졌다. 바깥은 이미 어둑어둑했다.

제23장

제안

강의 뒤 저녁을 함께 먹고 열댓 명이서 지난달에 간 맥줏집에 들렀다. 다음 달이면 진짜 종강파티를 하겠구나 하는 누군가의 말에 모두들 얼굴이 환해졌다. 초겨울의 쌀쌀한 날씨에도 목을 타고 넘어가는 맥주 맛은 시원하기 그지없었다.

맥주가 서너 모금 들어갔을 때쯤 내년도 수학아카데미는 어떻게 할 것인가 하는 이야기가 나왔다. 올해는 일반상대성이론을 했으니 내년엔 양자역학을 공부하자는 의견도 있었다. 그리고 많은 분들이 올해와 마찬가지로 내년 강의도 내가 계속 해줬으면 좋겠다고 했다. 나머지 사람들도 호의적인 반응이었다. 벌써 11월이니 당장 내년 1월이나 3월부터 강의를 시작하자는 의견도 있었다.

정작 나는 확답을 줄 수가 없었다. 무엇보다 다시 1년 동안 강의를 끌고 나가기에는 내가 많이 지쳐 있었다. 한 번은 해보겠지만 다시 하라면 되도록 피하고 싶은, 그런 종류의 일이었다. 여기에는 나 자신의 개인적인 상황도 영향을 크게 미쳤다. 2009년 당시 고등과학원에서 연구원으로 있던 나는 2010년 4월이면 4년간의 고등과학원 임기가 끝날 예정이었다. 많은 사람들이 고등과학원 같은 연구소에 자신이 원하는 만큼 다닐 수 있는 것으로 알지만 현실은 그렇지가 않다. 연구원은 최장 4년만 있을 수 있다(고등과학원의 교수도 계약직이지만 연수제한은 없다). 아직 안정적인 교수직을 얻지 못한 나는 이제 내년부터 본격적인 떠돌이 생활에 나서야 할 처지였다. 만약 내가 어느 정도 자리를 잡은 상태라면 2기 수학아카데미를 계속

498

맡는 일을 긍정적으로 고려해봤겠지만, 2009년 11월의 시점에서는 선뜻 나서기가 어려웠다.

또한 수학아카데미가 한두 명에게만 의존해서 굴러가는 것도 바람직하지 않다고 생각했다. 할 수만 있다면 개방된 체제를 유지하면서 되도록 많은 사람이 강의를 할 수 있도록 만드는 것이 훨씬 바람직한 방향인 듯했다. 특히 올해의 수학아카데미를 돌아봤을 때 한 사람이 고등학교 수학, 대학수학, 일반물리학, 상대성이론 등 전부를 강의하는 것은 부담이 만만치가 않다. 말하자면 올해의 수학아카데미가 초등학교처럼 운영되었다면 내년부터는 중고등학교와 같은 방식으로, 그다음엔 대학교와 같은 방식으로 발전해나가야 한다는 것이 내 생각이었다.

하지만 나는 그 자리에서 내 생각을 강하게 피력하지는 않았다. 그날의 자리는 강의가 끝난 뒤 가볍게 술을 마시는 자리여서 깊고 심각하게 수학아카데미의 미래를 논의할 만한 분위기는 아니었다. 내가 즉답을 피하며 망설이자 그 자리에 있던 분들은 우선 내년도 나의 일정을 우선적으로 고려해봐야 하지 않겠냐고 나를 배려해주었다. 나는 그분들의 그런 마음씨가 고마웠다.

이날 모임은 근처 북카페에서 3차로 차를 마시는 데까지 이어졌다. 찬바람 부는 초겨울을 녹여주는 따끈한 차 한 잔이 새삼 반가운 걸 보니 계절이 바뀌고 있음을 실감했다.

11월 강의가 끝난 지 열흘 뒤 고등과학원 근처에서 수학아카데미 운영진 몇이 모였다. 나는 이들을 고등과학원 뒤쪽, 그러니까 경희의료원 근처의 감자탕집으로 안내했다. 찬바람이 부는 날엔 뜨끈한 감자탕이 제격이다. 이 집은 1년 전 이 무렵 수학아카데미가 무산될 위기에 처하자 준비모임에서 다시 불씨를 살리려고 나를 찾아왔을 때 내가 대접했던 집이기도 했다. 그리고 지난해 9월 처음으로 의기투합했던 곳도 광화문 뒷골목의 24시간 감자탕집이었으니, 감자탕을 앞에 두고 둘러앉은 우리는 감회가 남달랐다. 식사를 마친 뒤 나는 경희삼거리 앞 모퉁이에 있는, 내가 자주 손님 접대를 하던 카페로 안내했다.

백북스와 수학아카데미에 대한 이야기가 오가다가 내년도 수학아카데미 운영 문제가 도마에 올랐다. 그 자리에서 사람들은 나에게 내년도 양자역학 강의를 해달라고 강력하게 요청했다. 나는 무척 난감했다. 그래서 일단 12월 강의 때까지 답변을 주겠다고 했다. 그러고는 내년 1월이나 2월 중으로 백북스 서울모임에서 1년 동안의 수학아카데미 학습 활동을 결산하는 발표회 같은 걸 열면 어떻겠느냐고 제안했다. 모두들 흔쾌히 동의했다. 함께 자리하지는 않았지만 서울 모임을 주관하고 있는 P도 좋아할 것이라고 말했다.

12월 강의 전 마지막 번개모임을 하자는 제안이 있었다. 내년도 수학아카데미 이야기도 해보고 발표회에 대한 의견도 수렴해보는 자리를 만들자는 것이었다. 마지막 강의를 앞둔 시점이라면 그 자체도 의미가 있을 것 같았다. 이틀 뒤 게시판에 번개모임을 알리는 글이 올라왔다.

　그렇게 해서 12월 1일 저녁에 번개모임을 가졌다. 12월 12일로 예정된 마지막 수업 전의 마지막 번개였다. 모임 장소는 수학아카데미 사람들과 자주 만났던 종로1가의 큰 건물 지하 한식집이었다. 피맛골을 밀어내고 우뚝 세운 그 건물 속에는 허름하고 아담했던 피맛골의 맛집들이 네모반듯하게 구겨져 들어가 있다. 나는 이 건물에 들어설 때마다 언젠가는 경복궁도 밀어버리고 콘크리트 초고층 건물을 세운 뒤에 그 속에 다시 광화문이며 근정전을 콘크리트로 복원해 넣지 않을까 하는 상상을 하곤 했다.

　약속 장소에 도착했을 때 닥터 김을 비롯한 세 사람이 이미 와 있었고 그 뒤로 P를 포함해 다섯 사람이 더 왔다. 1년 전 이 무렵, 정확하게는 2008년 12월 2일 P의 제안으로 영등포 근처의 해물탕집에서 번개를 했었다. 그때는 수학아카데미를 한창 준비할 때였고 아직 수강신청도 받지 않았을 때였다. 신청자가 너무 적어서 못 하게 되는 건 아닐까 하고 조바심을 내던 때가 엊그제 같은데 벌써 1년이 지나 열흘쯤 뒤 종강을 앞두게 되었다. 그 자리에 모인 사람들 중 상당수는 1년 전의 영등포 해물탕집에서도 함께했었다.

　이날 종로 식당에서의 메뉴는 삼겹살이었다. 우리는 삼겹살을 먹으면서 1년 전에 먹었던 해물탕, 그리고 뒤이어 2차 자리에서 먹었던 도루묵찜과 과메기 이야기로 꽃을 피웠다. 돌이켜보면 1년 전의 걱정거리가 기우였을 만큼 올 한 해 수학아카데미는 아직까지는 성공적이었다. 강의하는 나나 열심히 수업을 듣는 분들이나 흐뭇한 마음이 가슴 한 편으로 젖어들었다.

식사를 하며 한참 동안 세상 돌아가는 이야기를 나누었다. 그러다가 내년도 수학아카데미를 어떻게 할 것인지에 관한 이야기가 나왔다. 나는 수학아카데미의 가장 중요한 목표가 교양책으로만 이해하던 과학을 수학으로 이해하려는 노력이라고 생각했다. 그중에서도 가장 중요하고 기본이 되는 내용은 역시 미적분이다. 그래서 나는 내년이나 내후년에 무엇을 하더라도 수학만큼은 아니 미적분만큼은 계속 유지가 되는 것이 가장 중요하다고 생각했다.

P는 적어도 내가 1년 더 처음부터 계속 강의해주기를 원했다. 나는 만약에 내가 내년에도 계속 강의를 하게 되더라도 수학만큼은 다른 사람이 했으면 좋겠다고 말했다. 그것이 나의 부담을 줄이기도 할 것이고 또한 과목별로 전담 강사가 있는 것이 좀 더 발전된 형태라고 판단했기 때문이었다. 그래서 나는 대학병원에서 레지던트로 근무하는 닥터 김이 수학 미적분 분야 강의를 맡는 것이 어떻겠느냐고 강력하게 추천했다. 내년에 다시 상대성이론을 하든 양자역학을 새로 배우든 어차피 수학부터 다시 배워야 할 터였다. 올해 수학 과정을 들었지만 여전히 부족하다고 느끼시는 분들이나 새로 수학부터 들어야겠다고 생각하시는 분들을 위해서 이 과정은 반드시 필요하다.

다행히 닥터 김도 자신이 수학강의를 맡는 것을 크게 거부하지는 않았다. 계속 논의를 이어간 결과 일단 내년 상반기 동안은 닥터 김이 미적분학 중심으로 수학을 강의하고 하반기 학습계획은 다시 세우기로 했다. 나는 내심 하반기 강의도 다른 사람이 했으면 하는 바람이었지만 일단 상반기 계획이 어느 정도 나온 만큼 그동안 상황을 지켜보기로 했다.

그리고 백북스의 1월 서울 모임 때 수학아카데미를 결산하는 자리를 갖기로 의견을 모았다. 나와 수강생들이 함께 발표자로 나서서 1년 동안의 수학아카데미에서 우리가 무엇을 했던가를 백북스의 다른 분들에게 알리고 보고하는 그런 기회를 갖는 것이다. 그 자리에서는 우선 수강생 중 한 명이 수학아카데미를 꾸리게 된 문제의식이나 취지를 설명하고 1년간의 학습에 대한 소회를 밝힌다. 다음으로 내가 배경이 없는 사람이 아인슈타인 방정식을 풀려면 어떤 준비를 해야 하는지, 그래서 우리가 1년 동안 어떻게 공부를 해왔는지를 도식적으로 설명하기로 했다.

그러고는 누군가가 수학 공부의 핵심이었던 미분과 적분을 간략하게 소개한다. 다음으로는 다음엇지가 일반상대성이론의 여러 가지 측면을 소개하고, 마지막으로 누군가가 아인슈타인 방정식을 풀어서 프리드만 방정식을 얻은 뒤 이로부터 우주의 진화를 간단하게 설명하기로 했다. 그 정도면 아주 알찬 마무리가 될 것 같았다. 아직 정해지지 않은 발표자는 12월 12일 강의가 끝난 뒤 종강파티 때 지원을 받기로 했다. 식사를 마친 뒤 같은 건물 1층에 있는 카페에서 차를 마시며 담소를 나누었다.

그렇게 번개도 끝나고 마지막 강의 준비에 몰두하던 중, 강의 전날 게시판에 수강생 중 한 분이 이런 글을 올렸다.

이종필 박사님 한 해 동안 수고 많으셨습니다. 저는 5월 강의 때 부득이한 사정으로 결석한 것을 빼고는 그간 매달 열심히 수강한 바 있는 최○○입니다. 내일 하반기 6개월 마무리와 관련하여 당부 드리고 싶은 사항이 하나 있습니다. 즉 우리 하반기 6개월 코스 마무리에 동참하신 분들에게 간단한 수료증이라도 하나 줄 수 있을까 하는 사항입니다. 나이 들어 수학을 공부하는 것이 만만치는 않았지만 이제 대학생, 고등학생 자식들을 두고 있는 애비 입장에서 수학아카데미 하반기 6개월 개근과 더불어 이종필 박사님이 인정하신 수료증 하나를 받을 수 있다면 두고두고 자식들한테 기죽지 않고 공부하는 아빠의 편린을 남길 수 있을 것 같습니다. 어쩌면 총무님께 남겨야 맞는 글인지도 모르겠으나 지난겨울부터 백북스를 알고 난 이후 최초의 기념물로서 백북스 로고가 들어간 수료증 한 부에 대한 갈망을 부디 통촉해주시기 바랍니다.

글을 읽으면서 가슴이 짠해졌다. 이 글에 바로 답글을 달지는 않았지만 어떻게든 우리가 함께했던 시간들을 추억할 수 있는 징표를 만들어 남기는 것도 참 뜻 깊은 일이겠구나 싶었다. 나는 P와 통화를 했다. 그도 이 글을 읽고서 수료증을 꼭 만들어야겠다는 생각을 했다고 한다. 당장 내일까지 만들 수는 없는 일이고 마침 1월 말 서울 모임 때 수학아카데미 1년을 결산하는 모임이 있으니까 그때 수료증을 만들어서 드리면 그 자리가 더욱 빛날 것 같다고 의견을 모았다.

하지만 어떤 기준을 정해서 수료증을 드릴 것인가 하는 실무적인 문제가 있어서 이것은 출석 등의 자료를 관리해온 K와 함께 상의해서 결정하기로 했다. 그리고 이 모든 내용은 12월 강의 때 공지하기로 했다. 수료증 수여 기준과 관련해서 이런저런 의견이 나왔는데, 하반기 6회 중 4회 이상 출석한 분에게 수여하기로 최종 결론을 내렸다. 이 기준을 따른다면 20여 명이 수료증을 받게 된다.

이제 정말 마지막 강의만 남았다.

A. Einstein.

제24장

마지막
강의

1년 전 강의 장소를 알아보러 P와 함께 혜화동 일석기념관을 처음 찾았을 때도 추운 겨울이었다. 어느덧 계절이 여러 번 바뀌어 겨울이 돌아왔다.

'이제는 이 길을 오를 일도 별로 없겠구나.'

273번 버스에서 내려 길을 건너서 일석기념관으로 향하며 나는 속으로 그런 생각을 했다. 열두 번 가는 길 중에서 한여름 땡볕에 땀을 훔치며 배낭을 메고 걸었던 기억이 떠올랐다. 그때는 언제쯤 이 강의가 끝날까 싶은 생각도 들었지만, 막상 마지막 길을 오르고 보니 아쉬움도 들었다.

마지막 수업이라 그런지 수강생들 모두 얼굴에 만감이 교차하는 듯했다. P도 일찍 나와 있었다. 오늘 수업이 끝나면 이 샐러리맨은 과연 아인슈타인이 될 수 있을까?

우주를 건너

마지막 수업의 목표는 아인슈타인 방정식을 우주 전체에 적용하는 것이었다. 아인슈타인 방정식에 관한 기본사항을 간단히 복습한 뒤 본격적인 강의를 시작했다.

아인슈타인 방정식의 좌변은 아인슈타인 텐서로 시공간의 곡률을 표현한다. 그러니까 아인슈타인 방정식으로 우주를 기술하려면 일단 우주의 시공간이 어떤 모양일지 그 정보를 좌변으로 표현해야 한다. 그렇다면 과연 우주의 시공간은 어떤 모양일까?

이 질문에 대한 과학의 답변은 '균질적homogeneous'이고 '등방적isotropic'이라는 것이다. 우주가 균질적이라는 말은 우주 공간의 어느 곳이나 다른 여느 곳과 똑같아서 특별한 지위를 부여할 수 없다는 말이다. 또한 등방적이라는 말은 한곳에 서서 어느 방향으로 보더라도 그 방향을 구분할 수 없다는 뜻이다.

한편으로 생각하면 이는 당연해 보인다. 하지만 수백 년 전에는 당연하지 않았다. 코페르니쿠스나 갈릴레오가 나오기 전까지 사람들은 우주의 중심에 지구가 있다고 생각했다. 우주에 뭔가 중심적인 위치가 있으면 그 위치는 다른 여느 곳과는 구분이 된다. 따라서 그런 우주는 균질적이지 못하다. 물론 이런 우주는 지구에서 바라봤을 때 모든 방향이 다 똑같이 보일 수 있으므로 등방적일 수 있다. 이처럼 우주 공간이 균질적이지는 않지만 등방적일 수는 있다. 그러나 코페르니쿠스는 지구가 우주의 중심이 아니라고 선언했다. 코페르니쿠스 이후로 지구의 위치는 우주의 여느 곳과 다를 바가 없어졌다. 이것을 '우주원리'라고도 한다.

지구가 태양 주변을 돌고 있고 태양 또한 더 큰 은하의 주변부에서 은하 주변을 돌고 있다는 것을 지금 우리는 알고 있다. 그렇다면 예를 들어 태양계나 우리 은하계는 전혀 균질적이거나 등방적이지 않은 게 아닐까? 우리가 우주를 은하나 그 이하의 단위로 보면 그렇다. 하나의 은하나 태양 주변만 놓고 보면 그 공간은 전혀 균질적이거나 등방적이지 않다. 하지만 우리가 시야를 훨씬 넓혀서 우주 전체로 확대한다면 은하 여러 개가 모여서 이루어진 은하단 또는 그 이상의 단위들이 매우 균일하게 점점이 흩뿌려져 있음을 알 수 있다. 이는 마치 고운 모래가 아주 고르게 퍼져 있는 백사장과도 같다. 이런 백사장은 충분히 넓기만 하다면 어느 방향으로 보더라도 모두 똑같아 보이며 어느 곳이라도 다른 여느 곳과 구분할 수가 없다. 즉 균질적이고 등방적이다. 우리가 살고 있는 우주 역시 가장 큰 스케일에서 보면 균질적이고 등방적이다. 그래서 우주의 시공간이 균질적이고 등방적이라고 가정하는 것은 매우 그럴듯한 출발점이다. 여기서 아인슈타인 방정식을 우주 전체에 적용하려면 먼저 균질하고 등방적인 시공간을 표현하는 측량 텐서를 알아야 한다. 지난 시간에 배웠듯이 측량 텐서만 알면 이로부터 아인슈타인 방정식의 좌변인 아인슈타인 텐서를 자동적으로 구할 수 있다.

그렇다면 균질성과 등방성을 지닌, 가장 일반적인 측량 텐서는 어떤 모양일까? 그 결과가 바로 로버트슨-워커 RW: Robertson-Walker 측량이다. 그 모양을 얻으려면 다소 수학적인 조작이 필요하지만, 식 (1)의 결과만 잘 알고 있으면 된다(여기서는 편의상 $\eta_{00} = -1$, $\eta_{ii} = +1$인 표기법을 사용했다).

$$ds^2 = -dt^2 + a^2(t)\left[\frac{dr^2}{1-kr^2} + r^2(d\theta^2 + \sin^2\theta d\phi^2)\right] \qquad (1)$$

식 (1)에서 $a(t)$는 시간에 대한 공간의 상대적인 크기를 나타내는 척도로서 척도인자scale factor라고 부른다. 아인슈타인 방정식을 다 풀면 최종적으로 우리는 $a(t)$의 시간에 따른 변화를 완전히 알 수 있다. 그리고 k값은 어떻게 변하더라도 식 (2)와 같이 변환하면 식 (1)의 측량 텐서는 변화가 없다.

$$k \longrightarrow k/|k| \quad r \longrightarrow \sqrt{|k|}\,r \quad a \longrightarrow a/\sqrt{|k|} \tag{2}$$

따라서 물리적으로 유의미한 k의 값은 -1, 0, 1 등 세 가지 값이다. 이 세 가지 값에 따라 공간의 곡률이 달라진다. 즉 $k=0$이면 이 공간은 평면처럼 평평하며, $k=+1$이면 공처럼 곡률이 $+$가 되는 닫힌 공간이 되고, $k=-1$이면 말안장처럼 곡률이 $-$인 열린 공간이 된다($k=0$이면 식 (1)은 평평한 시공간의 측량 텐서로 되돌아감을 쉽게 알 수 있다). 그래서 이 값은 곡률상수curvature constant라고 부른다.

곡률이 0인 공간에서는 삼각형 내각의 합이 180도이다. 곡률이 $+$인 공간에서는 삼각형 내각의 합이 180도보다 크다. 지구 표면에서 적도 위의 두 점과 북극점으로 이루어진 삼각형을 생각해보면 이 삼각형의 내각의 합은 180도보다 크다는 것을 쉽게 알 수 있다. 반대로 곡률이 $-$인 공간에서는 삼각형 내각의 합이 180보다 작다. 1교시는 여기까지 하고 끝냈다.

2교시에는 우리가 익숙한 구면을 예로 들어서 이 구면이 측량 텐서를 어떻게 표현할 수 있는지를 간단하게 살펴보았다. 그 결과는 $k=+1$인 RW 측량 텐서와 똑같다.

그리고는 곧장 식 (1)의 RW 측량 텐서로부터 크리스토펠 기호, 리치 텐서, 리치스 칼라를 구했다. 측량 텐서만 있으면 이 모든 양은 자동적으로 구할 수 있다.

측량 텐서의 성분부터 써보면 다음과 같다.

$$g_{tt}=-1, \ g_{rr}=\frac{a^2(t)}{1-kr^2}, \ g_{\theta\theta}=a^2(t)r^2, \ g_{\phi\phi}=a^2(t)r^2\sin^2\theta$$

$$g^{tt}=-1, \ g^{rr}=\frac{1-kr^2}{a^2(t)}, \ g^{\theta\theta}=\frac{1}{a^2(t)r^2}, \ g^{\phi\phi}=\frac{1}{a^2(t)r^2\sin^2\theta}$$

이로부터 크리스토펠 기호를 계산하는 과정이 아주 간단하지는 않다. 그 결과만 정리하면 식 (3)과 같다.[•]

$$\Gamma^t_{rr}=\frac{1}{2}g^{tt}(\partial_r g_{rt}+\partial_r g_{rt}-\partial_t g_{rr})$$

$$=\frac{1}{2}(-1)\cdot(-1)\cdot\frac{2a\dot{a}}{1-kr^2}=\frac{a\dot{a}}{1-kr^2}$$

$$\left(\dot{a}=\frac{da}{dt}\right)$$

• $g^{\mu\nu}$는 $g_{\mu\nu}$와 역행렬의 관계에 있음에 유의해야 한다.

$$\Gamma^t_{\theta\theta}=a\dot{a}r^2, \ \Gamma^t_{\phi\phi}=a\dot{a}r^2\sin^2\theta$$

$$\Gamma^r_{tr}=\frac{1}{2}g^{rr}(\partial_t g_{rr}+\partial_r g_{tr}-\partial_r g_{tr})=\frac{\dot{a}}{a}$$

$$=\Gamma^r_{rt}=\Gamma^\theta_{t\theta}=\Gamma^\theta_{\theta t}=\Gamma^\phi_{t\phi}=\Gamma^\phi_{\phi t} \quad \underline{(t,\,r,\,\theta,\,\phi)=(0,\,1,\,2,\,3)}$$

$$\Gamma^r_{rr}=\frac{1}{2}g^{rr}(\partial_r g_{rr}+\partial_r g_{rr}-\partial_r g_{rr})=\frac{kr}{1-kr^2}$$

$$\Gamma^r_{\theta\theta}=-r(1-kr^2), \ \ \Gamma^r_{\phi\phi}=-r(1-kr^2)\sin^2\theta \tag{3}$$

식 (3)은 RW 측량 텐서에 대한 크리스토펠 기호를 정리한 것이다. 이로부터 리치 텐서를 구하면 식 (4)와 같다(이때 $a,\lambda=0,1,2,3$에 대한 합임에 유의하자).

$$R_{\mu\nu}=\partial_\alpha\Gamma^\alpha_{\nu\mu}-\partial_\nu\Gamma^\alpha_{\alpha\mu}+\Gamma^\alpha_{\alpha\lambda}\Gamma^\lambda_{\nu\mu}-\Gamma^\alpha_{\nu\lambda}\Gamma^\lambda_{\alpha\mu}$$

$$R_{tt}=-\partial_t\Gamma^\alpha_{\alpha t}-\Gamma^\alpha_{t\lambda}\Gamma^\lambda_{\alpha t}=-\partial t\left(\frac{\dot{a}}{a}\right)\times 3-3\times\left(\frac{\dot{a}}{a}\right)\left(\frac{\dot{a}}{a}\right)$$

$$=-3\cdot\frac{\ddot{a}a-\dot{a}\dot{a}}{a^2}-3\frac{\dot{a}^2}{a^2}=\boxed{-3\frac{\ddot{a}}{a}} \tag{4}$$

$$R_{rr}=-\partial_\alpha\Gamma^\alpha_{rr}-\partial_r\Gamma^\alpha_{\alpha r}+\Gamma^\alpha_{\alpha\lambda}\Gamma^\lambda_{rr}-\Gamma^\alpha_{r\lambda}\Gamma^\lambda_{\alpha r}=\boxed{\frac{a\ddot{a}+2\dot{a}^2+2k}{1-kr^2}}$$

$$RR_{\phi\phi}=\boxed{r^2(a\ddot{a}+2\dot{a}+2k)} \quad R_{\phi\phi}=R_{\theta\theta}\sin^2\theta$$

이로부터 리치 스칼라를 구해보면 식 (5)와 같이 된다.

$$R=g^{\mu\nu}R_{\mu\nu}=g^{tt}R_{tt}+g^{rr}R_{rr}+g^{\theta\theta}R_{\theta\theta}+g^{\phi\phi}R_{\phi\phi}$$

$$= \frac{6}{a^2}(a\ddot{a}+\dot{a}^2+k) \tag{5}$$

RW 측량 텐서는 균질적이고 등방적인 시공간을 표현하고 있기 때문에 식 (6)과 같은 중요한 특징이 있다.

$$R_{ij}=\left(\frac{a\ddot{a}+2\dot{a}^2+2k}{a^2}\right)g_{ij} \ (i,j=1,2,3) \tag{6}$$

즉 리치 텐서의 공간성분은 항상 측량 텐서의 공간성분에 비례한다.

이제 아인슈타인 방정식의 좌변에 대한 정보는 모두 얻었다.

$$G_{\mu\nu}=R_{\mu\nu}-\frac{1}{2}R\,g_{\mu\nu}=8\pi GT_{\mu\nu} \tag{7}$$

우리가 구한 좌변의 시공간은 우변의 에너지 또는 질량분포에 따라 역동적으로 변해나갈 것이다(즉 $a(t)$를 완전히 알 수 있다). 그러기 위해서는 우변의 에너지-운동량 텐서 $T_{\mu\nu}$를 알아야 한다.

지금 우리는 우주 전체를 놓고 고민하고 있다. 은하가 모여서 만든 은하단조차도 하나의 반짝이는 점과 같이 보이는 그런 스케일에서 우주의 진화를 생각하는 처지다. 이런 스케일에서 보자면 우주에 분포하는 에너지의 주된 근원은 먼지dust와 빛이다. 여기서 먼지는 은하나 은하단을 전 우주적인 스케일에서 바라본 개념이다. 먼지와 빛을 수학적으로 이상화한 개념이 완전유체 perfect fluid이다. 완전유체는 그 상태가 압력(p)과 밀도(ρ)로만 표현이 가능한 물질이다. 수학적으로 완전유체의 에너지-운동량 텐서는 식 (8)과 같이 주어진다.

$$T_{\mu\nu} = (p+\rho)u_\mu u_\nu + pg_{\mu\nu} \tag{8}$$

여기서

$$u^\mu = (1, \vec{0}) \tag{9}$$

는 정지한 물체의 속도 4벡터이다. $T_{\mu\nu}$의 한 성분을 예로 들어보면 식 (10)과 같이 나타낼 수 있다.

$$T_{00} = p + \rho + pg_{00} = p + \rho - p = \rho \tag{10}$$

나머지 성분을 모두 행렬 형태로 적어 보면 식 (11)과 같다.

$$T_{\mu\nu} = \begin{pmatrix} \rho & 0 & 0 & 0 \\ 0 & & & \\ 0 & & pg_{ij} & \\ 0 & & & \end{pmatrix} \tag{11}$$

그리고 식 (12)와 같은 양을 정의할 수 있다.

$$T = g^{\mu\nu} T_{\mu\nu} = -(P + \rho) + 4P = -\rho + 3P \tag{12}$$

이렇게 정의된 양을 흔적trace이라고 말한다. T는 리치 스칼라 R과 관계가 깊다. 아인슈타인 방정식인 식 (7)의 좌우변에 $g^{\mu\nu}$를 작용하면($g_{\mu\nu}g^{\mu\nu} = 4$) 식 (13)과 같이 된다.

$$R - \frac{1}{2} \cdot 4R = 8\pi GT \tag{13}$$

이때 식 (14)와 같은 관계가 성립함을 쉽게 알 수 있다.

$$R = -8\pi GT \tag{14}$$

식 (14)를 이용하면 아인슈타인 방정식은 식 (15)와 같이 쓸 수 있다.

$$
\begin{aligned}
R_{\mu\nu} &= 8\pi GT_{\mu\nu} + \frac{1}{2}Rg_{\mu\nu} \\
&= 8\pi G\left(T_{\mu\nu} - \frac{1}{2}Tg_{\mu\nu}\right)
\end{aligned}
\tag{15}
$$

$T_{\mu\nu}$와 관련해서 한 가지 짚고 넘어갈 사항이 에너지 보존이다.

$T_{\mu\nu}$에 대한 에너지 보존은 공변미분을 이용하여 식 (16)과 같이 간단하게 표현할 수 있다.

$$\nabla_{\mu}T^{\mu\nu}=0=\partial_{\mu}T^{\mu\nu}+\Gamma_{\mu\alpha}^{\mu}T^{\alpha\nu}+\Gamma_{\mu\alpha}^{\nu}T^{\mu\alpha} \tag{16}$$

여기서 $T^{\mu\nu}$의 두 첨자에 대해 각각 크리스토펠 기호가 동원되었음에 유의하라. 이것은 기본적으로 대학수학 과정에서 배운 벡터장의 발산과 똑같다. 즉 어떤 벡터장의 발산이 0이라는 말은 한쪽에서 들어온 벡터장의 양과 다른 쪽으로 빠져나가는 벡터장의 양이 똑같다는 말로 그 벡터장이 표현하는 물리량이 보존됨을 뜻한다. 이것이 4차원의 굽은 시공간에서의 에너지―운동량 텐서로 확장된 것이 식 (16)이다.

지난 강의 때도 소개했듯이 애초에 아인슈타인은 공변성을 포기했다가 다시 공변성으로 돌아왔다. 하지만 그가 1915년 11월 초에 완성한 방정식은 식 (7)이나 식 (15)와 달랐다. 그 다른 점이 바로 R을 포함한 항이 없었다는 점이다. 그해 11월 4일과 11월 11일에 발표한 논문에 나오는 방정식의 모양은 식 (17)과 같다.

$$R_{\mu\nu}=\kappa T_{\mu\nu}\ (\kappa=8\pi G) \tag{17}$$

아인슈타인이 11월 18일에 발표한 논문에서 수성의 근일점 이동을 설명했던 것도 식 (17)을 기본으로 한 결과였다. 다행히도 슈바르츠실트 풀이에서도 봤듯이 그것을 설명하는 데는 $R \sim T = 0$인 경우가 적합했기 때문에 이 항이 없어도 정확한 결과를 얻을 수 있었다.

하지만 식 (17)은 에너지 보존과 관련해서 심각한 문제가 있었다. 일단 우변은 식 (16)에서 보듯이 에너지 보존이 성립할 경우 공변미분을 적용했을 때 0이다. 그렇다면 좌변에 공변미분을 적용하면 어떻게 될까? 간단히 산수를 해보면, 일반적으로 식 (18)의 관계가 성립한다.

$$\nabla^{\mu} R_{\mu\nu} = \frac{1}{2} \nabla^{\nu} R \neq 0 \tag{18}$$

그러니까 좌변에 대한 공변미분은 일반적으로 0이 아니다. 따라서 에너지가 보존되지 않는다. 이 문제는 R을 포함하는 항을 적당히 좌변에 넣으면 해결된다. 즉 우리가 아는 정확한 아인슈타인 텐서를 생각해보면 식 (19)와 같이 되어 좌변의 공변미분이 0이 된다.

$$\nabla^{\mu}\left(R_{\mu\nu} - \frac{1}{2} R\, g_{\mu\nu}\right) = \nabla^{\mu} R_{\mu\nu} - \frac{1}{2} \nabla^{\nu} R$$
$$\Rightarrow \frac{1}{2} \nabla^{\nu} R - \frac{1}{2} \nabla^{\nu} R = 0 \tag{19}$$

아인슈타인은 11월 25일에 발표한 논문에서 자신의 방정식을 고쳐 썼다. 이로써 일반상대성이론이 완성되었다.

이제 다시 식 (16)으로 돌아가 보자. 여기서 $\nu=0$인 성분의 방정식을 써보면 식 (20)과 같다.

$$\dot{\rho}+3\frac{\dot{a}}{a}(\rho+P)=0 \tag{20}$$

여기서 $a(r)$가 들어간 이유는 RW 측량 텐서로부터 식 (16)의 크리스토펠 기호를 계산했기 때문이다. 식 (20)을 풀기 위해 일반적으로 식 (21)과 같은 관계가 성립한다고 하자.

$$p=w\rho \tag{21}$$

이것을 상태방정식equation of state이라고 한다. 한마디로 압력과 밀도 사이의 관계를 나타내는 식이다. 식 (21)을 식 (20)에 대입하고 밀도 ρ에 대해 미분방정식을 풀면 식 (22)와 같은 결과를 얻는다.

$$\dot{\rho}+3\frac{\dot{a}}{a}(1+w)\rho=0$$
$$\frac{1}{\rho}\frac{dp}{dt}=-3(1+w)\frac{1}{a}\frac{da}{dt}$$
$$\int\frac{d\rho}{\rho}=-3(1+w)\int\frac{da}{a}$$
$$\log(\rho)=-3(1+w)\log a=\log a^{-3(1+w)} \tag{22}$$

이것을 다시 쓰면 식 (23)과 같은 관계를 얻는다(~는 비례한다는 뜻으로 상수배만큼의 차이를 무시하고 쓴 것이다).

$$\rho \sim a^{-3(1+w)} \tag{23}$$

식 (23)이 무엇을 의미하는지를 알아보기 위해 가장 손쉬운 경우를 생각해보자. 우주는 먼지와 빛으로 가득 차 있다고 했다. 먼지는 압력이 없다. 다시 말해, $p=0$인 경우이다. $p=0$이니까 $w=0$이다. 식 (23)에서 $w=0$이면 식 (24)와 같은 관계가 성립한다.

$$\rho \sim a^{-3},\ \text{즉}\ \rho a^3 = \text{(상수)} \tag{24}$$

이는 보통의 물질의 경우에 매우 합당해 보인다. 왜냐하면 밀도는 질량을 부피로 나눈 값인데, 부피는 길이단위의 세제곱에 비례하기 때문이다. 즉 밀도는 공간요소의 세제곱에 반비례한다.

그렇다면 빛은 어떨까? 상대성이론에 따르면 빛은 압력을 가진다. 그리고 그 정도는 $w=\dfrac{1}{3}$에 해당한다(자세한 사항은 지금 논의하는 수준을 넘어서므로 생략한다). 이때는 식 (23)에 따르면 식 (25)와 같은 관계가 있다.

$$\rho \sim a^{-4},\ \text{즉}\ \rho a^4 = \text{(상수)} \tag{25}$$

식 (24)와 비교해봤을 때 빛으로 가득 찬 세상에서는 그 밀도가 공간의 증가에 따라 더 빨리 줄어든다.

마지막으로 식 (23)을 보면 $w=-1$일 때 재미있는 현상이 생김을 알 수 있다. 이때는 식 (26)과 같이 된다.

$$\rho \sim a^0 \sim (\text{상수}) \tag{26}$$

그러니까 이때는 밀도가 공간의 상대적인 크기와 상관없이 항상 일정하다. 어떻게 이런 일이 가능할까? 한 가지 생각해볼 수 있는 경우는 공간 자체가 어떤 에너지 밀도를 갖는 경우이다. 그렇게 되면 공간의 크기가 크든 작든 그 속에 포함된 에너지 밀도는 항상 똑같을 것이다.

실제로 이런 것이 있을 수 있을까? 있다. 식 (7)의 우변에 측량 텐서 $g_{\mu\nu}$에 비례하는 어떤 에너지 항이 있어서 식 (27)과 같이 쓸 수 있다고 가정해보자.

$$G_{\mu\nu} = 8\pi G T_{\mu\nu} - \Lambda g_{\mu\nu} = 8\pi G \left(T_{\mu\nu} - \frac{\Lambda}{8\pi G} g_{\mu\nu} \right) \tag{27}$$

여기서 우변을 살펴보면 $T_{\mu\nu}$에 추가된 항이 공간 자체가 가지고 있는 진공의 에너지라고 할 수 있으므로 식 (28)과 같이 나타낼 수 있다.

$$T^{(vac)}_{\mu\nu} = -\frac{\Lambda}{8\pi G} g_{\mu\nu} = (p+q) u_\mu u_\nu + p g_{\mu\nu} \tag{28}$$

식 (28)의 두 번째 식과 세 번째 식을 비교하면 식 (29)와 같은 관계가 성립해야 함을 알 수 있다.

$$p+\rho=0, \quad p=-\frac{\Lambda}{8\pi G}=-\rho \tag{29}$$

즉 $p=-\rho$ 이어야 하기 때문에 이 경우 정확하게 $w=-1$ 인 경우에 해당한다. 여기 등장하는 Λ 가 잘 알려진 우주상수 c.c.: cosmological constant 이다.

우주상수는 애초에 아인슈타인이 도입했다. 러시아의 프리드만 이나 벨기에의 르메트르 같은 과학자는 아인슈타인의 방정식을 우주 전체에 적용했을 때 우주가 시간에 따라 진화하는 해가 나온다고 주장했으나 아인슈타인은 그런 동적인 우주를 좋아하지 않았고 심지어 경멸하기까지 했다. 그래서 자신의 방정식이 정적인 우주를 기술하도록 하기 위해 일반상대성이론의 큰 틀을 깨지 않는 범위 내에서 자신의 방정식을 수정하기로 했다. 그렇게 도입된 것이 바로 우주상수항이다. 그러나 우주상수를 도입한 우주는 비록 정적이기는 하더라도 매우 불안정했으며 부자연스러웠다. 이후 허블이 1929년에 모든 관측 은하가 서로 멀어지고 있다는 사실을 밝혀내고 뒤이어 우주가 팽창한다는 증거들이 드러나면서 아인슈타인은

'생애 최대의 실수'라며 우주상수의 도입을 철회했다.

그렇게 한동안 과학자들이 우주상수를 0으로 생각하고 우주를 기술했다. 하지만 관측에 의해 우주상수가 매우 작은 양이지만 0은 아니라는 것이 알려졌다. 그 값은 대략 식 (30)과 같다.

$$\Lambda = 10^{-48}\, GeV^4 = 10^{-29}\, \text{g/cm}^3 \qquad (30)$$

이 자체로는 이 값이 얼마나 큰지 작은지 알 도리가 없다. 그런데 우리가 중력과 관련해서 알고 있는 유일한 에너지 단위는 뉴턴 상수로 표현되는 에너지 단위, 즉 플랑크 단위이다. *

$$G = \frac{1}{m_{pl}^2}$$
$$m_{pl} = \frac{1}{\sqrt{G}} = 10^{19}\, GeV \qquad (31)$$

플랑크 단위를 우주상수와 비교하면, 우주상수는 에너지 밀도이므로 에너지를 공간의 세제곱으로 나눈 값이며, 자연단위계에서는 길이 단위가 에너지 단위의 역수이므로 결과적으로 우주상수는 에너지의 네제곱 단위가 된다.

---

* 정확한 관계식은 $m_{pl} = \sqrt{\dfrac{hc}{2\pi G}}$ 이다(h는 플랑크 상수). 여기서 $h = \dfrac{\hbar}{2\pi} = c = 1$로 두면 식 (31)을 얻는다.

$$m_{pl}^4 = (10^{76})GeV^4 = 10^{124}\Lambda \tag{32}$$

그러니까 공간 자체가 가질 수 있는 가장 자연스러운 에너지 밀도(m_{pl})는 실제 관측된 값(Λ)에 비해서 무려 10^{124}배나 큰 값이다! 물리학자들은 쓸데없는 고민이 많은 사람들이어서 자연에 왜 이렇게 큰 불일치가 생기는지 매우 불편해한다. 그래서 이 문제를 '우주상수의 문제'라고 칭하며 해결하기 위해 수십 년 동안 노력해왔다. 하지만 아직도 충분히 만족할 만한 답은 없다.

우주상수 문제를 소개하면서 2교시는 끝났다. 마지막 3교시에서 프리드만 방정식을 풀면 그때 다시 우주상수를 다룰 기회가 있다. 거기서 왜 우주상수가 최근에 다시 주목받는지 그 이유를 알게 될 것이다.

프리드만 방정식

마지막 강좌 마지막 교시의 마지막 주제는 수학아카데미의 최종목표라고 할 수 있는 프리드만 방정식이었다. 프리드만 방정식은 균질하고 등방적인 RW 측량 텐서가 기술하는 시공간을 완전유체가 만들어낸다고 보고 아인슈타인 방정식을 풀어서 얻은 방정식이다. 이 방정식은 척도인자 $a(t)$가 시간에 따라 어떻게 변화하는가를 기술한다. 먼저 프리드만 방정식이 어떻게 도출되는지 알아보자.

우주상수항을 포함하는 아인슈타인 방정식을 편의상 다시 쓰면 식 (33)과 같다.

$$R_{\mu\nu} - \frac{1}{2}Rg_{\mu\nu} = 8\pi GT_{\mu\nu} - \Lambda g_{\mu\nu}$$

$$R - 2R = 8\pi GT - 4\Lambda$$

$$\therefore R = -8\pi GT + 4\Lambda$$

$$R_{\mu\nu} = 8\pi G\left(T_{\mu\nu} - \frac{1}{2}Tg_{\mu\nu}\right) + \Lambda g_{\mu\nu} \tag{33}$$

식 (33)에서 리치 텐서 $R_{\mu\nu}$는 식 (4)와 같이 주어져 있고 에너지-운동량 텐서 $T_{\mu\nu}$는 식 (8) 또는 식 (11)과 같이 주어져 있으므로 성분별로 방정식 (33)을 풀 수 있다.

우선 $(\mu, \nu) = (0, 0)$ 성분을 조사해보면 식 (34)로 나타낼 수 있다.

$$R_{00} = -3\frac{\ddot{a}}{a} = 8\pi G\left(\rho + \frac{1}{2}T\right) - \Lambda = 4\pi G(\rho + 3p) - \Lambda \tag{34}$$

여기서 $T = g^{\mu\nu}T_{\mu\nu} = -\rho + 3p$의 결과를 이용했다. 그리고 $(\mu, \nu) = (i, j)$성분을 조사해보면 식 (35)와 같이 된다.

$$R_{ij} = \left(\frac{a\ddot{a} + 2\dot{a}^2 + 2k}{a^2}\right)g_{ij} = 8\pi G\left(T_{ij} - \frac{1}{2}g_{ij}T\right) + \Lambda g_{ij}$$

$$= 8\pi G\left(pg_{ij} - \frac{1}{2}(-\rho + 3p)g_{ij}\right) + \Lambda g_{if}$$

$$\therefore \left(\frac{\ddot{a}}{a}\right) + 2\left(\frac{\dot{a}}{a}\right)^2 + \frac{2k}{a^2} = 4\pi G(\rho - p) + \Lambda \tag{35}$$

식 (34)는 척도인자인 $a(t)$의 시간에 대한 이차미분, 그러니까 가속도에 대한 정보를 준다. 그리고 식 (34)의 결과를 식 (35)에 대입하면 식 (35)는 $a(t)$의 시간에 대한 일차미분, 즉 어떤 속도에 대한 정보를 준다. 이것을 간단하게 2개의 식으로 다시 정리하면 우리의 최종목표인 프리드만 방정식을 얻는다.

프리드만 방정식은 우주의 크기가 시간에 따라 어떻게 변하는지를 그 내용물의 분포에 따라 설명하는 방정식이다. 이렇게 우주를 설명하는 우주론을 프리드만 – 르메르트 – 로버트슨 – 워커FLRW 우주론이라고 한다. FLRW 우주론은 일반상대성이론으로 우주를 이해하는 현대의 가장 표준적인 우주론이라고 할 수 있다.

$$\frac{\ddot{a}}{a} = -\frac{4\pi G}{3}(\rho + 3p) + \frac{\Lambda}{3}$$
$$= -\frac{4\pi G}{3}(1 + 3w)\rho + \frac{\Lambda}{3} \tag{36}$$

$$\left(\frac{\dot{a}}{a}\right)^2 = \frac{8\pi G}{3}\rho - \frac{k}{a^2} + \frac{\Lambda}{3} \tag{37}$$

이제 식 (36)과 식 (37)을 찬찬히 살펴보자. 식 (37)의 좌변에 나오는 $\frac{\dot{a}}{a}$는 특별한 이름이 있다. 이 값의 물리적인 의미를 해석해보자면 우주의 크기가 시간에 따라 변하는 상대적인 크기, 즉 자신의 크기에 비해서 얼마의 비율로 크기가 변하는가를 나타내는 양이다. 이 값을 허블 상수 Hubble constant 라고 하며, H 로 표기한다.

허블은 1929년에 자신이 근무하던 윌슨산 천문대의 100인치 망원경으로 은하가 서로 멀어지는 양상을 조사한 결과 멀리 있는 은하가 그만큼 더 빨리 멀어진다는 점을 밝혀냈다. 이것을 허블의 법칙이라고 한다. 허블의 법칙에서 중요한 점은 2배 멀리 있는 은하는 2배 빨리, 3배 멀리 있는 은하는 3배 빨리 멀어진다는 점이다. 즉 은하가 서로 멀어지는 정도는 지구에서의 거리에 비례해서 빨라진다. 이것은 공간 자체가 우주의 모든 곳에서 팽창한다는 증거로 여겨졌다. 이 점을 이해하기 위해서 다음 그림을 살펴보자.

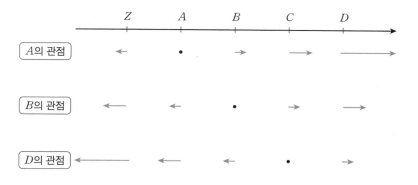

먼저 A 의 관점에서 보면 Z 와 B, C, D 은하가 각각 A 에서 멀

어진다. 멀리 있는 은하일수록 더 빨리 멀어지는 양상을 화살표로
표시했다. 만약 우리가 여기서 B와 같은 속도로 움직이면 어떻게
될까? 우리의 좌표계를 B와 같이 맞추면 그 속도가 더하거나 빼지
기 때문에 B에서 바라봤을 때 은하가 멀어지는 양상은 두 번째 그
림과 같다. 마찬가지로 C에서 바라본 은하의 모습은 세 번째 그림
과 같다. 그러니까 어느 은하에서 보더라도 주변의 은하가 멀어지
는 양상은 모두 똑같다. 멀리 있는 은하는 그만큼 빨리 멀어지고 가
까이 있는 은하는 그만큼 천천히 멀어진다. 이것은 우주의 공간 자
체가 균일하게 팽창하고 있다는 증거다.

한편 만약에 우리가 시간을 거꾸로 돌리면 어떻게 될까? 멀리
있는 은하는 그만큼 빨리 우리에게 다가오고 가까이 있는 은하는
그만큼 천천히 우리에게 다가올 것이다. 2배 멀리 있는 은하는 2배
빨리 우리에게 다가올 테니까, 예컨대 A의 좌표계에서 봤을 때 Z,
B, C, D의 모든 은하가 똑같은 시각에 A에 도달할 것이다(이것은
B, C의 관점에서도 마찬가지다). 그렇다면 우주의 초기에는 모든 은하
가 굉장히 좁은 곳에 밀집되어 몰려 있었을 것이라고 추론할 수 있
다. 즉 태초에는 아주 좁은 공간에 매우 높은 밀도로 우주의 모든
것이 집중되었다가 한순간에 폭발하듯 팽창하기 시작했을 것이다.
이것이 빅뱅 Big Bang이다.

$H = \dfrac{\dot{a}}{a}$ 라는 표현을 보면 이것이 허블의 팽창을 설명하는 매우
적절한 물리량임을 알 수 있다. 그런데 우주가 팽창하는 정도는 지

구에서 멀수록 더 빨라진다. 따라서 그 값을 정하려면 하나의 기준점을 고를 필요가 있다. 과학자들은 1메가파섹 Mpc: Mega Parsec의 거리를 기준으로 잡았다. 메가는 백만을 뜻하는 접두사이고, 파섹은 천체의 거리를 나타내는 단위로서 약 3.26광년에 해당하는 거리이다. 파섹은 연주시차(지구의 공전 때문에 6개월마다 측정한 별의 각도가 달라지는 정도의 절반의 크기로, 지구에서 바라본 각도와 태양에서 바라본 각도의 차이에 해당한다)가 1초가 되는 거리이다(parsec＝parallax second).

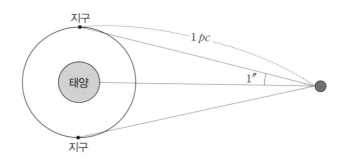

허블상수는 '상수'라는 이름이 붙었지만 시간에 따라 변하는 값이다. 즉 우주가 팽창하는 정도에 따라 그 팽창 속도가 달라진다. 이는 우주의 크기가 달라짐에 따라 그 속의 에너지의 밀도가 달라지기 때문이다. 과학자들은 관측에 의해 현재의 허블상수의 값을 정할 수 있었다. 현재의 값은 0이라는 첨자를 붙여서 표시한다. 허블상수는 대개 식 (38)과 같이 표시한다.

$$H_0 = \frac{\dot{a}}{a} = 100h \text{ km/sec/MP}c \qquad (38)$$

h값은 2001년에 쏘아올린 관측위성 WMAP이 5년간 관측한 결과 $h=0.72$임을 알아냈다. 허블상수를 이렇게 높은 정확도로 알게 된 것은 2000년대 이후의 일이다. 그러니까 결론적으로 말하자면 지금 우리 우주는 1메가파섹의 거리에서 초속 72 km의 속도로 팽창하고 있다.

WMAP의 후속 위성인 플랑크(2009년 5월에 발사된 ESA의 우주 배경복사 관측위성)의 연구진은 2013년 3월에 그 첫 번째 관측 결과를 발표했다. 이 발표에 따르면 허블상수는 다음과 같다.

$$H_0 = 67.3 \pm 1.2 \text{ km/sec/MPc}$$

WMAP이 관측한 값보다 상당히 줄어들었다. 이처럼 우주의 팽창 속도가 줄었다는 것은 우주가 지금까지 팽창하는 데 걸린 시간, 즉 우주의 나이가 늘어났다는 뜻이기도 하다. 그에 따라 WMAP 시절 137억 년이었던 우주의 나이는 PLANCK의 결과에 따라 138억 년으로 수정되었다.

식 (37)에서 또 하나 중요한 값은 임계밀도critical density이다. 편의상 우주상수 Λ는 당분간 0이라고 가정하자. 그러면 식 (37)은 식 (39)와 같이 된다.

$$\left(\frac{\dot{a}}{a}\right)^2 = H^2 = \frac{8\pi G}{3}\rho - \frac{k}{a^2} \qquad (39)$$

여기서 k값은 RW 측량 텐서의 k값으로, 공간의 곡률을 결정하는 곡률상수이다. 식 (39)를 자세히 보면 허블상수 H와 우주의 밀도 ρ가 적절한 값이 되면 $k=0$으로 만들 수 있다. k가 0인 경우는 우주가 평평하다는 말이다. 이처럼 $k=0$이 되어 우주를 평평하게 만드는 밀도 ρ를 임계밀도라고 부른다. 이 값은 식 (39)에서 $k=0$으로 놓으면 식 (40)과 같이 쉽게 구할 수 있다.

$$\rho = \frac{3H^2}{8\pi G} = \rho_c \qquad (40)$$

식 (40)에서처럼 임계밀도는 대개 ρ_c로 쓴다. 임계밀도를 이용해서 식 (39)를 식 (41)과 같이 다시 쓸 수 있다.

$$\begin{aligned}
H^2 &= \frac{8\pi G}{3}\rho - \frac{k}{a^2} \\
\Rightarrow 1 &= \frac{8\pi G}{3H^2}\rho - \frac{k}{a^2 H^2} \\
&= \frac{\rho}{\rho_c} - \frac{k}{a^2 H^2}
\end{aligned} \qquad (41)$$

식 (41)에서 임계밀도에 대한 밀도의 상대적인 값을 보통 $\Omega = \dfrac{\rho}{\rho_c}$로 나타낸다. 이 값은 우주의 에너지 밀도가 임계밀도에 비해 얼마나 큰가를 나타내는 양이다. 이 값을 이용해서 식 (41)을 식 (42)와 같이 다시 쓸 수 있다.

$$\Omega - 1 = \frac{k}{a^2 H^2} \tag{42}$$

이로부터 우리는 Ω의 값에 따라 우주의 곡률이 식 (43)과 같이 세 가지로 정해짐을 알 수 있다.

$\rho < \rho_c \Leftrightarrow \Omega < 1 \Leftrightarrow k = -1 \Leftrightarrow$ 음의 곡률, 열린 공간
$\rho = \rho_c \Leftrightarrow \Omega = 1 \Leftrightarrow k = 0 \Leftrightarrow$ 평평한 공간
$\rho > \rho_c \Leftrightarrow \Omega > 1 \Leftrightarrow k = +1 \Leftrightarrow$ 양의 곡률, 닫힌 공간 $\qquad (43)$

식 (43)과 같은 결과는 직관적으로도 쉽게 이해할 수 있다. 에너지 밀도가 임계밀도보다 작다면 중력에 의한 수축정도가 크지 않을 것이다. 따라서 공간의 곡률은 음수가 되며 열린 공간이 될 것이다. 만약 밀도가 상당히 크다면 그에 따라 공간도 심하게 굽어서 공처럼 양의 곡률을 가진 닫힌 공간이 될 것이다. 그리고 밀도가 정확하게 임계밀도와 똑같다면 그 공간은 아무런 굴곡이 없는 평평한 공간이 될 것이다. 이것을 정량적으로 표현한 것이 식 (42)이다.

그렇다면 우리가 살고 있는 우주의 실제 곡률은 어떨까? 플랑크의 2015년 연구 결과를 포함한 최신의 관측 결과를 종합하면 지금

우리 우주의 Ω값은 식 (44)에서 구할 수 있으며 거의 1에 가깝다.

$$\Omega = 1.0008^{+0.0040}_{-0.0039} \tag{44}$$

즉 우리의 우주는 아주 높은 정확도로 평평하다고 할 수 있다. 과학자들이 이렇게 정밀하게 우주의 곡률을 측정할 수 있게 된 것도 매우 최근의 일이다. 이는 지난 세기에는 상상도 하지 못할 일이었다. 이처럼 현재의 우주론은 정성적인 관측에서 정밀관측의 시대로 넘어가고 있다.

허블상수는 식 (38)에서도 보듯이 그 단위가 시간의 역수이다. 시간에 따라 상대적으로 팽창하는 비율이므로 당연하다. 따라서 허블상수의 역수는 뭔가의 시간을 나타낼 것이다. 무엇의 시간일까? 당연히 우주의 나이와 관련이 있을 것이다. 실제로 식 (45)와 같은 결과가 나온다.

$$t \sim \frac{1}{H_0} \simeq 10^{17} \mathrm{sec} = (약 \ 140억 \ 년) \tag{45}$$

이 값은 좀 더 정확한 우주의 나이 138억 년과 대단히 비슷하다. 정확한 우주의 나이를 얻으려면 팽창하는 중간 과정을 모두 적분해야 한다. 예컨대 KTX가 서울에서 부산까지 가는 데 걸리는 시간을 KTX의 속도로부터 구하려면 KTX가 역을 출발할 때 속도를

높이거나 역에 정차할 때 속도를 줄이는 과정을 모두 고려해서 계
산해야 한다. 즉 속도가 변하는 과정을 전부 적분으로 처리해야만
정확한 시간을 알 수 있다. 우주의 나이도 마찬가지이다. 그렇게 나
온 값이 138억 년이다.

프리드만 방정식에서 척도인자의 속도와 관련된 사항을 살펴보
았으니 이제는 척도인자의 가속도와 관련된 내용을 알아볼 차례이
다. 식 (36)을 다시 살펴보자. 만약 우주에 먼지dust, 즉 물질matter
과 우주상수만 존재한다면 식 (36)은 (식 (29)를 참고하여) 식 (46)
과 같이 된다.

$$
\begin{aligned}
\frac{\ddot{a}}{a} &= -\frac{4\pi G}{3}\rho_m + \frac{8\pi G}{3}\rho_\Lambda \\
&= -\frac{1}{2}H^2\Omega_m + H^2\Omega_\Lambda \\
&= H^2\left(-\frac{1}{2}\Omega_m + H^2\Omega_\Lambda\right)
\end{aligned} \tag{46}
$$

식 (46)에서 물질에 대한 상대밀도는 Ω_m, 우주상수의 상대밀도
는 Ω_Λ로 표시했다. 만약에 우주상수가 전혀 없다면(즉 $\Omega_\Lambda = 0$이면)
식 (46)의 우변은 음수가 되어 척도인자가 가속하는 정도, 즉 공간
이 팽창하는 가속도가 음수이다. 이는 우주가 팽창하는 정도가 점
점 더 느려짐을 뜻한다. 이는 정성적으로도 쉽게 이해할 수 있다. 우
주 속의 물질에 의한 중력효과 때문에 우주가 팽창하는 정도는 점

차로 느려질 것이기 때문이다.

또한 식 (37)과 식 (46)에서 $\varLambda$ 와 k 값을 조정하면 $\dot{a}=\ddot{a}=0$이
되게 만들 수 있다. 우주에 아무런 변화가 없는 정적인 우주로서 아
인슈타인이 우주상수를 도입해서 얻고자 했던 바가 바로 이것이었
다. 그러나 이 균형이 약간만 무너지더라도 정적인 우주는 유지되
기가 어렵다.

그렇다면 실제 우리 우주는 어떤 모습일까? 최신의 관측 결과에
따르면 이 두 값은 대략 다음과 같다.

WMAP: $\varOmega_m=0.27$, $\varOmega_\varLambda=0.73$

PLANCK: $\varOmega_m=0.32$, $\varOmega_\varLambda=0.68$ (47)

식 (47)의 값을 식 (46)에 대입하면 그 결과는 양수임을 알 수
있다. 그렇다면 우주가 팽창하는 정도는 점점 더 빨라진다는 뜻이
다. 이것이 바로 우주의 가속팽창이다. 그러니까 지금 우리 우주는
가속 팽창하고 있다.

우주가 가속팽창을 하고 있다는 사실은 1990년대 후반 초신성
을 조사하면서 알려졌다. 초신성이 터지는 물리적인 과정은 특정해
서 특히 Ia형 초신성(쌍성계에서 한 별이 다른 별의 질량을 빨아들여 만
들어지는 초신성)은 최대로 밝을 때 그 절대밝기가 거의 똑같다. 한편
지구에서의 겉보기밝기는 초신성까지의 거리의 제곱에 반비례하므

로, 초신성의 겉보기밝기를 재면 절대밝기와 비교해 초신성까지의 거리를 알 수 있다. 이 거리를 밝기거리라고 한다. 밝기거리는 우주 공간의 굴곡에 따라 때로는 가깝게 때로는 멀게 보이기도 한다. 따라서 겉보기거리는 우주를 구성하는 에너지 분포와 밀접한 관련이 있다. 과학자들은 수십 개의 초신성을 연구한 결과 멀리 있는 초신성이 예상보다 훨씬 더 어둡다는 것을 알게 되었다. 이는 우주의 팽창 정도가 더 빨라진다(가속팽창)는 뜻이다. 이와 함께 WMAP 같은 위성들이 우주의 배경복사 cosmic microwave background radiation 등을 연구한 결과를 종합하면 매우 높은 신뢰도로 식 (47)의 결과를 얻을 수 있다.

가속팽창을 하는 우주는 현대물리학이 발견한 가장 놀라운 결과 가운데 하나이다. 그 때문에 해마다 노벨물리학상이 발표되는 10월이면 항상 우주의 가속팽창의 발견이 노벨상을 받지 않을까 하고 예측하는 사람도 적지 않았는데, 결국 2011년 노벨상을 기어코 받고야 말았다. 사실 관측적인 결과는 우주가 가속팽창을 한다는 증거일 뿐 그 원인이 우주상수에 의한 것인지는 확실하지가 않다. 그래서 일반적으로 우주를 팽창시키는 역할을 하는 요소, 즉 식 (46)에서 Ω_Λ의 역할을 하는 요소를 암흑에너지 dark energy라고 한다. 그러니까 암흑에너지는 물질에 의한 중력수축을 이기면서 우주를 팽창시키는 역할을 하는 요소이다. 식 (36)을 잘 보면(A=0이라고 두면) 다음이 성립한다.

$$\frac{\ddot{a}}{a} = -\frac{4\pi G}{3}(\rho + 3p)$$

$\ddot{a} > 0$, 즉 가속팽창을 하기 위해서는 $p < -\frac{1}{3}\rho \left(\text{또는 } \omega < -\frac{1}{3}\right)$의 관계를 만족해야 한다.

이 관계를 만족하는 에너지밀도를 암흑에너지로 정의한다.

따라서 암흑에너지는 음의 압력을 가진, 매우 요상한 실체이다. 그래서 이름조차도 암흑에너지이다. 식 (47)이 말하는 바는 우리 우주에는 우리가 정체를 모르는 요상한 에너지가 거의 73%나 차지하고 있다는 것이다.

그러나 여러 관측 사실을 종합해보면 암흑에너지의 정체는 $w = -1$인 우주상수가 매우 유력하다. 만약 암흑에너지가 정말로 우주상수라면 이 값은 시간에 따라 변하지 않아야 할 것이다. 따라서 암흑에너지의 밀도가 시간에 따라 변하는지 그렇지 않은지를 추적하는 것도 암흑에너지의 정체를 밝히는 데 중요한 역할을 할 것이다.

불행히도 우주의 에너지 밀도의 27%를 차지하는 물질 중에서도 우리가 아는 물질은 4% 정도밖에 안 된다. 나머지 약 23%는 우리가 정체를 모르는 물질, 즉 상태방정식의 $w = 0$임은 확실하지만 관측이 되지 않아서 그 정체를 전혀 알 수 없는 물질이다. 이를 암흑물질dark matter이라고 부른다. 현재 우리가 알고 있는 물질 중에는 암흑물질의 후보가 전혀 없다. 만약 암흑물질의 정체를 확인하게 된다면 이는 21세기 물리학의 가장 혁혁한 성과 중 하나로 기록될 것이다. 이처럼 우리가 우주에 대해서 알면 알수록 모르는 것이 더욱 더 많아지는 역설이 현재 우주론이 처한 상황이다.

암흑에너지와 관련해서 또 하나 논란이 되는 사실은 우리 우주가 가속팽창을 하기 시작한 시점이 대단히 최근이라는 점이다. 현재의 우주의 크기를 a_0라고 하면 임의의 시점에서의 우주의 크기를 지금 크기에 대한 비율로 나타낼 수 있다. 이것은 대개 z라는 문자를 도입해서 식 (48)과 같이 쓴다.

$$\frac{a_0}{a} = 1 + z \tag{48}$$

이때의 z값은 빛의 적색편이를 나타내는 값이기도 하다. 우주가 팽창하면 그 속에 있던 파동(대표적으로 빛)의 파장도 함께 길어진다. 그 길어지는 정도가 정확하게 식 (48)에서 정의된 z값이다. 식 (48)에서 알 수 있듯이 z값이 0에 가까우면 비교적 최근을 나타낸다. 반면에 매우 초기 우주에는 a값이 매우 작을 것이므로 z값이 무척이나 크다. 관측 결과에 따르면 우주가 가속팽창을 시작한 시점은 z값이 약 $z = 0.67$일 때, 즉 우주의 크기가 지금보다 약 1.67배가 작을 때 시작되었다. 이는 우주의 다사다난했던 역사를 돌아봤을 때 매우 최근에 속한다.

일부 과학자는 이를 두고 왜 하필 우주가 지금 이 시점에서 가속 팽창을 시작했을까 하는 의문을 품는다. 우리가 살고 있는 지금이 우주의 역사에서 그렇게 특별한 시점일 이유가 있을까? 역시 과학 자들은 의심도 많고 쓸데없는 고민을 즐기는 사람들인가 보다. 그래서 이것을 '우연의 문제coincidence problem' 또는 '왜 지금?Why Now? 의 문제'라고도 한다.

　　이것을 다른 식으로 말하면 이렇다. 우주상수는 공간 자체가 가지는 에너지밀도이므로 우주의 크기에 상관없이 항상 일정한 값을 가진다. 우주의 크기가 아주 작았던 초기 우주에는 물질의 밀도가 무척이나 컸을 것이다. 왜냐하면 작은 공간에 온갖 물질이 다 들어가 있었을 것이기 때문이다. 이 시기에는 상대적으로 우주상수가 전체에서 차지하는 비중이 그리 크지 않았다. 하지만 우주가 팽창함에 따라 다른 물질들의 밀도는 점점 작아진다. 반면 우주상수는 항상 일정한 값을 갖는다. 결과적으로 우주상수가 상대적으로 차지하는 비중은 커질 수밖에 없다. 식 (46)을 보면 우주상수가 적당히 다른 물질의 밀도에 견줄 만하게 되면 우주의 가속팽창이 시작된다. 그러니까 우연의 문제는 달리 말해 왜 하필 지금 우주상수의 값이 다른 물질의 밀도와 비슷해졌을까 하는 질문으로 바꿀 수 있다.

　　하지만 이 시점은 연수로 따졌을 때 지금으로부터 약 50억 년 전이다. 이는 전체 138억 년의 역사에서 볼 때 그다지 현재가 아니라고 할 수 있는 연수다. 그러니까 우연의 문제는 우주의 역사를 어떤 시간척도로 볼 것인가에 따라 달라질 수도 있을 것이다. 물론 연수와 같은 인간에게 편리한 시간척도가 우주의 진화를 설명하기에 적합한 척도인가 하는 문제는 여전히 남는다.

강의는 이렇게 끝났다.

제25장

샐러리맨은 아인슈타인이 되었을까?

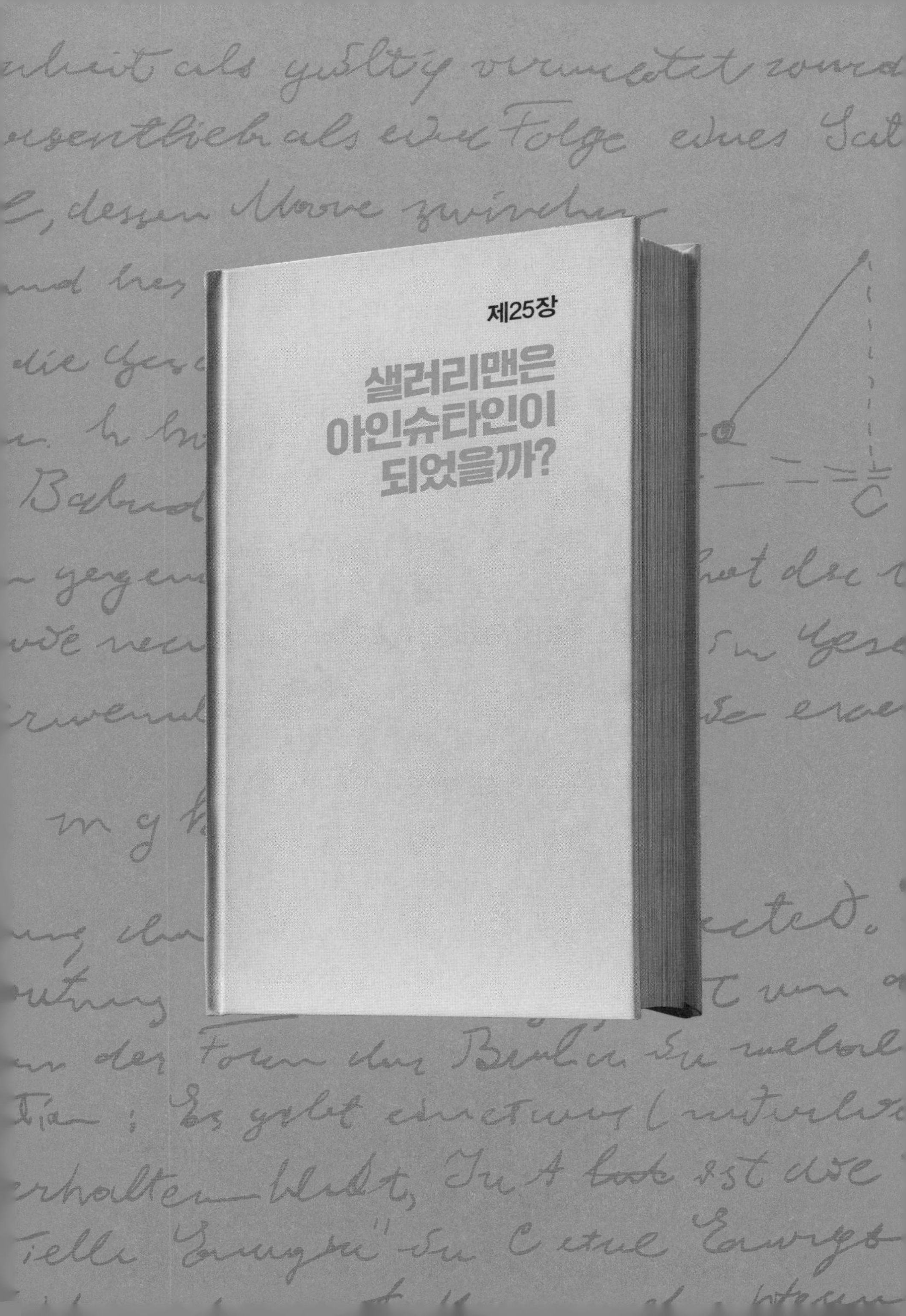

여느 때처럼 강의가 끝나자 박수가 터져 나왔다. 이날의 박수 소리
는 평소보다 좀 더 컸다. 마지막 강의라 평소보다 조금 더 많은 사
람이 온 탓도 있을 것이다. 이날 출석한 분들은 총 27명이었다. 우
리는 마지막 강의를 기념해서 모두들 앞자리로 모여 기념촬영을 했
다. 정말로 마지막 강의라 수강생 분들도 이렇게 모이는 것도 마지
막이었다. 그래서 삼삼오오 모여서 사진을 찍는 모습도 보였다. 나
도 열두 번을 들락거린 강의실을 휘 둘러보았다. 언제 다시 여기 올
일이 있을까? 아마도 혜화동에 올 때마다 나는 대학로 뒤편 야트막
한 언덕 비탈의 이 일석기념관을 생각할 것 같았다.

우리는 자리를 정리하고 여섯 달 전 1학기 종강파티를 했던 그
중국집으로 향했다. 그때는 그렇게 시간이 안 가더니 어느새 우리
가 다시 이 집에 모여서 종강파티를 하는구나 싶었다. 자리도 그날
의 그 자리와 똑같았다. 나는 회비로 마련한 선물을 받았다. K는 꽃
다발을 주었다. 나는 기뻤다. 아니, 무탈하게 12월 강의까지 끝낼 수
있어서 다행이었다. 종강파티에 함께한 분들의 표정도 밝았다. 뭔가
하나를 이루었다는 뿌듯함이 얼굴에 묻어났다. 나이 지긋한 분들은
그 춘추가 되어서도 다시 학창시절 못지않게 열심히 수학 공부를
할 수 있어서 기뻤다고 입을 모았다. 나는 우리가 좀 더 자주 모여
서 복습을 겸해 연습문제 등을 풀 수 있는 시간을 따로 만들 수 있
었으면 얼마나 더 좋았을까 하는 생각을 했다. 내가 이분들만큼 나
이를 먹었을 때 이렇게 열심히 뭔가를 다시 공부할 수 있을까? 나는

자신이 없었다.

"P회장님, 이제 아인슈타인이 되신 건가요?"

음식이 나오기를 기다리면서 누군가가 이렇게 물었다. 모두가 웃으면서 P를 바라보았다. P도 웃으면서 대꾸했다.

"묻지 마세요. 수식에 아직 적응을 하지 못해서… 넘쳐나는 수식에 빠져 죽을 것 같아요. 하하."

이 말에 모두들 또 함께 웃었다. 아마 수강하신 분들 대부분이 비슷하게 느꼈을 것이다. 사실 10월, 11월, 12월 일반상대론을 강의한 내용은 물리학과 학생들도 대학원에나 가서야 구경할 수 있는 그런 내용이다. 원래 리치 텐서를 구하고 아인슈타인 방정식을 푸는 과정은 쉽지가 않다. 나는 기회가 있을 때마다 이런 이야기를 하고는 했다. 지금 우리가 배우는 일반상대성이론은 물리학과 전공생들도 대학원에나 가서야 배우는 내용이며 그들에게도 결코 쉽지가 않은 내용이라고. 그런 만큼 나는 열두 달 동안 이 강의를 듣는 분들이 각자 나름대로의 자부심을 가지기를 바랐다.

이제 마지막 강의도 끝났으니 다들 내년도 수학아카데미는 어떻게 되는 것인지 많이들 궁금해했다. 아직 확정된 것은 없지만 우선 전반기에는 올해처럼 수학을 배우고 하반기에는 양자역학을 하게 될 것 같다고 P회장이 소개했다. 그 자리에 모인 분들은 양자역학에 대한 기대와 관심도 높았다.

종강파티를 마치고 집으로 돌아가는 발걸음은 한없이 가벼웠다.

이제는 매달 둘째 토요일 일정을 모두 비우지 않아도 되고 강의 준비를 하지 않아도 된다. 그런 생각만으로도 나는 행복한 연말을 보낼 수 있을 것 같았다.

종강 후기

종강파티를 한 다음 날 게시판에 이런저런 후기가 올라왔다. 후기에는 댓글도 많이 달렸다. 서울에서 함께 수학아카데미에 참석하지 못한 대전 분들도 부러움과 격려를 담아 댓글을 올렸다.

최○○: 전○○ 님의 열정, 이종필 박사님의 열강, 김○○ 총무님의 열성, 박○○ 서울 백북스 회장님의 열의에 깊은 감사를 드리며 아울러 함께 일 년 동안 수학아카데미에 참석하신 존경하는 모든 백북스 회원님들께 연말연시 평화롭고 건강한 시간들이 계속 되기를 기원합니다.

안○○: 1년 동안 강의해주신 이종필 박사님 감사드립니다. 모임 뒷바라지하신 전○○ 반장님, 김○○ 총무님 수고하셨습니다. 앞으로 수학아카데미가 더욱 다져가는 기회가 되기를 바랍니다.

김○○: 마지막까지 완주하신 동기 여러분에게 특별한 동반자 의식을 느낍니다. 수학아카데미가 아니었다면, 그 어디에서 '물리학과에서도 대학원에서 우주론을 공부하는 학생들 정도 돼야 듣는다'는 일반 상대성이론을 수식으로 배우겠습니까? 마지막 몇 달은 선생님 말씀이 우리말이 아닌 듯이 느껴지기도 했으나, 여하튼 수학이 상대성이론 현장에서 쓰이는 방식을 구경한 것만으로도 충분히 흥분되는 경험이었습니다. 이제 더 늦기 전에 복습의 기간을 가져보려고 합니다. 좀 덜 식고 덜 굳었을 때, 한번 휘저어줘야 머릿속에 제자리 잡을 것 같네요. 이번 인연이 다음으로 더 이어지길 기대합니다. 양자역학도 함께 공부해보아요.

나는 강의가 끝난 이틀 뒤에 강의노트를 올렸다. 수학아카데미 초반에 영상을 촬영해서 DVD를 제작했던 J는 1월 초에 수학아카데미 1년 기념영상을 만들어서 게시판에 올렸다. 1년 동안의 우리 모습이 8분짜리 영상에 고스란히 담겨 있었다.

3일 뒤인 17일에는 수학아카데미가 끝난 뒤 처음으로 번개가 잡혀 있었다. 이날의 번개는 닥터 김이 주도한 것으로 그가 근무하는 안암동의 유명한 S통닭집이었다. 닥터 김은 이미 내년도 수학분야를 담당하기로 되어 있었다. 지금이 이미 12월 중순이고 1월 서울 모임에서 수학아카데미 발표회가 있으니 내년도 수학강의는 빨라야 2월부터 시작할 수 있을 터였다. 하지만 굳이 그렇게 서둘러서 시작할 이유가 없었기 때문에 3월부터 시작하는 것도 좋은 방법이었다.

모여서 이야기를 나누다 보니 자연스럽게 1월 발표 준비와 내년도 수학아카데미 이야기가 나오긴 했지만 이날의 번개는 종강 이후 편한 마음으로 통닭에 맥주를 마시며 수다를 떠는 것이 가장 큰 목적이었다. 2차는 근처에 있는 닥터 김의 집에서 계속되었다. 닥터 김은 아끼던 와인을 예쁜 잔과 함께 내놓았다. 이날 모임은 자정이 다 되어서야 끝났다.

해가 바뀌자마자 1월 2일과 5일에 잇따라 번개가 잡혔다. 일요일이었던 2일에는 늘 만나던 종로의 카페에서 모였다. 나른한 휴일 오후 도심 카페에서의 만남은 여유롭고 편안했다. 수학아카데미를 계속했다면 일주일 뒤 강의를 해야 하니까 이때쯤 강의 준비를 하고 있었을 텐데 이렇게 한가롭게 커피를 홀짝이고 있으니 종강했다는 사실이 새삼 실감이 났다.

해가 바뀐 만큼 이 자리에서는 올해 수학아카데미를 어떻게 운영할 것인지가 논의되었다. 우선은 닥터 김이 3월에서 6월까지 수학 과정을 강의하기로 했다. 양자역학은 우선 내가 4~5회 분량의 커리큘럼을 일단 준비만 하기로 했다. 여전히 나는 직접 강의할 마음이 없었다. 3월에 수학 강의를 시작하는 만큼 시간은 아직 여유가 있었다. 우리는 1월 29일 서울 모임에서 수학아카데미 발표회를 할 때 2010년 수학아카데미의 출발을 공식적으로 공개하고 2월 중으로 수강신청을 받기로 했다.

이날 모임에서는 1월 29일로 예정된 발표회 자리에서 나눠줄 수료증에 대한 이야기도 나왔다. 수료증을 만들자는 의견에는 모두가 동의했지만, 어떤 기준으로 수료증을 줄 것인지가 문제였다. 수업에 한두 번 들어온 분들까지 수료증을 준다면 열심히 참여한 다른 분들과 형평성 문제가 있다는 의견이 대세를 이루었다. 그래서 일단 출석부까지 관리하고 있었던 K총무로부터 자료를 넘겨받아 일정한 횟수 이상 참석한 분들에게 수료증을 발급하기로 의견을 모았다.

며칠 뒤인 5일 모임은 역시 종로에 있는 남도식당에서 있었다. 겉보기엔 허름했지만 이 집의 불고기 메뉴는 기가 막혔다. 식사를 한 뒤 커피를 마시면서 우리는 2010년 수학아카데미 운영에 대해 결정되지 않은 사항을 정리했다. 이 자리에는 아직 대학생인 S도 참석했다. 그는 수학아카데미 총무 역할을 하면서 도움이 되는 일을 하고 싶다고 했다. 우리는 S를 매니저라고 부르면서 그가 강의와 관련된 실무적인 일을 도맡아 할 수 있도록 도와주기로 했다. 하반기의 양자역학은 7월에서 11월까지 총 5회에 걸쳐 진행하기로 했다.

다소 삐걱거리는 모습도 있지만 수학아카데미가 이렇게 해를 넘기면서 이어지는 모습을 보니 뿌듯했다. 이기적인 유전자가 자신의 복제품을 세상에 남길 때의 기분도 이런 것일까? 이제야 나는 정말로 내가 할 일을 다 했다는 생각이 들었다. 나는 홀가분한 마음으로 1월 29일에 예정된 발표회 준비에 전념했다.

서울 모임이 있기 사흘 전에는 그날 발표할 사람들의 예비모임이 있었다. 아인슈타인 방정식을 풀어서 프리드만 방정식을 유도하는 일은 닥터 김이 맡기로 한 터라 그도 참석했다.

그리고 1월 29일. 이날이 지나면 2009년 수학아카데미는 완전히 끝나게 된다. 그와 함께 2010년 수학아카데미가 공식적으로 시작된다. 그날 내가 서울 모임에 참석한 것은 2008년 가을 그곳에서 처음으로 수학 공부를 하자고 의기투합한 뒤로는 처음이었다. 한순간 스쳐가는 사람의 만남과 인연이 이렇게까지 이어져서 오늘에 이르렀구나 생각하니 인간만사가 참으로 오묘하게 느껴졌다.

수료식

발표장은 대강당이었다. 서울 동호회 분들 중에는 수학아카데미에 참석한 분도 물론 있었지만 이날 모임에 오신 분들 중 상당수는 수학아카데미와 상관이 없는 분들이었다. 하지만 이분들도 평소에 여러 경로로 수학아카데미가 비교적 성공적으로 운영되고 있다는 사실을 알고 있었다. 그리고 그중 많은 분이 동호회에서 인기리에 진행되고 있었던 천문우주 강의를 들었던 분들이라 그 강의에서 허블상수나 임계질량, 우주상수, 암흑 에너지 따위의 용어를 한 번은 들어봤을 것이다. 그래서 더더욱 일반상대성이론과 우주론에 대한 관심이 높다고 할 수 있었다. 그날의 자리는 이분들에게 우리가 지난 1년간 어떻게 수학 공부를 했는지 알려주는 자리였다.

나는 1년간 진행한 강의의 맥을 짚는 흐름도와 아인슈타인 중력장 방정식을 이해하는 데 필요한 사항 그리고 중력장 방정식으로 무엇을 이야기할 수 있는지를 요약한 내용을 가지고 슬라이드 열 장을 만들었다.

내가 이런 내용으로 발표한 이유는, 앞으로 P처럼 수학과 물리학에 관해 아는 것이 거의 없는 사람도 아인슈타인 방정식을 이해하고 직접 그 방정식을 풀고 싶다면 우리가 지난 1년 동안 공부해 왔던 길을 그대로 따라오면 된다는 것을 보여주고 싶었기 때문이었다.

다른 발표자들도 각자가 맡은 부분을 훌륭하게 발표했다. 그러나 이날 가장 중요한 순간은 다섯 사람이 발표하는 시간이 아니었다. 사전에 K 등이 정성스럽게 준비한 수료증을 이날 행사의 첫 순서로 수여하기로 되어 있었다. 수료증은 내가 직접 연단에서 한 명씩 이름을 불러 수여했다. 말하자면 수학아카데미 1년의 졸업식과도 같은 행사였다. 수북한 수료증을 들고 그 위에 적힌 이름을 하나하나 부를 때 나는 여태껏 겪어보지 못한 전율을 느꼈다. 학교 선생님들이 졸업식 날 학생들에게 졸업장을 줄 때 바로 이 느낌이겠구나 싶었다.

모든 수료증의 끝에는 이 증서를 주는 사람이 누구인지가 명시되어 있다. 수학아카데미의 수료증에는 내 이름이 물론 들어가 있었다. 그 이름 앞에는 '수학아카데미 원장 이학박사'라는 직함이 붙었다. 나는 그날 수료증을 수여하면서 8년 전 받은 이학박사라는 학위가 주는 무게감을 처음으로 느낄 수 있었다. 이제야 '박사학위를 받은 값어치를 하는구나' 하는 생각에 물리학자로서 걸어온 지난 시간들이 일순간에 머리를 스쳐 지나갔다. 아마도 내가 어느 대학에서 평범하게 대학원생을 가르쳐 박사학위를 수여했다면 이런 감동과 가슴 벅찬 느낌을 맛보지 못했을 것이다. 나의 30대를 보내며 10년을 살아오는 동안 '수학아카데미와 함께한 지난 2009년이 가장 보람 찬 한 해였구나'라는 생각이 들었던 것도 그 때문이었다.

인정하고 싶지는 않지만 해가 바뀌면서 눈 깜짝할 새 40대가 되어버린 탓에 아직은 내가 마흔이라는 것이 몸에 맞지 않은 옷을 입은 듯 전혀 실감이 나지 않았다. 그러나 나의 나이 마흔은 30대의 마지막 한 해를 수학아카데미와 함께 보낸 종착역이었다는 사실이 무척이나 자랑스러웠다. 그리고 그 종착역은 이제 인생의 새로운 출발역으로 바뀌고 있었다.

수 료 증

홍길동

위 사람은 학습독서공동체 백북스의 2009년도 수학
아카데미 과정을 이수하였기에 이를 증명함.

2010년 1월

학습독서공동체 백북스

수학아카데미 원장 이학박사   이종필

중력파 검출 이후

아인슈타인은 중력장 방정식을 완성한 이듬해인 1916년에 일반상 대성이론이 중력파의 존재를 예견한다는 사실을 밝혀냈다. 중력파 란 한마디로 시공간의 출렁거림이 광속으로 전파되는 파동이다. 일 반적으로 질량이 있는 물체가 가속운동을 하면 중력파가 생긴다. 중성자별이나 블랙홀처럼 정말 무거운 천체들이 하나로 합쳐질 때 도 강력한 중력파가 방출된다.

중력파의 효과는 통상적으로 매우 미미할 것으로 예상되었기에 아 인슈타인조차 중력파의 검출이나 심지어 그 존재까지도 회의적으로 여겼다고 한다. 아인슈타인뿐만 아니라 1950년대까지 다른 학자들도 중력파를 실제로 검출할 수 있을 것인지 회의론이 적지 않았다. 중력 파가 주변이나 관측기구에 똑같은 영향을 미치거나 에너지를 전달하 지 않아 어떤 형태로든 감지되지 않을 것이라는 게 그 근거였다.

중력파를 찾아서

이런 분위기는 1957년 미국 노스캐롤라이나주의 채플 힐에서 있었던 학회에서 바뀌기 시작했다. 특히 펠릭스 피라니는 중력파가 물리적으로 의미 있는 방식으로 검증될 수 있음을 피력했다.

채플 힐의 긍정적인 에너지는 1960년대 초반 조지프 웨버에게 이어졌다. 웨버는 1960년대에 처음으로 중력파를 검출할 수 있는 방법을 제시했다. 그가 제시한 검출기는 원기둥 모양의 2m짜리 알루미늄 막대로, 중력파에 의해 그 길이의 변화를 감지할 수 있도록 설계되었다. 한때 웨버는 중력파를 실제로 검출했다고 주장했으나 학계가 받아들이지 않았다. 웨버의 결과를 다시 재현할 수 없었기 때문이었다. 그럼에도 웨버가 중력파를 검출했다는 발표는 중력파 연구를 활성화하는 데 큰 도움이 되었다.

중력파를 지상에서 직접 검출하기가 어려운 이유는 그만큼 중력파가 약하기 때문이다. 그렇다면 간접적으로라도 중력파의 존재를 확인할 방법은 없을까? 우주로 고개를 돌려보면 그 실마리를 찾을 수 있다. 그 주인공은 펄서pulsar이다. 펄서는 급속히 회전하는 중성자별(대부분이 중성자로 이루어진 별로, 밀도가 매우 높다)로서 전자기파를 방출한다. 이때 전자기파가 방출되는 방향이 지구를 향하면 우리는 그 신호를 짧은 시간 동안 맥동하는 형태로 감지할 수 있다. 마치 항해 중인 배가 등대의 불빛을 규칙적으로 보게 되는 것과 비슷하다.

1974년에 러셀 헐스와 조지프 테일러가 처음으로 발견한 쌍성 펄서는 일반상대성이론이 예측하는 중력파의 존재를 간접적으로 확인할 수 있는 중요한 천체였다. 헐스-테일러 쌍성 또는 PSR B1913+16로 알려진 이 천체는 하나의 펄서와 하나의 중성자별이 쌍을 이루어 서로가 전체의 질량중심을 중심으로 공전하는 쌍성계다. 이때 다른 중성자별은 펄서는 아니다. 펄서는 초당 17회 회전한다. 그런데 펄서에서 방출되는 펄스를 지구에서 관측했을 때 그 펄스가 지구에 도착하는 시간 간격이 주기적으로 (7.75시간을 주기로) 느려졌다 빨라졌다 하는 것을 알게 되었다. 이는 펄서가 다른 별과 함께 하나의 쌍성계를 이루며 공통의 질량중심을 중심으로 공전하기 때문이다. 이후 또 다른 별이 중성자별임이 밝혀졌다. 펄서와 중성자별 모두 그 질량은 태양질량의 약 1.4배이다.

헐스-테일러 쌍성계처럼 두 천체가 서로 공전하면 중력파를 통해 에너지가 방출된다. 그 결과 공전궤도가 줄어들면서 공전주기도 짧아진다. 지구와 태양 사이에서도 원리적으로 똑같은 일이 벌어지지만 지구-태양에서 방출되는 중력파는 극히 미미하기 때문에 천문학적으로 의미 있는 현상이 나타나지는 않는다. 헐스-테일러 쌍성계의 경우 공전주기가 줄어드는 비율은 일반상대성이론에 따르면 매초 1조 분의 2.4초 정도이다.[*] 1년으로 따지면 약 10만 분의 7.5초 정도로 매우 작지만 펄서의 신호에서 충분히 측정할 수 있다.

•   J. H. Taylor and J. M. Weisberg, *Astrophys. J. 253*, 908(1982).

실제 관측 결과는 일반상대성이론의 예측과 매우 잘 맞는다. 특히 1975년부터 2005년까지 30년 동안의 관측 결과를 일반상대성이론의 예측과 비교해보면 놀라울 정도로 일치한다.[*] 이는 중력파가 존재한다는 매우 강력한 (간접적인) 증거이다. 헐스와 테일러는 그 공로로 1993년에 노벨 물리학상을 받았다. 심사위원회는 "새로운 형태의 펄서를 발견한 공로이고, 이 발견은 중력을 연구하기 위한 새로운 가능성을 열었다"라고 선정 이유를 밝혔다.[**] 이는 특수상대성이론과 일반상대성이론을 통틀어 상대성이론에 최초로 노벨상을 수여한 것이었다.

헐스-테일러 쌍성계의 결과가 매우 인상적이기는 하지만, 이것이 중력파를 직접 검출한 것은 아니었다. 과학자들은 어떻게든 중력파를 직접 검출하려고 그 방법을 찾는 것을 포기하지 않았다. 웨버의 금속막대 대신 다른 방법으로 중력파를 검출하려는 아이디어들도 있었는데, 그중에서 빛의 간섭을 이용하는 방법이 1970년대 이후로 주목받기 시작했다. 그 중심에 있었던 사람이 라이너 바이스였다. 바이스의 아이디어는 기본적으로 19세기 말의 유명한 실험

[*]   J. H. Taylor and J. M. Weisberg, *ASP Conf.Ser. 328*, 25(2005).

[**] The Nobel Prize in Physics 1993. NobelPrize.org. Nobel Prize Outreach AB 2022. Tue. 5 Jul 2022. https://www.nobelprize.org/prizes/physics/1993/summary/.

그림 1. 마이컬슨−몰리 실험

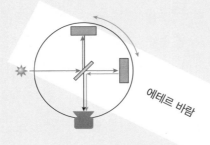

에테르 바람

인 마이컬슨-몰리 실험과 비슷했다.

4장에서 잠깐 소개했던 마이컬슨-몰리 실험은 빛의 간섭현상을 이용한 실험이다. 원래 마이컬슨-몰리 실험의 목적은 빛을 파동으로 볼 때 매질로 지목되었던 에테르의 존재를 검증하는 것이었다. 빛의 실체가 입자인가 파동인가를 두고 뉴턴 이래로 논쟁이 있었으나 19세기를 거치면서 토머스 영, 제임스 맥스웰 등의 노력으로 빛은 파동, 특히 전자기의 파동인 전자기파임이 밝혀졌다. 파동은 그 파동을 일으키는 매개체가 꼭 있다. 파도는 바닷물의 상하운동이고

• R. Weiss, "Electromagnetically Coupled Broadband Gravitational Antenna", *Quarterly Progress Report of the MIT Research Laboratory of Electronics 105*, 54(1972).

소리는 공기의 압축과 이완이다. 빛이라는 파동에서 바닷물이나 공기의 역할을 하는 것이 에테르이다.

미국의 앨버트 마이컬슨과 에드워드 몰리가 수행한 실험의 기본원리는 다음과 같다. 하나의 광원에서 나온 빛을 수평방향과 수직방향으로 나누어 각각 똑같은 거리만큼 이동시킨 뒤 한곳에 모으고 두 경로에서 오는 빛이 만드는 간섭무늬를 관찰하는 것이다. 빛은 파동이기 때문에 두 파동이 합쳐지면 간섭현상을 통해 새로운 파동 하나를 만든다. 이때 어떤 하나의 기준선에 대해 두 파동의 파형(이를 위상이라고 한다)이 같은 모양이면, 즉 두 파동의 마루와 마루, 골과 골의 위치가 서로 일치하면 새로운 파동은 원래 파동보다 증폭된다. 이를 보강간섭이라고 한다.

한편 두 파동의 마루와 골의 위치가 서로 반대여서 두 파동의 마루와 골이 만나면 합쳐진 파동은 사라진다. 이를 상쇄간섭이라고 한다. 노이즈 감소 음향기기는 음파의 상쇄간섭을 이용한 기기이다. 마이컬슨-몰리 실험에서는 에테르의 영향 때문에 수평방향과 수직방향으로 진행한 빛의 위상이 달라질 수 있고 그 결과 간섭무늬에 변화가 생길 것이라고 기대할 수 있다.

에테르는 전 우주공간에 퍼져 있을 것이고 그 속을 지구가 지나가면 지구 표면에서는 '에테르 바람'을 느끼게 된다. 에테르는 빛을 매개하는 물질이므로 광속은 에테르의 바람 방향에 따라 달라져야 한다. 이 '에테르 바람'은 마이컬슨-몰리 실험기구(이를 흔히 마이컬슨 간섭계라고 한다)의 수평방향과 수직방향에 일반적으로 서로 다른 성분을 가지고 작용할 것이다. 예컨대 임의로 바람이 불 때 그 바람의 북풍 성분과 동풍 성분이 같은 경우는 극히 드물다. 결과적으로 마이컬슨 간섭계에서 수평방향으로 진행하는 빛과 수직방향으로 진행하는 빛의 속력에 차이가 생기고 이는 두 경로에서 오는 빛의 위상을 바꿀 것이기 때문에 최종적으로 간섭무늬에 변화를 주게 된다. 이런 효과는 간섭계를 90도 돌려 수평방향과 수직방향의 역할을 바꾸거나, 6개월이 지나 지구의 운동방향이 바뀔 때 극적으로 드러날 것이다.

그러나 마이컬슨과 몰리는 그 어떤 변화도 관찰할 수 없었다. 그렇다고 해서 당시 과학자들이 에테르의 존재에 대한 가설을 즉시 기각한 것도 아니었다. 에테르가 학계에서 완전히 사라진 것은 아인슈타인이 1905년에 특수상대성이론을 들고 나온 이후였다. 마이컬슨은 이 실험의 공로로 1907년에 노벨 물리학상을 받았다.

도전, 중력파 검출

간섭계를 이용해서 중력파를 검출하려는 기획도 기본 아이디어는 마이컬슨-몰리 실험과 비슷하다. 하나의 광원에서 나온 빛(레이저)을 수평방향과 수직방향 둘로 나눠 똑같은 거리만큼 이동시킨 뒤 다시 하나로 합쳐 그 둘이 만드는 간섭무늬를 관찰하는 것이다.

다만 중력파 검출은 마이컬슨-몰리가 추구했던 에테르 검출과 다른 점이 있다. 마이컬슨-몰리 실험에서는 빛이 이동하는 수평방향과 수직방향의 거리가 똑같고, 에테르 바람 때문에 빛의 속력이 달라질 것으로 기대되었다. 반면 중력파를 검출할 때는 광속이 항상 일정하다는 상대성이론의 가르침을 충실히 받아들인다. 물론 에테르 따위도 없다. 중력파는 그 자체가 시공간의 출렁거림이 전파되는 파동이다. 그 때문에 중력파가 지나가면 빛이 이동하는 수평방향과 수직방향의 거리가 달라진다. 그 결과로 수평방향과 수직방향으로 여행을 하는 빛의 경로에 차이가 생기고, 이는 중력파가 없을 때와 비교하면 간섭무늬를 만드는 두 빛의 위상에 차이가 생기므로 원래의 간섭무늬가 바뀌게 된다. 즉 마이컬슨-몰리 실험은 빛의 이동거리가 똑같은 상황에서 빛의 속력이 달라져 간섭무늬의 변화가 일어날 것으로 기대하는 실험이고, 바이스의 구상은 빛의 속력이 똑같은 상황에서 빛의 이동거리가 달라져 간섭무늬의 변화가 일어날 것으로 기대하는 실험이다.

둘 다 빛의 간섭을 이용한 실험이지만 그 속에서 기대하는 물리적 원리는 이렇게 다르다. 마이컬슨-몰리 실험은 고전 전자기의 패러다임을 상정하고 진행된 실험으로 결국 실패로 끝났다. 바이스의 구상은 실패한 고전 전자기학을 대체한 상대성이론의 패러다임 속에서 그 패러다임의 중요한 결론 중 하나인 중력파를 검출하려는 것이다.

마이컬슨 간섭계와 비슷한 설비로 중력파를 검출하려는 실험은 1960년대 초기 소련 과학자들이 처음으로 구상해서 시도했고 몇 년 뒤 미국의 웨버와 그의 학생이었던 로버트 포워드가 시제품을 만들기도 했다.[*] 피라니도 빛을 이용해 중력파 검출 장치를 구상하고 있었는데 바이스는 그 아이디어를 발전시켜 마이컬슨 간섭계에서 위상차를 관측할 것을 제안했다.[**] 바이스는 1967년에 MIT에서 간섭계 시제품을 개발했다.

간섭계를 이용한 중력파 검출이라는 아이디어는 유럽에도 전해져 영국과 독일에서도 시제품을 만들기 시작했다. 영국에서는 글래스고 대학의 로널드 드리버가 주도적인 역할을 했다. 독일과 영국의 연구진은 공동연구를 하기로 했고 독일 하노버 근방에 GEO600이라는 관측설비로 그 결실을 맺는다.

1976년에는 미국의 캘리포니아 공과대학(칼텍)에서도 이론물리학자인 킵 손의 노력으로 중력파 연구그룹이 진용을 갖추기 시작한다. 킵 손은 처음에는 소련의 블라디미르 브래진스키를 칼텍 실험그룹의 리더로 초빙하려고 했으나 브래진스키가 거절해 뜻을 이루지 못했다. 브래진스키는 웨버의 뒤를 이어 그의 금속막대 기술을 이용해 중력파 검출을 시도했던 제2의 인물로 웨버가 중력파를 검출했다는 실험의 결과를 재현하지 못했다. 브래진스키는 킵 손에게 지대한 영향을 끼쳤다. 브래진스키는 칼텍에 합류하지는 않았으나 대신 킵 손에게 다른

---

[*]   Advanced information. NobelPrize.org. Nobel Prize Outreach AB 2022. Tue. 5 Jul 2022. https://www.nobelprize.org/prizes/physics/2017/advanced-information/.

[**]   E. Berti, "The First Sounds of Merging Black Holes", *APS Physics 9*, 17(2016).

유능한 사람을 한 명 소개했다. 그가 바로 영국의 드리버였다. 결국 드리버는 1979년에 칼텍의 실험그룹에 참여하게 된다.[*]

LIGO 프로젝트

이후 1980년대 초반 미국의 국립과학재단 NSF은 MIT와 칼텍의 시제 간섭계 건설을 지원했다. 그 결과는 1983년에 나온 〈블루북〉이라는 보고서에 담겼는데 간섭계를 이용한 중력파 검출의 과학적 기술적 타당성을 인정하고, MIT와 칼텍이 함께 협력해 5km짜리의 긴 간섭계를 수천 킬로미터 떨어진 두 곳에 건설할 것을 제안했다. 이것이 1984년에 시작된 LIGO Laser Interferometer Gravitational-wave Observatory 프로젝트였다. LIGO 계획을 이끌었던 바이스, 드리버, 손은 LIGO의 트로이카로 불린다.

LIGO는 기본적으로 앞서 설명했듯 기역자 모양의 간섭계로 한 쪽 팔의 길이가 원래 제안보다 1km가 줄어 4km이다. 게다가 빛이 중간 경로를 여러 번 왕복하도록 설계되었기 때문에 실제 빛의 이동경로는 사실상 1천 km 이상으로 훨씬 길어졌다. LIGO는 이와 같은 간섭계 두 개가 하나의 세트로 구성되어 있다. 하나는 미국

---

[*]   Kip S. Thorne – Biographical. NobelPrize.org. Nobel Prize Outreach AB 2022. Tue. 5 Jul 2022. https://www.nobelprize.org/prizes/physics/2017/thorne/biographical/.

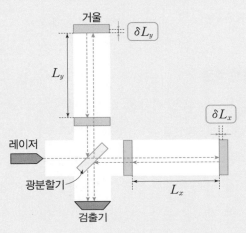

그림 2: LIGO의 구조와 원리

루이지애나주 리빙스턴에, 다른 하나는 미국 워싱턴주의 핸포드에 있다. 이들 사이의 거리는 약 3천 km이다. 2008년부터는 성능이 향상된 Advanced LIGO(aLIGO) 계획이 시작되었고 2015년에 본격적인 관측이 시작되었다.

1980년대 후반에는 프랑스-이탈리아의 VIRGO라는 계획이 시작되었다. VIRGO의 구조와 원리도 LIGO와 비슷하다. 이탈리아의 카시나에 자리 잡은 VIRGO는 한쪽 팔의 길이가 3km인 마이컬슨 간섭계로서 1996년에 건설을 시작해 2003년부터 관측을 시작했다.

이제 중력파가 수학적으로 어떻게 기술되고 그 효과를 LIGO에서 어떻게 검출할 수 있는지 자세히 살펴보자. 중력파는 시공간의 출렁거림으로 많은 경우 평평한 시공간에 대한 약간의 섭동으로 다룰 수 있다. 즉 측량 텐서를 식 (1)과 같은 형태로 쓸 수 있다.

$$g_{\mu\nu}(x) = \eta_{\mu\nu} + h_{\mu\nu}(x) \tag{1}$$

여기서 식 (2)는 (평평한) 민코프스키 시공간 측량이고, $h_{\mu\nu}(x)$ 는 그에 대한 아주 작은 섭동이다.

$$\eta_{\mu\nu} = \begin{pmatrix} -1 & 0 & 0 & 0 \\ 0 & +1 & 0 & 0 \\ 0 & 0 & +1 & 0 \\ 0 & 0 & 0 & +1 \end{pmatrix} \tag{2}$$

이로부터 크리스토펠 기호를 구해보면° 식 (3)과 같이 계산된다.

$$\delta \Gamma^{\alpha}_{\mu\nu} = \frac{1}{2} \eta^{\alpha\beta} \left(\frac{\partial h_{\nu\beta}}{\partial x^{\mu}} + \frac{\partial h_{\mu\beta}}{\partial x^{\nu}} - \frac{\partial h_{\mu\nu}}{\partial x^{\beta}} \right) \tag{3}$$

$\eta_{\mu\nu}$는 상수이므로 크리스토펠 기호에 기여하는 바가 없고, 따라서 $\delta \Gamma^{\alpha}_{\mu\nu}$는 오로지 $h_{\mu\nu}(x)$에 따른 것이다. 이로부터 곧바로 리치 텐서 $\delta R_{\mu\nu}$를 구할 수 있다. $h_{\mu\nu}(x)$는 아주 작은 양이라고 가정했으므로

°   M. Guidry, *Modern general relativity: Black holes, gravitational waves, and cosmology*, Cambridge University Press(2019).

2차 이상의 항을 무시하고 1차 항까지만 유지하면 식 (4)와 같이 정리된다.

$$\delta R_{\mu\nu} = \frac{1}{2}(-\partial^2 h_{\mu\nu} + \partial_\mu V_\nu + \partial_\nu V_\mu) \tag{4}$$

이때 $\partial^2 = \eta^{\alpha\beta}\partial_\alpha\partial_\beta = -\dfrac{\partial^2}{\partial t^2} + \vec{\triangledown}^2$이고, V_μ는 식 (5)와 같다.

$$V_{\mu\nu} = \partial_\alpha \eta^{\alpha\beta} h_{\beta\mu} - \frac{1}{2}\partial_\mu \eta^{\alpha\beta} h_{\beta\alpha} \tag{5}$$

이제 질량이나 에너지의 근원이 없는 진공상태에 대한 아인슈타인 방정식은 $\delta R_{\mu\nu} = 0$이므로, 식 (6)과 같은 방정식을 얻는다.

$$\partial^2 h_{\mu\nu} - \partial_\mu V_\nu - \partial_\nu V_\mu = 0 \tag{6}$$

여기서 우리는 식 (6)을 간단히 하기 위해 측량 텐서의 특별한 게이지를 정할 수 있다. 이는 우리가 좌표를 변환했을 때 그에 따라 측량 텐서의 섭동 $h_{\mu\nu}(x)$가 적절하게 변환한다면 전체 측량 텐서 (1)에 변화가 없다는 사실과 관계가 있다. 즉 $h_{\mu\nu}(x)$에 대해 게이지 변환만큼 우리에게 자유도가 주어진다. 이는 전자기학에서 게이지 변환과 비슷하다. 구체적으로, 우선 식 (7)과 같이 좌표를 변환한다.

$$x^\alpha \longrightarrow x'^\alpha = x^\alpha + \varepsilon^\alpha(x) \tag{7}$$

이때 측량 텐서의 섭동이 식 (8)로 변환된다.

$$h_{\alpha\beta}(x) \longrightarrow h'_{\alpha\beta}(x) = h_{\alpha\beta}(x) - \partial_\alpha \varepsilon_\beta(x) - \partial_\beta \varepsilon_\alpha(x) \tag{8}$$

그러면 전체 측량 텐서는 식 (9)로 변환되므로 그 형태가 유지된다.

$$g_{\alpha\beta}(x) = \eta_{\alpha\beta} + h_{\alpha\beta}(x) \longrightarrow \eta_{\alpha\beta} + h'_{\alpha\beta}(x) \tag{9}$$

여기서 식 (10)을 만족하는 $h_{\mu\nu}(x)$를 취해보자.

$$V_\mu = \partial^\nu h_{\mu\nu} - \frac{1}{2}\partial_\mu \eta^{\alpha\beta} h_{\alpha\beta} = 0 \tag{10}$$

그러면 식 (6)은 식 (11)로 간단하게 정리할 수 있다.

$$\partial^2 h_{\mu\nu} = 0 \tag{11}$$

일반적으로 이 방정식의 풀이는 편광텐서 $a_{\mu\nu}$와 평면파 풀이의 조합으로 식 (12)와 같이 쓸 수 있다.

$$h_{\mu\nu}(x) = a_{\mu\nu}e^{ik \cdot x} \tag{12}$$

식 (11)을 만족하는 식 (12)의 파동(중력파)은 광속으로 진행함을 쉽게 알 수 있다. 이는 말하자면 식 (11)에서 질량에 해당하는 항이 없기 때문이다. 실제로 파동벡터 k^μ는 식 (13)을 만족한다.

$$k^\mu k_\mu = 0 \tag{13}$$

이는 식 (12)의 파동은 광속으로 진행함을 의미한다. 편광텐서 $a_{\mu\nu}$는 첨자에 대해 대칭적이므로($a_{\mu\nu} = a_{\nu\mu}$) 총 10개의 독립적인 성분을 가진다. 그러나 게이지 조건인 식 (10)을 이용하면 4개의 방정식 ($\mu = 10, 1, 2, 3$)으로 4개의 제한조건이 생긴다. 또한 식 (8)의 변환에 따라 여전히 식 (10)을 만족할 수 있는데 그 조건은 식 (14)와 같다.

$$\partial^2 \varepsilon_\mu(x) = 0 \tag{14}$$

이로부터 4개의 제한조건이 추가된다. 따라서 $a_{\mu\nu}$의 총 10개의 성분 중에서 8개의 성분을 없애고 2개의 독립적인 편광성분만 남길 수 있다.* 또한 게이지 조건으로부터 식 (15)가 성립해야 함을 알 수 있다.

• J. B. Hartle, *Gravity: an introduction to Einstein's general relativity*, Addison Wesley(2003).

$$k^j a_{ij} = 0 \qquad (15)$$

이는 중력파가 진행방향에 대해 수직으로 진동하는 횡파임을 뜻한다. 이 모든 결과를 종합하면 z방향으로 진행하는 진동수 ω의 중력파에 대해 식 (16)과 같이 기술할 수 있다.

$$h_{\mu\nu}(t, z) = \begin{pmatrix} 0 & 0 & 0 & 0 \\ 0 & a & b & 0 \\ 0 & b & -a & 0 \\ 0 & 0 & 0 & 0 \end{pmatrix} e^{i\omega(z-t)} \qquad (16)$$

일반적으로는 식 (17)로 쓸 수 있다.

$$h_{\mu\nu}(t, z) = \begin{pmatrix} 0 & 0 & 0 & 0 \\ 0 & f_+(t-z) & f_\times(t-z) & 0 \\ 0 & f_\times(t-z) & -f_+(t-z) & 0 \\ 0 & 0 & 0 & 0 \end{pmatrix} \qquad (17)$$

여기서 $f_+(t-z)$가 포함된 중력파는 십자편광 plus(+) polarization, $f_\times(t-z)$가 포함된 중력파는 사선편광 cross(_) polarization 이라고 한다.

상황을 아주 단순화하여 십자편광만 있다고 가정해보자. 그렇다면 식 (18)이 성립한다.

$$h_{\mu\nu}(t,z) = \begin{pmatrix} 0 & 0 & 0 & 0 \\ 0 & 1 & 0 & 0 \\ 0 & 0 & -1 & 0 \\ 0 & 0 & 0 & 0 \end{pmatrix} f_+(t-z) \qquad (18)$$

따라서 시공간 간격은 식 (19)로 쓸 수 있다.

$$ds^2 = -dt^2 + [1+f_+(t-z)]dx^2$$
$$+ [1-f_+(t-z)]dy^2 + dz^2 \qquad (19)$$

중력파가 지나가기 전에 길이가 L_0인 어떤 막대가 x축을 따라 놓여 있었다고 가정하자. 이제 시간이 t일 때 중력파가 z축을 따라 $z=0$인 지점을 지나간다고 하면 그때 막대와 관련된 시공간 간격은 식 (20)와 같이 될 것이다.

$$ds^2 = -dt^2 + [1+f_+(t)]dx^2 \qquad (20)$$

이에 따라 막대의 양 끝 사이의 길이는 식 (21)로 계산할 수 있다.

$$L(t) = \int_0^{L_0} \sqrt{-det\, g}\, dx \qquad (21)$$

식 (20)으로부터 식 (22)를 유도할 수 있다.

$$g_{\mu\nu} = \begin{pmatrix} -1 & 0 \\ 0 & 1+f_+(t) \end{pmatrix} \tag{22}$$

여기서 식 (23)과 같은 결과를 얻는다.

$$L(t) = \int_0^{L_0} \sqrt{1+f_+(t)}\, dx$$
$$\simeq \int_0^{L_0} \left[1 + \frac{1}{2} f_+(t) \right] dx = \left[1 + \frac{1}{2} f_+(t) \right] L_0 \tag{23}$$

따라서 식 (24)와 같은 결과를 얻는다.

$$\frac{\delta L(t)}{L_0} \equiv \frac{L(t) - L_0}{L_0} \simeq \frac{1}{2} f_+(t) = \frac{1}{2} h_{xx}(t, 0) \tag{24}$$

즉 중력파가 지나갈 때 그 수직방향의 상대적인 길이의 변화는 식 (24)와 같다. $f_+(t)$가 일반적으로 시간에 따른 파동함수이므로 식 (24)도 시간에 따라 진동하면서 변한다. 이 상대적인 길이의 변화량을 변형strain이라고 한다. 중력파에 의한 변형은 통상적으로 10^{-21} 정도로 대단히 작다. 실제 실험에서 중력파 간섭계로 측정하는 것도 이 값의 변화다.

중력파가 지나갈 때 그 수직방향으로 $f_+(t)$의 함수가 주는 효과는 중력파에 수직인 평면, 그러니까 중력파가 z방향으로 진행할 때에는 xy 평면 위에 검사용 입자들을 뿌려놓고 그 변화를 관찰하면 확인할 수 있다. 〈그림 3〉에서처럼 검사용 입자들을 원주 위에 원형으로 배치해두면 중력파가 지나갈 때 원형의 배치가 타원으로 일그러졌다가 다시 원형으로 복원되는 과정을 반복한다. 이때 처음에는 x축으로 길쭉하게 늘어진 (그리고 y축 방향으로는 납작한) 타원으로 바뀐다. 그러다 다시 원형 배치를 복원한 다음 이번에는 반대로 x축 방향으로는 납작하고 y축 방향으로 길쭉한 타원을 형성한다. 이후에는 서서히 다시 원형 배치를 회복한다.

이처럼 원형배치가 x, y방향으로 길쭉해졌다 납작해지는 과정을 반복하기 때문에 십자편광이라는 이름이 붙었다. 반면 $f_\times(t)$는 45도 방향으로 납작해지고 길쭉해졌다 하는 과정을 반복한다. 그래서 사선편광이라고 한다.

이제 중력파가 LIGO 같은 간섭계 검출기에 어떻게 작용하는지 어느 정도 감이 왔을 것이다. 〈그림 4〉는 중력파가 지면에 수직으로 지나갈 때 거기에 수직인 방향으로 배치된 간섭계가 어떻게 반응하

그림 3: 중력파의 효과

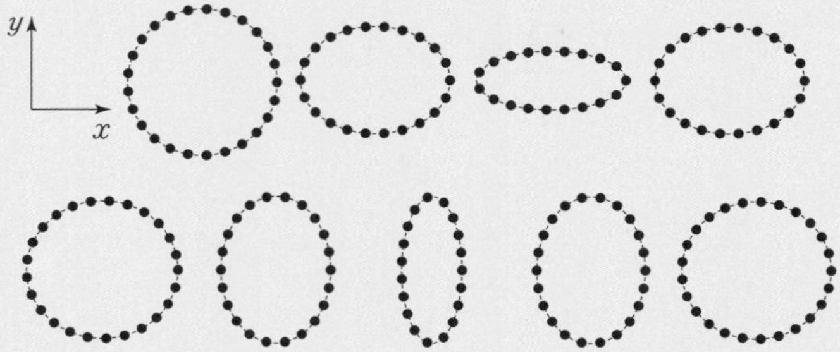

570

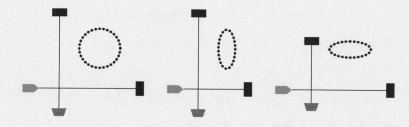

그림 4: 중력파가 LIGO에 미치는 효과

는지를 보여준다. 그에 따라 빛의 x방향의 이동거리와 y방향의 이동거리에 미세한 차이가 생기며 이는 곧 간섭무늬의 변화로 나타난다. 중력파가 지나가면서 양방향의 이동거리가 주기적으로 커졌다 작아졌다 하는 것을 반복할 것이므로 빛의 이동경로 역시 주기적으로 바뀌고 결국 간섭무늬의 주기적인 변화로 나타날 것이다. 이 양상을 잘 분석하면 중력파가 지나갔는지, 심지어 그 중력파가 어떤 원인으로 발생한 것인지까지 유추할 수 있다.

실제 LIGO에서 중요한 변형strain값은 x방향과 y방향의 경로차이므로 식 (25)와 같은 값의 변화를 관측하게 된다.

$$\frac{\Delta L(t)}{L_0} \equiv \frac{\delta L_x - \delta L_y}{L_0} \tag{25}$$

여기서 $\delta L_x(\delta L_y)$는 x방향(y방향)의 길이의 변화량이다. 과학자들은 미리 여러 많은 경우들에 간섭계의 변형이 보여주는 독특한 양상을 컴퓨터 시뮬레이션으로 사전처럼 목록으로 만들어두었다. 여기에는 다양한 질량 조합으로 블랙홀+블랙홀, 블랙홀+중성자별, 중성자별+중성자별이 병합하는 과정, 핵붕괴 초신성의 경우 등이 포함되어 있다. 만약 LIGO에서 중력파로 의심되는 신호가 감지된다면 그 파형을 미리 시뮬레이션을 해둔 결과와 대조해 어떤 원인으로 생성된 중력파인지 알 수 있게 된다.

찾았다, 중력파!

사상 처음으로 중력파를 관측한 것은 2015년 9월 14일이었다. 중력파GW: gravitational wave 신호는 처음으로 그 신호를 감지한 날짜를 따서 GW150914와 같은 식으로 표기한다. 이날은 LIGO의 업그레이드 버전인 aLIGO가 모든 준비를 마치고 공식가동에 들어가기 나흘 전이었다.[*] 분석한 결과 이 신호는 지구로부터 약 14억 광년 떨어진 곳에서 태양 질량의 36배가 되는 질량의 블랙홀과 태양 질량의 29배가 되는 질량의 블랙홀이 합쳐져 최종적으로 태양 질량의 62배가 되는 하나의 블랙홀로 합쳐지는 과정으로 밝혀졌다. 이 과정에서 태양 질량의 3배에 달하는 엄청난 에너지가 중력파로 방출된 것이다.[**]

---

[*]   오정근, 《중력파: 아인슈타인의 마지막 선물》, 동아시아(2016).

[**]   B. P. Abbott et al.(LIGO Scientific Collaboration and the Virgo Collaboration), "Observation of Gravitational Waves from a Binary Black Hole Merger", *Phys. Rev.* *116*, 061102(2016).

LIGO의 두 간섭계가 관측한 것은 변형이 대략 10^{-21}의 크기로 진동하는 파형으로 그 진동수는 35~250Hz였으며 중력파 변형의 최댓값은 1.0×10^{-21}이었다. LIGO의 데이터에 따르면 약 0.2초 동안 대략 8주기에 걸쳐 변형의 크기가 최댓값까지 증가했는데 이때 진동수 또한 35Hz에서 150Hz로 증가했다. 이런 형태의 중력파는 두 천체가 서로 공전하면서 중력파를 방출하며 에너지를 점점 잃고 서로 가까워져 결국 하나로 합쳐지는 과정에서 발생하는 전형적인 형태다. 또한 이처럼 시간에 따른 파형의 변화를 분석하면 그 진동수 f_{GW}와 진동수의 변화율(미분값) $\dot{f}_{GW}$를 추출할 수 있다. 중력파의 진동수와 그 시간미분을 알면 이로부터 울림질량(또는 처프chirp 질량)을 곧바로 계산할 수 있다. 두 천체의 질량을 각각 m_1, m_2라고 했을 때 울림질량 M_c는 식 (26)으로 구할 수 있다.

$$M_c = \frac{(m_1 m_2)^{\frac{3}{5}}}{(m_1 + m_2)^{\frac{1}{5}}} \tag{26}$$

울림질량은 또한 중력파가 방출하는 단위시간당 에너지로부터 식 (27)과 같은 결과가 나온다는 사실은 잘 알려져 있다.[*]

---

[*] LIGO Scientific and VIRGO Collaborations, "The basic physics of the binary black hole merger GW150914", *Ann. Phys. (Berlin)529, No. 1-2,* 1600209(2017).

$$M_c = \frac{c^3}{G} \left[\left(\frac{5}{96} \right)^3 \pi^{-8} (f_{GW})^{-11} (\dot{f}_{GW})^3 \right]^{\frac{1}{5}} \qquad (27)$$

식 (27)과 데이터로부터 $M_c \simeq 30 M_\odot$ ($M_\odot$은 태양질량)임을 알 수 있다. 일반적으로 $(m_1 + m_2) \geq 4 m_1 m_2$이므로 식 (26)으로부터 두 천체의 질량의 합은 약 $M = m_1 + m_2 \geq 70 M_\odot$이어야 한다. 태양의 경우 그에 상응하는 슈바르츠실트 반지름이 약 3km이므로 m_1과 m_2의 슈바르츠실트 반지름의 합이 약 210km보다 크거나 같아야 함을 알 수 있다.

한편 중력파 변형이 최댓값일 때의 진동수 150Hz는 두 천체(아직 그 정체를 잘 모른다고 가정하자)가 질량중심을 중심으로 회전하는 진동수의 2배에 해당한다. 왜냐하면 두 천체가 서로 회전하는 한 주기 동안 두 천체의 질량배치는 두 차례에 걸쳐 같은 중력파 효과를 내는 상태에 놓이기 때문이다.

이때 이 두 천체에 대해 케플러의 행성운동법칙이 여전히 유효하다고 가정하면, 공전주기(두 천체의 공전 진동수가 150/2 = 75Hz라는 사실로부터 공전주기는 쉽게 구할 수 있다)와 회전반경에 관한 3법칙으로부터 두 천체의 거리가 겨우 350km에 불과하다는 사실을 알 수 있다.

이처럼 서로 공전하다가 중력파로 에너지를 잃고 하나로 병합되는 쌍성계가 될 때 어떤 별들이 가능할까? 우선 백색왜성이나 중성자별로 구성된 쌍성계는 비교적 가볍기 때문에 쌍성계의 총질량이 태양질량의 대략 70배를 넘을 만큼 무거워야 한다는 조건을 충족하지 못한다. 만약 쌍성을 구성하는 하나는 중성자별이고 다른 하나가 블랙홀이면 어떨까? 이 경우는 두 천체의 질량차이가 상당히 크다. 왜냐하면 중성자별 질량의 상한이 대략 태양질량의 2배 정도인데 울림질량으로부터 쌍성 전체의 질량이 태양질량의 70배보다 크거나 같아야 하기 때문이다. 쌍성의 질량 차이가 이렇게 크면 두 천체의 크기에 비해 거리가 너무 가까워지는 경향이 있다. 데이터로 나온 울림질량과 중력파 진동수를 이용해 분석해보면 두 천체의 질량비율이 13을 넘어서면 두 천체 모두 전체 쌍성계의 질량에 대한 슈바르츠실트 반지름 안에 위치하게 된다. 이는 사실상 두 천체가 이미 하나의 블랙홀 안에 존재한다는 의미이다. 여기에서 가벼운 천체의 질량의 하한값을 얻을 수 있는데 그 값은 대략 태양질량의 11배이다. 이는 중성자별 질량의 상한값보다 훨씬 크다. 따라서 GW150914의 데이터는 블랙홀과 중성자별의 쌍성계일 수가 없다.[•]

이처럼 GW150914는 전형적인 두 블랙홀의 병합 과정에서 방출되는 중력파 신호로서 잡음 대비 신호의 비율이 23.7배에 달할 정도로 너무나 명확한 중력파 신호였다. 그런데 그 변형이 10^{-21} 정도라는 것은 수평방향과 수직방향의 경로차가 불과 4×10^{-18}m에 불과하다는 뜻이다. 이 크기는 양성자 크기의 대략 0.5%에 불과할

•　　LIGO Scientific and VIRGO Collaborations, "The basic physics of the binary black hole merger GW150914", *Ann. Phys. (Berlin)529*, No. 1-2, 1600209(2017).

정도로 작다. 이 정도로 미세한 경로차를 감지해 중력파의 존재를 검증했다는 것은 현대과학의 위대한 승리가 아닐 수 없다.

첫 중력파를 검출한 뒤 얼마 지나지 않아 새로운 중력파 신호도 잇달아 관측되었다. GW151226, 즉 2015년 12월 26일에 검출된 중력파 신호는 태양질량의 14.2배인 블랙홀과 7.5배인 블랙홀이 합쳐져 최종적으로 태양질량의 20.8배인 블랙홀을 만드는 과정에서 태양질량만큼의 에너지를 중력파로 방출했다. 이 신호의 울림질량은 태양질량의 8.9배였다.[●] GW151226은 GW150914의 경우보다 훨씬 가벼운 블랙홀의 병합 과정을 포착했다는 점에서 (중력파로 방출된 에너지도 3배나 적었다) 의미가 있다.

또 하나의 굉장히 흥미로운 현상이 2017년에 관측되었다. GW170817로 이름 붙은 이 사건은 LIGO와 VIRGO가 함께 관측한 중력파 신호로 중성자별 두 개가 병합되는 과정을 포착한 것이다. 쌍중성자별 BNS: Binary Neutron Star은 앞서 소개했듯이 중력파의 존재를 간접적으로 확인해준 천체이기도 하다. 즉 예전에는 쌍중성자별이 중력파로 에너지를 방출하면서 궤도가 줄어드는 것을 확인하는 정도에서 만족했다면, GW170817은 쌍중성자별의 궤도가 줄

●   B. P. Abbott et al.(LIGO Scientific and Virgo Collaborations), "GW151226: Observation of Gravitational Waves from a 22-Solar-Mass Binary Black Hole Coalescence", *Phys. Rev. 116*, 241103(2016).

어들면서 최종적으로 하나로 합쳐지는 과정에서 방출되는 중력파를 직접 검출할 수 있게 된 것이다. 각각의 중성자별은 태양질량의 0.86배에서 2.26배인 것으로 추정되며 총질량은 2.74배이고 울림질량은 1.188배다.

BNS의 병합이 흥미로운 이유는 이 과정에서 중력파뿐만 아니라 과학자들에게 너무나 익숙한 전자기파도 다양하게 방출되기 때문이다. 실제로 LIGO와 VIRGO에서 GW170817의 중력파를 처음 감지하고, 쌍중성자별이 하나로 병합된 뒤 불과 1.7초 만에 Fermi 감마선우주망원경에서 감마선폭발 현상을 관측했다.[•]

감마선폭발GRB: Gamma Ray Burst은 말 그대로 파장이 아주 짧은 빛인 감마선이 짧은 시간 동안에 엄청나게 폭주하는 현상이다. 감마선폭발에는 그 지속시간이 2초 미만인 단기지속형과 2초 이상부터 수백 초까지인 장기지속형이 있다. 단기형은 중성자별 병합과 관계가 있는 것으로 알려져 있다.

GW170817은 LIGO 검출기 두 대와 VIRGO 검출기 한 대에서 중력파를 검출했고 Fermi 감마선우주망원경에서 감마선폭발을 감지했으므로 그 위치를 더 정확하게 특정할 수 있었다. 그곳은 지구에서 약 1억 3천만 광년 떨어진 타원은하인 NGC4993으로, 바

[•]   B. P. Abbott et al.(LIGO Scientific Collaboration and Virgo Collaboration), *Astrophys. J, 848*, L12(2017).

다뱀자리에 위치해 있다. 중력파와 감마선폭발이 같은 지역에서 유래했으므로 이들이 하나의 사건에서 비롯되었다고 강력하게 추정할 수 있다. 쌍중성자별이 합쳐질 때 중력파는 사방으로 방출되지만 감마선은 상당히 좁은 제트로 방출되기 때문에 지구에서 두 신호를 거의 동시에 포착한 것은 행운이었다.

중력파와 감마선 신호를 감지한 뒤 천문학자들은 이후 계속 방출될 것으로 기대되는 전자기파를 관측하기 위해 가능한 한 많은 장비를 동원해 바다뱀자리를 향했다. 여기에는 7대륙에 걸쳐 지상과 우주에 있는 망원경 70여 대가 동원되었다. 기대대로 가시광선 (중성자별 병합 10.87시간 뒤), 적외선(12.8시간 뒤), 자외선(15.3시간 뒤)을 차례로 감지했으며 9일 뒤에는 X선, 16일 뒤에는 라디오파까지 관측했다. 이 결과는 논문 50여 편과 예비논문 100여 편에 실렸다. 이 작업에 참여한 천문학자는 모두 4천여 명으로 전 세계 천문학자의 약 $\frac{1}{3}$에 해당한다.

중성자별 같은 밀집성 쌍이 병합할 때는 이처럼 엄청난 전자기파가 방출되며 비교적 짧은 시간 동안 매우 밝아지는데 이런 현상을 킬로노바kilonova, 또는 매크로노바macronova라고 한다. 킬로노바라는 말 자체가 노바nova보다 밝기가 1천 배kilo 정도 더 밝다

•   B. D. Metzger, G. Martinez-Pinedo, S. Darbha, E. Quataert, A. Arcones, D. Kasen, R. Thomas, P. Nugent, I. V. Panov, and N. T. Zinner, "Electromagnetic

는 뜻이다.* GW170817도 전형적인 킬로노바 현상 중 하나다. 킬로노바 현상을 일으키는 에너지의 근원은 방사능 열이다. 중성자별 두 개가 병합되면서 방출되는 분출물 속에서 이른바 급속 과정r-process: rapid neutron-capture process**을 통해 합성된 원자핵이 방사성 붕괴를 하면서 에너지를 공급한다. 여기서 급속 과정이란 주기율표에서 철보다 무거운 원소를 합성할 수 있는 과정 중의 하나로, 말 그대로 어떤 원자핵이 중성자를 급속하게 받아들인다. 이때 먼저 흡수한 중성자가 전자와 양성자로 붕괴하기 전에 새로운 중성자를 급속하게 계속 받아들여 무거운 원소를 만들기 때문에 'rapid neutron-capture'라는 이름이 붙었다. 철보다 무거운 원소의 절반 정도는 급속 과정을 통해 합성되는 것으로 알려져 있다. 급속 과정이 일어나는 곳으로는 핵붕괴 초신성과 중성자별 병합이 꼽히는데 GW170817은 후자의 대표적인 경우다.

중성자별이 병합하면서 급속 과정을 통해 킬로노바 현상을 보였다면 그 결과로 무거운 원소들이 합성되었을 것이라고 충분히 기

---

counterparts of compact object mergers powered by the radioactive decay of r−process nucleim", *Monthly Notices of the Royal Astronomical Society 406(4)*, 2650(August 2010).

** M. Arnould, S. Goriely, and K. Takahashi, "The r−process of stellar nucleosynthesis: Astrophysics and nuclear physics achievements and mysteries." *Physics Reports 450*, 97−213(2007).

대할 수 있다. 실제로 GW170817의 후속으로 발생한 킬로노바의 다양한 스펙트럼에서 스트론튬의 합성을 확인하기도 했다.[*]

100년 만에 검증된 아인슈타인의 예언

일반상대성이론은 등장하고 100년 동안 수많은 검증을 통과했으나 오직 중력파만은 그 미약한 효과 때문에 검증의 영역 밖에 있었다. 그러다가 중력파의 존재를 처음으로 예견한 지 꼭 100년 만에 중력파가 극적으로 검출되었다. 우리가 지금까지 살아온 21세기보다 앞으로 살아갈 21세기가 훨씬 더 많이 남았고 그동안 상상할수도 없는 수많은 과학적 성취가 있겠지만, 2015년의 중력파 검출은 훗날 21세기 전체를 통틀어서 가장 중요한 과학적 발견으로 (개인적인 생각으로는 톱 3 중 하나로) 손꼽힐 것이다.

중력파 검출의 과학적 의의를 요약하면 다음과 같다. 첫째, 일반상대성이론에 대한 가장 직접적인 검증이 이루어졌다. 특히 중력이 강한 영역에서 일반상대성이론을 검증했다는 점에서 그 의의가 크다. 수성의 공전궤도가 이동하거나 태양이 멀리서 오는 빛을 휘게 하는 것은 중력이 약한 영역에서의 검증이었다. 그러나 GW150914는 태양보다 훨씬 무거운 블랙홀 두 개가 합쳐지는 과정에서 나온

●   Watson, D., Hansen, C. J., Selsing, J. et al. "Identification of strontium in the merger of two neutron stars." *Nature 574*, 497–500(2019).

중력파이므로 중력이 매우 강력한, 즉 시공간 곡률이 대단히 큰 영역에서 나온 신호를 직접 관측한 것이다. 이는 사상 최초의 일이다.

둘째, 블랙홀의 병합, 중성자별의 병합을 최초로 관측했다. 사실 블랙홀의 병합 과정을 관측했다는 것은 우선 블랙홀 자체를 중력파로 관측했다는 의미이기 때문에 이 의미의 중요성은 아무리 강조해도 지나치지 않다. 또한 두 블랙홀이 서로 공전하다가 점점 가까워져 하나로 합쳐지는 과정을 중력파라는 신호를 통해 지켜볼 수 있었다는 사실도 대단히 중요한 성과이다. GW170817을 통해 쌍중성자별이 병합되는 과정을 관측한 것도 블랙홀 병합 못지않게 큰 의미가 있다. 특히 이를 통해 감마선 폭발과 킬로노바 현상이 정말로 쌍중성자별 병합 과정에서 일어남을 직접 확인할 수 있었으며, 또한 급속 과정이 핵붕괴 초신성뿐만 아니라 중성자별 병합에서도 일어나 무거운 원소들이 합성될 수 있음을 확인했다.

셋째, 중력파 천문학의 시대를 열었다. 지금까지의 천문학은 간단히 말해 밤하늘에서 전자기파를 관측하는 것이었다. 가시광선, 적외선, 자외선, 라디오파 등은 모두 다른 파장대의 전자기파이다. GW150914 이래 일련의 중력파 검출은 이제 우리 인류가 우주를 관측하는 또 다른 새로운 채널을 열었음을 뜻한다. 물론 그 이전에도 중성미자를 이용해 우주를 들여다보기도 했었다. 다소 비유적으로 말하자면 전자기파를 통해 우주를 '볼 수' 있었다면 중력파를 통해 우주의 '소리를 들을 수도' 있게 되었다. 마침 시공간 변형의 진동수는 인간의 가청 주파수대 안에 있다. 눈으로 볼 수 없는 영역을 소리로 들을 수 있다는 것은 상황에 따라 대단히 중요하다. 예컨대 인간은 이미 초음파를 통해 태아나 몸속 장기 상태를 볼 수도 있고 심해의 잠수함도 탐지할 수 있다. 옆방의 상황을 눈으로 볼 수 없어도 소리를 들을 수 있으면 갖가지 정보를 얻을 수 있다.

중력파는 특히 빅뱅 직후의 물리적인 정보도 우리에게 직접 전달해줄 수 있다. 빛은 아무리 과거로 거슬러 올라가더라도 빅뱅 직후 38만 년까지만 물리적인 한계가 있다. 그 이전 플라스마 상태의 희뿌연 우주를 빛이 관통하지 못하기 때문이다. 이처럼 중력파 천문학의 시대는 다중신호 천문학의 시대이기도 하다. 특히 쌍중성자별의 병합을 관측한 GW170817은 중력파와 다양한 파장대의 전자기파를 함께 관측한 다중신호 천문학의 대표적인 사례이다.

이와 같은 엄청난 과학적 의의 때문에 전문가가 아니더라도 중력파 검출은 노벨상 영순위에 해당하는 업적임을 누구나 짐작할 수 있다.

공식 발표, 그 후

LIGO가 중력파를 처음 관측한 것은 2015년 9월이었으나 그 결과에 대해 최종적으로 공식 발표를 한 것은 이듬해인 2016년 2월이었다. 따라서 많은 사람이 그해 노벨물리학상을 LIGO 연구진이 받을 것으로 기대했었다. 그러나 LIGO의 중력파 검출 발표가 있었던 시점에 이미 그해 노벨상 후보자들에 대한 접수가 끝난 뒤라

LIGO 연구진은 1년을 더 기다려야 했다.

LIGO 연구진 중에서 노벨상을 받는다면 '트로이카'로 불렸던 바이스와 손, 드리버를 가장 먼저 떠올릴 것이다. 그러나 안타깝게도 드리버는 2017년 3월에 암으로 세상을 떠났다. 그해 10월 드리버 대신 배리 배리시$\left(\text{상금의 } \frac{1}{4}\right)$가 바이스$\left(\text{상금의 } \frac{1}{2}\right)$, 손$\left(\text{상금의 } \frac{1}{4}\right)$과 함께 노벨상을 받았다. 배리시는 LIGO의 두 번째 프로젝트 책임자로 NSF에서 펀드를 확보하는 데 큰 역할을 했었다. 배리시는 1980년대 미국에서 추진했던 초전도초대형충돌기 계획이나 국제선형가속기 사업에도 관여하는 등 고에너지물리학 분야에서 상당한 경력을 쌓았다.[*]

2021년 LIGO와 VIRGO는 중성자별-블랙홀의 병합 과정에서 방출되는 중력파를 감지했다.[**] 중성자별과 블랙홀의 병합을 관측한 것은 사상 처음이다. 한국에서도 한국중력파연구협력단이 LIGO 연구진의 멤버로 활약하며 중력파를 탐색하기 위한 노력을 기울이고 있다.

중력파 검출기를 우주에 구축하려는 노력도 오래전부터 시도되

---

[*]   Barry C. Barish - Biographical. NobelPrize.org. Nobel Prize Outreach AB 2022(Thu. 21 Jul 2022). https://www.nobelprize.org/prizes/physics/2017/barish/biographical/.

[**]   Abbott, R. et al. "Observation of gravitational waves from two neutron star - black hole coalescences." *Astrophysical Journal 915(1)*, L5(29 June 2021).

였다. 그 결과물인 LISA Laser Interferometer Space Antenna 는 우주선 세
대가 삼각형을 이루며 레이저를 주고받는다. 기본원리는 LIGO와
크게 다르지 않다. 다만 LISA의 한 변의 길이는 무려 250만 km에
육박한다. 규모도 크고, 지진 등 지상에서 발생할 수 있는 잡음도 없
기 때문에 특히 진동수가 $\frac{1}{10000} \sim \frac{1}{10}$ Hz로 낮은 영역에서 중력
파를 탐색할 계획이다. 처음에는 미국항공우주국과 유럽우주국
이 공동으로 추진했으나 자금 문제로 미국항공우주국은 빠지고 유
럽우주국 주도로 새롭게 추진하고 있다. LISA는 2037년에 우주로
발사될 예정이다.

●　Misson Summary, LISA, ESA. https://sci.esa.int/web/lisa/-/61367-mission-
summary.

강의를 마치고

1월 29일의 서울 모임을 끝으로 2009년 수학아카데미는 모두 끝났다. 수학아카데미 2기는 2010년 3월 13일 첫 강의를 시작했다. 예정대로 닥터 김이 수학 강의를 맡았다. 하반기의 양자역학 강의는 내가 하지 않고 내가 추천한 후배가 하게 되었다. 닥터 김이 2011년 봄 대전에서 군의관으로서 군 복무를 시작했기 때문이었다. 닥터 김을 도와 2기 수학아카데미의 총무를 맡았던 S는 2010년 9월부터 홍콩에 교환학생으로 가게 되었다. S는 1년간의 일정을 마치고 2011년 7월에 귀국했다. 닥터 김이 입대할 때나 S가 귀국할 때 우리는 언제나처럼 종로에서 모임을 가졌다.

　단적으로 말하자면 '샐러리맨 아인슈타인 되기 프로젝트'는 적어도 1기 수학아카데미에서는 실패했다. 하지만 그 1년을 거치면서 P는 수학적으로 몰라보게 성숙해진 것 같았다. 그것은 내가 강의를 잘한 덕택이 아니었다. P는 1년 동안 수학 공부를 하면서 자기 나름대로 수학과 과학에 대한 생각을 정리해나갔다. 수학아카데미를 하기 전에도 그는 이미 어지간한 교양과학서를 두루 섭렵한 터였다. 거기서 한발 더 나아가는 데 결정적 장애물이었던 수학은 아마도 P나 다른 과학 애호가들에게도 일종의 강박관념이나 트라우마였을 것이다.

그런데 이번 수학아카데미를 통해서 P(그리고 다른 수강생들)가 비록 수학에 익숙해지거나 방정식을 직접 풀 수는 없었다고 하더라도 수학에 대해 막연하게 가지고 있던 실체 없는 공포감은 많이 줄일 수 있었던 것 같다. 수학아카데미를 시작하기 전에는 마치 과학을 기술하는 수학만 어느 정도 이해하면 그 속에 모든 세상의 진리가 다 담겨 있지 않을까 하는 생각을 조금 갖고 있었던 P도, 수업이 진행되면서 수학은 그저 수학일 뿐이라는 사실을 스스로 깨닫기 시작했다. 그래서 한때는 "수학에도 별 거 없군요"라고 내게 불평 아닌 불평을 늘어놓기도 했었다.

P가 수학아카데미를 하는 동안에 수학 연습문제를 많이 풀어본 것 같지는 않았다. 직업 물리학자로서 내가 수학을 그리 잘하는 편은 아니지만 고등학교 수학이나 대학 미적분학 정도의 수준은 나도 웬만큼 도가 텄기 때문에 한두 마디만 나눠보면 상대의 실력을 가늠할 수 있다. 그러나 P는 우리가 정했던 수학 추천도서를 포함해서 수학과 관련된 수많은 교양책을 탐독했다. 교양과학책에 관한

한 아마도 그가 읽은 책이 내가 읽은 책의 수십 배는 될 것 같다. 그래서 그와 내가 이야기를 나누면 서로에게 많은 도움이 된다.

일상으로의 복귀

2009년 1기 수학아카데미를 끝내고 다시 연구실로 돌아온 나는 많이 지쳐 있었다. 사실 내가 1년 내내 수학아카데미에만 매달렸던 것은 아니었다. 평소 일과시간에는 여느 때와 마찬가지로 논문을 읽고 뭔가를 계산하고 세미나에 참석하고 논문을 쓰는 일에 몰두했다. 수학아카데미는 어차피 한 달에 하루뿐이어서 내가 강의를 준비하는 시점도 대략 일주일 전부터였고 그나마도 일과시간 이후였다. 하지만 1년 내내 강의를 끌고 가야 한다는 부담감은 컸다. 그리고 만약 내가 다른 대외적인 활동을 전혀 하지 않는다면 일과시간이 끝난 뒤에도 뭔가를 계산하거나 논문을 읽거나 했을 것이다.

연구직에 종사하는 사람들은 대부분 '월화수목금금금'의 생활을 산다. 그런 만큼 수학아카데미를 진행하면서 연구실적에 어느 정도 구멍이 생기는 것을 감수할 수밖에 없었다. 물론 나는 기꺼이 그런 손해를 감수할 마음의 준비를 하고 있었다. 모범생처럼 세상과 벽을 쌓고 연구에만 몰두하는 것은 나의 성격과 잘 맞지 않았다. 논문 한두 편을 못 쓰더라도 세상과 최소한의 소통 통로를 확보하는 것이 더 의미 있는 일이라는 생각에는 변함이 없었다. 게다가 지금이 어느 때인가. CERN의 LHC가 본격적으로 가동하여 과학의 새 역사를 쓰고 있지 않은가? (2008년 9월 10일 공식 가동을 시작한 LHC는 가동 아흐레 만에 대형 사고로 한동안 가동을 중단했다가 2009년 11월에 재개했다. LHC는 2010년 3월 30일 사상 최초로 고에너지 충돌실험을 시작했고 2012년 7월 4일 힉스 입자로 예상되는 새로운 입자를 관측했다고 선언했다.) 과학의 역사를 돌아봤을 때 이런 인류사적인 빅 이벤트가 벌어지는 동시대에 살면서 그 현장을 목격한다는 것은 대단한 행운이 아닐 수 없다. 세상 사람들에게 기초과학이 무엇을 하고 있는지 지금 인간 지성의 프런티어가 어디까지 나아가 있는지를 알리고 그 의미를 함께 나누기에 이보다 더 좋은 기회가 있을까 싶었다.

하지만 막상 2010년 1월 29일 서울 모임을 마지막으로 수학아카데미와 관련된 모든 일을 끝내고 다시 돌아와 앉은 연구실은 휑하니 그지없었다. 고등과학원에서의 나의 임기는 4월 말까지 이제 넉 달 남았다. 그래서 3월부터 A대학에서 시작하는 새로운 연구 프로그램일정에 맞추기 위해 나는 2월 말 고등과학원을 떠나기로 되어 있었다. 서류상의 소속기관은 A대학이었지만 실제로는 B대학에 파견되어 연구하는 형태로, 총 2년 6개월짜리였지만 계약은 1년 단위로 갱신되는 자리였다.

나이 마흔이 되어서 다시 떠돌이가 된다는 건 그다지 유쾌한 일이 아니다. 경험상 안정적인 교수직을 얻지 못해 계약기간이 끝나고 연구실 짐을 쌀 때가 늘 가장 서러웠다. 2월 내내 짐을 조금씩 나누어 옮겼다. 마지막으로 짐을 빼고 연구실 문을 잠그고 나오던 날엔 비가 내렸다.

그렇게 2010년 3월부터 2013년 9월까지 나는 B대학에서 묵묵히 연구에 전념했다.* P가 가끔 찾아와 점심을 함께 먹거나 차를 마셨다. 2010년 한 해는 그때까지 내가 외부활동을 했던 대가를 톡톡히 치렀다.

그럼에도 불구하고

따지고 보면 2009년 수학아카데미의 시작은 2008년 9월로 거슬러 올라간다. 그리고 그때 P와 만나게 된 것은 그해 8월 LHC와 관련해서 내가 쓴 교양과학책《신의 입자를 찾아서》가 계기가 되었다. 독서 동호회에서 이 책을 쓴 사람을 불러 이야기를 들어보자고 한 것이 발단이었던 것이다. 그렇게 2008년 하반기부터 2010년 초까지 '딴 짓'을 하느라 이른바 '스펙' 관리에 상대적으로 소홀한 탓에 어디선가 교수임용 공고가 나더라도 자신 있게 지원하기가 어려웠다. 대학에서 요구하는 최소요건은 어떻게든 맞출 수 있었지만 다른 경쟁자를 넘어설 만큼 충분한 실적물을 제출하기에는 역부족이었다. 2008년과 2009년 두 해 동안 내가 했던 일들이 2010년부터 서서히 내 삶의 결과물로 나타나기 시작한 것이다.

• 　2013년 10월부터는 고려대학교 전기전자공학부 BK21플러스 휴먼웨어 정보기술사업단 연구교수로 자리를 옮겼다.

요즘 대학생들이 스펙을 쌓기 위해 살인적인 경쟁에 내몰린다는 뉴스 보도를 볼 때마다 나는 왜 그렇게 살아야만 할까, 나는 다시 대학생이 되더라도 그렇게는 살지 않겠다, 지금도 논문 한두 편보다 좀 더 가치 있는 일이 있다면 그런 일을 하겠다고 생각해왔지만 막상 그것이 나의 일이 되고 보니 마음이 착잡했다. 2010년 2학기 때 나는 K대학에서 교양과목을 강의할 기회가 있었다. 그때 나는 학생들에게 스펙에 연연하지 말고 대학생이 아니면 할 수 없는 그런 일을 꼭 해보라고 말하고 싶었다. 그러나 그런 기회가 있을 때마다 나는 내가 처한 상황이 떠올라 자신 있게 말을 꺼내지 못했다.

실제로 어느 대학의 교수임용 최종 인터뷰에서는 "아직 그 나이에는 교양서를 쓰거나 대중강연을 다니는 것보다 논문을 한 편이라도 더 써야 하는 것 아니냐?"는 질문을 받기도 했었다. 물론 나는 "논문 한 편 더 쓰는 것보다 더 가치 있는…"으로 시작하는 나만의 모범답안을 제시했지만 아마도 지금의 사회가 원하는 스펙을 채우지는 못했을 것이다.

하지만 2009년 한 해 동안 수학아카데미를 했던 것을 후회하거나 안 했더라면 하고 미련을 가진 적은 단 한 번도 없었다. 40년을 살아온 내 인생을 돌아보건대, 언젠가는 그런 일을 한 번은 저질렀을 것이라는 점을 나 스스로 잘 알고 있었기 때문이다. 2015년은 이 세상에 일반상대성이론이 나온 지 꼭 100년이 되는 해다. 특수상대성이론 100주년이었던, 그리고 아인슈타인 사망 50주년이었던 지난 2005년은 유엔이 정한 세계 물리의 해였다. 서울에서도 여기저기 기념행사나 전시회도 열렸지만 대중적인 관심은 그리 크지 않았다. 아마 2015년은 그때보다 더 관심이 없을 것이다. 그래도 누군가는 그날을 기념할 것이고 그해를 계기로 일반상대성이론에 관심을 보일 것이다. 그리고 그중의 누군가는 평범한 회사원 P처럼 아인슈타인 방정식을 직접 풀어보고 싶어 할 것이다. 그런 분들에게 우리의 2009년 수학아카데미는 하나의 좋은 본보기다.

고등학교 수학조차 가물거리는 보통의 회사원도 우리가 1년 동안 공부했던 그 궤적을 따라온다면(꼭 1년이 걸릴 필요도 없을 것이고 그 이상이 걸려도 상관없다) 지난 100년 동안 우리 인류가 자연과 우주를 이해하는 데 가장 유용했던 그리고 가장 아름다웠던 방정식을 만날 수 있을 것이다. 그런 분들이 한 명이라도 더 늘어나는 데 도움이 된다면 내가 이 땅에서 이론물리학으로 이학박사 학위를 받았다는 혜택을 조금이나마 사회에 돌려주는 소중한 기회가 되리라고 믿는다.

2011년에는 수학아카데미가 열리지 않았다. 2012년에는 수학아카데미를 수강했던 사람들 몇몇이 자발적으로 모여 수학 학습모임을 이어갔다. 이 모임은 2013년 이후에도 이어지고 있다.

2009년 1월부터 같은 해 12월까지 진행된 수학아카데미 1기를 수료한 사람은 김주현, 김제원, 박인순, 안희찬, 최정수 등 총 22인이었다.

추천의 글

"아인슈타인이라는 산에 오른 지적 탐험가들에게 박수를!"

정재승(뇌를 연구하는 물리학자, 《정재승의 과학 콘서트》 《열두 발자국》 저자)

물리학 서적을 읽는데, 무슨 히말라야산맥 안나푸르나 정상에 오른 산악인의 정복기를 읽는 것마냥 진한 감동을 느낀다. 아인슈타인의 중력장 방정식이 등장하는데, 우여곡절 끝에 남극에 도착한 탐험가의 생존기를 읽는 것마냥 눈시울이 뜨거워진다. 과학책을 읽는데, 마지막 장에서 방정식에 성공적으로 도달하길 가슴 졸이며 응원을 하게 될 줄이야!

이 책은 고등학교 수학에서 출발해 편미분과 고전역학의 개념들을 거쳐 현대물리학의 정수 '아인슈타인의 중력장 방정식'을 수학적으로 직접 풀어보고자 했던 샐러리맨들의 눈물겨운 분투기이다. 과학의 진보가 아인슈타인이 상대성이론을 발견한 순간 이루어진 것이 아니라, 인류가 시공간의 상대성을 이해할 때 비로소 이루어지는 것이라면, 그들이야말로 인류의 과학적 진보를 온몸으로 일궈낸 분들이다.

이 책은 고등학교 수학조차 대부분 잊어버린 평범한 회사원들도 함께 따라갈 수 있도록 아인슈타인 중력장 방정식에 오르는 길을 친절하게 안내한다. '함수란 무엇인가?'부터 시작하니 말 다 했다. 쉬운 언어로 미분의 개념을 설명하고, 고전역학을 중심으로 대학교 물리학과 커리큘럼의 핵심 정수를 차근차근 짚는다. 이윽고 등장하는 일반상대성이론과 중력장 방정식은 물리학과 대학원에서 배우는 이론이니, 이 책의 독자들은 단 한 권만으로 물리학의 최고봉까지 단숨에 오르게 된다. 덧붙여, 왜 수많은 입자물리학자가 엄청난 규모의 실험장비들을 통해 중력파를 관찰하려 했는지, 그리고 중력파 검출의 의미가 무엇인지 친절하게 보강수업까지 전한다.

샐러리맨들의 아인슈타인 되기 여정을 따라가다 보면, 물리학자 이종필을 애정하고 존경하지 않을 수 없다. 자신의 지식, 자신이 공부한 학문의 지적 경이로움을 타인과 나누는 데 모든 에너지를 쏟아부은 한 물리학자의 눈물겨운 지적 탐험에 존경의 박수를 보낸다. 과학자가 일반인들과 함께 무엇을 할 수 있는지, 어디까지 할 수 있는지, 그는 최고의 모범을 보여준다.

마지막 강의에 함께하며 물리학의 산에 오른 27명의 산악인들,

이종필 교수와 함께 수학아카데미를 수료한 22명의 중력장 방정식 탐험가들. 이들처럼 이 책의 독자들도 '아인슈타인 되기'에 마침내 성공하길 응원한다. 인류가 발견한 가장 위대한 지적 발자취를 함께 따라가 보는 탐험에 기꺼이 동참하길 권해드린다.

"지금 이 세상에서 상대성이론을 이해하는 사람이 과연 몇 명이나 될까?"

김승환(한국물리학회 회장, 한국과학창의재단 이사장, 포스텍 교수)

아인슈타인의 중력장 방정식은 상대성이론을 이해하는 열쇠이자 20세기 물리학을 대표하는 방정식이다. 지극히 정제된 문자와 숫자의 조합으로 이루어진 이 단순한 방정식에 물리학자들이 매혹되고 세계가 열광하는 이유는 우주와 물질 그리고 시공간의 비밀이 담겨 있기 때문이다. 일반인에게는 해독 불가한 암호문과 같은 이 수식들에서 물리학자들은 환희와 희열을 느낀다.

　그렇다면 과연 보통사람에게 아인슈타인의 중력장 방정식은 넘지 못할 벽일까? 이른바 넘사벽의 선입견을 깨뜨리기 위해 무모한 도전을 시작한 사람들이 있다. 대학생에서부터 평범한 회사원 그리고 주부와 나이 지긋한 노년의 신사까지, 그야말로 물리학과 수학에는 일자무식에 가까운 사람들이 주인공이 되어 아인슈타인 중력장 방정식 풀기에 도전한 것이다.

이 말도 안 되는 프로젝트의 기승전결이 책에 고스란히 담겨 있다. 수학 공식이 하나 들어갈 때마다 책 판매 부수가 급감한다는 출판계의 법칙이 있다고 한다. 이 책에는 집합부터 시작해 미적분, 행렬, 함수, 고전역학을 거쳐 아인슈타인의 일반상대성이론에 이르는 1년 동안의 수학적 과정이 농축되어 있다. 그런 면에서 이 책의 발간 자체도 무모하다. 그렇다면 보통의 지적 능력을 갖춘 사람들이 과연 통독할 수 있을까?

하지만 이 책의 주인공은 보통사람들이다. 여러분도 이들처럼 무모한 도전에 동참해보라. 2014년 1천만 국민이 상대성이론에 기초한 영화 〈인터스텔라〉도 재미있게 보지 않았던가? 영화에 담긴 과학적 내용을 다 이해하지 못해도 흥미와 감동을 느낄 수 있다. 여러분이 실패한다손 치더라도 최소한 아인슈타인의 중력장 방정식을 이해하려고 용감히 시도했다는 것을 버킷리스트에 담아가자. 사상 유례가 없는 이 독창적인 프로젝트에 여러분이 동참했다는 사실만으로도 충분한 보상이 될 것이다.

이 책은 대중과학 서적이면서 수학을 담은 물리학 서적이다. 보통사람들이 머리를 맞대고 어려운 물리학 수식을 풀어가며 이해해보려고 노력하는 힘들지만 아름다운 시도는 기초과학과 과학문화가 처한 암울한 현실에 비추는 한 줄기 빛이다.

도전해보시라. 현대 물리에 대한 타오르는 호기심을 지닌 고등학생부터 대학생 그리고 직장인까지, 말로만 듣던 아인슈타인의 상대성이론의 민낯을 대면할 절호의 기회이다. 그리고 여러분 중 누군가 물리학의 새로운 매력에 푹 빠지길 기대한다.

"과학문화의 성장가능성을 보여주는 귀중한 경험"

김항배(한양대학교 물리학과 교수)

이 책의 저자인 이종필 박사는 참 바쁘게 사는 사람이다. 세상의 여러 일에 관심이 많아서 여기저기 글도 쓰고 강연도 다닌다. 그러다 보니 인맥도 폭넓게 형성하고 페이스북에서도 활발하게 활동한다. 과학 연구를 직업으로 하면서도 과학이 세상에 어떻게 쓰이는지에도 관심이 많은 저자와의 친분 덕에 나도 가끔은 보통사람들이 과학을 바라보는 시선을 공유하곤 한다. 아마도 나와 저자가 과학을 바라보는 시선에서 가장 중요한 공통점은 정부나 많은 전문가들이 떠들어대는 것처럼 과학은 기술의 바탕이고 국부의 원천이라는 식상한 구호가 아니라 과학을 문화로서 보려고 한다는 것이다. 문화는 경제적 지원만으로 만들어질 수 없으며 그것을 즐기려는 사람들이 몰려들 때 꽃을 피운다. 그런 면에서 지난 수년간 이어진 저자의 노고에 경의를 표한다.

특히 이 책에 담겨 있듯 백북스에서 1년간 진행한 수학아카데미는 신선하면서 한국에서 과학문화의 성장가능성을 보여주는 귀중한 경험이다. 600여 쪽에 달하는 원고를 읽는 동안 과학을 전하려는 저자와 그것을 배우고 즐기려는 이른바 과학 덕후들의 열정이 나에게도 그대로 전달되었고, 나도 참여했더라면 하는 아쉬움까지 생겼다. 수학과 물리학에 대한 기초 지식도 부족한 상태에서 일반상대성이론의 아인슈타인 방정식을 이해해보겠다고 덤빌 수 있는 이들의 용감함이야말로 우리 과학문화의 초석이 될 것이다. 아울러 1년이라는 시간 동안 차분하고 체계적으로 고등학교 수학에서 대학교 물리학을 거쳐, 끝내는 아인슈타인 방정식의 맛을 보게 해준 저자는 과학문화 확산의 주역으로서 그 능력을 확실히 보여주었다.

이 책이 수학과 물리학에 무지한 초보자가 일반상대성이론의 이해에 이르는 종합적이고 완벽한 안내서는 아닐 것이다. 완벽을 추구하다 보면 딱딱한 교과서가 되어버릴 것이고, 그러면 읽기에 부담을 주기 마련이다. 이 책은 일반상대성이론을 이해하는 데 필요한 수학과 물리학의 내용을 넓이와 깊이에 있어 중용의 길을 잘 지키며 다루었고, 배움의 진행 과정을 실감 나게 기록했다. 그런 점에서 이 책은 저자와 과학 덕후들의 열정을 음미해가면서 수학과 물리학을 즐길 수 있는 좋은 안내서로서 손색이 없다. 초보이지만 과학을 배우면서 즐기고자 하는 사람과 연구를 직업으로 하면서 이를 일반인과 같이 나누고 싶은 사람들에게 일독을 권한다.

"일반상대성이론 공부는 우리 가슴속의 황금이었다"

박용태(서울 백북스 회장)

수학으로 일반상대성이론을 공부해보자고? 미분과 적분도 모르는 일반인들인데? 당연히 무모하고 말이 안 되는 이야기였지만 모험은 그렇게 시작되었다. 나는 그저 자연과학책을 주로 읽는 '책 읽는 모임' 서울 백북스의 기생으로서 2008년 이종필 박사에게 《신의 입자를 찾아서》에 대한 강연을 요청했고 반응이 너무 좋아 이 박사가 직접 번역한 스티븐 와인버그의 《최종 이론의 꿈》 강연을 다시 요청했다. 역시 강연은 명쾌했고 반응도 좋았다. 모두들 자연과학 공부의 재미에 푹 빠져 있었다.

이 박사는 강연을 통해 우리가 알고 있는 시간과 공간을 개념을 시공간spacetime 개념으로 인식해야 한다면서, 상대성이론이 어려운 이유는 인간의 직관과 다르기 때문이라고 했다. 인간의 인식과 무관한 자연이 존재하고 자연의 법칙과 질서가 존재하는데, 직관으로는 그 질서를 이해하기 어렵고 제대로 공부하려면 자연의 언어인 수학으로 공부해야 한다는 말이었다. 그렇게 물리나 수학 전공자도 아닌 현업에서 밥벌이를 하는 자연과학 비전공자들의 일반상대성이론이라는 안나푸르나 등정이 시작되었다.

그렇다. 잠시나마 무엇이 되기보다 어떻게 사는 것이 존재의 풍요로움인지 아는 40여 명의 사람들이 인식의 확장을 위한 무모한 도전을 시작한 것이다. 그리고 우리에겐 훌륭한 내비게이터 이종필 박사가 있었다.

우리의 경험 세계와 다른 세계를 수학으로 이해하는 것은 쉬운 일이 아니다. 일반상대성이론을 다루는 수학은 더더욱 만만치 않다고 들었다. 무식하면 용감하다고 했던가.

먼저 상대성이론을 정복하기 위해 필요한 미분과 적분, 행렬, 텐서를 이해하는 것에서부터 단계별 공부가 시작되었다. 일반인을 상대로 그것도 수식으로 일반상대성이론을 가르친 건 우리나라에서 이종필 박사가 처음이었기에 그에게도 커다란 실험이었을 것이다. 이종필 박사에게 강의를 듣고 수학 공부를 보충하기 위한 별도의 소모임이 조직되고 지금은 의사가 된 김영철과 당시 물리학과 학생이던 서영석 선생의 도움으로 수시로 모이고 학교로 찾아가 같이 수식을 풀며 공부했다.

비전공자들의 일반상대성이론 공부이기에 비전공자들이 어려워하는 길목을 이종필 박사는 고비마다 노련하게 잘 넘어갈 수 있게 이끌어주었다. 미분과 적분, 행렬을 힘겹게 넘어가면 텐서가 기다렸고, 무슨 로테이션은 그렇게 많은지 수식을 돌리는 의미는 도대체 무엇인지, 넘어야 할 산이 연이어 나타났다. 그러면서 틈틈이 상대성이론과 관련된 교양서적을 읽고 강의를 들으면서 인식의 폭을 키워나갔고, 시간과 공간이 아니라 시공간이 무엇인지 어렴풋하게나마 알 수 있었다. 그렇게 수학으로 일반상대성이론을 공부했지만 비전공자들이 어떻게 그 이름도 거룩한 일반상대성이론을 제대로 안다고 할 수 있겠는가? 우여곡절이 왜 없었고 낙오자가 왜 없었겠는가?

그래도 절반 가까이가 끝까지 완주를 했다. 아름다운 분투였고, 아무도 기획하지 않은 자유였다. 수식을 무작정 외우는 일반상대성이론이 아니라, 수식의 의미를 스스로 납득할 수 있는 공부라야 의미가 있기에 이후에도 스스로 노를 저어 강을 건너려는 일반상대성이론 공부 소모임은 백북스에서 계속되었다. 이것은 다 이종필 박사가 씨를 부린 덕택이다.

실천적 계기로 공부하거나 책을 읽는 사람은 많다. 그러나 일반상대성이론은 일상의 효용과 쓸모 있음과는 상관없는 공부다. 게다가 수식으로 공부하는 것이라면 두말할 나위가 없다.

이 책은 미분과 적분, 행렬에서 텐서에 이르는 과정을 생략하지 않고 프리드만 방정식까지 이르는 일반상대성이론을 수식으로 풀어나가는 과정을 그렸다. 또한 이종필 박사가 우리나라에서 처음으로 전문가가 아니라 직장인에서부터 전업주부, 나이 지긋한 할머니에 이르기까지 다양한 일반인을 상대로 일반상대성이론을 수식으로 풀어가면서 분투하고 좌절하고 다시 일어서는 모험의 과정을 그린 책이다.

플라톤은 가슴속에 황금을 가진 사람은 세속의 황금을 탐낼 이유가 없다고 했다. 그렇다. 쓸모와 효용에 치중하고 생산성에 공헌

하고 물질적 풍요를 추구하다 삶의 실천적 가치와 욕구를 벗어난 실험의 하나로서 시작된 일반상대성이론 공부는 우리 가금속이 황금이었다. 불안한 개인의 상황 속에서 잠시 자신의 길을 멈추고 수학으로 일반상대성이론의 세계로 우리를 안내해준 이종필 박사에게 미안함과 고마움을 전한다.

"아인슈타인은 센스쟁이"

박인순(제1기 수학아카데미 최고령 수료자)

자연과학책 읽기의 큰 장애물은 수학이었다. 공식의 축약된 의미를 모르니 읽던 책을 덮어버리게 된다. 수학아카데미는 나를 위해 열린 듯했지만 미적분을 넘어서니 이후부터는 외계어를 듣는 기분이었다. 그래도 자료를 만들어 복습까지 하며 참고 들었더니 어느 날부터 의미가 통하면서 가끔 감동까지 드는 게 아닌가. 괴물 같던 수학이 상식적이고 직관적이라는 걸 알게 되었다. 의외의 방정식을 보며 '아인슈타인은 센스쟁이'라는 느낌까지 들었다. 공부하며 너덜너덜해진 복사 자료 대신 반듯한 책으로 상대성이론을 다시 정리할 수 있다니 기대가 앞선다.

"응답하라 2009"

김제원(제1기 수학아카데미 수료자)

선생님은 어떠해야 할까? 그러니까 무엇을 가르친다고 할 때 어디까지 가르쳐야 할까?

흔히 고기 자체를 먹여주는 게 아니라 고기 잡는 법을 가르치는 게 올바른 가르침의 길이라고들 한다. 매우 상식적인 이야기이지만 상식만큼 지켜지기 어려운 것도 없다.

교수는 대학생에게 늘 전문지식을 가르친다. 잘 가르치는 교수도 있고 그렇지 않은 교수도 있지만, 어쨌든 전문지식이 교수의 높이에서 대학생의 높이로 흐르는 것은 너무도 익숙한 풍경이다.

하지만 교양지식이 아닌 전문지식을 일반인에게 가르친다는 것은 정말 흔치 않은 광경이고, 그래서 교수가 그런 말도 안 되는 무모한 시도에 금쪽같은 시간과 안 그래도 부족한 에너지를 쏟는 따위의 일은 일어나지 않는다(시간과 에너지를 어느 정도 써야 백지상태의 일반인을 이해시킬 수 있을지… 상상만 해도 견적이 안 나온다).

아무리 가르치는 게 직업인 교수라고 해도 티칭 스킬에 대한 엄청난 자신감을 갖고 있지 않고서는 선뜻 이걸 시도하지는 못할 것이다. 지식 수준은 별개의 문제이고 일단 아무도 시도해보지 않은, 최고 준위의 지식을 최저 수준의 일반인에게 이식하겠다는 용감무쌍한 발상을 실행에 옮긴 교수는 분명 티칭 스킬에서는 둘째가라면

602

정말 서러워할 사람일 것이다.

2009년 1년간 12회에 걸쳐 고등학교 수학에서 시작하여 상대성이론은 물론이고 그것이 응용되어 정립된 우주론까지의 강의가 실제 사건으로 일어났다.

2009년 1년간의 강의 후에 나는 상대성이론을 얼마나 더 이해하게 되었는가? 시원하게 대답부터 하고 시작하자. 마지막 3회가 상대성이론과 우주론에 대한 강의였는데, 당시 나는 울면서 강의실에서 외계어를 듣고 있었고, 정신을 차려보니 뒤풀이 장소에서 중국음식을 먹고 있었다.

이과 출신으로 수학에 어느 정도 자신감은 있었던 터라 새로운 개념이 나온다 하더라도 어느 정도 노력하면 잘 따라가지 않을까 하는 조금은 안이한 생각으로 강의를 듣기 시작했다. 교양서를 아무리 읽어보아도 매번 새롭고 매번 모르겠어서, 전문가가 콩이요 하면 콩이요 하고 주워 먹고, 전문가가 실수로 팥이요 해도 팥이요 하고 받아먹는 게 너무나도 싫어서, 이번엔 수식을 가지고 제대로 이해해보겠다고 작정하고 나섰으나, 정작 본론인 상대성이론 3개월의 강의에서는 울고 앉아 있었다. 허탈하게도.

그렇지만, 고기 잡는 걸 한번 지켜본 일은 소중한 추억이었고 자랑거리이기도 했다. 강의도 종합 예술이라고 하지 않는가. 준비도 엄청났고, 강의 스킬도 최고 수준이었기에, 일반인이 상대성이론이라는 높디높은 사다리에 올라가 볼 수 있었다. 다리 힘이 약하고 약한 우리 일반인들의 까다로운 조건들이 이렇게 저렇게 맞춰져서 위태위태하게 한 발 한 발 진행할 수 있었던 것 같다.

일생의 숙원사업이던 상대성이론의 세계로 이끌어주신 이종필 교수님께 감사와 존경의 말씀을 전하고 싶고, 무엇보다도 과학의 최전선에 있는 과학자가 일반 대중에게 과학의 대강이 아닌 진수를 전해주고자 했던 그 따뜻한 마음을 언제나 잊지 않고 있다고 말씀드리고 싶다.